状态空间理论之经济金融应用系列丛书

# 状态空间方法的时间序列分析

## （第二版）

## Time Series Analysis by State Space Methods

## （Second Edition）

［英］　詹姆斯·杜宾（James Durbin）

［荷］　塞姆·库普曼（Siem Jan Koopman）　著

郎志坚　徐晓莉　译

U0247185

中国金融出版社

责任编辑：童祎薇
责任校对：孙　蕊
责任印制：陈晓川

北京版权合同登记国字 01 - 2013 - 5296
《状态空间方法的时间序列分析（第二版）》中文简体字版专有出版权由中国金融出版社所有。

**图书在版编目（CIP）数据**

状态空间方法的时间序列分析：第二版/（英）杜宾，（荷）库普曼著；郇志坚，徐晓莉译 . —北京：中国金融出版社，2022. 7
（状态空间理论之经济金融应用系列丛书）
书名原文：Time Series Analysis by State Space Methods
ISBN 978 - 7 - 5049 - 8458 - 6

Ⅰ. ①状… Ⅱ. ①杜… ②库… ③郇…④徐… Ⅲ. ①时间序列分析—研究 Ⅳ. ①O211.61

中国版本图书馆 CIP 数据核字（2016）第 063501 号

状态空间方法的时间序列分析
ZHUANGTAI KONGJIAN FANGFA DE SHIJIAN XULIE FENXI

出版 **中国金融出版社**
发行
社址　北京市丰台区益泽路 2 号
市场开发部　（010）66024766，63805472，63439533（传真）
网 上 书 店　www.cfph.cn
　　　　　　（010）66024766，63372837（传真）
读者服务部　（010）66070833，62568380
邮编　100071
经销　新华书店
印刷　河北松源印刷有限公司
尺寸　169 毫米 ×239 毫米
印张　23
字数　359 千
版次　2022 年 7 月第 1 版
印次　2022 年 7 月第 1 次印刷
定价　80.00 元
ISBN 978 - 7 - 5049 - 8458 - 6
如出现印装错误本社负责调换　联系电话(010)63263947

# 中文版序言

近年大数据的兴起对宏观经济研究范式提出巨大的挑战，大数据独有的高维、异构、实时、碎尾、信噪比高、非高斯等特征对经济统计和计量提出更高和更多要求，传统的统计和计量方法较难处理或效果不佳。状态空间方法的属性天然易于解决降维、混频、碎尾、数据修订等难题，利用内在的 Kalman 算法进行信号提取具有非常高的精度，非常适合拟合和预测数据。状态空间方法对不可观测的状态向量设定演化过程以拟合观测数据的机制，即"让数据说话"的机制是有效应对大数据挑战的利器。

更进一步，传统宏观经济研究历来重视经济的结构关系，忽视了时间不一致的问题。自卢卡斯（1976）对此提出批判以来，学术界开始关注此时间序列的计量问题。Nelson 和 Plosser（1982）提出大多宏观经济时间序列都是单位根的论断，Granger（1987）提出协整和伪回归的理论，Sims（1980）提出 Var（向量自回归）方法，当代的宏观研究越来越重视时间序列的相关问题。但时间序列方法与传统的结构分析方法融合有限，仅衍生出结构 Var 等有限方法。Laubach 和 Wilanms（2003）联立 IS 方程和 Phillps 方程，利用状态空间方法求解自然利率，即所谓的半结构方法，既考虑了经济结构理论，又考虑了数据结构特征，状态空间方法似乎给出了有效解决小型宏观经济模型的两难的一条蹊径。

自 Kalman（1960）提出著名的卡尔曼滤波的递推算法以来，状态空间方法在工程领域得到了广泛的应用。Harvey（1989）的专著成功将状态空间方法引入经济领域。Durbin 和 Koopman（2007，2012）的专著系统全面地分析了状态空间方法在经济时间序列的理论和应用，可以说是状态空间方法在经济领域的顶尖水平。本书的两位作者是计量经济学领域的顶级学者。Durbin 教授是计量经济学界的泰斗，序列相关中的 DW 检验，就是 Drubin 与 Watson 于 1950 年提出的。Koopman 教授是 STAMP 和 SSFpack 软件的开发者，可以说集理论和应用于一身。其提出的 Collapsed Dynamic Factor 方法，由芝加哥联储利用 500 个月度指标实现了月度 GDP 预测，这是迄今为止经济研究中所用到的最大数据量。

伴随着大数据发展，欧洲央行和美联储基于状态空间方法提出 Nowcasting 概念和方法，纽约联储 2016 年每周公开发布 Nowcasting 结果。基于状态空间方法的 Nowcasting 可以实现高频的宏观经济金融预测，而不失精确度，有效解决了政策决策的时效性和精确度的两难选择问题。美联储内部也专门形成了经济当前状况（Economics Current Conditions）部门实时对经济状况的监控。

Nowcasting 方法一经提出，就得到多家央行的响应和重视，它们纷纷开始研究和应用。我在 2015 年央行内部研讨会提请央行的研究人员关注 Nowcasting 方法，没想到郇志坚博士不仅关注 Nowcasting 方法，还探究其背后的状态空间理论和方法。值得欣慰的是，郇博士不仅不畏艰难敢于学习相对艰深的理论和方法，还有志于将这一方法翻译成中文在国内传播。

基于以上，我非常高兴向国内宏观经济学研究和实践者推荐此译著，衷心希望有更多的有识之士能够投身于中国的宏观经济研究，为我国经济金融研究和实践作出自己的贡献。

中国人民银行货币政策委员会前委员

北京大学国家发展研究院兼职教授

中国财富 50 人论坛学术委员

2022 年 5 月

# 译者序

状态空间概念和理论来自工程领域，对于经济学来说过于神秘和陌生，令人望而生畏。然而状态空间好比中国戏曲里的皮影戏，前面舞台喧嚣热闹，只不过是全由后台的几个线轴来操纵。状态空间分为可观测序列的方程和不可观测的状态序列方程。我们看到的仅是前台可观测的序列，而真正决定它的是背后的状态序列。经济现象纷繁芜杂且经济政策复杂多变，而其都受背后"看不见的手"经济规律的掌控，从这点上来看，状态空间与经济学有一定契合。在现实中，经济中有很多概念不可观测甚至不可测，但确又是经济研究理论和实践中的核心因素，比如潜在经济增长率、自然利率、无加速通胀的失业率（NARIU）、自然失业率、自然人口增长率等。准确估计它们需要使用卡尔曼滤波和马尔可夫链蒙特卡洛（MCMC）等方法，而这些算法都可纳入状态空间以统一形式来估计。从另一个角度来说，状态空间为研究提供了一个代理，类似于神经网络算法中的隐含层，并不直接对所研究问题本身建模，而是通过代理把背后的机理与外在的现象关联起来，对两者分别建模且可引入各种冲击，从而更准确地拟合真实数据。

美国航天局清楚地说明，状态空间算法使得阿波罗登月计划得以实施。它在工程领域取得辉煌成果和广泛应用不容置疑，但如何将其引入经济学也是不小的挑战。安德鲁·哈维（Andrew Harvey）在 1989 年的专著中首次将其正式引入经济学。杜宾与库普曼则在 2001 年本书的第一版建立了完整且严密的体系，成为里程碑式的专著。然而状态空间毕竟较为理论抽象，应用门槛较高，常规计量软件需要编程才能使用，这也进一步阻碍了其在经济学中的广泛应用。这样一个好的工具不能为经济学有效应用，甚为可惜。

我初次接触这一理论是在 2002 年读博士的时候，翻了翻相关书籍就束之高阁了。在后来十多年逐步深入学习中慢慢领悟了它的实用和优美，近几年重点研究的经济周期估计中，涉及各种滤波、区制转换（Regime switching）、动态因子、实时数据和混频数据，也使我更加意识到状态空间是研究这些复杂问题的不可或缺的工具，由此萌生了系统学习状态空间方法的时间序列分析的想法。我购买了 6 本国外最权威的专著，还有 Gauss、OX、Winrats 正版软件系统准备潜心攻读和亲自编程实践。恰逢 2012 年杜宾和库普曼的专著出了第二版，我第一时间联系出版社购买了翻译版权，准备通过翻译来细致学习。然而此书过于艰深难懂，翻译进展缓慢。我只好先翻译并出版了本书的姊妹篇，即库普曼和康曼德关于此书的导论，也根据自己的学习历程，构思了状态空间理论时间序列应用系列丛书，计划由简到繁循序渐进地学习和出版。

翻译期间感谢库普曼教授提供了原著的电子版，并解答了许多问题。也对我的导师西安交通大学管理学院的李怀祖老先生表示尊敬和感谢。感谢他对我的教诲和鼓励，使我对学术之心不改。感谢中国金融出版社的吕冠华编辑，为此书付出了大量时间和精力。我的家人给予了我许多的理解和宽容，也付出了很多，在此特别向他们表示深深的感谢。这也使我想起我一边拿着翻译稿校对，一边敷衍着我 2 岁多的儿子陪玩的要求。希望此书也能作为送给他的一个礼物。

一晃三年多过去了，书倒是读了几遍，翻译却没有多少进展。连续几个月天天熬夜至两三点才将其付之于纸面。我也非常抱歉，由于我的专业能力和外语水平有限，对于原著的理解也是囫囵吞枣，加上时间仓促，翻译难免存在错误和瑕疵。对于由此给读者带来的困惑，我深表歉意，也请广大读者同仁批评指正。我的联系邮箱是 huanzhijian@163.com。

郇志坚

**2022 年元旦于天山脚下**

# 第二版前言

第二版比第一版约长了 100 页（英文）。主要原因是我们渴望更全面的阐述。例如，我们提供了滤波和平滑更坚实的基础，我们给出了贝叶斯分析和线性无偏估计以及古典分析的证明。我们对于线性模型的处理基于多元回归理论的四项引理。我们完全重写了模拟平滑方法的讨论，并增加了动态因子分析和状态平滑算法两个小节，包括 Whittle 平滑关系和平滑的两个滤波公式。在一些选定的章节，我们在其后增加了练习内容。

本书的第二部分关于非线性和非高斯状态空间模型的分析也全部重写了。我们介绍了滤波和平滑，包括著名的扩展卡尔曼滤波的近似方法处理，以及无迹卡尔曼滤波和平滑的自含处理，我们还进行了扩展。我们也处理了基于数据转换和模计算的近似方法。重要性采样方法这一章也完全重写了，它可看作重要性密度不必为对数凸的特殊情形。本书新增一章主要是考虑到粒子滤波。我们推导出主要结果和算法，包括自举滤波和辅助粒子滤波。我们给出设计有效粒子滤波的不同方法。最后，我们新增一章讨论了贝叶斯估计状态空间模型，包括单独的一节描述基于重要性采样方法对线性高斯模型、非线性和非高斯模型的后验分析。新增一节详细描述了马尔可夫链蒙特卡洛方法。

完成第二版耗费了我们大约四年的时间。杜宾感谢伦敦大学学院微数据方法与实践（CEMMAP）中心主任和经济学教授 Andrew Chesher，他提议杜宾担任伦敦大学学院的名誉教授，并授予其名誉研究员的职位，且提供了办公室和秘书支持。库普曼感谢 Istvan Barra、Falk Brauning、Jacques Commandeur、Drew Creal、Kai Ming Lee 和 Marius Ooms 阅读了部分手稿并提供了工作支持。库普曼感谢支持他的同事：Joao Valle 'e Azevedo、Frits

Bijleveld、Charles Bos、Jurgen Doornik、Virginie Dordonnat、Marc Francke、Irma Hindrayanto、Lennart Hoogerheide、Pawe Janus、Borus Jungbacker、Andre Lucas、Max Mallee、Michael Massmann、Geert Mesters、Marcel Scharth、Bernd Schwaab、Aart de Vos、Sunvcica Vujic、Michel van der Wel 和 Brian Wong。最后，库普曼感谢 Andrew Chesher 的慷慨支持和热情好客，使他得以多次访问伦敦大学学院。

**杜宾于伦敦**

**库普曼于阿姆斯特丹**

**2011 年 8 月**

# 第一版前言

　　这本书呈现了状态空间方法关于时间序列分析的全面处理。状态空间时间序列模型最显著的特征是把观测序列看作由明确的各成分组成，如趋势、季节、回归元素和扰动项，每一成分都可分开建模。建模过程就是将所有成分放置在一起形成一个单独模型，称为状态空间模型，它提供了分析的基础。这个方法所衍生的技术非常灵活，相比时间序列分析当前主要使用的分析系统——Box – Jenkins ARIMA 系统，可以处理非常广泛的问题。

　　本书主要面向学生、教师、研究状态空间时间序列分析的方法论和应用领域的学者，以及相关领域的统计学家和经济计量学家。此外，我们希望本书对于其他领域的学者也有裨益，如工程、医药和生物，这些领域也应用状态空间模型。我们针对那些对状态空间模型缺乏了解的读者，专门给出了预备知识。状态空间理论所有重要组成部分的推演所必需的高等数学基础仅为矩阵乘法和求逆，所必需的统计理论为基本原则和初等多元正态回归理论。

　　我们开发的技术主要针对研究状态空间时间序列分析中实际应用的问题。此外，你会发现一定程度的数学之优美，许多结果以优雅的方式略去。毫无疑问，这得益于模型的马尔可夫属性和计算的递推结构。

　　状态空间时间序列分析起源于 Kalman（1960）开创性的论文和在工程领域内该主题早期的发展。"状态空间"的术语起源于工程领域，因它与统计学和计量经济学的关系密切，我们与其他学者一样，仍然沿用它，此外，此术语也已牢固建立。我们猜想初学者对于"状态"一词会很快明白，然而"空间"对于非工程领域的读者可能仍然会保持神秘。

　　本书分为两部分。第一部分讨论基于线性高斯状态空间模型的分析技术；我们描述的方法代表传统状态空间方法的核心，以及一些最新进展。我们的目标是给出基于状态空间模型的时间序列分析方法论的最新的处理方法。尽管这些模型已被深入研究了四十年，但本书仍给出了大量新的处理方法。我们在这里和下面使用"新分析"一词，主要指的是一些推导结果，或从我们最近发表论文的原创研究，或从本书首次获得的结果。"新分析"尤其与第 4 章扰动平滑的相关处理，第 5 章的精确初始滤波和平滑，第 6 章的多元观测序列的一元处理及计算算法，第 7 章的扩散似然、得分向量、EM 算法的概念和允许参数估计对估计方差的效应，第 8 章的贝叶斯分析的重要性采样的应用有关。线性高斯模型（通常要经过观测序列转换）为分析很多实践中的时间序列问题提供了足够的基础。然而，高斯模型时常发生提供可接受的数据表达的情形。例如，在道路交通事故中可观测数据非常少时，泊松分布比正态分布更能内在地拟合数据的行为。这就有必要扩展状态空间方法的范围，以涵盖非高斯观测序列。在模型中允许非线性和厚尾密度以处理观测序列中的异常点和状态的结构平移。

本书的第二部分考虑了这些扩展。这里给出的处理在某种意义上是最新的，部分基于我们 2000 年发表的论文所发展的方法，部分是新增的材料。由于所考虑的问题的精确解析结果不可得，我们发展了基于模拟的方法论。早期的学者采用马尔可夫链蒙特卡洛模拟技术来研究这些问题，我们在研究这些问题时萌发了写本书的想法，我们调查了基于重要性采样的传统模拟方法和对偶变量是否能够满意地解决问题。结果非常成功，因此我们在整个第二部分采用了这项技术。对于本书所考虑的这一类时间序列应用，我们建议的模拟技术在计算上具有透明、高效和方便的特性。

本书不寻常的特征是我们从古典和贝叶斯两个视角提供了分析。我们从古典视角开始分析所有的案例，因为在正态假设下我们的模型推理均可行。本领域早期的大部分工作是在古典视角下完成的，这也使得我们的处理与前期工作相关联变得容易。第二部分所发展的模拟技术，通过对古典处理相对直接的扩展，使我们能够获得贝叶斯解。我们关于统计推理的观点是折中和宽容的，因为我们相信这两种技术的方法论均可用于应用研究，我们非常欣喜能在本书中包容两种视角的解法。

两位作者一同撰写本书、一同进行高度交互的研究，也非常享受一同努力的乐趣。两位作者工作的贡献自然有所区别。第一部分大部分的新理论由库普曼提出，而第二部分大部分的新理论由杜宾提出。本书的说明和文字风格主要由杜宾负责，而演示和计算主要由库普曼负责。

这项合作开始于我们在伦敦经济学院统计系工作期间，我们非常荣幸能与本领域三位著名的学者成为同事。我们首先要感谢安德鲁·哈维（Andrew Harvey）在诸多方面给予我们的帮助，他在伦敦经济学院领导的状态空间时间序列分析方法论的发展激励了我们两人。我们也感谢尼尔·施菲得（Neil Shephard）许多关于状态空间模型的统计处理不同概念的富有成效的讨论，也感谢他对早期草稿的尖锐评论。我们感谢帕尔特·德容（Piet de Jong）关于理论的探索性讨论。

我们感谢牛津大学纳菲尔德学院的哲根·铎尼克（Jurgen Doornik）多年来帮助发展计算机软件包 STAMP 和 SsfPack。库普曼感谢牛津大学纳菲尔德学院的慷慨支持，以及荷兰皇家艺术与科学院对他在梯伯格大学经济研究中心（CentER）时的基金支持。

这本书是使用 LaTeX 的 MiKTeX 系统编辑的，其网址为 http：//www. miktex. org。我们感谢哲根·铎尼克帮助构建了 LaTeX 系统。

**杜宾于伦敦**
**库普曼于阿姆斯特丹**
**2000 年 11 月**

# 目　　录

# 1. 引　　言

## 1.1　状态空间分析的基本思想

状态空间模型提供了时间序列分析范畴内广泛问题的统一处理方法。在这种方法中，假设系统随时间演化的动态是由一个不可观测状态向量 $\alpha_1$，$\cdots$，$\alpha_n$，以及与其相关联的一系列观测序列 $y_1$，$\cdots$，$y_n$ 所决定；$\alpha_t$ 和 $y_t$ 的关系由状态空间模型（state space model，SSM）所设定。状态空间分析的主要目的是从观测序列 $y_1$，$\cdots$，$y_n$ 的知识推断 $\alpha_t$ 的相关特性。其他目的包括预测、信号提取和参数估计。本书旨在呈现时间序列分析相关问题的一个系统处理方法。

我们确定本书结构的出发点是，我们试图让状态空间分析的基本思路简明易懂，特别是适合以前不了解该方法的读者。我们认为，如果通过循序渐进的方式，由简入繁发展一般状态空间模型来开始这本书，基本思想会被许多复杂的公式所掩盖。因此，我们决定，在本书的第 2 章先给出状态空间模型的一个特别简单的案例，即局部水平（local level）模型，并尽可能多地使用基本状态空间的技术。我们希望这样能让读者深入了解案例背后的状态空间方法的思想，这样有助于在一般情形下也能处理复杂度较高的模型。基于这个目的，我们考虑在局部水平模型中介绍多个主题，如卡尔曼滤波、平滑状态、干扰滤波、模拟平滑、观测缺失、预测、初始化、参数的极大似然估计和诊断检查。我们同时给出古典和贝叶斯两种方法的结果。我们也展示了两种方法所需的基本理论是如何从回归理论的基本结果发展而来的。

## 1.2　线性模型

在发展理论的一般模型之前，我们先呈现一系列案例以展示线性状态空间模型与实际感兴趣问题的关系。在第 3 章，我们首先展示如何将结构时间序列（Structural Time Series，STM）模型纳入状态空间形式。结构时间序列模型是指可观测序列由趋势、季节、周期和回归成分加上误差成分构成的模型。

我们把博克斯—詹金斯的 ARIMA 模型放入状态空间形式，证明这些模型是状态空间模型的特例。接下来我们讨论指数平滑法的历史，展示它与简单形式的状态空间和 ARIMA 模型的关系。我们考虑具有时不变或时变系数或自相关误差的各种情况下的回归。我们还将呈现动态因子模型的处理。深入讨论的主题包括从不同来源的同期建模、基准问题、连续时间模型和离散及连续时间的样条平滑。这些主题应用最小方差线性无偏系统、贝叶斯处理和经典模型。

第 4 章首先基于初等多元回归的四个引理，从古典和贝叶斯两种视角提供了一般线性状态空间模型的基础理论。这些引理具有一个非常有用的性质，对于高斯假设以及高斯假设不成立的线性最小方差准则这两种情形都能产生相同的结果。这些结果的含义是，我们只需证明方程在古典模型正态假设下成立，则其结果在线性最小方差和贝叶斯假设下仍然保持有效。在给定数据下，四个引理均可推导出卡尔曼滤波和平滑递归对于状态向量及其条件方差矩阵的估计。我们也推导得到估计的观测序列和状态向量的扰动的递归。我们推导出模拟平滑，这是在本书后面我们所采用的模拟方法的重要工具。我们发现，观测序列缺失和预测在状态空间框架下很容易处理。

状态空间分析中的计算算法主要是基于递推，也就是说，我们计算某公式在 $t+1$ 期的值是基于之前的 $t$，$t-1$，$\cdots$，1 期的值。第 5 章介绍如何解决序列在刚开始的时点启动递归的问题，即所谓的初始化。在初始状态向量的一些元素的分布已知而其他为扩散，即处理为具有无限方差的随机变量，或处理为未知常数并进行极大似然估计的情形下，我们给出一般处理方法。

第 6 章进一步讨论了滤波和平滑的计算概念，并开始考虑模型的干预成分和回归成分的估计。在卡尔曼滤波和平滑显示信号数值不稳时，考虑使用平方根滤波和平滑来替代。本章讨论了如何把多元时间序列的观测向量的元素一次性加载到一个系统，以在某些情形下降低多元变量的计算复杂度，还进一步讨论了观测向量为高维时的修正。本章最后总结计算算法。

在第 7 章，在初始状态向量的分布为已知，以及状态向量至少有元素为扩散或视为未知但是固定的两种情形下，考虑参数极大似然估计。本章还讨论了得分向量和 EM 算法的使用，检查了参数估计对方差估计的影响。

到目前为止，阐述是基于古典方法假定参数已知来推理其公式，而参数未知的应用由相应的近似估计来取代。在贝叶斯分析中，参数被视为设定的随机变量，或被视为无信息先验联合密度由模拟技术来处理，这将在第 13 章予以介绍。第 13 章在先验密度适当和无信息的情形下，部分考虑线性高斯模型的贝叶斯分析。我们给出它的后验均值公式，通过数值积分或模拟可以计算出状态向量的函数。对于给定的参数值，我们限定函数可由卡尔曼滤波和平滑计算得到。

在第 8 章，我们演示方法论的应用，说明应用已经发展到可基于真实数据的分析。案例包括英国机动车座椅安全带法案对交通事故的影响、登录互联网服务器的用户数预测、拟合加速模拟对摩托车事故和美国利率期限结构的动态因子分析。

## 1.3　非线性和非高斯模型

本书第二部分扩展为非线性和非高斯状态空间模型的处理。第 9 章演示了使用第二部分的方法分析非高斯和非线性模型的外延范围。它包括指数簇系列模型，如给定状态的观测条件分布为泊松分布。它还包括观测和状态扰动为厚尾分布，如 $t$ 分布及混合正态密度的分布。从模型的线性出发，研究了基本状态空间结构被保留的情形。从状态空间视角研究金融模型，如随机波动（stochastic volatility）模型。

第 10 章考虑了非线性和非高斯模型分析的近似方法，即扩展卡尔曼滤波方法和无迹卡尔曼滤波方法，还讨论了基于一阶和二阶泰勒展开式的近似方法。我们还展示了给定非高斯模型的观测，通过迭代使用卡尔曼滤波和平滑，如何计算状态的条件模。

精确处理非高斯和非线性模型的模拟技术基于重要性采样（importance sampling），这在第 11 章给出详细描述。我们展示给定观测，找出相同条件模的线性高斯模型。给定观测，我们使用该模型状态的条件密度作为重要密度，来近似线性高斯模型。我们使用第 4 章描述的模拟平滑方法来模拟抽取随机样本。为了提高效率，我们引入两种对偶变量来平衡模拟样本的位置和尺度参数。

在第 12 章我们强调时间序列的模拟可以循序进行，而不是在每 $t$ 期选择整个新样本。该方法在第 12.2 节给出，我们在$\cdots$，$t-2$，$t-1$ 期获得以前的值时，固定样本，然后再在 $t$ 期选择新的值。生成模拟要求新的递归。这种方法称为粒子滤波（particle filtering）。

在第 13 章，我们讨论使用重要性采样技术来估计第一部分和第二部分的贝叶斯分析中的参数。另一种模拟技术是马尔可夫链蒙特卡洛（Markov chain Monte Carlo，MCMC）技术。对于本书考虑的问题，我们更偏向使用重要性采样技术，基于比较目的也给出其简要描述。

我们在第 14 章中提供了示例，并在第二部分中进一步深入描述使用非高斯和非线性状态空间模型分析观测值的方法。示例包括英国每月在道路交通事故中丧生的货车司机人数、季度汽油消耗的异常观察、汇率回报的波动，以及牛津大学和剑桥大学团队之间的年度赛艇比赛结果分析。

## 1.4 预备知识

了解本书所必要的理论，仅为统计学和矩阵代数的基本知识。在统计学中，必须了解的初等知识是在多元正态分布中，给定向量 $y$ 的 $x$ 向量的条件分布。本书涉及这个领域的关键结果是第 4.2 节的四个引理。关于时间序列分析所必需的知识较少，仅为理解时间序列的平稳（stationary）和自相关函数的概念。所需的矩阵代数就是矩阵乘法和矩阵求逆，以及相关秩（rank）和迹（trace）等基本概念。

## 1.5 记号

这本书的理论论述中需要使用大量数学符号，我们决定限定使用标准的英语和希腊字母。这样做的原因是我们需要多次使用相同的符号。我们的目的是贯穿全书始终保持符号清晰一致，并确保符号的含义不变。我们给出所使用的符号表的主要清单。

◆相同的符号 0 用来表示零、零向量或零矩阵。

◆符号 $I_k$ 表示 $k$ 维单位矩阵。

◆使用通用符号 $p(\cdot), p(\cdot, \cdot), p(\cdot \mid \cdot)$ 来表示概率密度、联合概率密度和条件概率密度。

◆如果 $x$ 为一随机向量，其值为 $\mu$，方差矩阵为 $V$ 且不需要为正态，记为 $x \sim (\mu, V)$。

◆如果 $x$ 为一随机向量，其均值为 $\mu$ 且方差矩阵为 $V$ 的正态分布，记为 $x \sim \mathrm{N}(\mu, V)$。

◆如果 $x$ 为一随机向量，其为自由度为 $\nu$ 的卡方分布，记为 $x \sim \chi_\nu^2$。

◆我们使用相同的符号 $\mathrm{Var}(x)$ 来表示标量随机变量 $x$ 的方差和随机向量 $x$ 的方差矩阵。

◆使用相同的符号 $\mathrm{Cov}(x, y)$ 来表示标量随机变量 $x$ 与 $y$，标量随机变量 $x$ 与随机向量 $y$，随机向量 $x$ 与 $y$ 之间的协方差。

◆符号 $E(x \mid y)$ 表示给定 $y$ 的 $x$ 条件期望；同样 $\mathrm{Var}(x \mid y)$ 与 $\mathrm{Cov}(x, y \mid z)$ 为随机向量 $x$，$y$ 和 $z$。

◆符号 $\mathrm{diag}(a_1, \cdots, a_k)$ 表示矩阵 $\ell \times \ell$，该矩阵主对角线元素为 $a_1$，$\cdots$，$a_k$，其他元素为零。其中，$\ell = \sum_{i=1}^{k} \mathrm{rank}(a_i)$。

## 1.6　有关状态空间方法的其他著作

我们在这里列出包含处理状态空间方法的相关著作，当然不可能完全涵盖。我们首先提到的是从工程视角出版最早的三本著作：《随机过程与滤波》（Azwinski，1970）、《通讯与控制的应用估计理论》（Sage 和 Melsa，1971）和《最优化滤波》（Anderson 和 Moore，1979）。相关视角稍后的著作是《递归估计与时间序列分析》（Young，1984）。

统计学和计量经济学视角的相关著作包括《预测、结构时间序列模型和卡尔曼滤波》（Harvey，1989），他给出结构时间序列模型以及状态空间相关内容的状态空间的全面处理。《贝叶斯预测和动态模型》（West 和 Harrison，1997）给出贝叶斯处理，其重点放在预测上。《时间序列的平滑优先分析》（Kitagawa 和 Gersch，1996）和《具有机制转换的状态空间模型》（Kim 和 Nelson，1999）。《有限混合和马尔可夫转换模型》（Fruhwirth 和 Schnatter，2006）给出包括状态空间模型的时间序列模型的一个完整的贝叶斯处理。隐马尔可夫模型的基本和严谨统计处理，其中包括我们第二部分的非线性非高斯状态由《隐马尔可夫模型推理》（Cappe、Moulines 和 Ryden，2005）给出。从实践者的视角来看，《状态空间时间序列分析导论》（Commandeur 和 Koopman，2007）提供了状态空间方法的介绍和基本处理。

包含状态空间处理的时间序列分析和相关主题的一般著作，包括《时间序列与预测介绍（第二版）》（Brockwell 和 Davis，1987）（570 页中有 39 页状态空间内容）、《时间序列分析》（Chatfield，2003）（300 页中有 14 页）、《时间序列模型》（Harvey，1993）（300 页中有 48 页）、《时间序列分析》（Hamilton，1994）（800 页中有 37 页）和《时间序列分析及其应用》（Shumway 和 Stoffer，2000）（545 页中有 37 页）。

专著有：《纵向数据的序列相关：状态空间方法》（Jones，1993）关于纵向模型有 3 章是关于状态空间的（225 页中有 66 页）、《基于广义线性模型的多元统计建模》（Fahrmeir 和 Tutz，1994）有 1 章是关于状态空间模型的（420 页中有 48 页）。

最后，《非线性经济时间序列建模》（Terasvirta、Tjostheim 和 Granger，2011）这本关于非线性时间序列建模的书有 1 章是关于非线性状态空间模型的（500 页中有 32 页）。

涉及时间序列分析和类似的主题但对状态空间着墨较少的书籍包括《经济时间序列预测（第二版）》（Granger 和 Newbold，1986）和《经济学家的时间序列技术》（Mills，1993）。最后我们还要提到 Doucetde Freitas 和 Gordon（2001）编辑的书《贯序蒙特卡洛方法实务》，其收集了蒙特卡洛（粒子）滤波的论文。《时间序列分析实务》（Akaike 和 Kitagawa，1999）收集了 6 章演示状态空间分析的内容（88 页），该书共 22 章（385 页）。

# 1.7　本书的网址

本书网址为 http：//www. ssfpack. com/dkbook. html。我们将持续维护本书的数据、代码、修订和其他相关信息。如果读者告诉我们关于本书的评论和错误，这样对书中的修订就可以及时放置在网站上，我们将非常感谢读者。

# 第一部分
# 线性状态空间模型

在第一部分，我们呈现了构建和分析线性状态空间模型的全面处理，并讨论了执行导出结果方法所必需的软件。我们以局部水平模型的处理作为方法论的介绍来开始。对于一般情形，我们展示高斯系统、最小方差线性无偏线性估计，以及贝叶斯变种，全部都得出了相同的公式。我们还考虑了初始化、观测缺失、预测和诊断检查。基于这些模型的方法（可能在观测转换后）可适用于实际时间序列分析中非常广泛范围的问题。我们也呈现这些方法应用于实际序列的演示。部分章节给出了练习。

# 2. 局部水平模型

## 2.1 引言

本章的目的是介绍状态空间分析的基本技术，例如，滤波、平滑、初始化和预测，应用于一个简单的状态空间模型，即局部水平模型。这是为了帮助初学者快速掌握状态空间的基本思想，如果我们在一般情形下系统地介绍这本书，效率就要慢得多。假定正态性，我们将同时从古典和贝叶斯视角呈现结果，当正态假设不成立时，还从最小方差线性无偏视角来估计。

时间序列（time seires）是一组按时间排序的观测序列 $y_1$，$\cdots$，$y_n$。表示时间序列的基本模型是加法模型

$$y_t = \mu_t + \gamma_t + \varepsilon_t, \quad t = 1, \cdots, n。 \tag{2.1}$$

在这里，$\mu_t$ 为缓慢变化的成分，称为趋势（trend）；$\gamma_t$ 为固定区间的周期成分，称为季节（seasonal）；$\varepsilon_t$ 为不规则成分，称为误差（error）或扰动（disturbance）。在一般情形下，观测值 $y_t$ 及式（2.1）中的其他变量可以是向量，但在本章中，假定它们为标量。在许多应用中，特别是在经济应用中，各成分组合形式为乘法模型，即

$$y_t = \mu_t \gamma_t \varepsilon_t。 \tag{2.2}$$

然而，通过取对数和利用对数值，模型（2.2）可简化为模型（2.1），所以这种情形下模型（2.1）仍然可以使用。

为了对 $\mu_t$ 和 $\gamma_t$ 开发合适的模型，需要引入随机游走（random walk）的概念。标量序列 $\alpha_t$ 由关系 $\alpha_{t+1} = \alpha_t + \eta_t$ 所确定，式中 $\eta_t$ 为独立同分布的随机变量，均值为零且方差为 $\sigma_\eta^2$。

考虑模型（2.1）的简单形式，$\mu_t = \alpha_t$，式中 $\alpha_t$ 随机游走，没有季节成分，但所有的随机变量均为正态分布。假设 $\varepsilon_t$ 具有不变方差 $\sigma_\varepsilon^2$。我们给出模型：

$$y_t = \alpha_t + \varepsilon_t, \qquad \varepsilon_t \sim N(0, \sigma_\varepsilon^2),$$
$$\alpha_{t+1} = \alpha_t + \eta_t, \qquad \eta_t \sim N(0, \sigma_\eta^2), \qquad (2.3)$$

对于 $t = 1, \cdots, n$，式中 $\varepsilon_t$ 和 $\eta_t$ 相互独立，也独立于 $\alpha_1$。该模型称为局部水平（local level）模型。虽然它仅具有简单形式，但该模型并不是人为的特例，事实上在真实时间序列分析中很多重要的现实问题，它均能提供分析基础。例如，局部水平模型为尼罗河数据分析提供基础，我们将在第 2.2.5 节讨论。它展示出状态空间模型的结构特性，式中有一系列不可观测序列 $\alpha_1, \cdots, \alpha_n$，称为状态（state），它代表了所研究的系统随时间变化的发展动态，以及一系列与状态空间模型（2.3）中的 $\alpha_t$ 相关的观测序列 $y_1, \cdots, y_n$。我们将要开发的方法的目标是，利用观测序列 $y_1, \cdots, y_n$ 的知识推断 $\alpha_t$ 的相关特性。模型（2.3）对于古典与贝叶斯分析都适合。当 $\varepsilon_t$ 和 $\eta_t$ 为非正态分布时，我们从最小方差线性无偏估计的视角，也可以得到等效的结果。

我们假设初始状态 $\alpha_1 \sim N(a_1, P_1)$ 已知，式中 $a_1$ 和 $P_1$ 已知，$\sigma_\varepsilon^2$ 和 $\sigma_\eta^2$ 也已知。由于随机游走为非平稳模型，局部水平模型也为非平稳模型。在这里，非平稳意味着随机变量 $y_t$ 和 $\alpha_t$ 的分布依赖于时间 $t$。

模型（2.3）应用于实际序列，需要定量计算给定 $y_1, \cdots, y_{t-1}$ 的 $\alpha_t$ 均值，或者给定 $y_1, \cdots, y_n$ 的 $\alpha_t$ 的条件均值和方差；我们还需要计算极大似然估计 $\sigma_\varepsilon^2$ 和 $\sigma_\eta^2$ 的参数，以使模型拟合数据。原则上，可以通过使用多元正态理论得到标准结果，如 Anderson（2003）的著作所述。在这种方法中，由局部水平模型生成的观测值 $y_t$ 被表示为 $n \times 1$ 维向量 $Y_n$，使得：

$$Y_n \sim N(1a_1, \Omega), \text{ 其中 } Y_n = \begin{pmatrix} y_1 \\ \vdots \\ y_n \end{pmatrix}, \ 1 = \begin{pmatrix} 1 \\ \vdots \\ 1 \end{pmatrix}, \ \Omega = 11'P_1 + \sum,$$

$$(2.4)$$

式中 $n \times n$ 矩阵 $\sum$ 的元素 $(i, j)$ 由下式给出：

$$\sum_{ij} = \begin{cases} (i-1)\sigma_\eta^2, & i < j \\ \sigma_\varepsilon^2 + (i-1)\sigma_\eta^2, & i = j, \quad i,j = 1, \cdots, n, \\ (j-1)\sigma_\eta^2, & i > j \end{cases} \qquad (2.5)$$

由于局部线性模型隐含

$$y_t = \alpha_1 + \sum_{j=1}^{t-1} \eta_j + \varepsilon_t, \quad t = 1, \cdots, n_{\circ} \qquad (2.6)$$

从 $Y_n$ 的分布的知识估计条件均值、方差和协方差原则上是使用基于多元正态分布属性的多变量分析的标准的常规程序。由于观测值 $y_t$ 之间的序列相关，随着 $n$ 增加，原本迅速计算的常规程序的速度则显著下降。这种简单的估计方法可通过滤波和平滑技术进行改进，在接下来的三节中给出描述。实际上，这些高效的计算算法技术所获得的结果，与多元分析理论推导的结果相同。本章的其余部分处理其他重要问题，如局部水平模型的拟合和预测未来观测值。

## 2.2　滤波

### 2.2.1　卡尔曼滤波①

滤波（filtering）的目的是每次得到新观测值 $y_t$，就更新关于系统的知识。我们将首先为局部水平模型（2.3）开发滤波理论，从古典理论分析的视角来看，假定 $\varepsilon_t$ 和 $y_t$ 为正态。因为在这种情形下，所有的分布均为正态，给定一组观测的另一组观测的条件联合分布也为正态。令 $Y_{t-1}$ 为观测向量 $(y_1, \cdots, y_{t-1})'$，式中 $t = 2，3，\cdots$，且假设给定 $Y_{t-1}$ 的 $\alpha_t$ 条件分布就是 $N(a_t, P_t)$，式中 $a_t$ 和 $P_t$ 已知。还假设给定 $Y_t$ 的 $a_t$ 条件分布为 $N(a_{t|t}, P_{t|t})$。给定 $Y_t$ 的 $\alpha_{t+1}$ 的分布为 $N(a_{t+1}, P_{t+1})$。我们的目标是得到 $y_t$ 时，计算 $a_{t|t}$、$P_{t|t}$、$a_{t+1}$ 和 $P_{t+1}$。我们称 $a_{t|t}$ 为状态 $\alpha_t$ 的滤波估计（filtered estimator），$a_{t+1}$ 为 $\alpha_{t+1}$ 的提前一步预测（one-step ahead predictor）。它们各自相应的方差为 $P_{t|t}$ 和 $P_{t+1}$。

$y_t$ 的一个重要组成部分是 $y_t$ 的提前一步预测误差 $v_t$。则有，$v_t = y_t - a_t$，对于 $t = 1，\cdots，n$，和

$$E(v_t \mid Y_{t-1}) = E(\alpha_t + \varepsilon_t - a_t \mid Y_{t-1}) = a_t - a_t = 0,$$

$$\mathrm{Var}(v_t \mid Y_{t-1}) = \mathrm{Var}(\alpha_t + \varepsilon_t - a_t \mid Y_{t-1}) = P_t + \sigma_\varepsilon^2,$$

$$\mathrm{E}(v_t \mid \alpha_t, Y_{t-1}) = \mathrm{E}(\alpha_t + \varepsilon_t - a_t \mid \alpha_t, Y_{t-1}) = \alpha_t - a_t,$$

$$\mathrm{Var}(v_t \mid \alpha_t, Y_{t-1}) = \mathrm{Var}(\alpha_t + \varepsilon_t - a_t \mid \alpha_t, Y_{t-1}) = \sigma_\varepsilon^2, \tag{2.7}$$

式中 $t = 2, \cdots, n$。当 $Y_t$ 固定，$Y_{t-1}$ 和 $y_t$ 也固定，$v_t$ 也被固定，反之亦然。因此，$p(\alpha_t \mid Y_t) = p(\alpha_t \mid Y_{t-1}, v_t)$。我们有

$$
\begin{aligned}
p(\alpha_t \mid Y_{t-1}, v_t) &= p(\alpha_t, v_t \mid Y_{t-1}) / p(v_t \mid Y_{t-1}) \\
&= p(\alpha_t \mid Y_{t-1}) p(v_t \mid \alpha_t, Y_{t-1}) / p(v_t \mid Y_{t-1}) \\
&= \mathrm{constant} \times \exp\left(-\frac{1}{2}Q\right), \tag{2.8}
\end{aligned}
$$

式中

$$
\begin{aligned}
Q &= (\alpha_t - a_t)^2 / P_t + (v_t - \alpha_t + a_t)^2 / \sigma_\varepsilon^2 - v_t^2 / (P_t + \sigma_\varepsilon^2) \\
&= \left(\frac{1}{P_t} + \frac{1}{\sigma_\varepsilon^2}\right)(\alpha_t - a_t)^2 - 2(\alpha_t - a_t)\frac{v_t}{\sigma_\varepsilon^2} + \left(\frac{1}{\sigma_\varepsilon^2} - \frac{1}{P_t + \sigma_\varepsilon^2}\right)v_t^2 \tag{2.9} \\
&= \frac{P_t + \sigma_\varepsilon^2}{P_t \sigma_\varepsilon^2}\left(\alpha_t - a_t - \frac{P_t v_t}{P_t + \sigma_\varepsilon^2}\right)^2 。
\end{aligned}
$$

因而

$$p(\alpha_t \mid Y_t) = \mathrm{N}\left(a_t + \frac{P_t}{P_t + \sigma_\varepsilon^2}v_t, \frac{P_t \sigma_\varepsilon^2}{P_t + \sigma_\varepsilon^2}\right)。 \tag{2.10}$$

但 $a_{t\mid t}$ 与 $P_{t\mid t}$ 均已被定义，使得 $p(\alpha_t \mid Y_t) = \mathrm{N}(a_{t\mid t}, P_{t\mid t})$。它服从：

$$a_{t\mid t} = a_t + \frac{P_t}{P_t + \sigma_\varepsilon^2}v_t, \tag{2.11}$$

$$P_{t\mid t} = \frac{P_t \sigma_\varepsilon^2}{P_t + \sigma_\varepsilon^2}。 \tag{2.12}$$

因为从式（2.3）可得 $a_{t+1} = \mathrm{E}(\alpha_{t+1} \mid Y_t) = \mathrm{E}(\alpha_t + \eta_t \mid Y_t)$ 与 $P_{t+1} = \mathrm{Var}(\alpha_{t+1} \mid Y_t) = \mathrm{Var}(\alpha_t + \eta_t \mid Y_t)$，我们有

$$a_{t+1} = \mathrm{E}(\alpha_t \mid Y_t) = a_{t\mid t},$$

$$P_{t+1} = \mathrm{Var}(\alpha_t \mid Y_t) + \sigma_\eta^2 = P_{t\mid t} + \sigma_\eta^2,$$

给定

$$a_{t+1} = a_t + \frac{P_t}{P_t + \sigma_\varepsilon^2}v_t, \tag{2.13}$$

$$P_{t+1} = \frac{P_t \sigma_\varepsilon^2}{P_t + \sigma_\varepsilon^2} + \sigma_\eta^2, \tag{2.14}$$

对于 $t = 2$，$\cdots$，$n$。对于 $t = 1$，在上述推导中，删除符号 $Y_{t-1}$，我们发现，不论是 $t = 1$，还是 $t = 2$，$\cdots$，$n$，式 (2.7) ~式 (2.13) 所有结果均成立。

为了使这些结果与第 4.3.1 节的一般线性状态空间模型的滤波处理结果一致，我们引入记号

$$F_t = \mathrm{Var}(v_t \mid Y_{t-1}) = P_t + \sigma_\varepsilon^2, \quad K_t = P_t / F_t,$$

式中 $F_t$ 被称为预测误差 $v_t$ 的方差，$K_t$ 被称为卡尔曼增益（Kalman gain）。利用式 (2.11) ~式 (2.14)，我们就可以给出一整套从 $t$ 期到 $t+1$ 期的更新关系，其形式如下

$$
\begin{aligned}
v_t &= y_t - a_t, & F_t &= P_t + \sigma_\varepsilon^2, \\
a_{t\mid t} &= a_t + K_t v_t, & P_{t\mid t} &= P_t(1 - K_t), \\
a_{t+1} &= a_t + K_t v_t, & P_{t+1} &= P_t(1 - K_t) + \sigma_\eta^2,
\end{aligned}
\tag{2.15}
$$

对于 $t = 1$，$\cdots$，$n$，式中 $K_t = P_t / F_t$。

我们假设 $a_1$ 和 $P_1$ 为已知。第 2.9 节处理 $a_1$ 和 $P_1$ 更一般的初始化设定。式 (2.15) 构成了著名的卡尔曼滤波（Kalman filter）在局部水平模型中的形式。应当注意的是，$P_t$ 仅依赖于 $\sigma_\varepsilon^2$ 与 $\sigma_\eta^2$，并不依赖于 $Y_{t-1}$。我们可以总结得到式 (2.15)，为方便起见，我们在式 (2.15) 中包括 $t = n$ 的情形，不过 $a_{n+1}$ 和 $P_{n+1}$ 除了用于预测通常并不必需。这一组式 (2.15) 的关系，使我们能够在给定 $t$ 期定量计算 $t+1$ 期的数量，这称为递推（recursion）[①]。

## 2.2.2　回归引理

上述卡尔曼滤波的推导，可视为二元正态分布回归引理的一个应用。假设 $x$ 和 $y$ 为联合正态分布变量

$$\mathrm{E}\binom{x}{y} = \binom{\mu_x}{\mu_y}, \quad \mathrm{Var}\binom{x}{y} = \begin{bmatrix} \sigma_x^2 & \sigma_{xy} \\ \sigma_{xy} & \sigma_y^2 \end{bmatrix},$$

其均值为 $\mu_x$ 和 $\mu_y$，方差为 $\sigma_x^2$ 和 $\sigma_y^2$，协方差为 $\sigma_{xy}$。根据条件密度 $p(x \mid y)$ 的定义，联合分布为

---

① 译者注：在计算机程序设计中标准的翻译为递归，但从本书的含义来看递推可能更合适。两者从字面上来看似乎有后向和前向之分，在本质上并无差异。

$$p(x,y) = p(y)p(x|y),$$

但它也可以通过乘法直接验证。我们有

$$p(x,y) = \frac{A}{2\pi}\exp\left\{-\frac{1}{2}\sigma_y^{-2}(y-\mu_y)^2 - \frac{1}{2}\sigma_x^{-2}\left[x-\mu_x-\sigma_{xy}\sigma_y^{-2}(y-\mu_y)\right]^2\right\},$$

式中 $A = \sigma_x^2 - \sigma_y^{-2}\sigma_{xy}$。它服从给定 $y$ 的 $x$ 的条件分布为正态，且独立于 $y$，均值和方差由下式给出：

$$\mathrm{E}(x|y) = \mu_x + \frac{\sigma_{xy}}{\sigma_y^2}(y-\mu_y), \quad \mathrm{Var}(x|y) = \sigma_x^2 - \frac{\sigma_{xy}^2}{\sigma_y^2}.$$

为将此引理应用于卡尔曼滤波，令 $v_t = y_t - a_t$ 且 $Y_{t-1}$ 保持固定。取 $x = \alpha_t$，则 $\mu_x = a_t$ 和 $y = v_t$。它服从 $\mu_y = (v_t) = 0$。然后，$\sigma_x^2 = \mathrm{Var}(\alpha_t) = P_t$，$\sigma_y^2 = \mathrm{Var}(v_t) = \mathrm{Var}(\alpha_t - a_t + \varepsilon_t) = P_t + \sigma_\varepsilon^2$，$\sigma_{xy} = P_t$。我们得到给定 $v_t$ 的 $\alpha_t$ 的条件分布：

$$\mathrm{E}(\alpha_t|v_t) = a_{t|t} = a_t + \frac{P_t}{P_t+\sigma_\varepsilon^2}(y_t - a_t), \quad \mathrm{Var}(\alpha_t|v_t) = P_{t|t} = \frac{P_t}{P_t+\sigma_\varepsilon^2}.$$

以类似的方法，应用回归引理我们可得到 $a_{t+1}$ 和 $P_{t+1}$ 方程。

### 2.2.3 贝叶斯处理

为了从贝叶斯视角来分析局部水平模型，我们假设数据由模型（2.3）生成。在这种方法中，$\alpha_t$ 和 $y_t$ 被认为分别是一个参数和一个常数。在观测值 $y_t$ 尚未得到之前，$\alpha_t$ 的先验分布为 $p(\alpha_t|Y_{t-1})$。$\alpha_t$ 的似然函数为 $p(y_t|\alpha_t,Y_{t-1})$。给定 $y_t$ 的 $\alpha_t$ 的后验分布由贝叶斯定理给出，成比例地乘以它。特别是我们有

$$p(\alpha_t|Y_{t-1},y_t) = p(\alpha_t|Y_{t-1})p(y_t|\alpha_t,Y_{t-1})/p(y_t|Y_{t-1}).$$

由于 $y_t = \alpha_t + \varepsilon_t$，我们有 $\mathrm{E}(y_t|Y_{t-1}) = a_t$ 和 $\mathrm{Var}(y_t|Y_{t-1}) = P_t + \sigma_\varepsilon^2$，则有

$$p(\alpha_t|Y_{t-1},y_t) = \mathrm{constant} \times \exp\left(-\frac{1}{2}Q\right),$$

式中

$$Q = (\alpha_t - a_t)^2/P_t + (\alpha_t - a_t)^2/\sigma_\varepsilon^2 - (y_t - a_t)^2/(P_t + \sigma_\varepsilon^2)$$

$$= \frac{P_t + \sigma_\varepsilon^2}{P_t\sigma_\varepsilon^2}\left[\alpha_t - a_t - \frac{P_t}{P_t+\sigma_\varepsilon^2}(y_t - a_t)\right]^2. \tag{2.16}$$

这是一个正态密度，我们记为 $\mathrm{N}(a_{t|t}, P_{t|t})$。其后验均值和方差为

$$a_{t\,|\,t} = a_t + \frac{P_t}{P_t + \sigma_\varepsilon^2}(y_t - a_t),$$

$$P_{t\,|\,t} = \frac{P_t\sigma_\varepsilon^2}{P_t + \sigma_\varepsilon^2}, \tag{2.17}$$

令 $v_t = y_t - a_t$，则它们与式（2.11）和式（2.12）相同。在 $t = 1$ 的情形下，具有相同形式。同样，给定 $y_t$ 的 $\alpha_{t+1}$ 的后验密度为 $p(\alpha_{t+1}\,|\,Y_{t-1},y_t) = p(\alpha_t + \eta_t\,|\,Y_{t-1},y_t)$，其为正态分布，均值为 $a_{t\,|\,t}$，方差为 $P_{t\,|\,t} + \sigma_\eta^2$，记为 $\mathrm{N}(a_{t+1},P_{t+1})$，我们有

$$a_{t+1} = a_{t\,|\,t} = a_t + \frac{P_t}{P_t + \sigma_\varepsilon^2}(y_t - a_t),$$

$$P_{t+1} = P_{t\,|\,t} + \sigma_\eta^2 = \frac{P_t\sigma_\varepsilon^2}{P_t + \sigma_\varepsilon^2} + \sigma_\eta^2, \tag{2.18}$$

当然，其与式（2.13）和式（2.14）相同。贝叶斯视角的卡尔曼滤波的式（2.15）与古典推理视角的卡尔曼滤波具有相同的形式，上式也遵循这一规律。这一结果是非常重要的；从第 3 章及后面的几章中可以看到，无论是从古典还是从贝叶斯的视角来看，许多状态 $\alpha_t$ 的推理结果均相同。

### 2.2.4 最小方差线性无偏处理

在某些情形下，一些学者不同意模型（2.3）服从正态分布的假设，其理由是所观测到的时间序列所表现的行为并不服从正态分布。在此情形下，一种替代方法是将给定 $Y_t$ 的 $\alpha_t$ 和 $\alpha_{t+1}$ 的估计问题处理为滤波，并限定 $y_t$ 的估计为线性无偏函数；再选择那些具有最小方差的估计。我们称这些估计为最小方差线性无偏估计（minimum variance linear unbiased estimates，MVLUE）。

考虑 $\alpha_t$ 的第一种情形，我们寻求估计值 $\bar\alpha_t$，其具有线性形式 $\bar\alpha_t = \beta + \gamma y_t$，式中 $\beta$ 和 $\gamma$ 在给定 $Y_{t-1}$ 为常数，这具有无偏意义，在给定 $Y_{t-1}$ 的 $\alpha_t$ 和 $y_t$ 的条件联合分布中，误差估计 $\bar\alpha_t - \alpha_t$ 有零均值。因此，我们有

$$\mathrm{E}(\bar\alpha_t - \alpha_t\,|\,Y_{t-1}) = \mathrm{E}(\beta + \gamma y_t - \alpha_t\,|\,Y_{t-1})$$

$$= \beta + \gamma a_t - a_t = 0, \tag{2.19}$$

所以 $\beta = a_t(1 - \gamma)$，得到 $\bar\alpha_t = a_t + \gamma(y_t - a_t)$。有 $\bar\alpha_t - \alpha_t = \gamma(\alpha_t - a_t + \varepsilon_t) - (\alpha_t - a_t)$。现有 $\mathrm{Cov}(\alpha_t - a_t + \varepsilon_t, \alpha_t - a_t) = P_t$，则有：

$$\mathrm{Var}(\bar\alpha_t - \alpha_t\,|\,Y_{t-1}) = \gamma^2(P_t + \sigma_\varepsilon^2) - 2\gamma P_t + P_t$$

$$= (P_t + \sigma_\varepsilon^2) \left( \gamma - \frac{P_t}{P_t + \sigma_\varepsilon^2} \right)^2 + P_t - \frac{P_t^2}{P_t + \sigma_\varepsilon^2}。 \qquad (2.20)$$

当 $\gamma = P_t / (P_t + \sigma_\varepsilon^2)$ 时最小化，得到：

$$\bar{\alpha}_t = a_t + \frac{P_t}{P_t + \sigma_\varepsilon^2}(y_t - a_t), \qquad (2.21)$$

$$\mathrm{Var}(\bar{\alpha}_t - \alpha_t \mid Y_{t-1}) = \frac{P_t \sigma_\varepsilon^2}{P_t + \sigma_\varepsilon^2}。 \qquad (2.22)$$

同样，如果使用线性函数 $\bar{\alpha}_{t+1}^* = \beta^* + \gamma^* y_t$ 来估计给定 $Y_{t-1}$ 的 $\alpha_{t+1}$，并要求其具有无偏性 $\mathrm{E}(\bar{\alpha}_{t+1}^* - \alpha_{t+1} \mid Y_{t-1}) = 0$，我们发现 $\beta^* = a_t(1 - \gamma^*)$，则 $\bar{\alpha}_{t+1}^* = a_t + \gamma^*(y_t - a_t)$。对 $\bar{\alpha}_t$ 进行同样的论证，我们发现当 $\gamma^* = P_t / (P_t + \sigma_\varepsilon^2)$ 时，$\mathrm{Var}(\bar{\alpha}_{t+1}^* - \alpha_{t+1} \mid Y_{t-1})$ 最小化，则有

$$\bar{\alpha}_{t+1}^* = a_t + \frac{P_t}{P_t + \sigma_\varepsilon^2}(y_t - a_t), \qquad (2.23)$$

$$\mathrm{Var}(\bar{\alpha}_{t+1}^* - \alpha_{t+1} \mid Y_{t-1}) = \frac{P_t \sigma_\varepsilon^2}{P_t + \sigma_\varepsilon^2} + \sigma_\eta^2。 \qquad (2.24)$$

因此，我们已经表明由 MVLUE 方法给出 $\bar{\alpha}_t$ 和 $\bar{\alpha}_{t+1}$ 的估计，其方差与在式（2.11）～式（2.14）通过正态假设获得的 $a_{t \mid t}$、$a_{t+1}$、$P_{t \mid t}$ 和 $P_{t+1}$ 完全相同，无论是从古典还是从贝叶斯的视角。卡尔曼滤波递推式（2.15）给出的值为 MVLUE。在第 4.3.1 节，我们将展示这同样也适用于一般线性高斯状态空间模型（4.12）。

### 2.2.5　演示

在本节，我们将演示使用尼罗河观测数据的卡尔曼滤波结果。该数据集包含尼罗河在阿斯旺 1871～1970 年的年流量序列，该序列已由 Cobb（1978）和 Balke（1993）分析。我们使用局部水平模型（2.3）来分析数据，式中 $a_1 = 0$，$P_1 = 10^7$，$\sigma_\varepsilon^2 = 15099$，$\sigma_\eta^2 = 1469.1$。出于演示的目的，$a_1$ 和 $P_1$ 的值先由主观设定。在第 2.10.3 节 $\sigma_\varepsilon^2$ 和 $\sigma_\eta^2$ 的值可以得到极大似然估计。$a_t$ 的值连同原始数据 $P_t$、$v_t$ 和 $F_t$ 在 $t = 2, \cdots, n$ 时，由卡尔曼滤波给出，在图 2.1 中以图形方式呈现。

四个图最明显的特征是，$P_t$ 与 $F_t$ 迅速收敛到固定值，证实局部水平模型具有稳态解；关于稳定状态的概念的讨论见第 2.11 节。尽管 $P_t$ 的曲

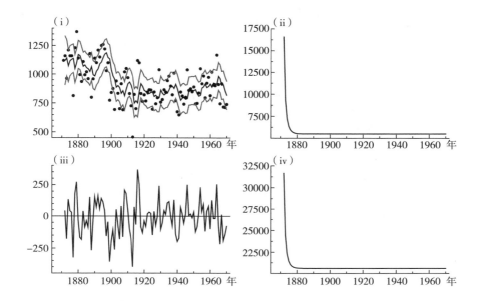

**图 2.1　尼罗河数据和卡尔曼滤波的结果：**
**（i）数据（点），$a_t$ 的滤波正态（粗实线）和 90％置信区间（细实线）；**
**（ii）滤波状态方差 $P_t$；（iii）预测误差 $v_t$；（iv）预测方差 $F_t$**

线似乎表明，经过大约 10 次更新就得到稳态，然而从实际数据可以发现，拟合局部水平模型在收敛稳定状态时需要更新 $P_t$ 大约 25 次。

## 2.3　预测误差

卡尔曼滤波的残差 $v_t = y_t - a_t$ 及其方差 $F_t$ 是第 2.2 节中定义的给定 $Y_{t-1}$ 的 $y_t$ 的提前一步预测误差及其方差。预测误差 $v_1, \cdots, v_n$ 有时称为新息（innovations），因为它代表 $y_t$ 的新的组成部分，不能从过去 $t = 1, \cdots, n$ 预测得到。下面的章节中，我们应充分利用 $v_t$ 和 $F_t$ 的各种结果。研究它们的细节非常重要。

### 2.3.1　乔里斯基（Cholesky）分解

首先，我们表明 $v_1, \cdots, v_n$ 为相互独立的。$y_1, \cdots, y_n$ 的联合密度为

$$p(y_1, \cdots, y_n) = p(y_1) \prod_{t=2}^{n} p(y_t | Y_{t-1}) 。 \tag{2.25}$$

　　然后我们从 $y_1$，$\cdots$，$y_n$ 转换到 $v_1$，$\cdots$，$v_n$。由于每个 $v_t$ 等于 $y_t$ 减去一个线性函数 $y_1$，$\cdots$，$y_{t-1}$，式中 $t=2$，$\cdots$，$n$，雅可比（Jacobian）是 1。从式（2.25）替换后有：

$$p(v_1, \cdots, v_n) = \prod_{t=1}^{n} p(v_t) , \tag{2.26}$$

由于 $p$ $(v_1)$ $=p$ $(y_1)$，$p$ $(v_t)$ $=p$ $(y_t | Y_{t-1})$，式中 $t=2$，$\cdots$，$n$，因此，$v_t$ 为独立分布。

　　我们接下来表明预测误差 $v_t$ 可由观测向量 $Y_n$ 的乔里斯基分解有效地获得。卡尔曼滤波递推计算预测误差 $v_t$ 作为初始均值 $a_1$ 和观测序列 $y_1$，$\cdots$，$y_t$ 的线性函数，由于：

$v_1 = y_1 - a_1$，

$v_2 = y_2 - a_1 - K_1$ $(y_1 - a_1)$，

$v_3 = y_3 - a_1 - K_2$ $(y_2 - a_1)$ $- K_1$ $(1 - K_2)$ $(y_1 - a_1)$

$\cdots$

应当注意的是，$K_t$ 不依赖于初始均值 $a_1$ 和观测序列 $y_1$，$\cdots$，$y_t$，它仅依赖于初始状态方差 $P_1$ 及扰动方差 $\sigma_\varepsilon^2$ 和 $\sigma_\eta^2$。使用式（2.4）的定义，我们有：

$$v = C(Y_n - 1a_1) , \quad 及 \quad v = \begin{pmatrix} v_1 \\ \vdots \\ v_n \end{pmatrix} ,$$

式中矩阵 $C$ 是下三角矩阵：

$$C = \begin{bmatrix} 1 & 0 & 0 & & 0 \\ c_{21} & 1 & 0 & & 0 \\ c_{31} & c_{32} & 1 & & 0 \\ & & & \ddots & \vdots \\ c_{n1} & c_{n2} & c_{n3} & \cdots & 1 \end{bmatrix} , \tag{2.27}$$

$c_{i,i-1} = -K_{i-1}$，

$c_{ij} = -(1 - K_{i-1})(1 - K_{i-2}) \cdots (1 - K_{j+1}) K_j$，

对于 $i=2$，$\cdots$，$n$ 和 $j=1$，$\cdots$，$i-2$。因此 $v$ 的分布为

$$v \sim N(0, C\Omega C') , \tag{2.28}$$

式中 $\Omega = \text{Var}(Y_n)$ 由式（2.4）给出。另外，我们知道，从式（2.7）、式

（2.15）和式（2.26）得到，$\mathrm{E}(v_t) = 0, \mathrm{Var}(v_t) = F_t$ 且 $\mathrm{Cov}(v_t, v_j) = 0$，当 $t, j = 1, \cdots, n$ 且 $t \neq j$，因此：

$$v \sim \mathrm{N}(0, F), \quad 及 \quad F = \begin{bmatrix} F_1 & 0 & 0 & & 0 \\ 0 & F_2 & 0 & & 0 \\ 0 & 0 & F_3 & & 0 \\ & & & \ddots & \vdots \\ 0 & 0 & 0 & \cdots & F_n \end{bmatrix}。$$

接下来有 $C\Omega C' = F$。借助关系 $C\Omega C' = F$，一个对称正定矩阵（比方说 $\Omega$）使用下三角矩阵（比如说 $C$）可以转换为对角矩阵（比如说 $F$），这个过程称为对称矩阵的 Cholesky 分解。因此卡尔曼滤波本质上可以看作由局部水平模型（2.3）所隐含的方差矩阵的一个 Cholesky 分解。这个结果对理解卡尔曼滤波的角色很重要，在第 2.5.4 节和第 2.10.1 节中还会进一步使用它。还要注意 $F^{-1} = (C')^{-1}\Omega^{-1}C^{-1}$，因此我们有 $\Omega^{-1} = C'F^{-1}C$。

### 2.3.2　误差递推

定义状态估计误差（state estimation error）为

$$x_t = \alpha_t - a_t, \quad 及 \quad \mathrm{Var}(x_t) = P_t。 \tag{2.29}$$

我们现在演示，该状态估计误差 $x_t$ 以及预测误差 $v_t$ 是初始状态误差 $x_1$ 以及扰动 $\varepsilon_t$ 和 $\eta_t$ 的线性函数，类似于 $\alpha_t$ 和 $y_t$ 是初始状态和扰动的线性函数，对于 $t = 1, \cdots, n$。接下来从卡尔曼滤波的关系（2.15）直接有：

$$\begin{aligned} v_t &= y_t - a_t \\ &= \alpha_t + \varepsilon_t - a_t \\ &= x_t + \varepsilon_t, \end{aligned}$$

和

$$\begin{aligned} x_{t+1} &= \alpha_{t+1} - a_{t+1} \\ &= \alpha_t + \eta_t - a_t - K_t v_t \\ &= x_t + \eta_t - K_t(x_t + \varepsilon_t) \\ &= L_t x_t + \eta_t - K_t \varepsilon_t, \end{aligned}$$

式中

$$L_t = 1 - K_t = \sigma_\varepsilon^2 / F_t。 \tag{2.30}$$

因此，类似于局部水平模型关系

$$y_t = \alpha_t + \varepsilon_t, \quad \alpha_{t+1} = \alpha_t + \eta_t,$$

我们有误差关系

$$v_t = x_t + \varepsilon_t, \quad x_{t+1} = L_t x_t + \eta_t - K_t \varepsilon_t, \quad t = 1, \cdots, n, \tag{2.31}$$

式中，$x_1 = \alpha_1 - a_1$。这些关系将在下一节中使用。我们注意到，$P_t$、$F_t$、$K_t$ 和 $L_t$ 不依赖于初始状态的均值 $a_1$ 或观测序列 $y_1$，$\cdots$，$y_n$，但仅依赖于初始状态方差 $P_1$ 和扰动方差 $\sigma_\varepsilon^2$。我们还注意到，式（2.15）中的递推 $P_{t+1}$ 也可以被导出为

$$P_{t+1} = \mathrm{Var}(x_{t+1}) = \mathrm{Cov}(x_{t+1}, \alpha_{t+1}) = \mathrm{Cov}(x_{t+1}, \alpha_t + \eta_t)$$
$$= L_t \mathrm{Cov}(x_t, \alpha_t + \eta_t) + \mathrm{Cov}(\eta_t, \alpha_t + \eta_t) - K_t \mathrm{Cov}(\varepsilon_t, \alpha_t + \eta_t)$$
$$= L_t P_t + \sigma_\eta^2 = P_t(1 - K_t) + \sigma_\eta^2。$$

## 2.4　状态平滑

### 2.4.1　平滑状态

我们现在考虑模型（2.3）中给定整个样本 $Y_n$ 的 $\alpha_1$，$\cdots$，$\alpha_n$ 的估计。由于所有的分布均为正态，给定 $Y_n$ 的 $\alpha_t$ 的条件密度就是 $\mathrm{N}(\hat{\alpha}_t, V_t)$，式中 $\hat{\alpha}_t = \mathrm{E}(\alpha_t | Y_n)$，$V_t = \mathrm{Var}(\alpha_t | Y_n)$。我们称 $\hat{\alpha}_t$ 为平滑状态（smoothed state），$V_t$ 为平滑状态方差（smoothed state variance），计算 $\hat{\alpha}_1$，$\cdots$，$\hat{\alpha}_n$ 的操作为状态平滑（state smoothing）。第 2.2.3 节和第 2.2.4 节类似的论证，可以用来证明贝叶斯分析和 MVLUE 方法的同样公式。

预测误差 $v_1$，$\cdots$，$v_n$ 相互独立，$v_1$，$\cdots$，$v_n$ 独立于 $y_1$，$\cdots$，$y_{t-1}$，其均值为零。此外，当 $y_1$，$\cdots$，$y_n$ 被固定，$Y_{t-1}$ 和 $v_t$，$\cdots$，$v_n$ 也被固定，反之亦然。将第 2.2.2 节的引理扩展为多元情形下，我们有给定 $Y_{t-1}$ 的 $\alpha_t$ 和 $v_1$，$\cdots$，$v_n$ 的条件分布的回归关系

$$\hat{\alpha}_t = a_t + \sum_{j=t}^{n} \mathrm{Cov}(\alpha_t, v_j) F_j^{-1} v_j。 \tag{2.32}$$

$\mathrm{Cov}(\alpha_t, v_j) = \mathrm{Cov}(x_t, v_j)$，$j = t, \cdots, n$，

$\mathrm{Cov}(x_t, v_t) = \mathrm{E}[x_t(x_t + \varepsilon_t)] = \mathrm{Var}(x_t) = P_t$，

$\mathrm{Cov}(x_t, v_{t+1}) = \mathrm{E}[x_t(x_{t+1} + \varepsilon_{t+1})] = \mathrm{E}[x_t(L_t x_t + \eta_t - K_t \varepsilon_t)] = P_t L_t$，

式中 $x_t$ 由式（2.29）定义，$L_t$ 由式（2.30）定义。同样，

$$\mathrm{Cov}(x_t, v_{t+2}) = P_t L_t L_{t+1}，$$
$$\vdots \tag{2.33}$$
$$\mathrm{Cov}(x_t, v_n) = P_t L_t L_{t+1} \cdots L_{n-1}。$$

代入式（2.32）得到：

$$\hat{\alpha}_t = a_t + P_t \frac{v_t}{F_t} + P_t L_t \frac{v_{t+1}}{F_{t+1}} + P_t L_t L_{t+1} \frac{v_{t+2}}{F_{t+2}} + \cdots + P_t L_t L_{t+1} \cdots L_{n-1} \frac{v_n}{F_n}$$

$$= a_t + P_t r_{t-1},$$

式中

$$r_{t-1} = \frac{v_t}{F_t} + L_t \frac{v_{t+1}}{F_{t+1}} + L_t L_{t+1} \frac{v_{t+2}}{F_{t+2}} + L_t L_{t+1} L_{t+2} \frac{v_{t+3}}{F_{t+3}} + \cdots + L_t L_{t+1} \cdots L_{n-1} \frac{v_n}{F_n}$$

$$(2.34)$$

是 $t-1$ 期后的新息加权总和。在 $t$ 期，这个值是

$$r_t = \frac{v_{t+1}}{F_{t+1}} + L_{t+1} \frac{v_{t+2}}{F_{t+2}} + L_{t+1} L_{t+2} \frac{v_{t+3}}{F_{t+3}} + \cdots$$

$$+ L_{t+1} L_{t+2} \cdots L_{n-1} \frac{v_n}{F_n}。 \qquad (2.35)$$

很显然，$r_n = 0$，因为时间 $n$ 后没有观测值可用。将式（2.35）代入式（2.34），接下来 $r_{t-1}$ 值可以使用向后递推来评估

$$r_{t-1} = \frac{v_t}{F_t} + L_t r_t, \qquad (2.36)$$

当 $t = n$，$n-1$，$\cdots$，1，$r_n = 0$。因此平滑状态可以通过向后递推计算得到：

$$r_{t-1} = F_t^{-1} v_t + L_t r_t, \quad \hat{\alpha}_t = a_t + P_t r_{t-1}, \quad t = n, \cdots, 1, \qquad (2.37)$$

$r_n = 0$。式（2.37）的关系被统称为状态平滑递推（state smoothing recursion）。

### 2.4.2　平滑状态方差

平滑状态的误差方差 $V_t = \mathrm{Var}(\alpha_t \mid Y_n)$ 以类似的方式导出。将第2.2.2节的回归引理应用于给定 $Y_{t-1}$ 的 $\alpha_t$ 和 $v_1$，$\cdots$，$v_n$ 的条件分布，我们有

$$V_t = \mathrm{Var}(\alpha_t \mid Y_n) = \mathrm{Var}(\alpha_t \mid Y_{t-1}, v_t, \cdots, v_n)$$

$$= P_t - \sum_{j=t}^{n} \left[ \mathrm{Cov}(\alpha_t, v_j) \right]^2 F_j^{-1}, \qquad (2.38)$$

式中 $\mathrm{Cov}(\alpha_t, v_j)$ $\mathrm{Cov}(x_t, v_j)$ 的表达式由式（2.33）给出。将它们代入式（2.38）得到

$$V_t = P_t - P_t^2 \frac{1}{F_t} - P_t^2 L_t^2 \frac{1}{F_{t+1}} - P_t^2 L_t^2 L_{t+1}^2 \frac{1}{F_{t+2}} - \cdots - P_t^2 L_t^2 L_{t+1}^2 \cdots L_{n-1}^2 \frac{1}{F_n}$$

$$= P_t - P_t^2 N_{t-1}, \tag{2.39}$$

式中

$$N_{t-1} = \frac{1}{F_t} + L_t^2 \frac{1}{F_{t+1}} + L_t^2 L_{t+1}^2 \frac{1}{F_{t+2}} + L_t^2 L_{t+1}^2 L_{t+2}^2 \frac{1}{F_{t+3}} + \cdots$$

$$+ L_t^2 L_{t+1}^2 \cdots L_{n-1}^2 \frac{1}{F_n}, \tag{2.40}$$

在 $t-1$ 期之后它是新息的方差逆的加权和。它在 $t$ 期的值为

$$N_t = \frac{1}{F_{t+1}} + L_{t+1}^2 \frac{1}{F_{t+2}} + L_{t+1}^2 L_{t+2}^2 \frac{1}{F_{t+3}} + \cdots + L_{t+1}^2 L_{t+2}^2 \cdots L_{n-1}^2 \frac{1}{F_n}, \tag{2.41}$$

很显然 $N_n = 0$，因为时间 $n$ 之后没有方差可用。将式（2.41）代入式（2.40），$N_{t-1}$ 的值可以利用向后递推计算：

$$N_{t-1} = \frac{1}{F_t} + L_t^2 N_t, \tag{2.42}$$

当 $t = n, n-1, \cdots, 1$，$N_n = 0$。

我们从式（2.35）和式（2.41）观测到 $N_t = \mathrm{Var}(r_t)$，因为预测误差 $v_t$ 是独立的。

通过组合这些结果，平滑状态的误差方差可由向后递推计算：

$$N_{t-1} = F_t^{-1} + L_t^2 N_t, \quad V_t = P_t - P_t^2 N_{t-1}, \quad t = n, \cdots, 1, \tag{2.43}$$

$N_n = 0$。式（2.43）被统称为状态方差平滑递推（state variance smoothing recursion）。从 $\hat{\alpha}_t$ 的标准误差 $\sqrt{V_t}$，我们可以构造 $\alpha_t$ 在 $t = 1, \cdots, n$ 的置信区间。使用类似的论证也可推导出状态之间的平滑协方差，即 $\mathrm{Cov}(\alpha_t, \alpha_s \mid Y_n)$，$t \neq s$。我们现在不给出它，在第4.7节将会给出其一般形式。

### 2.4.3 演示

我们现在使用尼罗河数据展示状态平滑，这与第2.2.5节的局部水平模型使用的数据相同。首先应用卡尔曼滤波，对于 $t = 1, \cdots, n$ 期的 $v_t$、$F_t$、$a_t$ 和 $P_t$ 的结果先存储。图2.2呈现了向后平滑递推式（2.37）和式（2.43）的结果，即 $\hat{\alpha}_t$、$V_t$、$r_t$ 和 $N_t$。数据 $\hat{\alpha}_t$ 包括 $a_t$ 的 90% 的置信区间。$\mathrm{Var}(\alpha_t \mid Y_n)$ 的图显示 $\alpha_t$ 的条件方差在样本期的开始和结束时较大，显然是因为直观的理由。比较 $a_t$ 和 $\hat{\alpha}_t$ 的曲线，我们看到 $\hat{\alpha}_t$ 的曲线要比 $a_t$ 平滑得多，除了在靠近该序列的结束时间点，直观考虑就应该这样。

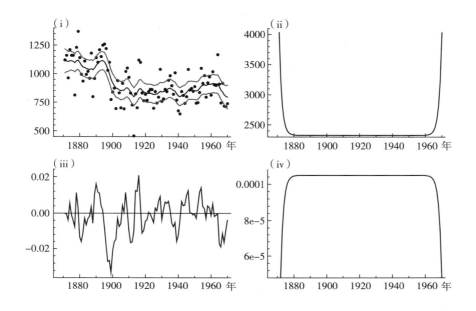

**图 2.2　尼罗河数据和状态平滑递推结果：**
**（i）数据（点），平滑状态 $\hat{\alpha}_t$ 及其 90% 置信区间；**
**（ii）平滑状态方差 $V_t$；（iii）平滑累积 $r_t$；（iv）平滑方差累积 $N_t$**

## 2.5　扰动平滑

　　在本节中，我们考虑如何计算平滑观测扰动 $\hat{\varepsilon}_t = \mathrm{E}(\varepsilon_t \mid Y_n) = y_t - \hat{\alpha}_t$ 和平滑状态扰动 $\hat{\eta}_t = \mathrm{E}(\eta_t \mid Y_n) = \hat{\alpha}_{t+1} - \hat{\alpha}_t$ 以及它们的误差方差。当然，当 $j \leqslant t$ 时，这也可以直接从 $\hat{\alpha}_1, \cdots, \hat{\alpha}_n$ 和协方差 $\mathrm{Cov}(\alpha_t, \alpha_j \mid Y_n)$ 计算得到。然而，先不计算 $\hat{\alpha}_t$，事实证明从 $r_t$ 和 $N_t$ 计算它们具有优势，特别是对于第 4 章讨论的一般模型。第 4.5 节将讨论平滑扰动的优点。例如，所述估计 $\hat{\varepsilon}_t$ 和 $\hat{\eta}_t$ 分别用于检测异常点和结构断点，见第 2.12.2 节。为简洁起见，这一节我们将限定处理如式（2.3）所示基于正态假设的古典推理。

　　这一章中为了节省代数记号，我们给出局部水平模型中所必需的递归，不再给出证明，证明过程参考第 4.5 节一般模型的类似递归的推导。

### 2.5.1 平滑观测扰动

从第 4.5.1 节的式（4.58），平滑观测扰动 $\hat{\varepsilon}_t = \mathrm{E}(\varepsilon_t \mid Y_n)$ 由下式计算得到：

$$\hat{\varepsilon}_t = \sigma_\varepsilon^2 u_t, \quad t = n, \cdots, 1, \tag{2.44}$$

式中

$$u_t = F_t^{-1} v_t - K_t r_t, \tag{2.45}$$

式中 $r_t$ 的递推由式（2.36）给出。标量 $u_t$ 称为平滑误差（smoothing error）。同样，从第 4.5.2 节的式（4.65），平滑方差 $\mathrm{Var}(\varepsilon_t \mid Y_n)$ 由下式计算得到：

$$\mathrm{Var}(\varepsilon_t \mid Y_n) = \sigma_\varepsilon^2 - \sigma_\varepsilon^4 D_t, \quad t = n, \cdots, 1, \tag{2.46}$$

式中

$$D_t = F_t^{-1} + K_t^2 N_t \tag{2.47}$$

且式中递推由式（2.42）给出。由式（2.35）可知，$v_t$ 独立于 $r_t$，且 $\mathrm{Var}(r_t) = N_t$，我们有：

$$\mathrm{Var}(u_t) = \mathrm{Var}(F_t^{-1} v_t - K_t r_t) = F_t^{-2} \mathrm{Var}(v_t) + K_t^2 \mathrm{Var}(r_t) = D_t。$$

因此，从式（2.44），我们得到 $\mathrm{Var}(\hat{\varepsilon}_t) = \sigma_\varepsilon^4 D_t$。

注意，该方法与计算 $\hat{\alpha}_t$ 和 $\hat{\varepsilon}_t$ 的方法一致，因为 $K_t = P_t F_t^{-1}$，$L_t = 1 - K_t = \sigma_\varepsilon^2 F_t^{-1}$，并且，

$$
\begin{aligned}
\hat{\varepsilon}_t &= y_t - \hat{\alpha}_t \\
&= y_t - a_t - P_t r_{t-1} \\
&= v_t - P_t (F_t^{-1} v_t + L_t r_t) \\
&= F_t^{-1} v_t (F_t - P_t) - \sigma_\varepsilon^2 P_t F_t^{-1} r_t \\
&= \sigma_\varepsilon^2 (F_t^{-1} v_t - K_t r_t), \quad t = n, \cdots, 1。
\end{aligned}
$$

同样，$V_t$ 和 $\mathrm{Var}(\varepsilon_t \mid Y_n)$ 类似等效也可以给出。

### 2.5.2 平滑状态扰动

从第 4.5.1 节的式（4.63），扰动的平滑均值 $\hat{\eta}_t = \mathrm{E}(\eta_t \mid Y_n)$ 由下式计算：

$$\hat{\eta}_t = \sigma_\eta^2 r_t, \quad t = n, \cdots, 1, \tag{2.48}$$

式中 $r_t$ 的递推由式（2.36）给出。同样，从第 4.5.2 节的式（4.68），平滑方差 $\mathrm{Var}(\eta_t \mid Y_n)$ 由下式计算：

$$\mathrm{Var}(\eta_t \mid Y_n) = \sigma_\eta^2 - \sigma_\eta^4 N_t, \quad t = n, \cdots, 1, \tag{2.49}$$

式中 $N_t$ 递推由式（2.42）给出。因为 $\mathrm{Var}(r_t) = N_t$，我们有 $\mathrm{Var}(\hat{\eta}_t) = \sigma_\eta^4 N_t$。这些结果是有意义的，因为它们解释了 $r_t$ 和 $N_t$ 的值；它们分别是经缩放的平滑估计 $\eta_t = \alpha_{t+1} - \alpha_t$ 及其无条件方差。

计算 $\hat{\eta}_t$ 的方法与 $\eta_t = \alpha_{t+1} - \alpha_t$ 定义一致。

$$\begin{aligned}
\hat{\eta}_t &= \hat{\alpha}_{t+1} - \hat{\alpha}_t \\
&= a_{t+1} + P_{t+1} r_t - a_t - P_t r_{t-1} \\
&= a_t + K_t v_t - a_t + P_t L_t r_t + \sigma_\eta^2 r_t - P_t(F_t^{-1} v_t + L_t r_t) \\
&= \sigma_\eta^2 r_t。
\end{aligned}$$

同样，$N_t$ 和 $\mathrm{Var}(\eta_t \mid Y_n)$ 类似的一致性也可以给出。

## 2.5.3 演示

第 2.2.5 节介绍的局部水平模型以及尼罗河数据分析的平滑扰动及其相关方差，通过上述递归计算，在图 2.3 中呈现。我们注意到 $\mathrm{Var}(\varepsilon_t \mid Y_n)$ 和 $\mathrm{Var}(\eta_t \mid Y_n)$ 的曲线，这些条件方差在样本期的开始和结束时均较大。显然，图 2.2 中的 $r_t$ 曲线和图 2.3 中的 $\hat{\eta}_t$ 曲线形状相同，但尺度不同。

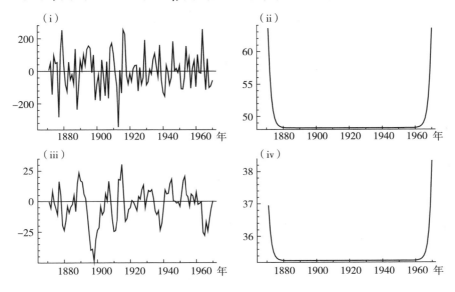

**图 2.3　扰动平滑递推的结果：**

（ⅰ）观测误差 $\hat{\varepsilon}_t$；（ⅱ）观测误差方差 $\mathrm{Var}(\varepsilon_t \mid Y_n)$；

（ⅲ）状态误差 $\hat{\eta}_t$；（ⅳ）状态误差方差 $\mathrm{Var}(\eta_t \mid Y_n)$

### 2.5.4 乔里斯基分解和平滑

我们现在考虑 $\hat{\varepsilon}_t = \mathrm{E}(\varepsilon_t \mid Y_n)$ 的计算，通过对式（2.4）中定义的观测向量 $Y_n$ 直接回归 $\varepsilon = (\varepsilon_1, \cdots, \varepsilon_n)'$ 以获得 $\hat{\varepsilon} = (\hat{\varepsilon}_1, \cdots, \hat{\varepsilon}_n)'$，即

$$\hat{\varepsilon} = \mathrm{E}(\varepsilon) + \mathrm{Cov}(\varepsilon, Y_n)\mathrm{Var}(Y_n)^{-1}[Y_n - \mathrm{E}(Y_n)]$$
$$= \mathrm{Cov}(\varepsilon, Y_n)\Omega^{-1}(Y_n - 1a_1),$$

式中，在这里和以后必要时，我们把 $Y_n$ 作为观测向量 $(y_1, \cdots, y_n)'$。它从式（2.6）明显可推导出 $\mathrm{Cov}(\varepsilon, Y_n) = \sigma_\varepsilon^2 I_n$；同时，从第 2.3.1 节的乔里斯基分解，我们有 $\Omega^{-1} = C'F^{-1}C$ 和 $C(Y_n - 1a_1) = v$。因此，我们有

$$\hat{\varepsilon} = \sigma_\varepsilon^2 C'F^{-1}v,$$

由式（2.27）的 $C$ 的下三角元素的定义，上式也可得到扰动方程（2.44）和方程（2.45）。从而

$$\hat{\varepsilon} = \sigma_\varepsilon^2 u, \quad u = \begin{pmatrix} u_1 \\ \vdots \\ u_n \end{pmatrix},$$

式中

$$u = C'F^{-1}v, \quad v = C(Y_n - 1a_1).$$

接下来，

$$u = C'F^{-1}C(Y_n - 1a_1) = \Omega^{-1}(Y_n - 1a_1), \tag{2.50}$$

式中 $\Omega = \mathrm{Var}(Y_n)$ 和 $F = C\Omega C'$，与标准的回归理论一致。

## 2.6 模拟

局部水平模型（2.3）产生的抽取样本非常简单。我们先给出随机正态分布的推导：

$$\varepsilon_t^+ \sim \mathrm{N}(0, \sigma_\varepsilon^2) \quad \eta_t^+ \sim \mathrm{N}(0, \sigma_\eta^2), \quad t = 1, \cdots, n, \tag{2.51}$$

然后我们利用如下局部水平的递推产生观测值：

$$y_t^+ = \alpha_t^+ + \varepsilon_t^+ \quad \alpha_{t+1}^+ = \alpha_t^+ + \eta_t^+, \quad t = 1, \cdots, n, \tag{2.52}$$

对于一些起始值 $\alpha_1^+$。

在本书的第二部分讨论古典与贝叶斯模拟方法和处理非线性和非高斯模型的实现，我们需要由局部水平模型生成观测时间序列 $y_1$, $\cdots$, $y_n$ 的条件样本。该样本可以通过使用第 4.9 节的一般线性高斯状态空间模型开发的模拟平滑而获得。对于局部水平模型，给定观测序列 $y_1$, $\cdots$, $y_n$，其扰动 $\varepsilon_t$ 的模拟样本，对于 $t = 1$, $\cdots$, $n$，可以使用第 4.9.1 节讨论的均值修正方法获得。它需要抽取样本的式（2.51）中 $\varepsilon_t^+$ 和 $\eta_t^+$，使用它们来抽取式（2.52）中的 $y_t^+$。给定 $Y_n$ 的 $\varepsilon_t$ 条件抽取由下式给出：

$$\tilde{\varepsilon}_t = \varepsilon_t^+ - \hat{\varepsilon}_t^+ + \hat{\varepsilon}_t, \tag{2.53}$$

对于 $t = 1$, $\cdots$, $n$，式中，$\hat{\varepsilon}_t = \mathrm{E}(\varepsilon_t | Y_n)$，$\hat{\varepsilon}_t^+ = \mathrm{E}(\varepsilon_t | Y_n^+)$，其中 $Y_n^+ = (y_1^+, \cdots, y_n^+)'$ 都由扰动平滑方程式（2.44）和式（2.45）计算得到。这组计算足以获得给定 $Y_n$ 的 $\varepsilon_t$ 条件抽取，对于 $t = 1$, $\cdots$, $n$。给定样本 $\tilde{\varepsilon}_1$, $\cdots$, $\tilde{\varepsilon}_n$，我们通过如下关系获得 $\alpha_t$ 和 $\eta_t$ 的模拟样本：

$$\tilde{\alpha}_t = y_t - \tilde{\varepsilon}_t, \quad \tilde{\eta}_t = \tilde{\alpha}_{t+1} - \tilde{\alpha}_t,$$

对于 $t = 1$, $\cdots$, $n$。

**演示**

为了说明局部水平模型的无条件模拟样本，以及与以观测为条件的样本模拟之间的差异，我们考虑尼罗河数据和第 2.2.5 节的局部水平模型。在图 2.4 的（i）我们给出平滑状态 $\hat{\alpha}_t$ 和由局部水平模型无条件产生的样本。这两个序列看似没有任何共同之处。在下一个面板中，我们再次给出平滑状态，以及以观测为条件产生的样本。在这里，我们看到所产生的样本更接近 $\hat{\alpha}_t$。面板余下的两个图呈现平滑扰动及相应的以观测为条件的扰动样本。

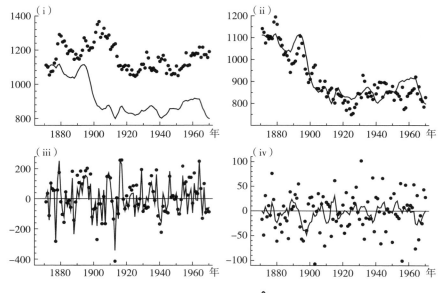

图 2.4　模拟：（ⅰ）平滑状态 $\hat{\alpha}_t$（实线）和

样本 $\alpha_t^+$（点）；（ⅱ）平滑状态 $\hat{\alpha}_t$（实线）和样本 $\tilde{\alpha}_t$（点）；

（ⅲ）平滑观测误差 $\hat{\varepsilon}_t$（实线）和样本 $\tilde{\varepsilon}_t$（点）；

（ⅳ）平滑状态误差 $\hat{\eta}_t$（实线）和样本 $\tilde{\eta}_t$（点）

## 2.7　缺失观测

　　状态空间方法具有的一个重要优点是非常容易处理观测缺失。假设我们有一个局部水平模型，式中观测值 $y_j$（$j=\tau$，…，$\tau^*-1$）在 $1<\tau<\tau^*$ $\leqslant n$ 区间缺失。在滤波阶段中，处理这种情形的最明显方法是定义一个新的序列 $y_t^*$，式中 $y_t^*=y_t$（对于 $t=1$，…，$\tau-1$），$y_t^*=y_{t+\tau^*-\tau}$（对于 $t=\tau$，…，$n^*$）。该模型用于 $y_t^*$ 与时间尺度 $t=1$，…，$n^*$ 则与式（2.3）$y_t=y_t^*$ 相同，不同之处在于 $\alpha_\tau=\alpha_{\tau-1}+\eta_{\tau-1}$，其中 $\eta_{\tau-1}\sim N[0,(\tau^*-\tau)\sigma_\eta^2]$。该模型的滤波可以通过第 4 章开发的一般状态空间模型方法进行处理。如果存在多组观测缺失，处理也可容易进行扩展。

　　但更简单和更透明的步骤如下，使用原来时域。对于在时间 $t=\tau$，…，$\tau^*-1$ 的滤波，我们有：

$$\mathrm{E}(\alpha_t \,|\, Y_t) = \mathrm{E}(\alpha_t \,|\, Y_{\tau-1}) = \mathrm{E}\Big(\alpha_\tau + \sum_{j=\tau}^{t-1} \eta_j \,\Big|\, Y_{\tau-1}\Big) = a_\tau,$$

$$\mathrm{E}(\alpha_{t+1} \,|\, Y_t) = \mathrm{E}(\alpha_{t+1} \,|\, Y_{\tau-1}) = \mathrm{E}\Big(\alpha_\tau + \sum_{j=\tau}^{t} \eta_j \,\Big|\, Y_{\tau-1}\Big) = a_\tau,$$

$$\mathrm{Var}(\alpha_t \,|\, Y_t) = \mathrm{Var}(\alpha_t \,|\, Y_{\tau-1}) = \mathrm{Var}\Big(\alpha_\tau + \sum_{j=\tau}^{t-1} \eta_j \,\Big|\, Y_{\tau-1}\Big) = P_\tau + (t-\tau)\sigma_\eta^2,$$

$$\mathrm{Var}(\alpha_{t+1} \,|\, Y_t) = \mathrm{Var}(\alpha_t \,|\, Y_{\tau-1}) = \mathrm{Var}\Big(\alpha_\tau + \sum_{j=\tau}^{t} \eta_j \,\Big|\, Y_{\tau-1}\Big) = P_\tau + (t-\tau+1)\sigma_\eta^2。$$

我们可通过递推来计算它们：

$$a_{t\,|\,t} = a_t, \quad P_{t\,|\,t} = P_t,$$
$$a_{t+1} = a_t, \quad P_{t+1} = P_t + \sigma_\eta^2, \qquad t = \tau,\cdots,\tau^*-1, \quad (2.54)$$

剩余 $a_t$ 和 $P_t$ 的值由之前式（2.15）在 $t = 1,\cdots,\tau-1$ 和 $t = \tau^*,\cdots,n$ 给出。其结果是，我们可以使用原来的滤波（2.15）对所有的 $t$ 进行处理，在缺失时点取 $K_t = 0$。当多于一组观测缺失，可使用相同的过程。使用卡尔曼滤波处理观测缺失极其简单。

平滑递推推导出的预测误差递推由式（2.31）给出。这些误差—更新方程在缺失的时间点成为：

$$v_t = x_t + \varepsilon_t, \quad x_{t+1} = x_t + \eta_t, \quad t = \tau,\cdots,\tau^*-1,$$

由于 $K_t = 0$，因此 $L_t = 1$。缺失时间点的状态和缺失样本期的新息之间的协方差由下式给出：

$$\mathrm{Cov}(\alpha_t, v_{\tau^*}) = P_t,$$
$$\mathrm{Cov}(\alpha_t, v_j) = P_t L_{\tau^*} L_{\tau^*+1} \cdots L_{j-1}, \quad j = \tau^*+1,\cdots,n, \quad t = \tau,\cdots,\tau^*-1。$$

删去与缺失时间点相关联的项，缺失时间点的状态平滑方程（2.32）变为：

$$\hat{\alpha}_t = a_t + \sum_{j=\tau^*}^{n} \mathrm{Cov}(\alpha_t, v_j) F_j^{-1} v_j, \quad t = \tau,\cdots,\tau^*-1。$$

代入协方差项，考虑到定义（2.34），直接给出：

$$r_{t-1} = r_t, \quad \hat{\alpha}_t = a_t + P_t r_{t-1}, \quad t = \tau,\cdots,\tau^*-1。 \qquad (2.55)$$

其结果是，在所有 $t$ 时点取 $K_t = 0$，因此，在缺失时间点，$L_t = 1$，我们可以使用原来的状态滤波（2.37）。该设定适用于观测样本期内任何缺失区段。状态误差和平滑扰动方差以同样方式可以通过在缺失时间点取 $K_t = 0$ 来获得。

**演示**

在这里，我们考虑尼罗河数据和之前同一局部水平模型，但是，我们把在 1891 年，…，1920 年和 1931 年，…，1950 年时段的观测值处理为缺失。首先应用卡尔曼滤波并将 $v_t$、$F_t$、$a_t$、$P_t$ 在 $t = 1$，…，$n$ 的结果存储。随后应用状态平滑递推。图 2.5 中的前两个图分别是卡尔曼滤波的 $a_t$ 和 $P_t$，后两个图分别是平滑结果的 $\hat{\alpha}_t$ 和 $V_t$。

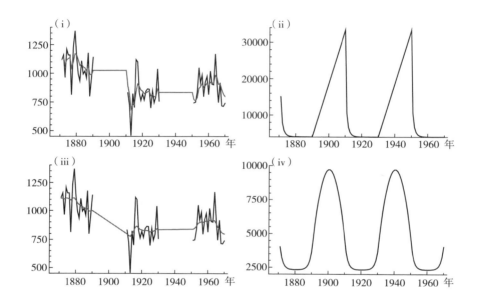

图 2.5　当观测缺失时滤波和平滑的结果：
（ⅰ）数据和滤波状态 $a_t$（外推）；（ⅱ）滤波状态方差 $P_t$；
（ⅲ）数据和平滑状态 $\hat{\alpha}_t$（插补）；（ⅳ）平滑状态方差 $V_t$

需要注意的是，应用卡尔曼滤波处理缺失观测可以被视为缺失时间的序列外推法，而平滑则为在这些点的有效插值。

## 2.8　预测

令 $\bar{y}_{n+j}$ 为被给定时间序列 $y_1$，…，$y_n$ 的最小均方误差的预测，式中 $j = 1$，2，…，$J$，$J$ 为预定义的正整数。在这里最小均方误差预测，我们是指 $\bar{y}_{n+j}$ 为 $y_1$，…，$y_n$ 的函数，其最小化 $E[(y_{n+j} - \bar{y}_{n+j})^2 | Y_n]$，然后 $\bar{y}_{n+j} =$

$E(y_{n+j}|Y_n)$。这从普遍知道的结果立即可知，即，如果 $x$ 为均值 $\mu$ 的一个随机变量，则最小化 $E(x-\lambda)^2$ 的 $\lambda$ 的值是 $\lambda=\mu$；见练习4.14.3。预测误差的方差记为 $\overline{F}_{n+j}=\mathrm{Var}(y_{n+j}|Y_n)$。局部水平模型的预测理论被证明是非常简单的；我们仅仅把预测视作对观测序列 $y_1,\cdots,y_n,y_{n+1},\cdots,y_{n+J}$ 使用递推式（2.15）的滤波，把最后 $J$ 个观测序列 $y_{n+1},\cdots,y_{n+J}$ 处理为缺失，也就是式（2.15）中取 $K_t=0$。

根据第2.7节的方程（2.54），且 $\tau=n+1$ 与 $\tau^*=n+J$，令 $\overline{a}_{n+j}=E(\alpha_{n+j}|Y_n),\overline{P}_{n+j}=\mathrm{Var}(\alpha_{n+j}|Y_n)$，可立即得到：

$$\overline{a}_{n+j+1}=\overline{a}_{n+j},\quad \overline{P}_{n+j+1}=\overline{P}_{n+j}+\sigma_\eta^2,\quad j=1,\cdots,J-1,$$

式中 $\overline{a}_{n+1}=a_{n+1}$ 和 $\overline{P}_{n+1}=P_{n+1}$ 由卡尔曼滤波式（2.15）得到。此外，我们有：

$$\overline{y}_{n+j}=E(y_{n+j}|Y_n)=E(\alpha_{n+j}|Y_n)+E(\varepsilon_{n+j}|Y_n)=\overline{a}_{n+j},$$

$$\overline{F}_{n+j}=\mathrm{Var}(y_{n+j}|Y_n)=\mathrm{Var}(\alpha_{n+j}|Y_n)+\mathrm{Var}(\varepsilon_{n+j}|Y_n)=\overline{P}_{n+j}+\sigma_\varepsilon^2,$$

式中 $j=1,\cdots,J$。其结果是，卡尔曼滤波可应用于 $t=1,\cdots,n+J$，而 $n+1,\cdots,n+J$ 时的观测处理为缺失。因此我们得出结论，预测及其误差方差通过应用卡尔曼滤波使用常规方式 $K_t=0$ 得到（对于 $t=n+1,\cdots,n+J$）。我们将在第4.11节展示，一般线性高斯状态空间模型具有相同的属性。对于贝叶斯处理，类似参数可以用来表明，后验均值和 $y_{n+j}$ 的预测方差可通过处理 $y_{n+1},\cdots,y_{n+j}$ 为缺失来获得（对于 $t=1,\cdots,J$）。

**演示**

现在把尼罗河数据集扩展为缺失30个样本点，允许计算 $y_{101},\cdots,y_{130}$ 的观测预测。卡尔曼滤波仅为必需。图2.6 中的曲线分别为 $\hat{y}_{n+j|n}=a_{n+j|n},P_{n+j|n},a_{n+j|n}$ 和 $F_{n+j|n},j=1,\cdots,J$，且 $J=30$。$E(y_{n+j}|Y_n)$ 的置信区间是 $\hat{y}_{n+j|n}\pm k\sqrt{F_{n+j|n}}$，式中 $k$ 由被涉入概率所确定；在图2.6中此概率为50%。

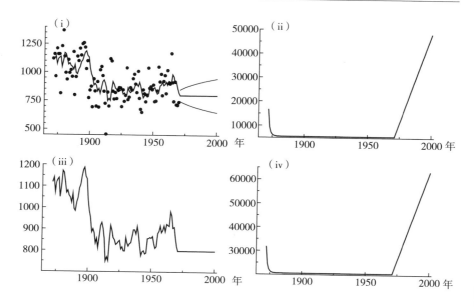

图 2.6　尼罗河数据和预测结果：（ⅰ）数据（点），
状态预测 $a_t$ 和 50％ 置信区间；（ⅱ）状态方差 $P_t$；
（ⅲ）观测预测 E$（y_t \mid Y_{t-1}）$；（ⅳ）的观测预测方差

## 2.9　初始化

在前面部分我们对线性高斯模型的处理中，我们假定初始状态 $\alpha_1$ 的分布是 N$(a_1, P_1)$，式中 $a_1$ 和 $P_1$ 已知。实践中的通常情形是对 $\alpha_1$ 的分布一无所知，现在我们考虑在这种情况下如何启动滤波（2.15）。在这种情形下，合理的做法是将 $\alpha_1$ 表达为具有扩散先验（diffuse prior）密度，固定 $a_1$ 为随意值，即令 $P_1 \to \infty$。从式（2.15）我们有：

$$v_1 = y_1 - a_1, \quad F_1 = P_1 + \sigma_\varepsilon^2,$$

并且，通过将 $a_2$ 和 $P_2$ 代入方程式（2.15），接下来得到

$$a_2 = a_1 + \frac{P_1}{P_1 + \sigma_\varepsilon^2}(y_1 - a_1), \tag{2.56}$$

$$P_2 = P_1\left(1 - \frac{P_1}{P_1 + \sigma_\varepsilon^2}\right) + \sigma_\eta^2$$

$$= \frac{P_1}{P_1 + \sigma_\varepsilon^2}\sigma_\varepsilon^2 + \sigma_\eta^2 。 \tag{2.57}$$

令 $P_1 \to \infty$ ，我们获得 $a_2 = y_1$ ，$P_2 = \sigma_\varepsilon^2 + \sigma_\eta^2$ ；我们可以正常使用卡尔曼滤波 (2.15) ，当 $t = 2$ ，$\cdots$ ，$n$ 。这个过程被称为卡尔曼滤波的扩散初始 (diffuse initialisation) ，所得滤波称为扩散卡尔曼滤波 (diffuse Kalman filter) 。我们注意到一个有趣的事实，对于 $t = 2, \cdots, n$ ，通过将 $y_1$ 设为固定且令 $\alpha_1 \sim$ $N(y_1, \sigma_\varepsilon^2)$ ，就可以得到 $a_t$ 与 $P_t$ 具有相同的值。具体来说，我们有 $a_{1|1} = y_1$ 和 $P_{1|1} = \sigma_\varepsilon^2$ 。根据式 (2.18) ，当 $t = 1$ 时，则 $a_2 = y_1$ ，$P_2 = \sigma_\varepsilon^2 + \sigma_\eta^2$ 。由于 $(y_1 - \alpha_1) \sim N(0, \sigma_\varepsilon^2)$ ，在缺乏关于 $\alpha_1$ 的边际分布的信息下，这也是直观合理的。

我们还需要考虑初始状态 $\alpha_1$ 在平滑递推的扩散分布。通过令 $P_1 \to \infty$ ，上面给出的滤波方程在 $t = 2$ ，$\cdots$ ，$n$ 不受影响。因此，状态和扰动平滑方程在 $t = n$ ，$\cdots$ ，2 也不会受到影响，因为它们只依赖于卡尔曼滤波结果。根据式 (2.37) ，状态 $\alpha_1$ 的平滑均值由下式给出：

$$\hat{\alpha}_1 = a_1 + P_1\left[\frac{1}{P_1 + \sigma_\varepsilon^2}v_1 + \left(1 - \frac{P_1}{P_1 + \sigma_\varepsilon^2}\right)r_1\right]$$

$$= a_1 + \frac{P_1}{P_1 + \sigma_\varepsilon^2}v_1 + \frac{P_1}{P_1 + \sigma_\varepsilon^2}\sigma_\varepsilon^2 r_1 。$$

令 $P_1 \to \infty$ ，我们获得 $\hat{\alpha}_1 = a_1 + v_1 + \sigma_\varepsilon^2 r_1$ ，代入 $v_1$ ，我们有：

$$\hat{\alpha}_1 = y_1 + \sigma_\varepsilon^2 r_1 。$$

给定 $Y_n$ 的状态 $\alpha_1$ 的平滑条件方差由式 (2.43) 得到，其为：

$$V_1 = P_1 - P_1^2\left[\frac{1}{P_1 + \sigma_\varepsilon^2} + \left(1 - \frac{P_1}{P_1 + \sigma_\varepsilon^2}\right)^2 N_1\right]$$

$$= P_1\left(1 - \frac{P_1}{P_1 + \sigma_\varepsilon^2}\right) - \left(\frac{P_1}{P_1 + \sigma_\varepsilon^2}\right)^2 \sigma_\varepsilon^4 N_1$$

$$= \left(\frac{P_1}{P_1 + \sigma_\varepsilon^2}\right)\sigma_\varepsilon^2 - \left(\frac{P_1}{P_1 + \sigma_\varepsilon^2}\right)^2 \sigma_\varepsilon^4 N_1 。$$

令 $P_1 \to \infty$ ，我们获得 $V_1 = \sigma_\varepsilon^2 - \sigma_\varepsilon^4 N_1$ 。

当 $t = 1$ ，扰动的平滑均值由下式给出：

$$\hat{\varepsilon}_1 = \sigma_\varepsilon^2 u_1 ，\text{其中 } u_1 = \frac{1}{P_1 + \sigma_\varepsilon^2}v_1 - \frac{P_1}{P_1 + \sigma_\varepsilon^2}r_1 ，$$

$\hat{\eta}_1 = \sigma_\eta^2 r_1$。令 $P_1 \to \infty$，我们获得 $\hat{\varepsilon}_1 = -\sigma_\varepsilon^2 r_1$。注意，当 $t = 2$，$\cdots$，$n$ 时，$r_1$ 取决于卡尔曼滤波的结果。当 $t = 1$，扰动的平滑方差取决于 $D_1$ 和 $N_1$，式中 $D_1$ 仅受 $P_1 \to \infty$ 影响，利用式（2.47），

$$D_1 = \frac{1}{P_1 + \sigma_\varepsilon^2} + \left( \frac{P_1}{P_1 + \sigma_\varepsilon^2} \right)^2 N_1 。$$

令 $P_1 \to \infty$，我们得到 $D_1 = N_1$，因此 $\mathrm{Var}(\hat{\varepsilon}_1) = \sigma_\varepsilon^4 N_1$。当 $\mathrm{Var}(\hat{\eta}_1) = \sigma_\eta^4 N_1$，$\eta_1$ 的平滑估计的方差保持不变。

扩散条件下的初始平滑状态 $\hat{\alpha}_1$，也可以通过假定 $y_1$ 固定，且 $\alpha_1 = y_1 - \varepsilon_1$ 而得到，式中 $\varepsilon_1 \sim N(0, \sigma_\varepsilon^2)$。例如，当 $t = 1$，对于状态的平滑均值，我们现在已经只有 $n - 1$ 个 $y_t$ 可变，因此，

$$\hat{\alpha}_1 = a_1 + \sum_{j=2}^{n} \frac{\mathrm{Cov}(\alpha_1, v_j)}{F_j} v_j ,$$

其中，$a_1 = y_1$。接下来，根据式（2.56），$a_2 = a_1 = y_1$。此外，$v_2 = y_2 - a_2 = \alpha_2 + \varepsilon_2 - y_1 = \alpha_1 + \eta_1 + \varepsilon_2 - y_1 = -\varepsilon_1 + \eta_1 + \varepsilon_2$。因此，$\mathrm{Cov}(\alpha_1, v_2) = \mathrm{Cov}(-\varepsilon_1, -\varepsilon_1 + \eta_1 + \varepsilon_2) = \sigma_\varepsilon^2$。我们从式（2.32）得到，

$$\hat{\alpha}_1 = a_1 + \frac{\sigma_\varepsilon^2}{F_2} v_2 + \frac{(1 - K_2)\sigma_\varepsilon^2}{F_3} v_3 + \frac{(1 - K_2)(1 - K_3)\sigma_\varepsilon^2}{F_4} v_4 + \cdots$$

$$= y_1 + \sigma_\varepsilon^2 r_1 ,$$

对于 $t = 1$，$r_1$ 同之前一样在（2.34）中定义。该方程其余的 $\hat{\alpha}_t$ 都与上述相同。通过贝叶斯分析也能获得相同的结果。

初始化使用扩散先期是大多数时间序列分析在对于初始值 $\alpha_1$ 完全未知的情形下首选的方法。然而，一些学者发现扩散方法并不协调，因为所有的观测时间序列具有有限值，他们因而认为一个无限方差的假设并不自然。从这个角度来看，另一种方法是假定 $\alpha_1$ 为一个未知的常数，使用极大似然估算方法对数据进行估算。这种思想最简单的形式是用极大似然原理从第一个观测值 $y_1$ 来估计 $\alpha_1$。将这个极大似然估计记为 $\hat{\alpha}_1$，其方差记为 $\mathrm{Var}(\hat{\alpha}_1)$。然后，我们令 $a_{1|1} = \hat{\alpha}_1$ 和 $P_{1|1} = \mathrm{Var}(\hat{\alpha}_1)$ 来初始化卡尔曼滤波。当 $\alpha_1$ 为固定 $y_1 \sim N(\alpha_1, \sigma_\varepsilon^2)$，我们有 $\hat{\alpha}_1 = y_1$ 和 $\mathrm{Var}(\hat{\alpha}_1) = \sigma_\varepsilon^2$。因此，我们令 $a_{1|1} = y_1$ 和 $P_{1|1} = \sigma_\varepsilon^2$ 初始化卡尔曼滤波。我们得到的值与假设 $\alpha_1$ 扩散的结果相同。接下来我们得到了卡尔曼滤波的相同的初始化，将 $\alpha_1$ 表示为具有无穷方差的随机变量，通过假定它是固定且未知的，从 $y_1$ 来估

计它。在第 5. 7. 3 节，我们将证明对于一般线性高斯状态空间模型，类似的结果仍然成立。

## 2.10 参数估计

我们现在从古典推理的视角来考虑局部水平模型如何拟合数据。实际上，这相当于假设其他参数为已知来推导出公式，然后再更换为它的极大似然估计。在第 13 章，将考虑贝叶斯处理一般线性高斯模型。状态空间模型中的参数通常被称为超参数（hyperparameters），有可能是为了区分状态向量的元素，其被看作随机参数；然而，在这本书中，我们只称之为附加参数（additional parameters），因为参数的通常含义与其不同。我们将讨论用于计算对数似然函数和关于附加参数 $\sigma_\varepsilon^2$ 和 $\sigma_\eta^2$ 的极大化的方法。

### 2.10.1 似然函数评估

因为

$$p(y_1, \cdots, y_t) = p(Y_{t-1})p(y_t \mid Y_{t-1}),$$

所以对于 $t = 2, \cdots, n, y_1, \cdots, y_n$ 的联合密度可以表达为：

$$p(Y_n) = \prod_{t=1}^{n} p(y_t \mid Y_{t-1}),$$

式中 $p(y_1 \mid Y_0) = p(y_1)$。既然 $p(y_t \mid Y_{t-1}) = N(a_t, F_t)$ 和 $v_t = y_t - a_t$，则取对数并假设 $a_1$ 和 $P_1$ 已知，对数似然函数由下式给出：

$$\log L = \log p(Y_n) = -\frac{n}{2}\log(2\pi) - \frac{1}{2}\sum_{t=1}^{n}\left(\log F_t + \frac{v_t^2}{F_t}\right). \quad (2.58)$$

精确对数似然函数可以由卡尔曼滤波（2.15）很容易地构造。

相应地，从式（2.4），让我们推导局部水平模型获得对数似然函数。这给出，

$$\log L = -\frac{n}{2}\log(2\pi) - \frac{1}{2}\log|\Omega| - \frac{1}{2}(Y_n - a_1 1)'\Omega^{-1}(Y_n - a_1 1),$$

$$(2.59)$$

它服从多元正态分布 $Y_n \sim N(a_1 1, \Omega)$。使用第 2.3.1 节的结果，$\Omega = CFC'$，$|C| = 1$，$\Omega^{-1} = C'F^{-1}C$ 和 $v = C(Y_n - a_1 1)$。接下来，

$$\log|\Omega| = \log|CFC'| = \log|C\|F\|C| = \log|F|,$$

$$(Y_n - a_1 1)'\Omega^{-1}(Y_n - a_1 1) = v'F^{-1}v.$$

替代和使用结果 $\log|F| = \sum_{t=1}^{n}\log F_t$ 和 $v'F^{-1}v = \sum_{t=1}^{n}F_t^{-1}v_t^2$，并直接得到式（2.58）。

在扩散情形下，对数似然函数推导如下。当 $P_1 \to \infty$，且除了在 $t=1$ 期 $Y_n$ 固定时，式（2.58）中所有项保持有限。当 $P_1 \to \infty$ 时，除去 $P_1$ 的影响似乎是合理的，通过定义扩散对数似然函数（diffuse loglikelihood），

$$\log L_d = \lim_{P_1 \to \infty} \left( \log L + \frac{1}{2}\log P_1 \right)$$

$$= -\frac{1}{2}\lim_{P_1 \to \infty}\left( \log\frac{F_1}{P_1} + \frac{v_1^2}{F_1} \right) - \frac{n}{2}\log(2\pi) - \frac{1}{2}\sum_{t=2}^{n}\left( \log F_t + \frac{v_t^2}{F_t} \right)$$

$$= -\frac{n}{2}\log(2\pi) - \frac{1}{2}\sum_{t=2}^{n}\left( \log F_t + \frac{v_t^2}{F_t} \right), \tag{2.60}$$

因为当 $P_1 \to \infty$ 时，$F_1/P_1 \to 1$ 和 $v_1^2/F_1 \to 0$。需要注意的是，当 $t=2, \cdots, n$ 时，$P_1 \to \infty$，$v_t$ 和 $F_t$ 保持有限。

因为 $P_1$ 不依赖于 $\sigma_\varepsilon^2$ 和 $\sigma_\eta^2$，所以极大化 $\log L$ 的 $\sigma_\varepsilon^2$ 和 $\sigma_\eta^2$ 的值等同于极大化 $\log L + \frac{1}{2}\log P_1$ 的值。当 $P_1 \to \infty$ 时，后者的值收敛到极大化 $\log L_d$，因为关于 $\sigma_\varepsilon^2$ 和 $\sigma_\eta^2$ 的一阶和二阶导数收敛，二阶导数为有限且严格为负。当 $P_1 \to \infty$ 时，通过极大化式（2.58）所获得 $\sigma_\varepsilon^2$ 和 $\sigma_\eta^2$ 的极大似然估计，其值收敛到式（2.60）。

我们估计未知参数 $\sigma_\varepsilon^2$ 和 $\sigma_\eta^2$，不论 $a_1$ 和 $P_1$ 是否已知，均通过式（2.58）或式（2.60）极大化。在实践中更简便的方法是，将 $\psi_\varepsilon = \log\sigma_\varepsilon^2$ 和 $\psi_\eta = \log\sigma_\eta^2$ 数值极大化。STAMP 8.3 软件实现一个高效的极大化数值算法。其由 Koopman、Harvey、Doornik 和 Shephard（2010）开发。该优化过程是基于拟牛顿体系的 BFGS 算法，该细节在第 7.3.2 节给出。

## 2.10.2 集中对数似然函数

在极大化之前，模型的重新参数化是非常具有优势的，它可减少参数估计的数值搜索的维数。例如，对于局部水平模型，我们令 $q = \sigma_\eta^2/\sigma_\varepsilon^2$ 以得到模型：

$$y_t = \alpha_t + \varepsilon_t, \quad \varepsilon_t \sim N(0, \sigma_\varepsilon^2),$$

$$\alpha_{t+1} = \alpha_t + \eta_t, \quad \eta_t \sim N(0, q\sigma_\varepsilon^2),$$

成对估计 $\sigma_\varepsilon^2$，$q$，要优于 $\sigma_\varepsilon^2$，$\sigma_\eta^2$ 估计。令 $P_t^* = P_t/\sigma_\varepsilon^2$ 和 $F_t^* = F_t/\sigma_\varepsilon^2$；从

式（2.15）和第2.9节，我们有：

$$v_t = y_t - a_t, \qquad F_t^* = P_t^* + 1,$$

$$a_{t+1} = a_t + K_t v_t, \qquad P_{t+1}^* = P_t^* (1 - K_t) + q,$$

式中 $K_t = P_t/F_t = P_t^*/F_t^*$，对于 $t = 2, \cdots, n$，这些关系初始化 $a_2 = y_1$ 和 $P_2^* = 1 + q$。注意，$F_t^*$ 取决于 $q$ 而非 $\sigma_\varepsilon^2$。对数似然（2.60）就变成

$$\log L_d = -\frac{n}{2}\log(2\pi) - \frac{n-1}{2}\log\sigma_\varepsilon^2 - \frac{1}{2}\sum_{t=2}^{n}\left(\log F_t^* + \frac{v_t^2}{\sigma_\varepsilon^2 F_t^*}\right).$$

$$(2.61)$$

通过极大化式（2.61）中的 $\sigma_\varepsilon^2$，对于给定的 $F_2^*, \cdots, F_n^*$，我们得到：

$$\hat{\sigma}_\varepsilon^2 = \frac{1}{n-1}\sum_{t=2}^{n}\frac{v_t^2}{F_t^*}. \qquad (2.62)$$

通过用 $\hat{\sigma}_\varepsilon^2$ 替换式（2.61）中的 $\sigma_\varepsilon^2$，所得 $\log L_d$ 的值被称为浓缩扩散对数似然（concentrated diffuse loglikelihood），并记为 $\log L_{dc}$，给出：

$$\log L_{dc} = -\frac{n}{2}\log(2\pi) - \frac{n-1}{2} - \frac{n-1}{2}\log\hat{\sigma}_\varepsilon^2 - \frac{1}{2}\sum_{t=2}^{n}\log F_t^*. \qquad (2.63)$$

这是通过一维数值搜索关于 $q$ 的极大化。

### 2.10.3　演示

尼罗河的数据方差估计 $\sigma_\varepsilon^2$ 和 $\sigma_\eta^2 = q\sigma_\varepsilon^2$ 是通过关于 $\psi$ 的极大化浓缩扩散对数似然（2.63）所获得的，$q = \exp(\psi)$。在表2.1中，BFGS程序的迭代从 $\psi = 0$ 开始报告。对数似然的相对变化率下降很快，迭代4次后实现收敛。$\psi$ 的最终估计为 $-2.33$，因此 $q$ 的估计为 $\hat{q} = 0.097$。$\sigma_\varepsilon^2$ 的估计由式（2.62）给出，为15099，这意味着 $\sigma_\eta^2$ 的估计为 $\hat{\sigma}_\eta^2 = \hat{q}\hat{\sigma}_\varepsilon^2 = 0.097 \times 15099 = 1469.1$。

**表2.1**　　　　　　局部水平模型的极大似然的估计参数

| 迭代 | $q$ | $\psi$ | 得分 | 对数似然 |
|---|---|---|---|---|
| 0 | 1 | 0 | $-3.32$ | $-495.68$ |
| 1 | 0.0360 | $-3.32$ | 0.93 | $-492.53$ |
| 2 | 0.0745 | $-2.60$ | 0.25 | $-492.10$ |
| 3 | 0.0974 | $-2.32$ | $-0.001$ | $-492.07$ |
| 4 | 0.0973 | $-2.33$ | 0.0 | $-492.07$ |

## 2.11 稳态

我们现在考虑当 $n \to \infty$ 时，卡尔曼滤波（2.15）是否收敛到一个稳定状态（steady state）。如果 $P_t$ 收敛到一个正值 $\overline{P}$ 将是这种情形。很显然我们就有 $F_t \to \overline{P} + \sigma_\varepsilon^2$ 和 $K_t \to \overline{P}/(\overline{P} + \sigma_\varepsilon^2)$。要检查是否有一个稳定状态，可令式（2.15）中的 $P_{t+1} = P_t = \overline{P}$ 并验证含 $\overline{P}$ 的导出方程是否有一个正解。方程为：

$$\overline{P} = \overline{P}\Big(1 - \frac{\overline{P}}{\overline{P} + \sigma_\varepsilon^2}\Big) + \sigma_\eta^2,$$

简化为二次型：

$$x^2 - xq - q = 0, \tag{2.64}$$

式中 $x = \overline{P}/\sigma_\varepsilon^2$ 和 $q = \sigma_\eta^2/\sigma_\varepsilon^2$，该解为：

$$x = (q + \sqrt{q^2 + 4q})/2。$$

当 $q > 0$，式（2.64）为正，非平凡模型成立。式（2.64）的其他解并不适用，因为当 $q > 0$ 时为负。因此，所有局部水平模型的不平凡解均有一个稳态。

获知一个模型具有稳态解的实际优点是，在证实 $P_t$ 已足够收敛接近 $\overline{P}$ 时，就可以停止计算 $F_t$ 和 $K_t$，滤波（2.15）可简化为单个关系：

$$a_{t+1} = a_t + \overline{K}v_t,$$

式中 $\overline{K} = \overline{P}/(\overline{P} + \sigma_\varepsilon^2)$ 和 $v_t = y_t - a_t$。虽然我们在这里仅关注几乎没有任何影响的简单的局部水平模型，但在第 4 章我们将考虑更复杂的模型，$P_t$ 可以是非常大的矩阵，在那里稳态解就显示出其有用的性质。

## 2.12 诊断检查

### 2.12.1 预测误差的诊断检验

局部水平模型的假设是，该扰动 $\varepsilon_t$ 和 $\eta_t$ 为正态分布，序列无关且方差固定。在这些假设中，标准化向前一步预测误差为：

$$e_t = \frac{v_t}{\sqrt{F_t}}, \quad t = 1, \cdots, n, \tag{2.65}$$

（或在扩散情形 $t = 2, \cdots, n$）也为正态分布和序列无关及单位方差。我们通过以下大样本诊断测试方法，可以检查这些属性是否成立：

- **正态**

标准化预测误差的前四阶矩由下式给出：

$$m_1 = \frac{1}{n} \sum_{t=1}^{n} e_t,$$

$$m_q = \frac{1}{n} \sum_{t=1}^{n} (e_t - m_1)^q, \quad q = 2,3,4,$$

在扩散情形下则有明显改变。偏度（skewness）和峰度（kurtosis）分别记为 $S$ 和 $K$，定义为：

$$S = \frac{m_3}{\sqrt{m_2^3}}, \quad K = \frac{m_4}{m_2^2},$$

并且可以给出，该模型的假设有效，它们都为渐近正态分布，

$$S \sim N\left(0, \frac{6}{n}\right), \quad K \sim N\left(3, \frac{24}{n}\right);$$

见 Bowman 和 Shenton（1975）。标准统计检验可以用来检查 $S$ 和 $K$ 的值与其渐近密度是否相一致。它们也可以组合为：

$$N = n\left\{\frac{S^2}{6} + \frac{(K-3)^2}{24}\right\},$$

它为有 2 个自由度的 $\chi^2$ 渐近分布，正态分布的零假设成立。QQ 图是残差排序与其理论分位数的图形显示。45°线作为参考线（残差越接近这条线，匹配得越好）。

- **异方差**

简单的异方差检验是比较样本的两个排他子集的平方和。例如，统计量

$$H(h) = \frac{\sum_{t=n-h+1}^{n} e_t^2}{\sum_{t=1}^{h} e_t^2},$$

是零假设为同方差的 $F_{h,h}$ 分布及一些预设的正整数 $h$。在此，$e_t$ 由式（2.65）定义，分母为 $h$ 个预测误差平方的总和；在扩散情形下，从 $t = 2$ 开始。

- **序列相关性**

当局部水平模型成立时，标准预测误差为序列不相关，关于此我们已

经在第 2.3.1 节说明。因此，预测误差的相关图显示的序列相关性应该不显著。序列相关性的标准混成检验统计量基于 Box – Ljung 的统计量，这由 Ljung 和 Box（1978）建议的。这由下式给出，

$$Q(k) = n(n+2) \sum_{j=1}^{k} \frac{c_j^2}{n-j},$$

对于一些预设的正整数 $k$，式中 $c_j$ 是第 $j$ 个相关的值

$$c_j = \frac{1}{nm_2} \sum_{t=j+1}^{n} (e_t - m_1)(e_{t-j} - m_1)。$$

诊断检查的更多细节将在第 7.5 节给出。

### 2.12.2　异常点和结构断点探测

标准化平滑残差由下式给出：

$$u_t^* = \hat{\varepsilon}_t / \sqrt{\mathrm{Var}(\hat{\varepsilon}_t)} = D_t^{-\frac{1}{2}} u_t,$$

$$r_t^* = \hat{\eta}_t / \sqrt{\mathrm{Var}(\hat{\eta}_t)} = N_t^{-\frac{1}{2}} r_t, \quad t = 1, \cdots, n;$$

$u_t$、$D_t$、$r_t$ 和 $N_t$ 的详细计算见第 2.5 节。Harvey 和 Koopman（1992）定义这些标准化残差为辅助残差（auxiliary residuals）并深入调查其详细属性。例如，他们的分析表明该辅助残差自相关并讨论了其自相关函数。辅助残差在检测时间序列中的异常点和结构断点时非常有用，$\hat{\varepsilon}_t$ 和 $\hat{\eta}_t$ 分别是 $\varepsilon_t$ 和 $\eta_t$ 的估计。序列中的异常点由 $\hat{\varepsilon}_t$ 或 $u_t^*$ 一个大的（正或负）值表示，水平 $\alpha_{t+1}$ 中的断点由 $\hat{\eta}_t$ 或 $r_t^*$ 一个大的（正或负）值表示。第 7.5 节给出一般模型中使用辅助残差的讨论。

### 2.12.3　演示

我们考虑第 2.10.3 节中的局部水平模型拟合尼罗河数据。$e_t$ 的曲线图及直方图，QQ 图和相关图在图 2.7 中一并给出。这些曲线都满足假设，考虑局部水平模型有效拟合尼罗河数据。这主要是由以下诊断检验统计量所证实：

$$S = -0.03, \quad K = 0.09, \quad N = 0.05, \quad H(33) = 0.61, \quad Q(9) = 8.84。$$

异方差统计量 $H$ 的值表示残差的异方差程度低。$u_t^*$ 和 $r_t^*$ 连同其在图 2.8 中的直方图非常明显。这些诊断图指出 1913 年和 1918 年为异常点，1899 年为水平断点。尼罗河数据曲线图证实了这些发现。

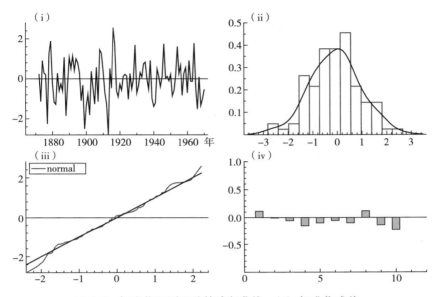

图 2.7　标准化预测误差的诊断曲线：（i）标准化残差；
（ii）直方图及估计密度；（iii）排序残差；（iv）相关图

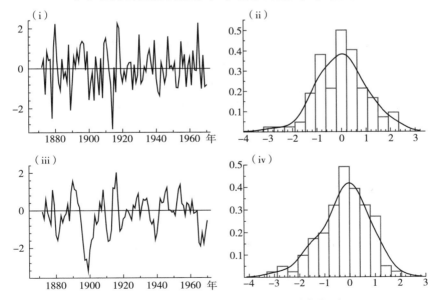

图 2.8　辅助残差的诊断曲线：（i）观测残差 $u_t^*$；
（ii）直方图和 $u_t^*$ 的估计密度；（iii）状态残差 $r_t^*$；
（iv）直方图及 $r_t^*$ 的估计密度

## 2. 13 练习

### 2. 13. 1

考虑局部水平模型（2.3）。

（a）给出模型，其表示为 $x_t = y_t - y_{t-1}$，对于 $t = 2, \cdots, n$。

（b）给出（a）中的 $x_t$ 模型，使其与 $x_t = \xi_t + \theta \xi_{t-1}$ 具有相同的统计特性，式中 $\xi_t \sim \mathrm{N}(0, \sigma_\xi^2)$ 为独立扰动项，方差 $\sigma_\varepsilon^2 > 0$。

（c）在 $\sigma_\varepsilon^2$ 和 $\sigma_\eta^2$ 中，$\theta$ 取何值时，（a）及（b）中 $x_t$ 的模型表示相同？请评论。

### 2. 13. 2

（a）使用第 2.4.2 节的推导，开发向后递推的评估 $\mathrm{Cov}(\alpha_{t+1}, \alpha_t \mid Y_n)$（对于 $t = n, \cdots, 1$）。

（b）使用第 2.5.1 节和第 2.5.2 节的推导，开发向后递推的评估 $\mathrm{Cov}(\varepsilon_t, \eta_t \mid Y_n)$（对于 $t = n, \cdots, 1$）。

### 2. 13. 3

考虑式（2.59）的对数似然表达式，$a_1$ 的极大似然估计由下式定出：

$$\hat{a}_1 = \frac{1}{n} \sum_{t=1}^{n} u_t^o,$$

式中 $u_t^o$ 由式（2.45）定义，但由卡尔曼滤波和平滑递推及 $a_1 = 0$ 初始化获得。请注意，我们这里处理的初始状态方差 $P_1$ 为已知，且为有限值。

# 3. 线性高斯状态空间模型

## 3.1 引言

一般线性高斯状态空间模型可以写成多种表达形式；我们使用如下形式：

$$
\begin{aligned}
y_t &= Z_t\alpha_t + \varepsilon_t, & \varepsilon_t &\sim \mathrm{N}(0,H_t), \\
\alpha_{t+1} &= T_t\alpha_t + R_t\eta_t, & \eta_t &\sim \mathrm{N}(0,Q_t), & t = 1,\cdots,n,
\end{aligned}
\tag{3.1}
$$

式中，$y_t$ 为 $p \times 1$ 维向量的观测序列，称为观测向量（observation vector）；$\alpha_t$ 为不可观测到的 $m \times 1$ 维向量，称为状态向量（state vector）。这个模型底层的思想是：系统随时间的发展根据模型（3.1）的第二方程通过 $\alpha_t$ 来决定，由于 $\alpha_t$ 不能直接观测到，我们必须对观测值 $y_t$ 进行分析。模型（3.1）的第一个方程称为观测方程（observation equation），第二个方程称为状态方程（state equation）。矩阵 $Z_t$、$T_t$、$R_t$、$H_t$ 和 $Q_t$ 最初假定为已知，且误差项 $\varepsilon_t$ 和 $\eta_t$ 假定为序列无关且在所有时期相互独立。矩阵 $Z_t$ 和 $T_{t-1}$ 允许可以依赖于 $y_1$，$\cdots$，$y_{t-1}$。初始状态向量 $\alpha_1$ 假设为 $\mathrm{N}(a_1,P_1)$，独立于 $\varepsilon_1$，$\cdots$，$\varepsilon_n$ 和 $\eta_1$，$\cdots$，$\eta_n$，式中 $a_1$ 和 $P_1$ 首先假定为已知；在第 5 章我们将考虑 $a_1$ 和 $P_1$ 未知的情况下如何处理。在实践中，上述矩阵 $Z_t$、$T_t$、$R_t$、$H_t$ 和 $Q_t$ 的一部分或全部将取决于未知参数向量 $\psi$ 的元素，第 7 章将考虑如何估计这些参数。同一模型被用于古典和贝叶斯分析。一般线性状态空间模型与模型（3.1）几乎相同，所不同仅是误差密度写做 $\varepsilon_t \sim (0,H_t)$ 和 $\eta_t \sim (0,Q_t)$，即正态假设被放松。

模型（3.1）的第一个方程具有线性回归模型的结构，式中系数向量 $\alpha_t$ 随时间变化。第二个方程代表一阶向量自回归模型，马尔可夫性质可以解释状态空间模型的诸多优良特性。上一章的局部水平模型（2.3）是模型（3.1）的一个简单特例。在许多应用中 $R_t$ 为单位矩阵。在其他情形下，定义 $\eta_t^* = R_t\eta_t$ 和 $Q_t^* = R_tQ_tR_t'$，处理无须明确纳入 $R_t$，从而使模型看起来更简单。然而，如果 $R_t$ 为 $m \times r$ 维且 $r < m$ 和 $Q_t$ 为非奇异，处理 $\eta_t$ 为非奇异而 $\eta_t^*$ 为奇异，则有明显的优势。我们假设 $R_t$ 为 $I_m$ 的列子集，在这种情形下 $R_t$ 被称为选择矩阵（selection matrix），因为它可选择状态方程式中扰动项具有非零的行；如果 $R_t$ 为一般的 $m \times r$ 矩阵，大部分的理论仍然有效。

模型（3.1）提供了一个强有力的工具，可以分析广泛的问题。在本章我们给出实际案例，它是第 4 章一般化理论描述时间序列分析和样条曲线平滑分析中的一些重要应用。

# 3.2 一元结构时间序列模型

结构时间序列模型（structural time series model）由基本模型（2.1）中的趋势、季节和误差成分，再加上其他相关成分来明确建模。在本节中，我们考虑在 $y_t$ 为单变量情形下的结构模型，第 3.3 节我们将其扩展到多元情形下。结构时间序列模型的详细讨论，连同进一步的参考，已由 Harvey（1989）给出。

### 3.2.1 趋势成分

第 2 章考虑的局部水平模型是结构时间序列模型的一个简单形式。通过添加一个由随机游走生成的斜率项 $\nu_t$，我们得到模型：

$$
\begin{aligned}
y_t &= \mu_t + \varepsilon_t, & \varepsilon_t &\sim \mathrm{N}(0, \sigma_\varepsilon^2), \\
\mu_{t+1} &= \mu_t + \nu_t + \xi_t, & \xi_t &\sim \mathrm{N}(0, \sigma_\xi^2), \\
\nu_{t+1} &= \nu_t + \zeta_t, & \zeta_t &\sim \mathrm{N}(0, \sigma_\zeta^2).
\end{aligned} \tag{3.2}
$$

这就是所谓的局部线性趋势（local linear trend）模型。如果 $\xi_t = \zeta_t = 0$，则 $\nu_{t+1} = \nu_t = \nu$，这样 $\mu_{t+1} = \mu_t + \nu$，则趋势为精确的线性，模型（3.2）可简化为确定性线性趋势加噪声模型。如果模型（3.2）的 $\sigma_\xi^2 > 0$ 与 $\sigma_\zeta^2 > 0$，则允许趋势水平和斜率随时间变化。

应用学者有时会抱怨，拟合模型获得的序列 $\mu_t$ 的值看起来不够平滑，不足以代表所谓的趋势。这一反对意见可通过在起始点设定 $\sigma_\xi^2 = 0$，并将模型在这一限定下拟合来满足。通过用模型 $\Delta^2 \mu_{t+1} = \zeta_t$ 即 $\mu_{t+1} = 2\mu_t - \mu_{t-1} + \zeta_t$ 来代替模型（3.2）的第二个和第三个方程，可以得到基本相同的效果，式中 $\Delta$ 是一阶差分算子，通过 $\Delta x_t = x_t - x_{t-1}$ 来定义。这和它的扩展 $\Delta^r \mu_t = \zeta_t$（当 $r > 2$）已由状态空间模型中趋势成分建模所倡导，Young 和他的合作者在一系列论文中将其命名为整合随机游走（integrated random walk）模型，详见 Young、Lane、Ng 和 Palmer（1991）。我们看到，模型（3.2）可以写成如下形式：

$$y_t = (1 \quad 0)\binom{\mu_t}{\nu_t} + \varepsilon_t$$

$$\binom{\mu_{t+1}}{\nu_{t+1}} = \begin{bmatrix} 1 & 1 \\ 0 & 1 \end{bmatrix}\binom{\mu_t}{\nu_t} + \binom{\xi_t}{\zeta_t},$$

它是模型（3.1）的特殊情形。

### 3.2.2　季节成分

为了对模型（2.1）的季节项 $\gamma_t$ 建模，假设每"年"有 $s$ 个"月"。因此，对于月度数据，$s=12$，对于季度数据，$s=4$，对于日度数据，当以周建模时，$s=7$。如果季节模式时间恒定，季节值从 1 月到 $s$ 月，可以建模为常数 $\gamma_1^*$，$\cdots$，$\gamma_s^*$，式中 $\sum_{j=1}^{s}\gamma_j^* = 0$。对于第 $i$ "年"中的第 $j$ "月"，我们有 $\gamma_t = \gamma_j^*$，式中，$t = s(i-1)+j$，当 $i=1, 2, \cdots$ 和 $j=1, \cdots, s$。它服从 $\sum_{j=0}^{s-1}\gamma_{t+1-j} = 0$，则有 $\gamma_{t+1} = -\sum_{j=1}^{s-1}\gamma_{t+1-j}$，$t = s-1$，$s$，$\cdots$。在实践中，我们常常希望允许季节模式随时间变化。一个简单方法即可实现，在模型的关系中增加一个误差项 $\omega_t$，则

$$\gamma_{t+1} = -\sum_{j=1}^{s-1}\gamma_{t+1-j} + \omega_t, \quad \omega_t \sim \mathrm{N}(0,\sigma_\omega^2), \tag{3.3}$$

对于 $t=1$，$\cdots$，$n$，其中 $t=1$，$\cdots$，$s-1$ 时的初始化将在第 5 章一般的初始化问题中解决。Harrison 和 Stevens（1976）建议了一种替代方案，在 $t$ 期的季节 $j$ 的影响记为 $\gamma_{jt}$，然后让 $\gamma_{jt}$ 由拟随机游走来生成，则：

$$\gamma_{j,t+1} = \gamma_{jt} + \omega_{jt}, \quad t = (i-1)s+j, \quad i = 1,2,\cdots, \quad j = 1,\cdots,s, \tag{3.4}$$

它需要调整以确保每个连续的季节成分 $s$ 的总和为零；调整细节见 Harvey（1989，§2.3.4）。

通常季节成分优选表达为三角函数形式，式中不变季节的版本为：

$$\gamma_t = \sum_{j=1}^{[s/2]} (\widetilde{\gamma}_j\cos\lambda_j t + \widetilde{\gamma}_j^*\sin\lambda_j t), \quad \lambda_j = \frac{2\pi j}{s}, \quad j = 1,\cdots,[s/2], \tag{3.5}$$

式中 $[a]$ 是 $\leqslant a$ 的最大整数，$\widetilde{\gamma}_j$ 和 $\widetilde{\gamma}_j^*$ 为给定常数。对于随时间变化的季

节，可通过随机游走的 $\tilde{\gamma}_j$ 和 $\tilde{\gamma}_j^*$ 更换以增加随机性。

$$\tilde{\gamma}_{j,t+1} = \tilde{\gamma}_{jt} + \tilde{\omega}_{jt}, \quad \tilde{\gamma}_{j,t+1}^* = \tilde{\gamma}_{jt}^* + \tilde{\omega}_{jt}^*, \quad j = 1, \cdots, [s/2], \quad t = 1, \cdots, n,$$
$$(3.6)$$

式中 $\tilde{\omega}_{jt}$ 和 $\tilde{\omega}_{jt}^*$ 为相互独立变量且服从 N $(0, \sigma_\omega^2)$。详细信息请参阅 Young、Lane、Ng 和 Palmer（1991）。另一种三角函数形式的拟随机游走模型为：

$$\gamma_t = \sum_{j=1}^{[s/2]} \gamma_{jt}, \quad (3.7)$$

式中，

$$\gamma_{j,t+1} = \gamma_{jt}\cos\lambda_j + \gamma_{jt}^*\sin\lambda_j + \omega_{jt},$$
$$\gamma_{j,t+1}^* = -\gamma_{jt}\sin\lambda_j + \gamma_{jt}^*\cos\lambda_j + \omega_{jt}^*, \quad j = 1, \cdots, [s/2], \quad (3.8)$$

式中 $\omega_{jt}$ 和 $\omega_{jt}^*$ 为相互独立变量且服从 N $(0, \sigma_\omega^2)$。我们可以显示，当式（3.8）的随机项为零，$\gamma_t$ 的值由式（3.7）的周期 $s$ 所定义，取

$$\gamma_{jt} = \tilde{\gamma}_j\cos\lambda_j t + \tilde{\gamma}_j^*\sin\lambda_j t,$$

$$\gamma_{jt}^* = -\tilde{\gamma}_j\sin\lambda_j t + \tilde{\gamma}_j^*\cos\lambda_j t,$$

这表明满足式（3.8）的确定性部分很容易。所需结果如下，因为由式（3.5）定义的 $\gamma_t$ 是周期性的，周期为 $s$。实际上，式（3.8）的确定性部分提供了（3.5）的一个递推。

式（3.7）相对于式（3.6）的优点是，在式（3.7）中由于三角函数 $\cos\lambda_j t$ 和 $\sin\lambda_j t$ 的存在，误差 $\omega_{jt}$ 和 $\omega_{jt}^*$ 的贡献并未放大。在结构时间序列分析中的季节成分中，式（3.3）为主要的时域模型，式（3.7）为主要的频域模型。季节性模型更详细的讨论见 Proietti（2000）。他特别指出，三角函数形式的季节性模型对 $\omega_{jt}$ 与 $\omega_{jt}^*$ 的方差作具体限定，则等同于拟随机游走季节性模型（3.4）。

### 3.2.3 基本结构时间序列模型

前一节的 4 种季节性模型中的任何一种均可与趋势模型相结合，以得到结构时间序列模型，所有成分都可以设定为状态空间形式（3.1）。例如，对于局部线性趋势模型（3.2）与模型（3.3），我们有观测方程：

$$y_t = \mu_t + \gamma_t + \varepsilon_t, \quad t = 1, \cdots, n。 \quad (3.9)$$

为了把模型表示为状态空间形式，我们取状态向量为：

$$\alpha_t = (\mu_t \quad \nu_t \quad \gamma_t \quad \gamma_{t-1} \quad \cdots \quad \gamma_{t-s+2})',$$

系统矩阵为：

$$Z_t = (Z_{[\mu]}, Z_{[\gamma]}), \qquad T_t = \mathrm{diag}(T_{[\mu]}, T_{[\gamma]}),$$
$$R_t = \mathrm{diag}(R_{[\mu]}, R_{[\gamma]}), \qquad Q_t = \mathrm{diag}(Q_{[\mu]}, Q_{[\gamma]}), \tag{3.10}$$

式中，

$$Z_{[\mu]} = (1,0), \qquad Z_{[\gamma]} = (1,0,\cdots,0),$$

$$T_{[\mu]} = \begin{bmatrix} 1 & 1 \\ 0 & 1 \end{bmatrix}, \qquad T_{[\gamma]} = \begin{bmatrix} -1 & -1 & \cdots & -1 & -1 \\ 1 & 0 & & 0 & 0 \\ 0 & 1 & & 0 & 0 \\ & & \ddots & & \\ 0 & 0 & & 1 & 0 \end{bmatrix},$$

$$R_{[\mu]} = I_2, \qquad R_{[\gamma]} = (1,0,\cdots,0)',$$

$$Q_{[\mu]} = \begin{bmatrix} \sigma_\xi^2 & 0 \\ 0 & \sigma_\zeta^2 \end{bmatrix}, \qquad Q_{[\gamma]} = \sigma_\omega^2 \circ$$

这种模型展示了 Harvey（1989）的结构时间序列分析方法的一个重要部分，被他称为基本结构时间序列（basic structural time series，BSM）模型。因此，当 $s=4$ 时，基本模型的状态空间形式是：

$$\alpha_t = (\mu_t \quad \nu_t \quad \gamma_t \quad \gamma_{t-1} \quad \gamma_{t-2})',$$

$$Z_t = (1 \quad 0 \quad 1 \quad 0 \quad 0), \qquad T_t = \begin{bmatrix} 1 & 1 & 0 & 0 & 0 \\ 0 & 1 & 0 & 0 & 0 \\ 0 & 0 & -1 & -1 & -1 \\ 0 & 0 & 1 & 0 & 0 \\ 0 & 0 & 0 & 1 & 0 \end{bmatrix},$$

$$R_t = \begin{bmatrix} 1 & 0 & 0 \\ 0 & 1 & 0 \\ 0 & 0 & 1 \\ 0 & 0 & 0 \\ 0 & 0 & 0 \end{bmatrix}, \qquad Q_t = \begin{bmatrix} \sigma_\xi^2 & 0 & 0 \\ 0 & \sigma_\zeta^2 & 0 \\ 0 & 0 & \sigma_\omega^2 \end{bmatrix} \circ$$

另一种替代季节成分的设定，也可以在基本结构模型中使用。Harrison 和 Stevens（1976）的季节模型参考式（3.3），有 $(s+2) \times 1$ 状态向量：

$$\alpha_t = (\mu_t \quad \nu_t \quad \gamma_t \quad \cdots \quad \gamma_{t-s+1})',$$

式中系统矩阵的相关部分替换式（3.10）由下式给出：

$$Z_{[\gamma]} = (1,0,\cdots,0), \qquad T_{[\gamma]} = \begin{bmatrix} 0 & I_{s-1} \\ 1 & 0 \end{bmatrix},$$

$$R_{[\gamma]} = I_s, \qquad Q_{[\gamma]} = \sigma_\omega^2(I_s - 11'/s),$$

式中 1 是 $s \times 1$ 维 1 向量，$\omega_{1t} + \cdots + \omega_{s,t} = 0$，方差矩阵 $Q_{[\gamma]}$ 的秩为 $s-1$。

季节成分的三角函数形式（3.8）可以结合基本结构模型的 $(s+1) \times 1$ 状态向量：

$$\alpha_t = (\mu_t \quad \nu_t \quad \gamma_{1t} \quad \gamma_{1t}^* \quad \gamma_{2t} \quad \cdots)',$$

与该系统矩阵的相关部分由下式给出：

$$Z_{[\gamma]} = (1,0,1,0,1,\cdots,1,0,1), \quad T_{[\gamma]} = \mathrm{diag}(C_1,\cdots,C_{s^*}, -1),$$

$$R_{[\gamma]} = I_{s-1}, \qquad\qquad Q_{[\gamma]} = \sigma_\omega^2 I_{s-1}。$$

如果假设 $s$ 为偶数，我们有 $s^* = s/2$ 和

$$C_j = \begin{bmatrix} \cos\lambda_j & \sin\lambda_j \\ -\sin\lambda_j & \cos\lambda_j \end{bmatrix}, \quad \lambda_j = \frac{2\pi j}{s}, \quad j = 1,\cdots,s^*。 \qquad (3.11)$$

如果 $s$ 为奇数，我们有 $s^* = (s-1)/2$ 和

$$Z_{[\gamma]} = (1,0,1,0,1,\cdots,1,0), \quad T_{[\gamma]} = \mathrm{diag}(C_1,\cdots,C_{s^*}),$$

$$R_{[\gamma]} = I_{s-1}, \qquad\qquad Q_{[\gamma]} = \sigma_\omega^2 I_{s-1}。$$

式中 $C_j$ 由式（3.11）定义，对于 $j = 1, \cdots, s^*$。

### 3.2.4  周期成分

时间序列中的另一个重要成分是周期（cycle）$c_t$，我们可以通过引入周期成分以扩展基本时间序列模型（2.2）：

$$y_t = \mu_t + \gamma_t + c_t + \varepsilon_t, \quad t = 1,\cdots,n。 \qquad (3.12)$$

$c_t$ 最简单的形式为由下式关系产生的一个纯正弦波：

$$c_t = \tilde{c}\cos\lambda_c t + \tilde{c}^* \sin\lambda_c t,$$

式中 $\lambda_c$ 为该周期的频率；周期为 $2\pi/\lambda_c$，它通常大于季节性周期 $s$。与季节成分一样，我们可以允许周期成分随时间随机变化，利用与式（3.8）类似的关系：

$$c_{t+1} = c_t\cos\lambda_c + c_t^*\sin\lambda_c + \tilde{w}_t,$$

$$c_{t+1}^* = -c_t\sin\lambda_c + c_t^*\cos\lambda_c + \tilde{w}_t^*,$$

式中 $\tilde{w}_t$ 和 $\tilde{w}_t^*$ 为独立变量 N（0，$\sigma_{\tilde{w}}^2$）。这种形式的周期可以很自然地加入到结构时间序列模型框架。频率 $\lambda_c$ 可以当作未知参数进行估计。

用于周期成分的状态空间表达式类似于单个三角季节成分，但加入频率 $\lambda_c$。周期成分相关的系统矩阵由下式给出：

$$Z_{[c]} = (1,0)，\quad T_{[c]} = C_c，$$
$$R_{[c]} = I_2，\quad\quad Q_{[c]} = \sigma_\omega^2 I_2，$$

式中 $2 \times 2$ 维矩阵 $C_c$ 由式（3.11）定义为 $C_j$，但 $\lambda_j = \lambda_c$。

在经济时间序列中，周期成分通常与经济周期相关。Burns 和 Mitchell（1946，第 3 页）对经济周期的定义通常被引用："一个周期由扩张、衰退、收缩和复苏构成。扩张大约发生在许多经济活动扩张的相同时间点，随后类似一般衰退、收缩，以及连接到下一个周期的扩张阶段；这个序列的变化是经常性的，但并非定期性的；周期长度通常从一年多到十年或十二年；它们不能被相似波幅的更短周期整除。"为了让我们的周期成分与这个定义一致，我们允许其周期 $2\pi/\lambda_c$ 的长度范围从一年半到十二年，我们设定周期为平稳随机过程。对于经济分析，系统矩阵 $C_c$ 由下式给出：

$$C_c = \rho_c \begin{bmatrix} \cos\lambda_c & \sin\lambda_c \\ -\sin\lambda_c & \cos\lambda_c \end{bmatrix}，\quad 1.5 \leqslant 2\pi/\lambda_c \leqslant 12，$$

式中衰减因子 $0 < \rho_c < 1$。现在，我们可以定义经济周期成分如下：

$$c_t = Z_{[c]} \begin{pmatrix} c_t \\ c_t^* \end{pmatrix}，\quad \begin{pmatrix} c_{t+1} \\ c_{t+1}^* \end{pmatrix} = C_c \begin{pmatrix} c_t \\ c_t^* \end{pmatrix} + \begin{pmatrix} \tilde{\omega}_t \\ \tilde{\omega}_t^* \end{pmatrix}，\quad \begin{pmatrix} \tilde{\omega}_t \\ \tilde{\omega}_t^* \end{pmatrix} \sim \mathrm{N}(0, Q_{[c]})，$$

$$(3.13)$$

对于 $t = 1，\cdots，n$。当我们使用带周期成分的模型拟合宏观经济时间序列，式中 $\rho_c$ 和 $\lambda_c$ 的值限定在允许范围内，周期 $c_t$ 解释为经济周期的组成部分就非常合理。

### 3.2.5 解释变量和干预效应

解释变量和干预效应很容易在结构模型框架内增加。假设我们有 $k$ 个回归变量 $x_{1t}，\cdots，x_{kt}$ 及回归系数 $\beta_1，\cdots，\beta_k$，其不随时间变化，而我们也希望在 $\tau$ 期能测度由干预引起的水平变化。我们定义一个干预变量（intervention variable）$w_t$ 如下所示：

$$w_t = 0, \quad t < \tau,$$
$$= 1, \quad t \geqslant \tau。$$

将其添加到模型（3.12）得到，

$$y_t = \mu_t + \gamma_t + c_t + \sum_{j=1}^{k} \beta_j x_{jt} + \delta w_t + \varepsilon_t, \quad t = 1, \cdots, n。 \quad (3.14)$$

我们可以看到，$\delta$ 测量在一个已知的时期 $\tau$ 的序列水平变化，这一变化是由时期 $\tau$ 的干预引起的。由此产生的模型可以很容易地加入状态空间形式。例如，如果 $\gamma_t = c_t = \delta = 0$，$k = 1$ 且 $\mu_t$ 由局部水平模型所确定，我们取

$$\alpha_t = (\mu_t \quad \beta_{1t})', \quad Z_t = (1 \quad x_{1t}),$$

$$T_t = \begin{bmatrix} 1 & 0 \\ 0 & 1 \end{bmatrix}, \qquad R_t = \begin{pmatrix} 1 \\ 0 \end{pmatrix}, \quad Q_t = \sigma_\xi^2,$$

代入式（3.1）。这里，虽然我们已经为 $\beta_1$ 附加了后缀 $t$，但是它满足 $\beta_{1,t+1} = \beta_{1t}$，所以它是不变的。干预变量的其他例子是脉冲干预变量（pulse intervention variable），定义如下：

$$w_t = 0, \quad t < \tau, \quad t > \tau,$$
$$= 1, \quad t = \tau,$$

斜率干预变量（slope intervention variable）定义为：

$$w_t = 0, \quad t < \tau,$$
$$= 1 + t - \tau, \quad t \geqslant \tau。$$

干预变量的其他形式，设计用来表示水平的渐近变化或瞬时变化，见 Box 和 Tiao（1975）。系数 $\delta$ 如不随时间变化，将相应的状态误差设定为零，就可纳入状态向量。随时间变化的回归系数 $\beta_{jt}$，可以直接在状态空间框架内处理，通过以下形式的随机游动建模：

$$\beta_{j,t+1} = \beta_{jt} + \chi_{jt}, \quad \chi_{jt} \sim N(0, \sigma_\chi^2), \quad j = 1, \cdots, k。 \quad (3.15)$$

利用模型（3.14）的干预分析的一个例子由 Harvey 和 Durbin（1986）给出，他们用它来测量英国机动车安全带法案对道路交通伤亡的影响。如果周期项、回归项或干预项不需要，它们都可以从式（3.14）中删去。在状态向量中纳入回归和干预系数的代替处理方式是，从似然函数中移出和通过回归来估计，我们将在第 6.3.2 节展示。

### 3.2.6    STAMP

关于结构时间序列模型的广泛讨论可以在 Harvey（1989）的专著中找

到。关于其应用的更多资料及后续发展可参见 Harvey 和 Shephard（1993）、Harvey（2006）以及 Harvey 和 Koopman（2009）。计算机软件包 STAMP 8.3（Koopman、Harvey、Doornik 和 Shephard，2010）基于一元和多元结构时间序列模型，设计用来分析、建模和预测。STAMP 实现了卡尔曼滤波和相关算法，让用户可以专注于构建模型的重要组成部分。STAMP 是一个商业产品，其详细信息可从该网站获得：http：//stamp－software. com/。

## 3.3　多元结构时间序列模型

结构时间序列模型的方法论使它很容易地一般化到多元时间序列。考虑局部水平模型关于 $p \times 1$ 维的观测向量 $y_t$，即

$$
\begin{aligned}
y_t &= \mu_t + \varepsilon_t, \\
\mu_{t+1} &= \mu_t + \eta_t,
\end{aligned}
\tag{3.16}
$$

式中，$\mu_t$、$\varepsilon_t$ 和 $\eta_t$ 都是 $p \times 1$ 维向量，且

$$
\varepsilon_t \sim \mathrm{N}(0, \textstyle\sum_\varepsilon), \eta_t \sim \mathrm{N}(0, \textstyle\sum_\eta),
$$

式中 $\sum_\varepsilon$ 和 $\sum_\eta$ 为 $p \times p$ 方差矩阵。在这个所谓的表面无关时间序列方程（seemingly unrelated time series equations）模型中，$y_t$ 的每个序列作为单变量建模，但序列的扰动可能同期相关。在模型带有其他成分如斜率、周期和季节的情形下，与所述成分相关联的扰动成为向量，具有 $p \times p$ 方差矩阵，在 $p$ 个不同的时间序列之间通过驱动成分的扰动的相互关系连接。

### 3.3.1　同质模型

当其方差矩阵与不同扰动以比例相关时，表面无关时间序列方程模型被认为是同质的（homogeneous）。例如，同质限定为多元局部水平模型：

$$
\textstyle\sum_\eta = q \textstyle\sum_\varepsilon,
$$

式中标量 $q$ 是信噪比率。这意味着 $y_t$ 中所有的序列及线性组合具有相同的动态特性，它们具有相同的自相关函数，其为模型的平稳形式。同质模型是受限模型，但它较易估计。更多的详细信息我们参考 Harvey（1989，第 8 章）。

### 3.3.2　共同水平

考虑没有同质限定的多元局部水平模型，但假设 $\sum_\eta$ 的秩为 $r < p$。模

型只包含 $r$ 个水平成分。我们将其称为共同水平（common levels）。这种共同因子识别导致了模型可能不仅有一个有趣的解释，而且可能提供更有效的推理和预测。对序列适当排序，模型可以写成：

$$y_t = a + A\mu_t^* + \varepsilon_t,$$
$$\mu_{t+1}^* = \mu_t^* + \eta_t^*,$$

式中 $\mu_t^*$ 和 $\eta_t^*$ 是 $r \times 1$ 向量，$a$ 是 $p \times 1$ 向量，$A$ 是 $p \times r$ 矩阵。我们进一步假设：

$$a = \begin{pmatrix} 0 \\ a^* \end{pmatrix}, \quad A = \begin{bmatrix} I_r \\ A^* \end{bmatrix}, \quad \eta_t^* \sim \mathrm{N}(0, \sum\nolimits_\eta^*),$$

式中 $a^*$ 是 $(p-r) \times 1$ 向量，$A^*$ 是 $(p-r) \times r$ 非零矩阵，方差矩阵 $\sum\nolimits_\eta^*$ 是 $r \times r$ 正定矩阵。矩阵 $A$ 可解释为一个因子载荷矩阵。当存在多于一个共同因子（$r > 1$）时，因子载荷并不唯一。因子旋转可能给成分更有趣的解释。

共同因子的引入可以扩展到其他多元成分，如斜率、周期和季节。例如，经济时间序列向量具有一个共同的经济周期成分的模型演示由 Valle e Azevedo、Koopman 和 Rua（2006）给出。结构时间序列模型多元扩展的进一步讨论由 Harvey（1989，第 8 章）、Harvey 和 Koopman（1997）以及 Koopman、Ooms 和 Hindrayanto（2009）给出。

### 3.3.3 潜在风险模型

风险是影响企业、政府和金融机构的许多政策决策的核心因素。在风险分析中，风险暴露、结果（或事件），以及可能的损失需进行测度分析。风险本身并不能被观测到。例如，在道路安全研究的案例下，风险暴露是汽车数量（或行驶公里数），结果是事故数量，损失是损害成本（或死亡数量）。从这些测度中，我们可以了解风险和相关的严重性。在时间序列的背景下，我们通常观测到的汇总测量，包括一个国家（或地区，或特定组）和特定期间（月、季度或其他）。时间序列暴露 $y_{1t}$、结果 $y_{2t}$ 和损失 $y_{3t}$ 以及误差通常可以观测，并服从可能的趋势、季节、周期和回归成分的影响。

通过带有直接解释变量的潜在风险乘法模型，我们可执行时间序列分析：

$$y_{1t} = \mu_{1t} \times \xi_{1t}, \quad y_{2t} = \mu_{1t} \times \mu_{2t} \times \xi_{2t}, \quad y_{3t} = \mu_{1t} \times \mu_{2t} \times \mu_{3t} \times \xi_{3t},$$

式中不可观测成分 $\mu_{1t}$ 为由观测误差校正的暴露，$\mu_{2t}$ 为风险，$\mu_{3t}$ 为严重程度，而 $\xi_{jt}(j=1,2,3)$ 为乘法误差，其均值等于 1。该模型隐含预期结果为风险乘以暴露，而预期损失为结果乘以严重性。通过取对数，我们获得三元潜在风险加法形式：

$$\begin{pmatrix} \log y_{1t} \\ \log y_{2t} \\ \log y_{3t} \end{pmatrix} = \begin{bmatrix} 1 & 0 & 0 \\ 1 & 1 & 0 \\ 1 & 1 & 1 \end{bmatrix} \theta_t + \varepsilon_t,$$

式中信号向量为 $\theta_t = (\log\mu_{1t}, \log\mu_{2t}, \log\mu_{3t})'$，扰动向量为 $\varepsilon_t = (\log\xi_{1t}, \log\xi_{2t}, \log\xi_{3t})'$。暴露、风险和严重程度的信号（三个对数形式的变量）可以同时被建模为状态向量的线性函数。我们构想的信号向量可以由下式给出：

$$\theta_t = S_t\alpha_t, \quad t = 1,\cdots,n,$$

式中 $S_t$ 是 $3\times m$ 的系统矩阵，将状态向量 $\alpha_t$ 与信号 $\theta_t$ 联系起来。该模型被纳入状态空间形式（3.1），式中

$$Z_t = \begin{bmatrix} 1 & 0 & 0 \\ 1 & 1 & 0 \\ 1 & 1 & 1 \end{bmatrix} S_t。$$

多个测度，如暴露、结果和（或）损失均可以纳入该框架。潜在风险模型的典型应用是保险理赔、信用卡购物和道路安全的研究。Bijleveld、Commandeur、Gould 和 Koopman（2008）提供了潜在风险模型的进一步讨论，并展示如何将一般的方法有效运用于风险评估。

## 3.4　ARMA 模型和 ARIMA 模型

自回归整合移动平均（Autoregressive integrated moving average，ARIMA）时间序列模型是 Box 和 Jenkins 在其开创性的《时间序列分析：预测与控制》（1970）一书中采用的，参见这本书（Box、Jenkins 和 Reinsel，1994）的第四版。考虑第 3.2 节的结构时间序列模型，Box 和 Jenkins 主要考虑单变量的时间序列 $y_t$ 由趋势、季节和不规则成分构成。与各种不同成分分别建模不同，他们的思想是在分析之初就通过差分以消除趋势和季节因素。所得到的差分序列被处理为一个平稳时间序列，即通过转换序列的特性，其均值和方差等随时间而保持不变。令 $\Delta y_t = y_t - y_{t-1}, \Delta^2 y_t =$

$\Delta(\Delta y_t), \Delta_s y_t = y_t - y_{t-s}, \Delta_s^2 y_t = \Delta_s(\Delta_s y_t)$ 等，在这里假设每年有 $s$ 个月。Box 和 Jenkins 建议，差分一直持续直到趋势和季节的影响被消除，从而产生一个新的变量 $y_t^* = \Delta^d \Delta_s^D y_t$，对于 $d$，$D = 0$，$1$，$\cdots$，我们得到一个平稳的自回归移动平均 ARMA（$p$，$q$）模型，其为：

$$y_t^* = \phi_1 y_{t-1}^* + \cdots + \phi_p y_{t-p}^* + \zeta_t + \theta_1 \zeta_{t-1} + \cdots + \theta_q \zeta_{t-q}, \quad \zeta_t \sim N(0, \sigma_\zeta^2),$$
$$(3.17)$$

式中 $p$ 与 $q$ 为非负整数，且 $\zeta_t$ 为序列无关序列，其方差为 N（$0$，$\sigma_\zeta^2$）。它可写成如下形式：

$$y_t^* = \sum_{j=1}^{r} \phi_j y_{t-j}^* + \zeta_t + \sum_{j=1}^{r-1} \theta_j \zeta_{t-j}, \quad t = 1, \cdots, n, \qquad (3.18)$$

式中 $r = \max$（$p$，$q+1$）且一些系数可以为零。Box 和 Jenkins 通常在方程（3.18）中包括一个常数项，但为了简单起见，通常忽略这一常数项；如需要包括它，修改很简单。在这里及其他地方，我们仍然使用符号 $d$、$p$ 和 $q$，与原书的 ARIMA 环境一致，这样不妨碍在书中的其他部分使用。

现在我们演示如何把这些模型转换为状态空间形式。首先从 $d = D = 0$ 的特殊情形开始，即无须差分，我们可以由式（3.18）以 $y_t$ 取代 $y_t^*$ 来建模。取

$$Z_t = (1 \quad 0 \quad 0 \quad \cdots \quad 0),$$

$$\alpha_t = \begin{pmatrix} y_t \\ \phi_2 y_{t-1} + \cdots + \phi_r y_{t-r+1} + \theta_1 \zeta_t + \cdots + \theta_{r-1} \zeta_{t-r+2} \\ \phi_3 y_{t-1} + \cdots + \phi_r y_{t-r+2} + \theta_2 \zeta_t + \cdots + \theta_{r-1} \zeta_{t-r+3} \\ \vdots \\ \phi_r y_{t-1} + \theta_{r-1} \zeta_t \end{pmatrix}, \qquad (3.19)$$

写出式（3.1）的状态方程 $\alpha_{t+1}$，取

$$T_t = T = \begin{bmatrix} \phi_1 & 1 & & 0 \\ \vdots & & \ddots & \\ \phi_{r-1} & 0 & & 1 \\ \phi_r & 0 & \cdots & 0 \end{bmatrix}, \quad R_t = R = \begin{pmatrix} 1 \\ \theta_1 \\ \vdots \\ \theta_{r-1} \end{pmatrix}, \eta_t = \zeta_{t+1}。$$

$$(3.20)$$

它与观测方程 $y_t = Z_t \alpha_t$ 一起，等同于式（3.18），但现在为状态空间形式（3.1）（式中 $\varepsilon_t = 0$），其隐含 $H_t = 0$。例如，当 $r = 2$，我们的状态方程为：

$$\begin{pmatrix} y_{t+1} \\ \phi_2 y_t + \theta_1 \zeta_{t+1} \end{pmatrix} = \begin{bmatrix} \phi_1 & 1 \\ \phi_2 & 0 \end{bmatrix} \begin{pmatrix} y_t \\ \phi_2 y_{t-1} + \theta_1 \zeta_t \end{pmatrix} + \begin{pmatrix} 1 \\ \theta_1 \end{pmatrix} \zeta_{t+1} \circ$$

这里给出的形式并不是 ARMA 模型的状态空间的唯一版本，但其较为方便。

我们现在考虑单变量非季节非平稳 ARIMA 模型的情形，其阶数为 $p$、$d$ 和 $q$，且 $d > 0$，由式（3.17）给出 $y_t^* = \Delta^d y_t$。作为一个例子，我们首先考虑参数为 $p = 2$，$d = 1$，$q = 1$ 的 ARIMA 模型的状态空间形式，其由下式给出：

$$y_t = (1 \quad 1 \quad 0) \alpha_t,$$

$$\alpha_{t+1} = \begin{bmatrix} 1 & 1 & 0 \\ 0 & \phi_1 & 1 \\ 0 & \phi_2 & 0 \end{bmatrix} \alpha_t + \begin{pmatrix} 0 \\ 1 \\ \theta_1 \end{pmatrix} \zeta_{t+1},$$

式中状态向量定义为：

$$\alpha_t = \begin{pmatrix} y_{t-1} \\ y_t^* \\ \phi_2 y_{t-1}^* + \theta_1 \zeta_t \end{pmatrix},$$

$y_t^* = \Delta y_t = y_t - y_{t-1}$。这个例子很容易一般化为 ARIMA 模型，式中 $d = 1$ 与其他 $p$ 和 $q$ 值。ARIMA 模型，其参数 $p = 2$，$d = 2$ 和 $q = 1$，其状态空间形式由下式给出：

$$y_t = (1 \quad 1 \quad 0) \alpha_t,$$

$$\alpha_{t+1} = \begin{bmatrix} 1 & 1 & 1 & 0 \\ 0 & 1 & 1 & 0 \\ 0 & 0 & \phi_1 & 1 \\ 0 & 0 & \phi_2 & 0 \end{bmatrix} \alpha_t + \begin{pmatrix} 0 \\ 0 \\ 1 \\ \theta_1 \end{pmatrix} \zeta_{t+1},$$

式中

$$\alpha_t = \begin{pmatrix} y_{t-1} \\ \Delta y_{t-1} \\ y_t^* \\ \phi_2 y_{t-1}^* + \theta_1 \zeta_t \end{pmatrix},$$

$y_t^* = \Delta^2 y_t = \Delta (y_t - y_{t-1})$。由上即刻得出 $y_t$、$\Delta y_t$ 和 $\Delta^2 y_t$ 之间的关系如下：

$$\Delta y_t = \Delta^2 y_t + \Delta y_{t-1},$$
$$y_t = \Delta y_t + y_{t-1} = \Delta^2 y_t + \Delta y_{t-1} + y_{t-1}。$$

在第 5.6.3 节我们处理初始状态向量 $\alpha_1$ 为未知非平稳值 $y_0$ 和 $\Delta y_0$，我们描述滤波和平滑的初始化过程。直接代替估计 $y_0$ 和 $\Delta y_0$，我们把 $\alpha_1$ 的元素处理为扩散随机元素，而其他元素包括 $y_t^*$ 为平稳，其具有适当的无条件均值和方差。需要提供的初始化过程解释了为什么我们建立这种形式的状态空间模型。ARIMA 模型的状态空间形式与其他 $p^*$、$d$ 和 $q^*$ 的值，都可以类似的方式来表示。状态空间形式化的优点是，已经开发的用于状态空间模型的大量技术也可用于 ARMA 和 ARIMA 模型。特别是可充分利用精确极大似然估计和初始化技术。

对于季节序列，如上所述，建模之前的趋势和季节成分由差分 $y_t^* = \Delta^d \Delta_s^D y_t$ 操作而消除，得到 $y_t^*$ 平稳的 ARMA 模型的形式（3.18）。所得 $y_t^*$ 模型可以通过上述处理扩展直接放入状态空间形式。众所周知的季节 ARIMA 模型，即所谓的航空模型（airline model）由下式给出：

$$y_t^* = \Delta \Delta_{12} y_t = \zeta_t - \theta_1 \zeta_{t-1} - \theta_{12} \zeta_{t-12} + \theta_1 \theta_{12} \zeta_{t-13}, \tag{3.21}$$

它有一个标准 ARIMA 状态空间表达式。

有趣的是，对于许多状态空间模型逆关系成立，从这个意义上来说，状态空间模型具有 ARIMA 表达式。例如，如果局部线性趋势模型（3.2）采取二阶差分，$\mu_t$ 和 $\nu_t$ 项消失，我们得到：

$$\Delta^2 y_t = \varepsilon_{t+2} - 2\varepsilon_{t+1} + \varepsilon_t + \xi_{t+1} - \xi_t + \zeta_t。$$

由于两个自相关系数非零，其余均为零，我们可以把它写作一个移动平均序列 $\zeta_t^* + \theta_1 \zeta_{t-1}^* + \theta_2 \zeta_{t-2}^*$，式中 $\theta_1$ 和 $\theta_2$ 是移动平均参数，且 $\zeta_t^*$ 为独立的 N$(0, \sigma_{\zeta^*}^2)$ 扰动。使用 Box 和 Jenkins 的符号，这是一个 ARIMA（0，2，2）模型。我们得到表达式：

$$\Delta^2 y_t = \zeta_t^* + \theta_1 \zeta_{t-1}^* + \theta_2 \zeta_{t-2}^*, \tag{3.22}$$

式中局部线性趋势模型被施加了 $\theta_1$ 和 $\theta_2$ 更受限制的空间，使得 ARIMA（0，2，2）模型不可逆。这些问题的更详细讨论由 Harvey（1989，§2.5.3）给出。

模型（3.22）比模型（3.2）所蕴含的信息更少，因为它已失去了模型（3.2）所包含的水平 $\mu_t$ 和斜率 $\nu_t$ 的信息，这些差别非常重要。如果把模型（3.3）产生的季节项添加到局部线性趋势模型，相应的 ARIMA 模型的形式为：

$$\Delta^2 \Delta_s y_t = \zeta_t^* + \sum_{j=1}^{s+2} \theta_j \zeta_{t-j}^*,$$

式中 $\theta_1$，$\cdots$，$\theta_{s+2}$ 由四个方差 $\sigma_\varepsilon^2$、$\sigma_\xi^2$、$\sigma_\zeta^2$ 和 $\sigma_\omega^2$ 确定。在此模型中关于季节成分的信息，以及有关趋势成分的信息被丢弃。事实上，结构时间序列模型提供有关趋势和季节成分的明确信息，而 ARIMA 模型并不这样做，这就是结构建模方法相对于 ARIMA 模型的一个重要优势。在第 3.10.1 节，我们给出时间序列分析中这两种方法的详细比较。

## 3.5　指数平滑

在本节中，我们考虑 20 世纪 50 年代发展的指数平滑法，研究简单形式的状态空间和 Box – Jenkins 模型之间的关系。开发这些方法的目的主要是用于预测。本节所使用的术语"平滑"与上下文中的稍微不同，与本书中在别处使用的术语无关，尤其是在第 2 章和第 4 章。

让我们先介绍 20 世纪 50 年代的指数加权移动平均（exponentially weighted moving average，EWMA），即，给定一个单变量时间序列 $y_t$，$y_{t-1}$，$\cdots$，计算 $y_{t+1}$ 的向前一步预测。它的形式如下：

$$\hat{y}_{t+1} = (1 - \lambda) \sum_{j=0}^{\infty} \lambda^j y_{t-j}, \quad 0 < \lambda < 1。 \tag{3.23}$$

从式（3.23）我们立刻推导出递推公式：

$$\hat{y}_{t+1} = (1 - \lambda) y_t + \lambda \hat{y}_t, \tag{3.24}$$

它在实际计算中用来代替式（3.23）。它具有简单结构并需要很少的存储，因此在 20 世纪 50 年代只有原始计算机可用时非常方便。其结果是，EWMA 预测在业界非常流行，特别用于许多同时进行的销售预测项目。由式（3.24）计算预测的操作，我们将其称为指数平滑（exponential smoothing）。

向前一步预测误差 $y_t - \hat{y}_t$ 记为 $u_t$，并代入式（3.24），将 $t-1$ 替换为 $t$，给出：

$$y_t - u_t = (1 - \lambda) y_{t-1} + \lambda (y_{t-1} - u_{t-1}),$$

即

$$\Delta y_t = u_t - \lambda u_{t-1}。 \tag{3.25}$$

考虑到 $u_t$ 是独立 $N（0，\sigma_u^2）$ 的序列变量，我们可以看到，我们已从 EWMA 递推式（3.24）推导出简单的 ARIMA 模型（3.25）。

Muth（1960）作出一个重要贡献，由递推（3.24）产生的指数加权移动平均预测在这个意义上是最小均方误差的预测，它最小化序列 $y_t$，$y_{t-1}$，$\cdots$ 的 $E（\hat{y}_{t+1} - y_{t+1}）^2$，这由局部水平模型（2.3）生成。为方便起见，我们写出其形式：

$$y_t = \mu_t + \varepsilon_t,$$
$$\mu_{t+1} = \mu_t + \xi_t, \qquad (3.26)$$

式中 $\varepsilon_t$ 和 $\xi_t$ 是连续无关随机变量，具有零均值和固定方差。对式（3.26）所生成的观测值 $y_t$ 取一阶差分：

$$\Delta y_t = y_t - y_{t-1} = \varepsilon_t - \varepsilon_{t-1} + \xi_{t-1}。$$

由于 $\varepsilon_t$ 和 $\xi_t$ 为序列不相关，$\Delta y_t$ 自相关系数的一阶滞后非零，更高阶滞后的自相关为零。这是一阶移动平均模型的自相关函数，适当定义 $\lambda$，我们写出如下形式：

$$\Delta y_t = u_t - \lambda u_{t-1},$$

这与模型（3.25）相同。

我们观测到一个有趣的事实，这两个简单形式的状态空间和 ARIMA 模型产生相同的向前一步预测，而这些可通过 EWMA 递推式（3.24）来计算，这已由实际值证明。我们写出如下形式：

$$\hat{y}_{t+1} = \hat{y}_t + （1 - \lambda）（y_t - \hat{y}_t），$$

这是简单状态空间模型（3.26）的卡尔曼滤波。

该 EWMA 由 Holt（1957）和 Winters（1960）扩展到包含趋势和季节成分的序列。扩展到包含趋势成分的加法例子是：

$$\hat{y}_{t+1} = m_t + b_t,$$

式中 $m_t$ 和 $b_t$ 为水平和斜率项，由如下 EWMA 类递推所产生：

$$m_t = （1 - \lambda_1）y_t + \lambda_1（m_{t-1} + b_{t-1}），$$
$$b_t = （1 - \lambda_2）（m_t - m_{t-1}） + \lambda_2 b_{t-1}。$$

扩展的一个有趣的结果是，Muth（1960）、Theil 和 Wage（1964）表明，由 Holt – Winters 递推产生的预测是状态空间模型的最小均方误差预测：

$$y_t = \mu_t + \varepsilon_t,$$
$$\mu_{t+1} = \mu_t + \nu_t + \xi_t,$$

$$\nu_{t+1} = \nu_t + \zeta_t, \tag{3.27}$$

这是局部线性趋势模型（3.2）。对式（3.24）所产生的 $y_t$ 取二阶差分，我们得到：

$$\Delta^2 y_t = \zeta_{t-2} + \xi_{t-1} - \xi_{t-2} + \varepsilon_t - 2\varepsilon_{t-1} + \varepsilon_{t-2}。$$

这是平稳序列，其自相关滞后一阶和二阶为非零但其他阶为零。因此，它服从移动平均模型：

$$\Delta^2 y_t = u_t - \theta_1 u_{t-1} - \theta_2 u_{t-2},$$

这是 ARIMA 模型的一个简单形式。

从式（3.3）到式（3.23）的测量方程加入季节项 $\gamma_{t+1} = -\gamma_t - \cdots - \gamma_{t-s+2} + \omega_t$，得到模型：

$$\begin{aligned}
y_t &= \mu_t + \gamma_t + \varepsilon_t, \\
\mu_{t+1} &= \mu_t + \xi_t, \\
\gamma_{t+1} &= -\gamma_t - \cdots - \gamma_{t-s+2} + \omega_t,
\end{aligned} \tag{3.28}$$

这是第 3.2 节结构时间序列模型的一个特例。对式（3.28）取一阶差分和一阶季节差分。我们发现：

$$\Delta\Delta_s y_t = \xi_{t-1} - \xi_{t-s-1} + \omega_{t-1} - 2\omega_{t-2} + \omega_{t-3} + \varepsilon_t - \varepsilon_{t-1} - \varepsilon_{t-s} + \varepsilon_{t-s-1}, \tag{3.29}$$

这是平稳时间序列，其自相关滞后 1，2，$s-1$，$s$ 和 $s+1$ 阶为非零。考虑一般变量 $s$ 的航空模型（3.21），

$$\Delta\Delta_s y_t = u_t - \theta_1 u_{t-1} - \theta_s u_{t-s} - \theta_1 \theta_s u_{t-s-1},$$

这个模型已被证实能够很好地拟合许多含趋势和季节成分的经济时间序列。它的自相关滞后 1，$s-1$，$s$ 和 $s+1$ 阶为非零。现在模型（3.28）的 Var（$\omega_t$）从自相关滞后二阶增大，它在大多数实践情形下仍较小。当我们在模型中增加一个季节成分，再次找到状态空间和 ARIMA 模型之间密切的对应关系。将斜率成分 $\nu_t$ 增加到式（3.28），如同式（3.27）一样，其并不显著影响结论。

从 EWMA 预测开始，它在适当的情形下已被证实在实践中运作良好，我们已经发现，有两种不同类型的模型——状态空间模型以及 Box 和 Jenkins 的 ARIMA 模型，看似是非常不同的概念，但都给出从 EWMA 递推得到的最小均方误差的预测。其原因在于当时间序列所具有的内在结构足够简单，相应的状态空间模型和 ARIMA 模型本质上是等价的。当我们迈向更复杂的结

构，其差异才逐渐显现。上述讨论是基于 Durbin（2000b，第 3 章）的结论。

# 3.6　回归模型

一元序列 $y_t$ 的回归模型由以下方程给出：

$$y_t = X_t\beta + \varepsilon_t, \quad \varepsilon_t \sim \mathrm{N}(0, H_t), \tag{3.30}$$

对于 $t = 1, \cdots, n$。式中 $X_t$ 为 $1 \times k$ 回归向量，其为外生变量，$\beta$ 为 $k \times 1$ 回归系数向量，$H_t$ 为已知方差，可能随 $t$ 变化。这一模型可以状态空间形式（3.1）表示，式中 $Z_t = X_t$，$T_t = I_k$，$R_t = Q_t = 0$，因此 $\alpha_t = \alpha_1 = \beta$。回归系数向量的广义最小二乘估计由下式给出：

$$\hat{\beta} = \left( \sum_{t=1}^{n} X_t' H_t^{-1} X_t \right)^{-1} \sum_{t=1}^{n} X_t' H_t^{-1} y_t \text{。}$$

当卡尔曼滤波应用于表示回归模型（3.30）的状态空间模型，它以递推方式有效地计算 $\hat{\beta}$。在这种情形下，卡尔曼滤波简化为递推最小二乘法，其由 Plackett（1950）开发。

## 3.6.1　时变回归系数

假设在线性回归模型（3.30）中，我们希望系数向量 $\beta$ 随时间变化。一种合适的模型是式（3.30）中的 $\beta$ 由 $\alpha_t$ 替代，并允许 $\alpha_{it}$ 的各系数根据随机游走 $\alpha_{i,t+1} = \alpha_{it} + \eta_{it}$ 而变化。这使得状态方程的向量 $\alpha_t$ 的形式为 $\alpha_{t+1} = \alpha_t + \eta_t$。因为模型（3.1）在 $Z_t = X_t$、$T_t = R_t = I_k$ 和 $Q_t$ 为已知（对角）方差矩阵 $\eta_t$ 的特殊情形下，可以常规方式通过卡尔曼滤波和平滑技术来处理。

## 3.6.2　回归 ARMA 误差

考虑以下形式的回归模型：

$$y_t = X_t\beta + \xi_t, \quad t = 1, \cdots, n, \tag{3.31}$$

式中 $y_t$ 为一个单变量的因变量，$X_t$ 为 $1 \times k$ 回归向量，$\beta$ 为它的系数向量，$\xi_t$ 表示假定服从 ARMA 模型形式（3.18）的误差；此 ARMA 模型可能平稳，也可能不平稳，$\phi_j$、$\theta_j$ 的部分系数可以为零，只要 $\phi_r$ 和 $\theta_{r-1}$ 不同时为零。令 $\alpha_t$ 由式（3.19）定义，且令

$$\alpha_t^* = \begin{pmatrix} \beta_t \\ \alpha_t \end{pmatrix},$$

式中 $\beta_t = \beta$。式（3.20）所隐含的状态方程为 $\alpha_{t+1} = T\alpha_t + R\eta_t$，令

$$T^* = \begin{bmatrix} I_k & 0 \\ 0 & T \end{bmatrix}, \quad R^* = \begin{bmatrix} 0 \\ R \end{bmatrix}, \quad Z_t^* = (X_t \quad 1 \quad 0 \quad \cdots \quad 0),$$

式中 $T$ 和 $R$ 在式（3.20）中定义。则模型

$$y_t = Z_t^* \alpha_t^*, \quad \alpha_{t+1}^* = T^* \alpha_t^* + R^* \eta_t,$$

是状态空间形式（3.1），因此卡尔曼滤波和平滑技术均可适用；它提供有效工具以拟合模型（3.31）。显而易见的是，该处理可以很容易地扩展到回归系数由随机游走确定的情形，如第 3.6.1 节所示。此外，这种方法不像其他方法，并不要求 ARMA 模型的误差平稳。

## 3.7　动态因子模型

主成分和因子分析作为统计方法广泛用于应用社会和行为科学。这些方法的目的是识别高维数据集的协方差结构的共同之处。因子分析模型基于 Lawley 和 Maxwell（1971）给出的形式，也就是

$$y_i = \Lambda f_i + u_i, \quad f_i \sim N(0, \textstyle\sum_f), \quad u_i \sim N(0, \textstyle\sum_u),$$

式中 $y_i$ 表示零均值向量数据，其包含主题 $i$ 的测量特性，对于 $i = 1, \cdots, n$，而 $\Lambda$ 为系数矩阵，连接低维向量 $f_i$（其为潜变量）。潜向量 $f_i$ 及其方差矩阵 $\sum_f$，扰动向量 $u_j$ 及其方差矩阵 $\sum_u$，均被假定为相互和序列独立，对于 $i, j = 1, \cdots, n$。因子分析模型含有 $y_i$ 的方差矩阵 $\sum_y$ 的分解

$$\textstyle\sum_y = \Lambda \sum_f \Lambda' + \sum_u 。$$

$\Lambda$、$\sum_f$ 和 $\sum_u$ 可由极大似然程序来估计；载荷系数 $\Lambda$ 和方差矩阵 $\sum_f$ 受到一组识别所需的线性限定。极大似然法应用于因子分析的详细讨论，由 Lawley 和 Maxwell（1971）给出。

在因子分析应用于时间序列的情形下，测量 $y_i$ 对应的时间 $t$，而非主题 $i$，因此，我们用 $y_t$ 代替 $y_i$。测量的时间相关影响，可解释为由 $f_t$ 的序列无关假设替换为序列相关假设。例如，我们可以假设 $f_t$ 通过向量自回归过程建模。我们还可令 $f_t$ 以线性方式依赖于状态向量 $\alpha_t$，即 $f_t = U_t \alpha_t$，式中 $U_t$ 为通常已知的选择矩阵。

在应用经济学中，$y_t$ 可能包含一大组宏观经济指标，如收入、消费、

投资和失业。这些变量都服从经济活动，往往涉及经济周期。经济周期的动态特征可解释为一组因子，其可能具有不同的动态特性。在金融方面，$y_t$ 可能包含一大组每日价格或各股收益构成的指数，如标准普尔 500 指数和道琼斯指数。在营销情形下，$y_t$ 可能包含小组或分组产品品牌的市场份额。潜在因子可能表明在某些时期市场策略是否会影响所有的市场份额或选择的市场份额。在所有这些情形下，假设该因子与时间变化不相关，但这并不符合实际，所以我们需要构造一个因子的动态过程。时间序列方面有广泛的因子分析应用，从而导致在统计学和计量经济学文献中对动态因子模型的推理有许多贡献，例如，Geweke（1977），Engle 和 Watson（1981），Watson 和 Engle（1983），Litterman 和 Scheinkman（1991），Quah 和 Sargent（1993），Stock 和 Watson（2002），Diebold，Rudebusch 和 Aruoba（2006）以及 Doz，Giannone 和 Reichlin（2011）。

动态因子模型可以被视为状态空间模型的状态向量包含潜因子，其动态特性由状态空间模型（3.1）的状态方程形成。观测向量的维度通常较大，而状态向量的维度较小，则有 $p \gg m$。在

$$y_i = \Lambda f_i + u_i, \quad f_t = U_t \alpha_t, \quad \varepsilon_t \sim \mathrm{N}(0, H_t), \qquad (3.32)$$

这一例子中，动态因子模型是状态空间模型（3.1）的观测方程为 $Z_t = \Lambda U_t$ 的一种特殊情形。在第 6 章，我们将讨论在 $p \gg m$ 情形下状态空间模型的一般统计处理的修改。这些修改专门适用于动态因子分析的推理，以确保状态空间分析方法可行。

# 3.8 连续时间状态空间模型

迄今为止，我们考虑的所有模型均为离散时间，现考虑连续时间模型。假设观测值 $y(t)$ 是时间 $t$ 的连续函数，取值区间 $0 \leqslant t \leqslant T$。我们将着眼于为 $y(t)$ 构建状态空间模型，连续时间模型与离散时间模型类似。该模型不仅有助于研究真正连续时间运作的现象，也有助于为观测发生时间点 $t_1 \leqslant \cdots \leqslant t_n$ 不等距的情形提供一个简便的理论基础。

### 3.8.1 局部水平模型

我们首先考虑局部水平模型（2.3）的连续版本。为了构造它，我们需要高斯随机游走的连续类似物。这可从布朗运动过程（Brownian motion process）中获得，定义连续随机过程 $w(t)$，其中 $w(0)=0$，$w(t)\sim N(0,t)$，当 $0<t<\infty$，增量 $w(t_2)-w(t_1)$，$w(t_4)-w(t_3)$ 对于 $0\leqslant t_1\leqslant t_2\leqslant t_3\leqslant t_4$ 是独立的。我们有时需要考虑增量 $dw(t)$，式中 $dw(t)\sim N(0,dt)$ 为 $dt$ 的无穷小。类似于离散模型的随机游走，$\alpha_{t+1}=\alpha_t+\eta_t$，$\eta_t\sim N(0,\sigma_\eta^2)$，我们定义 $\alpha(t)$ 为连续时间关系 $d\alpha(t)=\sigma_\eta dw(t)$，式中 $\sigma_\eta$ 为合适的正尺度参数。这表明，作为局部水平模型的连续类似物，我们可采用连续时间状态空间模型：

$$y(t)=\alpha(t)+\varepsilon(t),$$
$$\alpha(t)=\alpha(0)+\sigma_\eta w(t),\quad 0\leqslant t\leqslant T, \tag{3.33}$$

式中 $T>0$。

式（3.33）中 $\varepsilon(t)$ 的性质需要认真思考。首先必须承认，任何分析均以数字方式进行，在我们这本书中也是如此，$y(t)$ 不能作为连续记录而计算；我们只能将序列处理为在一组离散的时间点 $0\leqslant t_1<t_2<\cdots<t_n\leqslant T$ 的观测值。其次，$\mathrm{Var}[\varepsilon(t)]$ 必须设定上下限以显著远离零；$y(t)$ 不可无限接近 $\alpha(t)$，否则开展分析毫无意义。最后，为了获得局部水平模型的连续类似物，我们需假设 $\mathrm{Cov}[\varepsilon(t_i),\varepsilon(t_j)]=0$，对于观测期 $t_i$，$t_j$（$i\neq j$）。很明显，如果观测期太接近，它可能建立自相关模型 $\varepsilon(t)$，例如，低阶自回归模型；然而，这样系数将不得不被放入状态向量且所产生模型将不会是连续局部水平模型。为了允许 $\mathrm{Var}[\varepsilon(t)]$ 随时间变化，假设 $\mathrm{Var}[\varepsilon(t)]=\sigma^2(t)$，式中 $\sigma^2(t)$ 是 $t$ 的非随机函数，其取决于未知参数。我们的结论是，代替模型（3.33）更合适的形式是：

$$y(t)=\alpha(t)+\varepsilon(t),\ t=t_1,\cdots,t_n,\ \varepsilon(t_i)\sim N[0,\sigma^2(t_i)],$$
$$\alpha(t)=\alpha(0)+\sigma_\eta w(t),\ 0\leqslant t\leqslant T。 \tag{3.34}$$

我们接下来考虑未知参数的极大似然估计。根据定义，似然函数等于：

$$p[y(t_1)]p[y(t_2)|y(t_1)]\cdots p[y(t_n)|y(t_1),\cdots,y(t_{n-1})],$$

在 $t_1$，$\cdots$，$t_n$，它仅依赖于 $\alpha(t)$ 的值。参数估计可以采用简化模型

$$y_i=\alpha_i+\varepsilon_i,$$
$$\alpha_{i+1}=\alpha_i+\eta_i,\quad i=1,\cdots,n, \tag{3.35}$$

式中 $y_i=y(t_i)$，$\alpha_i=\alpha(t_i)$，$\varepsilon_i=\varepsilon(t_i)$，$\eta_i=\sigma_\eta[w(t_{i+1})-w(t_i)]$，

且假设式中 $\varepsilon_i$ 为独立变量。这是一个离散局部水平模型，与式（2.3）的不同仅在于 $\varepsilon_i$ 的方差可以不等；因此，我们可以轻微改变第 2.10.1 节的方法，以允许方差不等来计算对数似然函数。

经估算模型的参数，假设我们希望估计 $\alpha$（$t$）在 $t = t_{j_*}$ 的值，在 $t_j$ 和 $t_{j+1}$ 之间，$1 \leqslant j < n$。我们调整和扩展方程（3.35），得到：

$$
\begin{aligned}
\alpha_{j_*} &= \alpha_j + \eta_j^*, \\
y_{j_*} &= \alpha_{j_*} + \varepsilon_{j_*}, \\
\alpha_{j+1} &= \alpha_{j_*} + \eta_{j_*}^*,
\end{aligned}
\tag{3.36}
$$

式中，$y_{j_*} = y(t_{j_*})$ 被视为缺失，$\eta_j^* = \sigma_\eta[w(t_{j_*}) - w(t_j)]$ 且 $\eta_{j_*}^* = \sigma_\eta[w(t_{j+1}) - w(t_{j_*})]$。现在可计算 $\mathrm{E}[\alpha_{j_*} \mid y(t_1), \cdots, y(t_n)]$ 和 $\mathrm{Var}[\alpha_{j_*} \mid y(t_1), \cdots, y(t_n)]$，通过卡尔曼滤波和平滑处理序列为缺失的例程应用，如在第 2.7 节中所述，需作轻微修改以允许观测误差为方差不等。

### 3.8.2 局部线性趋势模型

现在让我们考虑局部线性趋势模型（3.2）在 $\sigma_\xi^2 = 0$ 情形下的连续模拟，事实上趋势项 $\mu_t$ 由关系 $\Delta^2 \mu_{t+1} = \zeta_t$ 建模。在连续情形下，与式（3.2）类似，趋势成分记为 $\mu(t)$，斜率记为 $\nu(t)$。斜率的自然模型是 $d\nu(t) = \sigma_\zeta dw(t)$，式中 $w(t)$ 是标准布朗运动，且 $\sigma_\zeta > 0$，这得到：

$$
\nu(t) = \nu(0) + \sigma_\zeta w(t), \quad 0 \leqslant t \leqslant T. \tag{3.37}
$$

通过类比式（3.2）且 $\sigma_\xi^2 = 0$，趋势水平模型为 $d\mu(t) = \nu(t) dt$，得到：

$$
\begin{aligned}
\mu(t) &= \mu(0) + \int_0^t \nu(s) ds \\
&= \mu(0) + \nu(0)t + \sigma_\zeta \int_0^t w(s) ds.
\end{aligned}
\tag{3.38}
$$

与以前一样，假设 $y(t)$ 在 $t_1 \leqslant \cdots \leqslant t_n$ 期可观测。类似于式（3.34），连续模型的观测方程是：

$$
y(t) = \alpha(t) + \varepsilon(t), \quad t = t_1, \cdots, t_n, \quad \varepsilon(t_i) \sim \mathrm{N}[0, \sigma^2(t_i)], \tag{3.39}
$$

状态方程可写成如下形式：

$$
d\begin{bmatrix} \mu(t) \\ \nu(t) \end{bmatrix} = \begin{bmatrix} 0 & 1 \\ 0 & 0 \end{bmatrix} \begin{bmatrix} \mu(t) \\ \nu(t) \end{bmatrix} dt + \sigma_\zeta \begin{bmatrix} 0 \\ dw(t) \end{bmatrix}. \tag{3.40}
$$

为了获得极大似然估计，我们采用离散状态空间模型

$$y_i = \mu_i + \varepsilon_i,$$

$$\begin{pmatrix} \mu_{i+1} \\ \nu_{i+1} \end{pmatrix} = \begin{bmatrix} 1 & \delta_i \\ 0 & 1 \end{bmatrix} \begin{pmatrix} \mu_i \\ \nu_i \end{pmatrix} + \begin{pmatrix} \xi_i \\ \zeta_i \end{pmatrix}, \quad i = 1, \cdots, n, \tag{3.41}$$

式中，$\mu_i = \mu(t_i)$，$\nu_i = \nu(t_i)$，$\varepsilon_i = \varepsilon(t_i)$，$\delta_i = t_{i+1} - t_i$；还有：

$$\xi_i = \sigma_\zeta \int_{t_i}^{t_{i+1}} [w(s) - w(t_i)] ds \text{ 和 } \zeta_i = \sigma_\zeta [w(t_{i+1}) - w(t_i)],$$

这可以从式（3.37）和式（3.38）进行证明。从式（3.39）可知，$\text{Var}(\varepsilon_i) = \sigma^2(t_i)$。因为 $\text{E}[w(s) - w(t_i)] = 0$，对于 $t_i \leq s \leq t_{i+1}$，$\text{E}(\xi_i) = \text{E}(\zeta_i) = 0$。为计算 $\text{Var}(\xi_i)$，下式求和近似 $\xi_i$：

$$\frac{\delta_i}{M} \sum_{j=0}^{M-1} (M - j) w_j,$$

式中，$w_j \sim \text{N}(0, \sigma_\zeta^2 \delta_i / M)$，且 $\text{E}(w_j w_k) = 0$ $(j \neq k)$。其方差为：

$$\sigma_\zeta^2 \frac{\delta_i^3}{M} \sum_{j=0}^{M-1} \left(1 - \frac{j}{M}\right)^2,$$

它收敛于：

$$\sigma_\zeta^2 \delta_i^3 \int_0^1 x^2 dx = \frac{1}{3} \sigma_\zeta^2 \delta_i^3 \text{（当 } M \to \infty\text{）}。$$

此外，

$$\text{E}(\xi_i \zeta_i) = \sigma_\zeta^2 \int_{t_i}^{t_{i+1}} \text{E}[\{w(s) - w(t_i)\}\{w(t_{i+1}) - w(t_i)\}] ds$$

$$= \sigma_\zeta^2 \int_0^{\delta_i} x dx$$

$$= \frac{1}{2} \sigma_\zeta^2 \delta_i^2,$$

且 $\text{E}(\zeta_i^2) = \sigma_\zeta^2 \delta_i$。因此，状态方程（3.41）中的扰动项的方差矩阵是：

$$Q_i = \text{Var} \begin{pmatrix} \xi_i \\ \zeta_i \end{pmatrix} = \sigma_\zeta^2 \delta_i \begin{bmatrix} \dfrac{1}{3} \delta_i^2 & \dfrac{1}{2} \delta_i \\ \dfrac{1}{2} \delta_i & 1 \end{bmatrix}。 \tag{3.42}$$

对数似然函数的计算借助卡尔曼滤波，如第 7.2 节所示。

当 $t$ 为 $t_1, \cdots t_n$ 以外的值时，类似于模型（3.34），调整（3.36）也可引入模型（3.39）和（3.40），以估计状态向量 $[\mu(t), \nu(t)]'$ 的条件均值

和方差矩阵。可以参考 Harvey（1989）的第 9 章扩展为更一般的模型。

## 3.9 样条平滑

### 3.9.1 离散时间样条平滑

假设我们有一个单变量序列 $y_1$，$\cdots$，$y_n$，它的值在时间上等距分布，我们希望通过一个相对平滑函数 $\mu(t)$ 近似该序列。标准方法是通过选择 $\mu(t)$，使

$$\sum_{t=1}^{n} \left[ y_t - \mu(t) \right]^2 + \lambda \sum_{t=1}^{n} \left[ \Delta^2 \mu(t) \right]^2 \qquad (3.43)$$

在给定 $\lambda > 0$ 时最小化。需注意的是，在这里我们考虑 $\mu(t)$ 在时间点 $t = 1$，$\cdots$，$n$ 是 $t$ 的离散函数，在下节 $\mu(t)$ 是时间的连续函数。考虑两者差异很重要。如果 $\lambda$ 较小，$\mu(t)$ 值会接近 $y_t$，但 $\mu(t)$ 未必足够光滑。如果 $\lambda$ 较大，序列 $\mu(t)$ 则较平滑，但 $\mu(t)$ 的值可能不足够接近 $y_t$。该函数 $\mu(t)$ 被称为样条（spline）。有关这一思想相关方法的文献参阅 Silverman（1985）、Wahba（1990）以及 Green 和 Silverman（1994）。注意，在这本书中，我们通常取 $t$ 为时间索引，但它也可以指其他顺序测量排列，如温度、收益和速度。

现在让我们从状态空间视角来考虑这个问题。令 $\alpha_t = \mu(t)(t = 1,\cdots, n)$，且假设 $y_t$ 和 $\alpha_t$ 服从状态空间模型：

$$y_t = \alpha_t + \varepsilon_t, \quad \Delta^2 \alpha_t = \zeta_t, \quad t = 1,\cdots,n, \qquad (3.44)$$

式中 $\mathrm{Var}(\varepsilon_t) = \sigma^2$ 和 $\mathrm{Var}(\zeta_t) = \sigma^2/\lambda, \lambda > 0$。我们观测到式（3.44）的第二个公式是第 3.2 节的趋势平滑模型。为简单起见，假设 $\alpha_{-1}$ 和 $\alpha_0$ 为固定且已知。$\alpha_1$，$\cdots$，$\alpha_n$，$y_1$，$\cdots$，$y_n$ 的对数联合密度（剔除无关紧要的常数）为

$$-\frac{\lambda}{2\sigma^2} \sum_{t=1}^{n} (\Delta_t^2 \alpha_t)^2 - \frac{1}{2\sigma^2} \sum_{t=1}^{n} (y_t - \alpha_t)^2 \text{。} \qquad (3.45)$$

现在假设我们的目标是通过 $\hat{\alpha}_t = E(\alpha_t | Y_n)$ 估计 $\alpha_t$ 以平滑序列 $y_t$。我们将采用一项新技术，在后续章节我们将广泛使用。假设 $\alpha = (\alpha_1',\cdots, \alpha_n')'$ 和 $y = (y_1',\cdots,y_n')'$ 为联合正态分布的堆栈向量，其密度为 $p(\alpha,y)$，我们希望计算 $\hat{\alpha} = E(\alpha|y)$。那么 $\hat{\alpha}$ 就是如下方程的解：

$$\frac{\partial \log p(\alpha, y)}{\partial \alpha} = 0。$$

由于 $\log p(\alpha|y) = \log p(\alpha, y) - \log p(y)$，因此有 $\partial \log p(\alpha|y)/\partial \alpha = \partial \log p(\alpha, y)/\partial \alpha$。现在该方程 $\partial \log p(\alpha|y)/\partial \alpha = 0$ 的解是密度 $p(\alpha|y)$ 的模（mode），由于密度为正态，模等于均值向量 $\hat{\alpha}$。结论如下：因为 $p(\alpha|y)$ 是给定 $y$ 的 $\alpha$ 的条件分布，我们称这种技术为 $\alpha_1$，$\cdots$，$\alpha_n$ 的条件模估计（conditional mode estimation）。

将这种技术运用于式（3.45），我们可以看到 $\hat{\alpha}_1$，$\cdots$，$\hat{\alpha}_n$ 可以通过下式最小化而获得：

$$\sum_{t=1}^{n} (y_t - \alpha_t)^2 + \lambda \sum_{t=1}^{n} (\Delta^2 \alpha_t)^2。$$

与式（3.43）比较，并忽略初始化问题的矩，我们看到，样条平滑问题可以通过找到模型（3.44）的 $E(\alpha_t|Y_n)$ 来解决。对第 2.4 节的平滑技术的标准扩展即可实现，这将在第 4.4 节给出。状态空间技术可以用于样条平滑。沿着这个思路的处理已经由 Kohn、Ansley 和 Wong（1992）给出。这种方法具有这样的优势，即模型可以扩展到包括额外特征，例如，解释变量、日历变化和在本章前面所述的干预效应；此外，未知分位数，例如式（3.43）的 $\lambda$，可以使用极大似然估计，我们将在第 7 章给出描述。

### 3.9.2　连续时间样条平滑

现在让我们考虑观测值 $y(t)$ 是时间 $t$ 的连续函数的平滑问题，为了简单起见，我们令 $t$ 为一个区间 $0 \leq t \leq T$。给定 $y(t_i)$，$i = 1$，$\cdots$，$n$，式中 $0 < t_1 < \cdots < t_n < T$。假设我们希望通过函数 $\mu(t)$ 来平滑 $y(t)$，传统解决问题的方法是选择 $\mu(t)$ 为在 $(0, T)$ 区间的两次可微函数，给定 $\lambda > 0$ 时最小化下式：

$$\sum_{i=1}^{n} \left[ y(t_i) - \mu(t_i) \right]^2 + \lambda \int_0^T \left[ \frac{\partial^2 \mu(t)}{\partial t^2} \right]^2 dt。 \qquad (3.46)$$

我们看到连续时间的式（3.46）与离散时间的式（3.43）类似。这是一个众所周知的问题，标准处理已在 Green 和 Silverman（1994）的第 2 章给出。他们的方法是，所得到的 $\mu(t)$ 必须是三次样条（cubic spline），其被定义为一个三次多项式函数，$t$ 在每对时间点 $t_i$，$t_{i+1}$ 之间，$i = 0$，$1$，$\cdots$，$n$，且有 $t_0 = 0$ 和 $t_{n+1} = T$，因此 $\mu(t)$ 和它的前两阶导数在每个 $t_i$ 连续，式中 $i = 1$，$\cdots$，$n$。三次样条的属性用来解决最小化问题。与此相反，我们将给出基于第 3.8 节类似连续时间状态空间模型的解。

我们首先采用 $\mu(t)$ 的模型在式（3.38）的形式，为方便起见，我们在这里再次给出

$$\mu(t) = \mu(0) + \nu(0)t + \sigma_\zeta \int_0^t w(s)ds, \quad 0 \leq t \leq T。 \quad (3.47)$$

这是自然会考虑的模型，因为在连续时间情形下它是带趋势及平滑可变斜率的最简单模型。观测方程为：

$$y(t_i) = \mu(t_i) + \varepsilon_i, \quad \varepsilon_i \sim N(0, \sigma_\varepsilon^2), \quad i = 1, \cdots, n,$$

式中 $\varepsilon_i$ 相互独立，且独立于 $w(t)$，当 $0 < t \leq T$。令 $Var(\varepsilon_i)$ 不变，这对许多平滑的问题是合理假设，并且还因为它会导致与式（3.46）的最小化问题相同的解，如 Green – Silverman 方法。

因为 $\mu(0)$ 和 $\nu(0)$ 通常是未知的，我们用扩散提前来表示。关于这些假设，Wahba（1978）已经表明，取

$$\lambda = \frac{\sigma_\varepsilon^2}{\sigma_\zeta^2},$$

给定观测序列 $y(t_1), \cdots, y(t_n), \mu(t)$ 的条件均值 $\hat{\mu}(t)$ 由式（3.47）所定义，这是式（3.46）关于 $\mu(t)$ 最小化问题的解。我们不在这里给出证明细节，但给出 Ansley（1983）以及 Green 和 Silverman（1994）的讨论结果。

他们的结果很重要，因为样条平滑问题通过状态空间方法就可解决。我们注意到，Wahba、Wecker 和 Ansley 在论文引述中考虑更一般的问题，将式（3.46）的第二项替换为更一般的形式：

$$\lambda \int_0^T \left[ \frac{d^m \mu(t)}{dt^m} \right] dt,$$

对于 $m = 2, 3, \cdots$。

我们已简化式（3.46）的最小化问题，以状态空间模型（3.39）和模型（3.40）的特殊情形处理，式中 $\sigma^2(t_i) = \sigma_\varepsilon^2$，对于所有 $i$。我们可以通过卡尔曼滤波和平滑例程来计算 $\hat{\mu}(t)$ 和 $Var[\mu(t) | y(t_1), \cdots, y(t_n)]$。通过极大似然估计 $\lambda$ 也可计算出对数似然值；通过在第 2.10.2 节中所述的直接扩展方法，可以有效地压缩 $\sigma_\varepsilon^2$，然后关于 $\lambda$ 最大化集中对数似然，通过一维搜索来完成。这些结果的意义是，状态空间方法的灵活性和计算能力可以用来解决样条平滑问题。

# 3.10　状态空间分析的深入评论

在本节中，我们提供状态空间时间序列分析的讨论和演示。首先，我们比较了时间序列分析的状态空间和 Box – Jenkins 方法。其次，我们提供了时间序列分析问题如何在状态空间框架内进行处理的案例。

## 3.10.1　状态空间与 Box – Jenkins 方法

状态空间方法早期的发展限于工程领域，而非统计领域，这源于 Kalman（1960）的开创性论文。在论文中，卡尔曼做了两件至关重要的事情。他表明，非常广泛的一类问题可被封装在一个简单的线性模型中，基本上就是状态空间模型（3.1）。另外他表示，利用模型的马尔可夫性质，实际应用所需要的计算可以递推形式建立，这样在计算机上执行就非常方便。这些思想发展所需的巨大工作量都是在工程领域完成的。在20世纪60年代到80年代初，统计学家和计量经济学家对状态空间方法的贡献既零星又琐碎。然而，最近几年，统计学和计量经济学领域对其兴趣出现快速增长。

状态空间方法的关键优点是，它是基于问题的结构分析。构成序列的不同成分，如趋势、季节、周期和日历变化，以及解释变量和干预效应可以分别建模，然后可纳入同一状态空间模型。它依赖于研究者对任何需要特殊处理的特殊情形的特性识别和建模。与此相反，Box – Jenkins 方法是一种"黑箱"，其所采用模型纯粹依赖于数据，而没有对数据生成系统作任何前验的结构分析。状态空间模型的第二个优点是它的灵活性。因为该分析的模型及计算技术的递推特性，很容易允许系统结构随时间发生已知变化。状态空间分析的其他优点是：（1）可处理观测缺失；（2）解释变量可以毫无困难地纳入模型；（3）相关的回归系数可以随机，允许随时间变化，这似乎在应用中常被要求；（4）考虑交易日调整和其他日历变化很容易；（5）预测不需要额外的理论，因为所有需要做的就是将卡尔曼滤波推向未来。

如果预测是分析的唯一目标，采用 Box – Jenkins 办法，用差分消除趋势和季节成分可能并不是一个缺点。然而在许多情形下，特别是在官方统计和计量经济学的一些应用中，这些成分的知识具有内在的重要性。

趋势和季节成分估计确实可以从差分序列"恢复"，通过残差均方差最大化，如在 Burman（1980），但是这似乎是一个人为的过程。相对于直接成分建模，它并没有吸引力。此外，差分序列必须平稳的要求也是理论上的一个弱点。在经济和社会领域，实际序列无论进行多少次差分，永远不会平稳。研究者必须面对多接近平稳才足够这一问题。这是一个很难回答的问题。

在实践中发现，航空模型和类似的 ARIMA 模型能够非常好地拟合许多数据集。其原因是它们大约近似于可行的状态空间模型。这一点在 Harvey（1989，72~73 页）中已详细讨论。当我们的视线从航空模型移开，Box - Jenkins 系统的模型识别过程变得难以适用。其主要分析工具是样本自相关函数，由于其抽样变异较高，精确度并不高。这是应用时间序列分析研究人员所熟悉的事实，许多例子均可以证实，数据可由非常不同的模型设定，但其解释几乎完全相同。上述讨论基于 Durbin（2000b，第 2 节）。

### 3.10.2　基准

官方统计的一个共同问题是每月或每季度观测的调整，从问卷调查获得的观测不可避免存在调查误差，与普查获得的年度总计一致，并假设没有误差。全年总计被称为基准（benchmarks），其过程被称为建立基准（benchmarking）。我们将展示在状态空间框架内如何处理这个问题。

每月的调查观测值记为 $y_t$，我们取为每月（$s = 12$），其真值 $y_t^*$ 需要估计来获得，$t = 12(i-1) + j$，$i = 1, \cdots, \ell$ 和 $j = 1, \cdots, 12$，式中 $\ell$ 是年的数量。测量误差是 $y_t - y_t^*$，记为 $\sigma_t^s \xi_t^s$，式中 $\sigma_t^s$ 是调查误差在 $t$ 期的标准偏差，误差 $\xi_t^s$ 为 AR（1）模型且具有单位方差。原则上，可以使用更高阶的 ARMA 模型。我们认为从调查中专家得到的 $\sigma_t^s$ 值可用，其偏差自由；我们在后面提到估计偏差。基准值由 $x_i = \sum_{j=1}^{12} y_{12(i-1)+j}^*$ 给定，对于 $i = 1, \cdots, \ell$。为简单起见，我们假设所有年份的年度值可用，在实践中，年度普查值通常会滞后一年或两年。我们为观测值构建模型

$$y_t = \mu_t + \gamma_t + \sum_{j=1}^{k} \delta_{jt} w_{jt} + \varepsilon_t + \sigma_t^s \xi_t^s, \quad t = 1, \cdots, 12\ell, \quad (3.48)$$

式中 $\mu_t$ 为趋势成分，$\gamma_t$ 为季节成分，$\sum_{j=1}^{k} \delta_{jt} w_{jt}$ 项表示系统效应，如对零售销售数量有相当大影响效应的日历变化，但它可以随时间缓慢变化。

该序列被设定为如下形式：

$$y_1, \cdots, y_{12}, x_1, y_{13}, \cdots, y_{24}, x_2, y_{25}, \cdots, y_{12\ell}, x_\ell \text{。}$$

我们把该序列的基准发生时间点设为 $t = (12i)'$，由此点 $t = (12i)'$ 发生在序列 $t = 12i$ 和 $t = 12i + 1$ 之间。回归系数 $\delta_{jt}$ 一年只更新一次，比如在 1 月，这也是合理的。我们考虑这些系数的模型：

$$\delta_{j,12i+1} = \delta_{j,12i} + \zeta_{j,12i}, \quad j = 1, \cdots, k, \quad i = 1, \cdots, \ell,$$

$$\delta_{j,t+1} = \delta_{j,t}, \text{其他。}$$

将随机游走模型的趋势成分、季节成分模型（3.3）整合到一起，也就是

$$\Delta^2 \mu_t = \xi_t, \quad \gamma_t = -\sum_{j=1}^{11} \gamma_{t-j} + \omega_t;$$

见第 3.2 节替代趋势和季节模型。把观测误差放入状态向量很方便，因此，我们取

$$\alpha_t = (\mu_t, \cdots, \mu_{t-11}, \gamma_t, \cdots, \gamma_{t-11}, \delta_{1t}, \cdots, \delta_{kt}, \varepsilon_t, \cdots, \varepsilon_{t-11}, \xi_t^s)' \text{。}$$

则 $y_t = Z_t \alpha_t$，式中

$$Z_t = (1, 0, \cdots, 0, 1, 0, \cdots, 0, w_{1t}, \cdots, w_{kt}, 1, 0, \cdots, 0, \sigma_t^s), \quad t = 1, \cdots, n,$$

且 $x_i = Z_t \alpha_t$，式中

$$Z_t = \left(1, \cdots, 1, 0, \cdots, 0, \sum_{s=12i-11}^{12i} w_{1s}, \cdots, \sum_{12i-11}^{12i} w_{ks}, 1, \cdots, 1, 0\right), t = (12i)',$$

对于 $i = 1, \cdots, \ell$。考虑 $\delta_{j,t+1} = \delta_{jt}$ 这个事实，使用第 3.2 节的结果，很容易写出当 $t = 12i - 11$ 到 $t = 12i - 1$ 从 $\alpha_t$ 到 $\alpha_{t+1}$ 的状态转移。从 $t = 12i$ 到 $t = (12i)'$ 转移是相同的。从 $t = (12i)'$ 到 $t = 12i + 1$，转移也相同，所不同的是关系 $\delta_{j,12i+1} = \delta_{j,12i} + \zeta_{j,12i}$，式中 $\zeta_{j,12i} \neq 0$。

　　基准问题有许多变种。例如，每年总计可能会有错误，基准值也许是特定月份的值，比如 12 月，而不是每年总计，调查观测可能存在偏差并需要估计，用比 AR（1）更复杂的模型来对 $y_t^*$ 建模；最后观测可能表现为乘法形式，而基准约束是加法形式，从而导致非线性模型。所有这些变种可通过基准问题的全面处理（Durbin 和 Quenneville，1997）来处理。他们考虑一个两步方法，第一步是状态空间模型拟合调查观测，然后调整以满足第二步发生的基准限制问题。

　　从本质上讲，状态空间方法可用于处理数据来自两个不同来源的情形，本案例给出例证。这个问题的另一个例子在第 3.10.3 节给出。我们为不同序列建模的目的是，同时测量同一现象，所有测量服从抽样误差，可在不同的时间间隔观测。

### 3.10.3 异源序列的同步建模

数据来自两个不同来源的问题已由 Harvey 和 Chung（2000）研究。这里给出两种不同序列以估计英国失业率水平和失业率月环比变化。第一个序列 $y_t$ 是月度调查，旨在获得观测以估计失业率，其根据国际公认的标准定义（即所谓的国际劳工办公室的定义）；该估计服从调查误差。第二个序列是由个人申请失业救济金的每月人数计数 $x_t$；尽管这些计数已准确获知，但它们本身并不提供与国际劳工组织定义一致的失业估计。即使两个序列密切相关，这种关系也并不精确且随时间变化。现在要考虑的问题是如何使用 $x_t$ 的知识，以提高基于 $y_t$ 单独估计的准确度。

按 Harvey 和 Chung（2000）提出的解决方案，对二元序列 $(y_t, x_t)'$ 构建结构时间序列模型：

$$\begin{pmatrix} y_t \\ x_t \end{pmatrix} = \mu_t + \varepsilon_t, \qquad \varepsilon_t \sim N(0, \textstyle\sum_\varepsilon),$$

$$\mu_{t+1} = \mu_t + \nu_t + \xi_t, \quad \xi_t \sim N(0, \textstyle\sum_\xi), \tag{3.49}$$

$$\nu_{t+1} = \nu_t + \zeta_t, \qquad \zeta_t \sim N(0, \textstyle\sum_\zeta),$$

对于 $t = 1, \cdots, n$。这里 $\mu_t$、$\varepsilon_t$、$\nu_t$、$\xi_t$ 和 $\zeta_t$ 均为 $2 \times 1$ 向量，$\sum_\varepsilon$、$\sum_\xi$ 和 $\sum_\zeta$ 为 $2 \times 2$ 方差矩阵。季节成分也可纳入。许多混乱问题的解决基于这个模型，特别是对调查问卷的特有的分析，如样本重叠。有一点特别让人感兴趣的是，申请失业救济人数 $x_t$ 领先调查 $y_t$ 一个月。$x_t$ 额外的值可以通过第4.19节讨论的有效利用缺失观测技术来轻松处理。关于详细讨论，我们建议读者参考 Harvey 和 Chung（2000）。

这并不是使用 $x_t$ 信息的唯一方法。例如，在公开发表的论文讨论中，Durbin（2000a）提出了两点深入的可能性，第一点是对序列 $y_t - x_t$ 构建结构时间序列模型，以第3.2节考虑的形式之一；失业水平然后可由 $\hat{\mu}_t + x_t$ 来估计，式中 $\hat{\mu}_t$ 是使用到 $t-1$ 期的信息对趋势成分 $\mu_t$ 的预测，月度环比变化可以通过 $\hat{\nu}_t + x_t - x_{t-1}$ 来估计，式中 $\hat{\nu}_t$ 是斜率 $\nu_t$ 的预测。第二点是 $x_t$ 可以作为解释变量以适当形式加入模型（3.14），依据式（3.15），其系数 $\beta_j$ 替换为 $\beta_{jt}$ 以允许随时间变化。使用显性符号，趋势成分和变化将通过 $\hat{\mu}_t + \hat{\beta}_t x_t$ 和 $\hat{\nu}_t + \hat{\beta}_t x_t - \hat{\beta}_{t-1} x_{t-1}$ 来估计。

## 3.11　练习

### 3.11.1

考虑到自回归移动平均，以及常数项，再加上噪声模型

$$y_t = y_t^* + \varepsilon_t, \quad y_t^* = \mu + \phi_1 y_{t-1}^* + \phi_2 y_{t-2}^* + \zeta_t + \theta_1 \zeta_{t-1},$$

对于 $t = 1, \cdots, n$，这里 $\mu$ 是一个未知常数。在任何时期和滞后期，扰动 $\varepsilon_t \sim \mathrm{N}(0, \sigma_\varepsilon^2)$ 和 $\zeta_t \sim \mathrm{N}(0, \sigma_\zeta^2)$ 相互且序列无关。自回归系数 $\phi_1$ 和 $\phi_2$ 受到限定，因此 $y_t^*$ 是一个平稳过程，其移动平均系数 $0 < \theta_1 < 1$。描述这个模型的状态空间形式（3.1）的表达式；定义状态向量 $\alpha_t$ 和它的初始状态。

### 3.11.2

局部线性趋势模型具有光滑斜率方程，由下式给出：

$$y_t = \mu_t + \varepsilon_t, \quad \mu_{t+1} = \mu_t + \beta_t + \eta_t, \quad \Delta^r \beta_t = \zeta_t,$$

对于 $t = 1, \cdots, n$ 和一些正整数 $r$，式中 $\varepsilon_t$，$\eta_t$ 和 $\zeta_t$ 为正态分布的扰动，在任何时期和滞后期相互无关且序列无关。解释趋势模型在 $r = 3$ 的状态空间形式（3.1）的表达式；定义状态向量 $\alpha_t$ 和它的初始状态。

当要求斜率成分平稳，我们考虑：

$$(1 - \phi L)^r \beta_t = \zeta_t,$$

式中 $0 < \phi < 1$ 为自回归系数，且 $L$ 为滞后算子。解释趋势模型及平稳斜率的 $r = 2$ 状态空间形式（3.1）表达式；定义状态向量 $\alpha_t$ 和它的初始状态。

### 3.11.3

第 3.5 节的指数平滑方法的预测也可表达为：

$$\hat{y}_{t+1} = \hat{y}_t + \lambda(y_t - \hat{y}_t), \quad t = 1, \cdots, n。$$

式中新的向前一步预测是加上过去预测发生的误差的调整。卡尔曼滤波的稳态解应用到第 2.11 节的局部水平模型（2.3）可以部分地表示为指数平滑。展示这种关系和加入 $q = \sigma_\eta^2 / \sigma_\varepsilon^2$ 的 $\lambda$ 的表达式。

### 3.11.4

考虑状态空间模型（3.1）扩展包括回归效应

$$y_t = X_t \beta + Z_t \alpha_t + \varepsilon_t, \quad \alpha_{t+1} = W_t \beta + T_t \alpha_t + R_t \eta_t,$$

对于 $t = 1, \cdots, n$，式中 $X_t$ 和 $W_t$ 是（部分地）由外生变量构成的固定矩阵。

$\beta$ 是回归系数向量，矩阵有适当维度。展示该状态空间模型可以表示为：

$$y_t = X_t^* \beta + Z_t \alpha_t^* + \varepsilon_t, \quad \alpha_{t+1}^* = T_t \alpha_t^* + R_t \eta_t,$$

对于 $t = 1, \cdots, n$。给出以 $X_t$、$W_t$ 以及其他系统矩阵表示的 $X_t^*$。

# 4. 滤波、平滑和预测

## 4.1 引言

在本章和后续三章中，从古典与贝叶斯视角，我们提供了线性高斯状态空间模型（3.1）的一般处理。观测值 $y_t$ 将被视为多元变量。从理论上来说，这是第 2 章简单局部水平模型处理的一般化情形的扩展。我们也考虑在非正态情形下的线性无偏估计。

在第 4.2 节，我们给出多元回归理论的一些初等结果，为本章的卡尔曼滤波和平滑处理奠定基础。我们首先考虑一对随机向量 $x$ 和 $y$ 的联合分布。假设其联合分布为正态，我们在引理一展示，给定 $y$ 的 $x$ 的条件分布为正态，我们推导得到它的均值向量和方差矩阵。在第 4.3 节我们将展示，这些结果直接产生卡尔曼滤波。一些学者不希望正态假设，我们在引理二推导出给定 $y$ 的 $x$ 的最小方差线性无偏估计。对于偏爱贝叶斯方法，在正态假设下我们在引理三推导出给定观测值 $y$ 的 $x$ 的后验概率密度。最后，在引理四，同时保留了贝叶斯方法，我们去掉正态假设并推导出给定 $y$ 的 $x$ 的拟后验密度，其均值向量为 $y$ 的线性且具有最小方差矩阵。

在一定意义上，所有四个引理可视为 $x$ 关于 $y$ 的回归。出于这个原因，在所有情形下，均值向量和方差矩阵都相同。我们将利用这些引理推导出第 4.3 节和第 4.4 节的卡尔曼滤波和平滑。因为均值向量和方差矩阵相同，我们只需要使用四个引理中的一个来推导我们需要的结果；获得的结果，与其他三个引理假定的条件下同样有效。

观测集合 $y_1, \cdots, y_t$ 记为 $Y_t$。在第 4.3 节，我们将推导卡尔曼滤波，给定 $a_t$ 和 $P_t$，这是一个递推用于计算 $a_{t|t} = \mathrm{E}(\alpha_t \mid Y_t)$，$a_{t+1} = \mathrm{E}(\alpha_{t+1} \mid Y_t)$，$P_{t|t} = \mathrm{Var}(\alpha_t \mid Y_t)$ 和 $P_{t+1} = \mathrm{Var}(\alpha_{t+1} \mid Y_t)$。推导引理一至引理四的初等属性需要多元回归理论。我们也深入研究了状态估计误差和提前一步预测误差的一些性质。在第 4.4 节，我们使用卡尔曼滤波的结果和预测误差的性

质，以获得平滑序列的递推，也就是，给定所有的观测 $y_1$，$\cdots$，$y_n$，计算 $\alpha_t$ 在 $t=1$，$\cdots$，$n$，$n+1$ 时的条件均值和方差矩阵。在第 4.5 节给定所有的数据，推导得到扰动 $\varepsilon_t$ 和 $\eta_t$ 及其误差方差矩阵的估计。在第 4.7 节考虑协方差矩阵的平滑估计。第 4.8 节讨论了滤波和平滑估计相关联的权重是状态和扰动向量的函数。第 4.9 节介绍了给定观测，从状态和扰动向量的平滑密度，如何生成随机样本以用来模拟。第 4.10 节考虑了观测缺失的问题，利用状态空间方法，缺失问题是很容易通过卡尔曼滤波的简单改进和平滑递推就可以处理的。第 4.11 节展示了观测和状态的预测可以通过将未来的观测简单处理为缺失而获得；这些结果在注重实际时间序列预测的工作中具有特别重要的意义。第 4.12 节给出了观测向量的可变维度的评论。最后，在第 4.13 节我们考虑了状态空间模型的一般化矩阵公式。

# 4.2　多元回归理论的基本结果

在本节中，我们给出初级多元回归理论的一些基本结果，我们将使用它来发展线性高斯状态空间模型（3.1）及其满足 $\varepsilon_t \sim (0, H_t)$ 和 $\eta_t \sim (0, Q_t)$ 的非高斯版本理论。在开始状态空间理论之前，我们先呈现结果的一般形式，因为我们需要将其应用在各种不同的情形下，并偏向于在一般情形下证明一次，而不用针对具体情形生成的序列再作类似的证明。更深入的一点是，这种形式的呈现揭示了状态空间方法时间序列分析背后数学理论的内在本质的简约之美。如果读者认为引理一至引理四的结果理所当然，可以跳过证明直接到第 4.3 节。

假设 $x$ 和 $y$ 是联合正态分布随机向量

$$E\begin{pmatrix} x \\ y \end{pmatrix} = \begin{pmatrix} \mu_x \\ \mu_y \end{pmatrix}, \quad \operatorname{Var}\begin{pmatrix} x \\ y \end{pmatrix} = \begin{bmatrix} \sum_{xx} & \sum_{xy} \\ \sum'_{xy} & \sum_{yy} \end{bmatrix}, \tag{4.1}$$

假设式中 $\sum_{yy}$ 是一个非奇异矩阵。

**引理一**　给定 $y$ 的 $x$ 的条件分布为正态，其均值向量为：

$$E(x \mid y) = \mu_x + \sum_{xy} \sum_{yy}^{-1}(y - \mu_y), \tag{4.2}$$

其方差矩阵为：

$$\operatorname{Var}(x \mid y) = \sum_{xx} - \sum_{xy} \sum_{yy}^{-1} \sum'_{xy}。 \tag{4.3}$$

证明：令 $z = x - \sum_{xy} \sum_{yy}^{-1}(y - \mu_y)$。由于从 $(x,y)$ 变换到 $(y,z)$ 为线性，且 $(x,y)$ 为正态分布，$y$ 和 $z$ 的联合分布也为正态。我们有：

$$\mathrm{E}(z) = \mu_x,$$

$$\mathrm{Var}(z) = \mathrm{E}\big[(z - \mu_x)(z - \mu_x)'\big]$$

$$= \sum_{xx} - \sum_{xy} \sum_{yy}^{-1} \sum_{xy}', \qquad (4.4)$$

$$\mathrm{Cov}(y,z) = \mathrm{E}\big[y(z - \mu_x)'\big]$$

$$= \mathrm{E}\big[y(x - \mu_x)' - y(y - \mu_y)' \sum_{yy}^{-1} \sum_{xy}\big]$$

$$= 0_\circ \qquad (4.5)$$

使用其结果，如果两个向量都为正态且相互无关，我们从式（4.5）推断 $z$ 独立分布于 $y$。由于 $z$ 的分布不依赖于 $y$，给定 $y$ 的 $z$ 的条件分布与无条件分布一样，也就是说，它也为正态分布，均值向量为 $\mu_x$，方差矩阵（4.4）与方差矩阵（4.3）相同。因为 $z = x - \sum_{xy} \sum_{yy}^{-1}(y - \mu_y)$，给定 $y$ 的 $x$ 的条件分布为正态分布，其均值向量为（4.2），方差矩阵为（4.3）。

式（4.2）和式（4.3）是众所周知的回归理论。在状态空间环境下，早期的证明由 Astrom（1970，第 7 章，定理 3.2）给出。这里给出的证明基于 Rao（1973，§8a. 2（v））所给出的处理。部分类似的证明由 Anderson（2003，定理 2.5.1）给出。状态空间环境下，另一个完全不同的证明由 Anderson 和 Moore（1979，例 3.2）给出，这也在 Harvey（1989，第 3 章附录）中给出；这个证明的一些细节在练习 4.14.1 中给出。

我们可以把引理一看作多元正态分布上 $x$ 关于 $y$ 的回归的代表。应当指出的是在 $\sum_{yy}$ 为奇异时，如果符号 $\sum_{yy}^{-1}$ 被解释为广义逆，引理一则保持有效；参见 Rao（1973）的处理。Astrom（1970）指出，如果 $(x,y)$ 分布为奇异，我们始终能够通过在超平面质量收缩点投影以导出非奇异分布。通过式（4.2）给出的 $(x|y)$ 条件方差并不依赖于 $y$，事实上这是多元正态分布的一个特殊属性，在其他分布的情形下一般并不成立。

我们现在考虑当 $x$ 未知且 $y$ 已知时如何估计 $x$，例如，当 $y$ 是一个观测向量。根据引理一的假设，我们估计 $x$ 的条件期望 $\hat{x} = \mathrm{E}(x|y)$，也就是

$$\hat{x} = \mu_x + \sum_{xy} \sum_{yy}^{-1}(y - \mu_y)_\circ \qquad (4.6)$$

这里有估计误差 $\hat{x} - x$，因此 $\hat{x}$ 在这个意义上为条件偏差，$E(\hat{x} - x|y) =$

$\hat{x} - E(x \mid y) = 0$。它也明显是无条件偏差 $E(\hat{x} - x) = 0$。$\hat{x}$ 的无条件误差方差矩阵方程为：

$$\mathrm{Var}(\hat{x} - x) = \mathrm{Var}\Big[ \sum_{xy} \sum_{yy}^{-1} (y - \mu_y) - (x - \mu_x) \Big]$$

$$= \sum_{xx} - \sum_{xy} \sum_{yy}^{-1} \sum_{xy}'。 \tag{4.7}$$

式（4.6）和式（4.7）分别与式（4.2）和式（4.3）相同。

现在我们考虑当 $(x, y)$ 为正态分布的假设被舍弃的情形下，给定 $y$ 的 $x$ 的估计。我们假设引理一的其他假设保持不变。让我们只关注估计 $\bar{x}$ 与 $y$ 的元素为线性，也就是，我们取

$$\bar{x} = \beta + \gamma y,$$

式中 $\beta$ 是固定向量，$\gamma$ 是适当维度的固定矩阵。估计误差是 $\bar{x} - x$。如果 $E(\bar{x} - x) = 0$，我们说 $\bar{x}$ 是给定 $y$ 的 $x$ 的一个线性无偏估计（linear unbiased estimate，LUE）。如果 $\bar{x}$ 有这样的特定值 $x^*$，则有

$$\mathrm{Var}(\bar{x} - x) - \mathrm{Var}(x^* - x)$$

对所有线性无偏估计 $\bar{x}$ 均为非负定，我们说该 $x^*$ 是给定 $y$ 的 $x$ 的一个最小方差线性无偏估计（minimum variance linear unbiased estimate，MVLUE）。需要注意这里的均值向量和方差矩阵是无条件的，而不是引理一中的给定 $y$ 的条件均值。非正态情形下，MVLUE 由以下引理给出。

**引理二** $(x, y)$ 不管是否为正态分布，$\hat{x}$ 的估计由式（4.6）所定义，是一个给定 $y$ 的 $x$ 的 MVLUE，其误差方差矩阵由式（4.7）给出。

证明：因为 $\bar{x}$ 为 LUE，我们有：

$$E(\bar{x} - x) = E(\beta + \gamma y - x)$$

$$= \beta + \gamma \mu_y - \mu_x = 0。$$

从而有 $\beta = \mu_x - \gamma \mu_y$，因此

$$\bar{x} = \mu_x + \gamma(y - \mu_y)。 \tag{4.8}$$

因此，

$$\mathrm{Var}(\bar{x} - x) = \mathrm{Var}[\mu_x + \gamma(y - \mu_y) - x]$$

$$= \mathrm{Var}[\gamma(y - \mu_y) - (x - \mu_x)]$$

$$= \gamma \sum_{yy} \gamma' - \gamma \sum_{xy}' - \sum_{xy} \gamma' + \sum_{xx}$$

$$= \mathrm{Var}\Big[ \Big(\gamma - \sum_{xy} \sum_{yy}^{-1}\Big) y \Big] + \sum_{xx} - \sum_{xy} \sum_{yy}^{-1} \sum_{xy}'。 \tag{4.9}$$

令 $\hat{x}$ 为式 (4.8) 取 $\gamma = \sum_{xy} \sum_{yy}^{-1}$ 得到的 $\bar{x}$ 的值。然后得到 $\hat{x} = \mu_x + \sum_{xy} \sum_{yy}^{-1} (y - \mu_y)$，再结合式 (4.9)，得到

$$\mathrm{Var}(\hat{x} - \bar{x}) = \sum_{xx} - \sum_{xy} \sum_{yy}^{-1} \sum_{xy}' 。$$

因此，我们可以重写式 (4.9) 为下式：

$$\mathrm{Var}(\bar{x} - x) = \mathrm{Var}[(\gamma - \sum_{xy} \sum_{yy}^{-1})y] + \mathrm{Var}(\hat{x} - x), \quad (4.10)$$

对所有 $x$ 的线性无偏估计均成立。$\mathrm{Var}[(\gamma - \sum_{xy} \sum_{yy}^{-1})y]$ 为非负定，从而证明引理。

向量估计 $\hat{x}$ 的 MVLUE 属性意味着 $\hat{x}$ 的元素的任意线性函数是相应 $x$ 的元素的线性函数的最小方差线性无偏估计。引理二可看作高斯—马尔可夫定理关于依赖变量对固定回归变量的最小二乘回归的多元分布的类似物。高斯—马尔可夫定理的处理见 Davidson 和 MacKinnon （1993，第 3 章）。引理二在特殊卡尔曼滤波的环境下由 Duncan 和 Horn （1972） 以及 Anderson 和 Moore （1979，§3.2） 证明，但他们对引理二的证明处理缺乏简洁性和通用性。

对于不喜欢正态假设的学者，引理二则高度显著，理由是很多时间序列分析是基于真实序列，而其分布远非正态；许多持该观点的学者认为，MVLUE 准则作为分析基础则可接受。我们在后面将展示，本书的状态空间分析的许多重要成果，如卡尔曼滤波和平滑，观测缺失的分析和预测可以使用引理二而得到；引理二表明，这些结果也满足了 MVLUE 标准。引理二的一个变种是形式化，它是借助最小均方误差矩阵，而不是最小方差无偏性矩阵；它的变种在练习 4.14.4 中处理。

其他学者更愿意从贝叶斯视角，而不是从古典视角，来处理状态空间时间序列分析的推理问题，以证明引理一和引理二是合适的。因此，我们考虑多元回归理论的基本结果，这将得到我们的贝叶斯处理线性高斯状态空间模型。

假设 $x$ 为拥有前验密度 （prior density） $p(x)$ 的参数向量，$y$ 为一个观测向量，其密度为 $p(y)$，条件密度为 $p(y|x)$。进一步假设 $x$ 和 $y$ 的联合密度为多元正态密度 $p(x, y)$。然后给定 $y$ 的 $x$ 的后验密度 （posterior density） 为

$$p(x|y) = \frac{p(x, y)}{p(y)} = \frac{p(x)p(y|x)}{p(y)} 。 \quad (4.11)$$

我们将使用与式（4.1）中相同的表示法给出 $x$ 和 $y$ 的一阶矩和二阶矩。公式（4.11）是贝叶斯定理的一种形式。

**引理三**  给定 $y$ 的 $x$ 的后验密度为正态分布，其后验均值向量见式（4.2），后验方差矩阵见式（4.3）。

证明：使用式（4.11），从引理一可立即证明。

状态空间时间序列分析的一般贝叶斯处理由 West 和 Harrison（1997，§17.2.2）给出，其明确给出了引理三的证明。他们的结果与我们的式（4.2）和式（4.3）形式不同，正如他们所指出的，通过代数等式可以转换为我们的形式；见练习 4.14.5 可了解详细信息。

我们现在舍弃正态假设，推导引理二的贝叶斯的类似物。让我们引入后验密度的概念，这要比传统的术语"后验密度"更广泛，我们给定 $y$ 的 $x$ 的任何密度，而不是仅仅给定 $y$ 的 $x$ 的条件密度。让我们考虑后验密度，给定 $y$ 的 $\bar{x}$ 的均值是 $y$ 的元素的线性函数，也就是，我们取 $\bar{x} = \beta + \gamma y$，式中 $\beta$ 为固定向量，$\gamma$ 是一个固定矩阵；我们认为 $x$ 为一个线性后验均值（linear posterior mean）。如果 $\bar{x}$ 有特定 $x^*$ 的值，则

$$\mathrm{Var}(\bar{x} - x) - \mathrm{Var}(x^* - x)$$

对所有线性后验均值 $\bar{x}$ 均为非负定，我们说 $x^*$ 为给定 $y$ 的 $x$ 的一个最小方差线性后验均值估计（minimum variance linear posterior mean estimate, MVLPME）。

**引理四**  式（4.6）定义的线性后验均值 $\hat{x}$ 是一个 MVLPME，其误差方差矩阵由式（4.7）给出。

证明：对 $p(y)$ 密度取期望，我们有

$$E(\bar{x}) = \mu_x = E(\beta + \gamma y) = \beta + \gamma\mu_y,$$

从中可以得出 $\beta = \mu_x - \gamma\mu_y$，因此式（4.8）成立。令 $\hat{x}$ 为式（4.8）取 $\gamma = \sum_{xy}\sum_{yy}^{-1}$ 的 $\bar{x}$ 的值。它服从引理二的证明，应用（4.10）所以引理四可以证明。

本节的四个引理还有一个重要的共同属性。虽然每个引理从不同的准则开始，但它们都以具有相同的均值向量（4.2）和相同的方差矩阵（4.3）的分布告终。这一结果的意义在于，无论学者是希望从古典推理的准则、最小方差线性无偏估计还是贝叶斯推理，卡尔曼滤波的公式、相关联的平滑及其贯穿书中第一部分的相关结果均完全相同。

## 4.3　滤波

### 4.3.1　卡尔曼滤波的推导

为方便起见，在这里我们再次给出线性高斯状态空间模型（3.1）。

$$y_t = Z_t\alpha_t + \varepsilon_t, \qquad \varepsilon_t \sim N(0,H_t),$$

$$\alpha_{t+1} = T_t\alpha_t + R_t\eta_t, \quad \eta_t \sim N(0,Q_t), \quad t = 1,\cdots,n, \qquad (4.12)$$

$$\alpha_1 \sim N(a_1,P_1),$$

式中的细节由上一章的式（3.1）给出。不同之处是，我们在模型（4.12）中舍弃了正态假设。将 $Y_{t-1}$ 记为一组过去的观测，对于 $t = 2$，3，$\cdots$，同时，将 $Y_0$ 记为在 $t = 1$ 之前没有观测。我们下面的处理将通过向量 $(y_1', \cdots, y_t')'$ 定义 $Y_t$。在式（4.12）从 $t = 1$ 开始和递推建立 $\alpha_t$ 和 $y_t$ 的分布，很容易证明，$p(y_t|\alpha_1, \cdots, \alpha_t, Y_{t-1}) = p(y_t|\alpha_t)$ 和 $p(\alpha_{t+1}|\alpha_1, \cdots, \alpha_t, Y_t) = p(\alpha_{t+1}|\alpha_t)$。在表 4.1 中，我们给出状态空间模型的向量和矩阵的维度。

表 4.1　　　　　　　　　状态空间模型（4.12）的维度

| 向量 | | 矩阵 | |
|---|---|---|---|
| $y_t$ | $p \times 1$ | $Z_t$ | $p \times m$ |
| $\alpha_t$ | $m \times 1$ | $T_t$ | $m \times m$ |
| $\varepsilon_t$ | $p \times 1$ | $H_t$ | $p \times p$ |
| $\eta_t$ | $r \times 1$ | $R_t$ | $m \times r$ |
| | | $Q_t$ | $r \times r$ |
| $a_1$ | $m \times 1$ | $P_1$ | $m \times m$ |

在这一节中，我们推导出模型（4.12）的卡尔曼滤波，其初始状态 $\alpha_1$ 为 N $(a_1, P_1)$，式中 $a_1$ 和 $P_1$ 已知。我们利用引理二来推导古典推理。它服从由引理二至引理四的基本结果，也适用于最小方差线性无偏估计和贝叶斯型推理，不论具有或不具有正态假设。返回到正态假设，我们的目标是得到给定 $Y_t$ 的 $\alpha_t$ 和 $\alpha_{t+1}$ 的条件分布，对于 $t = 1$，$\cdots$，$n$。令 $a_{t|t} = E(\alpha_t|Y_t)$，$a_{t+1} = E(\alpha_{t+1}|Y_t)$，$P_{t|t} = Var(\alpha_t|Y_t)$ 和 $P_{t+1} = Var(\alpha_{t+1}|Y_t)$。由于所有分布均为正态，由引理一的给定其他变量子集而得出的变量子集的条件分布也为正态；给定 $Y_t$ 的 $\alpha_t$ 和给定 $Y_t$ 的 $\alpha_{t+1}$ 的分布分别由 N $(a_{t|t},P_{t|t})$ 和 N $(a_{t+1}, P_{t+1})$ 给出。我们进行归纳；从 N $(a_t,P_t)$ 开始，给定 $Y_{t-1}$ 的 $\alpha_t$ 的分布，我们

将展示从 $a_t$ 和 $P_t$ 如何递推计算 $a_{t|t}$、$a_{t+1}$、$P_{t|t}$ 和 $P_{t+1}$，对于 $t = 1$，$\cdots$，$n$。令

$$v_t = y_t - \mathrm{E}(y_t \mid Y_{t-1}) = y_t - \mathrm{E}(Z_t\alpha_t + \varepsilon_t \mid Y_{t-1}) = y_t - Z_t a_t \quad (4.13)$$

因而 $v_t$ 为给定 $Y_{t-1}$ 的 $y_t$ 的向前一步预测误差。当 $Y_{t-1}$ 和 $v_t$ 被固定，$Y_t$ 也被固定，反之亦然。因此 $\mathrm{E}(\alpha_t \mid Y_t) = \mathrm{E}(\alpha_t \mid Y_{t-1}, v_t)$。但 $\mathrm{E}(v_t \mid Y_{t-1}) = \mathrm{E}(y_t - Z_t a_t \mid Y_{t-1}) = \mathrm{E}(Z_t\alpha_t + \varepsilon_t - Z_t a_t \mid Y_{t-1}) = 0$。因此，$\mathrm{E}(v_t) = 0$，$\mathrm{Cov}(y_j, v_t) = \mathrm{E}[y_j \mathrm{E}(v_t \mid Y_{t-1})'] = 0$，对于 $j = 1$，$\cdots$，$t-1$。此外，

$$a_{t|t} = \mathrm{E}(\alpha_t \mid Y_t) = \mathrm{E}(\alpha_t \mid Y_{t-1}, v_t),$$

$$a_{t+1} = \mathrm{E}(\alpha_{t+1} \mid Y_t) = \mathrm{E}(\alpha_{t+1} \mid Y_{t-1}, v_t)。$$

现在，应用第 4.2 节引理一给定 $Y_{t-1}$ 的 $\alpha_t$ 和 $v_t$ 的条件联合分布，取引理一中的 $x$ 和 $y$，在这里为 $\alpha_t$ 和 $v_t$。这给出：

$$a_{t|t} = \mathrm{E}(\alpha_t \mid Y_{t-1}) + \mathrm{Cov}(\alpha_t, v_t)[\mathrm{Var}(v_t)]^{-1}v_t, \quad (4.14)$$

式中 $\mathrm{Cov}$ 与 $\mathrm{Var}$ 为给定 $Y_{t-1}$ 的 $\alpha_t$ 和 $v_t$ 的条件联合分布的协方差和方差。这里 $\mathrm{E}(\alpha_t \mid Y_{t-1}) = a_t$ 由 $a_t$ 定义，

$$\mathrm{Cov}(\alpha_t, v_t) = \mathrm{E}[\alpha_t(Z_t\alpha_t + \varepsilon_t - Z_t a_t)' \mid Y_{t-1}]$$

$$= \mathrm{E}[\alpha_t(\alpha_t - a_t)' Z_t' \mid Y_{t-1}] = P_t Z_t' \quad (4.15)$$

由 $P_t$ 定义。令

$$F_t = (v_t \mid Y_{t-1}) = \mathrm{Var}(Z_t\alpha_t + \varepsilon_t - Z_t a_t \mid Y_{t-1}) = Z_t P_t Z_t' + H_t。 \quad (4.16)$$

则

$$a_{t|t} = a_t + P_t Z_t' F_t^{-1} v_t。 \quad (4.17)$$

由第 4.2 节的引理一（4.3），我们有：

$$P_{t|t} = \mathrm{Var}(\alpha_t \mid Y_t) = \mathrm{Var}(\alpha_t \mid Y_{t-1}, v_t)$$

$$= \mathrm{Var}(\alpha_t \mid Y_{t-1}) - \mathrm{Cov}(\alpha_t, v_t)[\mathrm{Var}(v_t)]^{-1}\mathrm{Cov}(\alpha_t, v_t)'$$

$$= P_t - P_t Z_t' F_t^{-1} Z_t P_t。 \quad (4.18)$$

我们假设 $F_t$ 为非奇异；这个假设通常对于良好构造的模型是有效的，但在第 6.4 节的任何情形下这一假设被放松。式（4.17）和式（4.18）有时被称为卡尔曼滤波的更新步骤（updating step）。

我们现在研究 $a_{t+1}$ 和 $P_{t+1}$ 的递推。因为 $\alpha_{t+1} = T_t\alpha_t + R_t\eta_t$，我们有

$$a_{t+1} = \mathrm{E}(T_t\alpha_t + R_t\eta_t \mid Y_t)$$

$$= T_t\mathrm{E}(\alpha_t \mid Y_t), \quad (4.19)$$

$$P_{t+1} = \mathrm{Var}(T_t\alpha_t + R_t\eta_t \mid Y_t)$$
$$= T_t\mathrm{Var}(\alpha_t \mid Y_t)T_t' + R_tQ_tR_t', \qquad (4.20)$$

对于 $t = 1, \cdots, n$。

将式（4.17）代入式（4.19）给出：

$$a_{t+1} = T_t a_{t\mid t}$$
$$= T_t a_t + K_t v_t, \quad t = 1, \cdots, n, \qquad (4.21)$$

式中，

$$K_t = T_t P_t Z_t' F_t^{-1} \qquad (4.22)$$

该矩阵 $K_t$ 被称为卡尔曼增益（Kalman gain）。我们观测到 $a_{t+1}$ 由先前值 $a_t$ 与给定 $Y_{t-1}$ 的 $y_t$ 的 $v_t$ 的预测误差线性函数得到。将式（4.18）和式（4.22）代入式（4.20），给出：

$$P_{t+1} = T_t P_t (T_t - K_t Z_t)' + R_t Q_t R_t', \quad t = 1, \cdots, n。 \qquad (4.23)$$

关系（4.21）和关系（4.23）有时称为卡尔曼滤波的预测步骤（prediction step）。

递推（4.17）、递推（4.21）、递推（4.18）和递推（4.23）构成了著名的卡尔曼滤波对模型（4.12）的具体形式。每当一个新的观测进入时，它使我们能够及时更新系统的知识。值得注意的是，我们通过包含引理一的多元正态回归理论的标准结果的简单应用就能得到这些递推。该递推的主要优点是，每当第 $t$ 个观测进入时，对于 $t=1$，$\cdots$，$n$，我们不必对 $(pt \times pt)$ 矩阵求逆以拟合模型；我们只需要对 $(p \times p)$ 矩阵 $F_t$ 求逆，且 $p$ 通常比 $n$ 小得多；在实践中的确如此，$p = 1$ 是最重要的情形。虽然式（4.17）、式（4.21）、式（4.18）和式（4.23）构成了多元卡尔曼滤波递推通常呈现的形式，但我们将在第 6.4 节展示它的变种，式中的观测向量 $y_t$ 的元素是一次一个加入，而不是整个向量 $y_t$ 加入，这在一般的计算上具有优势。

我们从引理二推断，当观测不为正态分布时，我们仅关注 $y_t$ 的线性无偏估计，当矩阵 $Z_t$ 和 $T_t$ 不依赖于以前的 $y_t$ 时，那么在适当的假设下，由滤波给定的 $a_{t\mid t}$ 和 $a_{t+1}$ 值最小化给定 $Y_t$ 的 $\alpha_t$ 和 $\alpha_{t+1}$ 的估计的方差矩阵。这些因素强调的是，虽然我们的研究结果都是在正态前提下获得的，当所涉及的变量不是正态分布时，它们在最小方差线性无偏估计的有效范围更广。下面讨论引理二的证明，其估计也是最小误差方差线性估计。

从贝叶斯推理的视角来看，在正态假设下，引理三隐含给定 $Y_t$ 的 $\alpha_t$ 和 $\alpha_{t+1}$ 的后验密度为正态，其均值向量为式（4.17）和式（4.21），方差矩阵为式（4.18）和式（4.23）。因此，我们不需要单独提供卡尔曼滤波的贝叶斯推导。如果正态假设被舍弃，如同我们已经推导的，引理四表明，卡尔曼滤波提供最小方差线性无偏的拟后验均值向量和方差矩阵。

### 4.3.2　卡尔曼滤波递推

为方便起见，我们把滤波方程汇集在一起

$$
\begin{aligned}
v_t &= y_t - Z_t a_t, & F_t &= Z_t P_t Z_t' + H_t, \\
a_{t\mid t} &= a_t + P_t Z_t' F_t^{-1} v_t, & P_{t\mid t} &= P_t - P_t Z_t' F_t^{-1} Z_t P_t, \\
a_{t+1} &= T_t a_t + K_t v_t, & P_{t+1} &= T_t P_t (T_t - K_t Z_t)' + R_t Q_t R_t',
\end{aligned}
\tag{4.24}
$$

对于 $t = 1$，$\cdots$，$n$，式中 $K_t = T_t P_t Z_t' F_t^{-1}$，$a_1$ 和 $p_1$ 为初始状态向量 $\alpha_1$ 的均值向量和方差矩阵。递推（4.24）称为卡尔曼滤波（Kalman filter）。一旦 $a_{t\mid t}$ 和 $p_{t\mid t}$ 被计算，它足以通过该关系：

$$
a_{t+1} = T_t a_{t\mid t}, \quad P_{t+1} = T_t P_{t\mid t} T_t' + R_t Q_t R_t',
$$

用于预测在 $t$ 期的状态向量 $\alpha_{t+1}$ 及其方差矩阵。在表 4.2 中，我们给出卡尔曼滤波方程的向量和矩阵的维度。

**表 4.2**　　　　　　　　　　　　卡尔曼滤波的维度

| 向量 | | 矩阵 | |
|---|---|---|---|
| $v_t$ | $p \times 1$ | $F_t$ | $p \times p$ |
| | | $K_t$ | $m \times p$ |
| $a_t$ | $m \times 1$ | $P_t$ | $m \times m$ |
| $a_{t\mid t}$ | $m \times 1$ | $P_{t\mid t}$ | $m \times m$ |

### 4.3.3　均值调整模型的卡尔曼滤波

在状态空间模型（4.12）中包括均值调整较方便，给出其形式：

$$
\begin{aligned}
y_t &= Z_t \alpha_t + d_t + \varepsilon_t, & \varepsilon_t &\sim N(0, H_t), \\
\alpha_{t+1} &= T_t \alpha_t + c_t + R_t \eta_t, & \eta_t &\sim N(0, Q_t), \\
& & \alpha_1 &\sim N(a_1, p_1),
\end{aligned}
\tag{4.25}
$$

式中 $P \times 1$ 向量 $d_t$ 和 $m \times 1$ 向量 $c_t$ 已知，且可以随时间改变。事实上，Harvey（1989）使用式（4.25）为基础进行线性高斯状态空间模型的处理。而简单的模型（4.12）则适用于大多数目的，卡尔曼滤波模型（4.25）尽管偶尔使用，但也值得提出。

定义 $a_t = \mathrm{E}(\alpha_t \mid Y_{t-1})$ 和 $P_t = \mathrm{Var}(\alpha_t \mid Y_{t-1})$ 与以前一样，并假设 $d_t$ 可以依赖 $Y_{t-1}$，$c_t$ 可以依赖 $Y_t$，卡尔曼滤波（4.25）的形式为：

$$v_t = y_t - Z_t a_t - d_t, \qquad F_t = Z_t P_t Z_t' + H_t,$$
$$a_{t \mid t} = a_t + P_t Z_t' F_t^{-1} v_t, \quad P_{t \mid t} = P_t - P_t Z_t' F_t^{-1} Z_t P_t, \qquad (4.26)$$
$$a_{t+1} = T_t a_{t \mid t} + c_t, \qquad P_{t+1} = T_t P_{t \mid t} T_t' + R_t Q_t R_t',$$

对于 $t = 1, \cdots, n$。读者通过一步步重复模型（4.19）至模型（4.23），并将式（4.12）替换为式（4.25），可以很容易验证这一结果。

### 4.3.4 稳态

当处理非时变状态空间模型时，式中系统矩阵 $Z_t$、$H_t$、$T_t$、$R_t$ 和 $Q_t$ 随着时间的推移而不变，卡尔曼滤波关于 $P_{t+1}$ 递推收敛到不变矩阵 $\overline{P}$，其是矩阵方程的解：

$$\overline{P} = T \overline{P} T' - T \overline{P} Z' \overline{F}^{-1} Z \overline{P} T' + R Q R',$$

式中 $\overline{F} = Z \overline{P} Z' + H$。收敛到 $\overline{P}$ 后的解被称为卡尔曼滤波的稳态解（steady state solution）。使用收敛后的稳态节省了可观的计算量，因为不再需要递推计算 $F_t$、$K_t$、$P_{t \mid t}$ 和 $P_{t+1}$。

### 4.3.5 状态估计误差和预测误差

对于第 2.3.2 节的局部水平模型，定义状态估计误差（state estimation error）为

$$x_t = \alpha_t - a_t, \text{ 其中 } \mathrm{Var}(x_t) = P_t, \qquad (4.27)$$

我们现在探讨这些误差是相互相关，并与向前一步预测误差 $v_t = y_t - \mathrm{E}(y_t \mid Y_{t-1}) = y_t - Z_t a_t$ 是相关的。由于 $v_t$ 是 $y_t$ 不能从过去预测的一部分，$v_t$ 有时称为新息（innovations）。接下来，卡尔曼滤波的关系以及 $x_t$ 的定义如下：

$$\begin{aligned} v_t &= y_t - Z_t a_t \\ &= Z_t \alpha_t + \varepsilon_t - Z_t a_t \\ &= Z_t x_t + \varepsilon_t, \end{aligned} \qquad (4.28)$$

和

$$\begin{aligned} x_{t+1} &= \alpha_{t+1} - a_{t+1} \\ &= T_t \alpha_t + R_t \eta_t - T_t a_t - K_t v_t \end{aligned}$$

$$= T_t x_t + R_t \eta_t - K_t Z_t x_t - K_t \varepsilon_t$$

$$= L_t x_t + R_t \eta_t - K_t \varepsilon_t, \tag{4.29}$$

式中 $K_t = T_t P_t Z_t' F_t^{-1}$，$L_t = T_t - K_t Z_t$；这些递推类似式（2.31）的局部水平模型。类似于状态空间关系

$$y_t = Z_t \alpha_t + \varepsilon_t, \quad \alpha_{t+1} = T_t \alpha_t + R_t \eta_t,$$

我们得到了状态空间模型的新息类似物（innovation analogue），也就是：

$$v_t = Z_t x_t + \varepsilon_t, \quad x_{t+1} = L_t x_t + R_t \eta_t - K_t \varepsilon_t, \tag{4.30}$$

其中 $x_1 = \alpha_1 - a_1$，对于 $t = 1$，$\cdots$，$n$。$P_{t+1}$ 的递推可由下式给出：

$$P_{t+1} = \mathrm{Var}(x_{t+1}) = \mathrm{E}\big[(\alpha_{t+1} - a_{t+1})x_{t+1}'\big]$$

$$= \mathrm{E}(\alpha_{t+1} x_{t+1}')$$

$$= \mathrm{E}\big[(T_t \alpha_t + R_t \eta_t)(L_t x_t + R_t \eta_t - K_t \varepsilon_t)'\big]$$

$$= T_t P_t L_t' + R_t Q_t R_t',$$

由于 $\mathrm{Cov}(x_t, \eta_t) = 0$，其相比第 4.3.1 节更容易导出。式（4.30）被用来导出下一节的平滑递推。

最后，我们表明，向前一步预测误差相互独立，第 2.3.1 节使用相同的论证。观测向量 $y_1$，$\cdots$，$y_n$ 的联合密度为：

$$p(y_1, \cdots, y_n) = p(y_1) \prod_{t=2}^{n} p(y_t \mid Y_{t-1})。$$

从 $y_t$ 转换为 $v_t = y_t - Z_t a_t$，我们有

$$p(v_1, \cdots, v_n) = \prod_{t=1}^{n} p(v_t),$$

因为 $p(y_1) = p(v_1)$ 且雅可比变换为单位 1，每个 $v_t$ 都是 $y_t$ 减去 $y_1$，$\cdots$，$y_{t-1}$ 的线性函数，对于 $t = 2$，$\cdots$，$n$。因此，$v_1$，$\cdots$，$v_n$ 彼此独立，也独立于 $Y_{t-1}$。

## 4.4　状态平滑

### 4.4.1　引言

我们现在推导出给定整个序列 $y_1$，$\cdots$，$y_n$ 的 $\alpha_1$ 的条件密度。我们假设正态并使用引理一，注意从引理二到引理四得到的均值向量和方差矩阵不满足正态假设的条件下，在最小方差线性无偏意义上和贝叶斯分析中均

有效。

　　我们将计算条件均值 $\hat{\alpha}_t = \mathrm{E}(\alpha_t \mid Y_n)$ 和条件方差矩阵 $V_t = \mathrm{Var}(\alpha_t \mid Y_n)$，对于 $t = 1$，$\cdots$，$n$。我们的方法是在 $\alpha_1 \sim \mathrm{N}(a_1, P_1)$，式中 $a_1$ 和 $P_1$ 已知的假设下，构造 $\hat{\alpha}_t$ 和 $V_t$ 的递推，第 5 章再考虑 $a_1$ 和 $P_1$ 未知的情形。计算 $\hat{\alpha}_t$ 的操作被称为状态平滑（state smoothing）或者平滑（smoothing）。条件均值 $\mathrm{E}(\alpha_t \mid y_t, \cdots, y_s)$ 有时被称为固定区间平滑（fixed - interval smoother），以反映它基于固定的时间间隔 $(t, s)$ 的事实。全样本 $Y_n$ 的条件平滑，如我们刚才讨论，是在实践中遇到的最常见的平滑。其他类型的平滑都是固定点平滑（fixed - point smoother），$\hat{\alpha}_{t \mid n} = \mathrm{E}(\alpha_t \mid Y_n)$，当 $t$ 固定且 $n = t + 1$，$t + 2$，$\cdots$，固定滞后平滑 $\hat{\alpha}_{n-j \mid n} = \mathrm{E}(\alpha_{n-j} \mid Y_n)$，当固定为正整数 $j$ 和 $n = j + 1$，$j + 2$，$\cdots$。我们将在第 4.4.6 节给出这些平滑的公式。固定点平滑和固定滞后平滑在工程上都非常重要，例如，见 Anderson 和 Moore（1979）第 7 章的处理。然而，在本书中，我们将重点关注固定区间平滑，当我们提及"平滑器"和"平滑"，就是指基于全样本固定区间平滑，这是我们所关注的。

### 4.4.2　平滑状态向量

　　取 $v_1$，$\cdots$，$v_n$ 如第 4.3.1 节，将向量 $(v_t{}', \cdots, v_n{}')'$ 记为 $v_{t:n}$，也请注意当 $Y_{t-1}$ 和 $v_{t:n}$ 固定时，$Y_n$ 也被固定。为计算 $\mathrm{E}(\alpha_t \mid Y_n)$ 和 $\mathrm{Var}(\alpha_t \mid Y_n)$，我们将第 4.2 节的引理一应用于给定 $Y_{t-1}$ 的 $\alpha_t$ 和 $v_{t:n}$ 条件联合分布，取引理一的 $x$ 和 $y$ 作为这里的 $\alpha_t$ 和 $v_{t:n}$。根据 $v_t$，$\cdots$，$v_n$ 独立于 $Y_{t-1}$，相互独立及零均值的事实，我们从式（4.2）有

$$\hat{\alpha}_t = \mathrm{E}(\alpha_t \mid Y_n) = \mathrm{E}(\alpha_t \mid Y_{t-1}, v_{t:n})$$

$$= a_t + \sum_{j=t}^{n} \mathrm{Cov}(\alpha_t, v_j) F_j^{-1} v_j, \qquad (4.31)$$

由于 $\mathrm{E}(\alpha_t \mid Y_{t-1}) = a_t$，对于 $t = 1$，$\cdots$，$n$，式中 Cov 是指给定 $Y_{t-1}$ 和 $F_j = \mathrm{Var}(v_j \mid Y_{t-1})$ 的条件分布的协方差。由式（4.30）得到：

$$\mathrm{Cov}(\alpha_t, v_j) = \mathrm{E}(\alpha_t v'_j \mid Y_{t-1})$$

$$= \mathrm{E}\left[\alpha_t (Z_j x_j + \varepsilon_j)' \mid Y_{t-1}\right]$$

$$= \mathrm{E}(\alpha_t x'_j \mid Y_{t-1}) Z'_j, \quad j = t, \cdots, n_\circ \qquad (4.32)$$

此外，

$$\mathrm{E}(\alpha_t x_t' \mid Y_{t-1}) = \mathrm{E}[\alpha_t(\alpha_t - a_t) \mid Y_{t-1}] = P_t,$$

$$\mathrm{E}(\alpha_t x_{t+1}' \mid Y_{t-1}) = \mathrm{E}[\alpha_t(L_t x_t + R_t \eta_t - K_t \varepsilon_t)' \mid Y_{t-1}] = P_t L_t',$$

$$\mathrm{E}(\alpha_t x_{t+2}' \mid Y_{t-1}) = P_t L_t' L_{t+1}', \tag{4.33}$$

$$\vdots$$

$$\mathrm{E}(\alpha_t x_n' \mid Y_{t-1}) = P_t L_t' \cdots L_{n-1}',$$

重复使用式（4.30），当 $t+1$，$t+2$，$\cdots$。请注意，这里和其他地方，当 $t=n$ 时，我们解释 $L_t' \cdots L_{n-1}'$ 为 $I_m$；当 $t = n-1$ 时其为 $L_{n-1}'$。代入式（4.31）给出：

$$\hat{\alpha}_n = a_n + P_n Z_n' F_n^{-1} v_n,$$

$$\hat{\alpha}_{n-1} = a_{n-1} + P_{n-1} Z_{n-1}' F_{n-1}^{-1} v_{n-1} + P_{n-1} L_n' Z_n' F_n^{-1} v_n,$$

$$\hat{\alpha}_t = a_t + P_t Z_t' F_t^{-1} v_t + P_t L_t' Z_{t+1}' F_{t+1}^{-1} v_{t+1}$$

$$+ \cdots + P_t L_t' \cdots L_{n-1}' Z_n' F_n^{-1} v_n, \tag{4.34}$$

对于 $t = n-2$，$n-3$，$\cdots$，1。因此，我们可将平滑状态向量表示为：

$$\hat{\alpha}_t = a_t + P_t r_{t-1}, \tag{4.35}$$

式中，$r_{n-1} = Z_n' F_n^{-1} v_n$，$r_{n-2} = Z_{n-1}' F_{n-1}^{-1} v_{n-1} + L_{n-1}' Z_n' F_n^{-1} v_n$，

$$r_{t-1} = Z_t' F_t^{-1} v_t + L_t' Z_{t+1}' F_{t+1}^{-1} v_{t+1} + \cdots + L_t' L_{t+1}' \cdots L_{n-1}' Z_n' F_n^{-1} v_n, \tag{4.36}$$

对于 $t = n-2$，$n-3$，$\cdots$，1。向量 $r_{t-1}$ 是 $v_j$ 在时间 $t-1$ 之后发生的新息的加权和，即 $j = t$，$\cdots$，$n$。在 $t$ 期的值是：

$$r_t = Z_{t+1}' F_{t+1}^{-1} v_{t+1} + L_{t+1}' Z_{t+2}' F_{t+2}^{-1} v_{t+2} + \cdots + L_{t+1}' \cdots L_{n-1}' Z_n' F_n^{-1} v_n; \tag{4.37}$$

$r_n = 0$，因为时间 $n$ 后，没有新息可用。将式（4.37）代入式（4.36），我们得到向后递推：

$$r_{t-1} = Z_t' F_t^{-1} v_t + L_t' r_t, \quad t = n, \cdots, 1, \tag{4.38}$$

其中 $r_n = 0$。

将这些结果汇集一起给出了状态平滑递推：

$$\hat{\alpha}_t = a_t + P_t r_{t-1}, \quad r_{t-1} = Z_t' F_t^{-1} v_t + L_t' r_t, \tag{4.39}$$

对于 $t = n$，$\cdots$，1，其中 $r_n = 0$；这提供了一个高效计算 $\hat{\alpha}_1$，$\cdots$，$\hat{\alpha}_n$ 的算法。这种平滑连同在第 4.4.3 节我们呈现的平滑状态向量的方差矩阵的递推计算，由式（4.39）和下面的式（4.43）给出，这是由文献 de Jong（1988a）、de Jong（1989）以及 Kohn 和 Ansley（1989）给出，工程领域的

文献由 Bryson 和 Ho（1969）以及 Young（1984）给出相似的早期处理。

## 4.4.3　平滑状态方差矩阵

计算 $V_t = \mathrm{Var}\,(\alpha_t \mid Y_n)$ 的递推现可以推导得出。我们定义 $v_{t:n} = (v_t{}', \cdots, v_n{}')'$。应用第 4.2 节的引理一，对给定 $Y_{t-1}$ 的 $\alpha_t$ 和 $v_{t:n}$ 的条件联合分布，取 $x = \alpha_t$ 和 $y = v_{t:n}$，我们从式（4.3）有：

$$V_t = \mathrm{Var}(\alpha_t \mid Y_{t-1}, v_{t:n}) = P_t - \sum_{j=t}^{n} \mathrm{Cov}(\alpha_t, v_j) F_j^{-1} \mathrm{Cov}(\alpha_t, v_j)',$$

式中 Cov $(\alpha_t, v_j)$ 和 $F_j$ 如在式（4.31）一样，由于 $v_t, \cdots, v_n$ 相互独立，与 $Y_{t-1}$ 独立，具有零均值。使用式（4.32）和式（4.33），我们立即获得：

$$\begin{aligned}
V_t &= P_t - P_t Z_t' F_t^{-1} Z_t P_t - P_t L_t' Z_{t+1}' F_{t+1}^{-1} Z_{t+1} L_t P_t - \cdots \\
&\quad - P_t L_t' \cdots L_{n-1}' Z_n' F_n^{-1} Z_n L_{n-1} \cdots L_t P_t \\
&= P_t - P_t N_{t-1} P_t,
\end{aligned}$$

式中

$$\begin{aligned}
N_{t-1} &= Z_t' F_t^{-1} Z_t + L_t' Z_{t+1}' F_{t+1}^{-1} Z_{t+1} L_t + \cdots \\
&\quad + L_t' \cdots L_{n-1}' Z_n' F_n^{-1} Z_n L_{n-1} \cdots L_t。
\end{aligned} \tag{4.40}$$

我们注意到，这里与前面的小节中一样，当 $t = n$ 时，我们解释 $L_t' \cdots L_{n-1}'$ 为 $I_m$；当 $t = n-1$ 时其为 $L_{n-1}'$。在 $t$ 期时，其值为：

$$\begin{aligned}
N_t &= Z_{t+1}' F_{t+1}^{-1} Z_{t+1} + L_{t+1}' Z_{t+2}' F_{t+2}^{-1} Z_{t+2} L_{t+1} + \cdots \\
&\quad + L_{t+1}' \cdots L_{n-1}' Z_n' F_n^{-1} Z_n L_{n-1} \cdots L_{t+1}。
\end{aligned} \tag{4.41}$$

将式（4.41）代入到式（4.40），我们得到向后递推：

$$N_{t-1} = Z_t' F_t^{-1} Z_t + L_t' N_t L_t, \quad t = n, \cdots, 1。 \tag{4.42}$$

注意从式（4.41）$N_{n-1} = Z_n' F_n^{-1} Z_n$，我们推断，递推（4.42）初始化 $N_n = 0$。收集这些结果，我们发现 $V_t$ 可通过下式递推有效地计算：

$$N_{t-1} = Z_t' F_t^{-1} Z_t + L_t' N_t L_t, \quad V_t = P_t - P_t N_{t-1} P_t, \tag{4.43}$$

对于 $t = n, \cdots, 1$ 及 $N_n = 0$。由于 $v_{t+1}, \cdots, v_n$ 独立，从式（4.37）和式（4.41）得到 $N_t = \mathrm{Var}\,(r_t)$。

## 4.4.4　状态平滑递推

为方便起见，我们将状态向量的平滑方程汇集在一起，

$$\begin{aligned}
r_{t-1} &= Z_t' F_t^{-1} v_t + L_t' r_t, \quad & N_{t-1} &= Z_t' F_t^{-1} Z_t + L_t' N_t L_t, \\
\hat{\alpha}_t &= a_t + P_t r_{t-1}, \quad & V_t &= P_t - P_t N_{t-1} P_t,
\end{aligned} \tag{4.44}$$

对于 $t = n$，$\cdots$，1，$r_n = 0$ 和 $N_n = 0$ 用于初始化。我们将这些方程统称为状态平滑递推（state smoothing recursion）。如前所述，引理二至引理四隐含递推（4.44），也适用于在 MVLUE 和贝叶斯分析的非正态情形下。综合考虑，所述递推（4.24）和递推（4.44）称为卡尔曼滤波和平滑（Kalman filter and smoother）。我们看到，滤波和平滑进行的方式是，我们通过向前使用序列（4.24）和通过向后使用序列（4.44），得到 $\hat{\alpha}_t$ 和 $V_t$，对于 $t = 1$，$\cdots$，$n$。在向前传递过程中，我们需要存储 $v_t$、$F_t$、$K_t$、$a_t$ 和 $P_t$，对于 $t = 1$，$\cdots$，$n$。替代地，我们可以只储存 $a_t$ 和 $P_t$，并使用 $a_t$ 和 $P_t$ 重新计算 $v_t$、$F_t$ 和 $K_t$，但是通常并不这么做，因为 $v_t$、$F_t$ 和 $K_t$ 的维度相对于 $a_t$ 和 $P_t$，其通常也非常小，所需的额外的存储空间也较小。表 4.3 给出这一节和第 4.5.3 节的平滑方程的向量和矩阵的维度。

表 4.3　　　　　第 4.4.4 节和第 4.5.3 节平滑递推的维度

| 向量 | | 矩阵 | |
|---|---|---|---|
| $r_t$ | $m \times 1$ | $N_t$ | $m \times m$ |
| $\hat{\alpha}_t$ | $m \times 1$ | $V_t$ | $m \times m$ |
| $u_t$ | $p \times 1$ | $D_t$ | $p \times p$ |
| $\hat{\varepsilon}_t$ | $p \times 1$ | | |
| $\hat{\eta}_t$ | $r \times 1$ | | |

### 4.4.5　更新平滑估计

在许多情形下，每次新加入一个观测值，我们希望每次能及时更新平滑估计。我们将开发这样的递推，相比反复应用式（4.44），这在计算上更为有效。

新的观测值记为 $y_{n+1}$，假设我们想计算 $\hat{\alpha}_{t\,|\,n+1} = \mathrm{E}(\alpha_t \,|\, Y_{n+1})$。为方便起见，我们重新标记 $\hat{\alpha}_t = \mathrm{E}(\alpha_t \,|\, Y_n)$ 为 $\hat{\alpha}_{t\,|\,n}$。我们有：

$$\hat{\alpha}_{t\,|\,n+1} = \mathrm{E}(\alpha_t \,|\, Y_n, v_{n+1})$$

$$= \hat{\alpha}_{t\,|\,n} + \mathrm{Cov}(\alpha_t, v_{n+1}) F_{n+1}^{-1} v_{n+1},$$

由引理一得到。从式（4.32）和式（4.33），我们有：

$$\mathrm{Cov}(\alpha_t, v_{n+1}) = P_t L_t' \cdots L_n' Z_{n+1}',$$

给出

$$\hat{\alpha}_{t\,|\,n+1} = \hat{\alpha}_{t\,|\,n} + P_t L_t' \cdots L_n' Z_{n+1}' F_{n+1}^{-1} v_{n+1}, \tag{4.45}$$

对于 $t=1$，$\cdots$，$n$。此外，从式（4.17）可得：

$$\hat{\alpha}_{n+1\mid n+1} = a_{n+1} + P_{n+1}Z'_{n+1}F^{-1}_{n+1}v_{n+1}。 \tag{4.46}$$

现在考虑平滑状态方差矩阵 $V_t = (\alpha_t\mid Y_n)$ 的更新。为方便起见，我们重新标记它为 $V_{t\mid n}$。令 $V_{t\mid n+1} = (\alpha_t\mid Y_{n+1})$。由引理一可得，

$$V_{t\mid n+1} = \mathrm{Var}(\alpha_t\mid Y_n, v_{n+1})$$

$$= \mathrm{Var}(\alpha_t\mid Y_n) - \mathrm{Cov}(\alpha_t, v_{n+1})F^{-1}_{n+1}\mathrm{Cov}(\alpha_t, v_{n+1})' \tag{4.47}$$

$$= V_{t\mid n} - P_tL'_t\cdots L'_n Z'_{n+1}F^{-1}_{n+1}Z_{n+1}L_n\cdots L_tP_t,$$

对于 $t=1$，$\cdots$，$n$ 以及

$$V_{n+1\mid n+1} = P_{n+1} - P_{n+1}Z'_{n+1}F^{-1}_{n+1}Z_{n+1}P_{n+1}。 \tag{4.48}$$

令 $b_{t\mid n+1} = L'_t\cdots L'_n$ 及 $b_{n+1\mid n+1} = I_m$。则 $b_{t\mid n+1} = L'_t b_{t+1\mid n+1}$，对于 $t=n$，$\cdots$，$1$，且我们可以紧凑的形式写出递推（4.45）和递推（4.47）：

$$\hat{\alpha}_{t\mid n+1} = \hat{\alpha}_{t\mid n} + P_tb_{t\mid n+1}Z'_{n+1}F^{-1}_{n+1}v_{n+1}, \tag{4.49}$$

$$V_{t\mid n+1} = V_{t\mid n} - P_tb_{t\mid n+1}Z'_{n+1}F^{-1}_{n+1}Z_{n+1}b'_{t\mid n+1}P_t, \tag{4.50}$$

对于 $n=t$，$t+1$，$\cdots$，其中，$\hat{\alpha}_{n\mid n} = a_n + P_nZ'_nF^{-1}_nv_n$，$V_{n\mid n} = P_n - P_nZ'_nF^{-1}_nZ_nP_n$。注意 $P_t$、$L_t$、$F_{n+1}$、和 $v_{n+1}$ 都很容易从卡尔曼滤波得到。

### 4.4.6 固定点和固定滞后平滑

固定点平滑 $\hat{\alpha}_{t\mid n} = \mathrm{E}(\alpha_t\mid Y_n)$，当 $t$ 固定且 $n=t+1$，$t+2$，$\cdots$，可直接由递推（4.49）及其误差方差矩阵（4.50）给出。

从式（4.39）固定滞后平滑 $\hat{\alpha}_{n-j\mid n} = \mathrm{E}(\alpha_{n-j}\mid Y_n)$，当 $j$ 固定在可能的值 $0$，$1$，$\cdots$，$n-1$ 和 $n=j+1$，$j+2$，$\cdots$，其由下式给出：

$$\hat{\alpha}_{n-j\mid n} = a_{n-j} + P_{n-j}r_{n-j-1}, \tag{4.51}$$

式中 $r_{n-j-1}$ 由向后递推获得：

$$r_{t-1} = Z'_tF^{-1}_tv_t + L'_tr_t, \quad t=n,\cdots,n-j, \tag{4.52}$$

其中 $r_n=0$。根据式（4.43），其误差方差矩阵由下式给出：

$$V_{n-j\mid n} = P_{n-j} - P_{n-j}N_{n-j-1}P_{n-j}, \tag{4.53}$$

式中 $N_{n-j-1}$ 由向后递推获得：

$$N_{t-1} = Z'_tF^{-1}_tZ_t + L'_tN_tL_t, \quad t=n,\cdots,n-j, \tag{4.54}$$

其中 $N_n=0$，对于 $j=0$，$1$，$\cdots$，$n-1$。

## 4.5 扰动平滑

在本节中，我们将推导得出给定所有观测 $y_1$，$\cdots$，$y_n$ 的扰动向量 $\varepsilon_t$ 和 $\eta_t$ 的平滑估计 $\hat{\varepsilon}_t = \mathrm{E}\,(\varepsilon_t | Y_n)$ 和 $\hat{\eta}_t = \mathrm{E}\,(\eta_t | Y_n)$ 的计算递推。这些估计具有多种用途，特别是用于参数估计和诊断检查，这将在第 7.3 节和第 7.5 节展示。

### 4.5.1 平滑扰动

令 $\hat{\varepsilon}_t = \mathrm{E}\,(\varepsilon_t | Y_n)$。由引理一，我们有：

$$\hat{\varepsilon}_t = \mathrm{E}(\varepsilon_t | Y_{t-1}, v_t, \cdots, v_n) = \sum_{j=t}^{n} \mathrm{E}(\varepsilon_t v'_j) F_j^{-1} v_j, \quad t = 1, \cdots, n,$$

(4.55)

由于 $\mathrm{E}\,(\varepsilon_t | Y_{t-1}) = 0$ 且 $\varepsilon_t$ 和 $v_t$ 联合独立于 $Y_{t-1}$。从式（4.30）有，$\mathrm{E}(\varepsilon_t v'_j) = \mathrm{E}(\varepsilon_t x'_j) Z'_j + \mathrm{E}(\varepsilon_t \varepsilon'_j)$ 及 $\mathrm{E}(\varepsilon_t x'_t) = 0$，对于 $t = 1$，$\cdots$，$n$ 和 $j = t$，$\cdots$，$n$。因此，根据式（4.30）有：

$$\mathrm{E}(\varepsilon_t v'_j) = \begin{cases} H_t, & j = t, \\ \mathrm{E}(\varepsilon_t x'_j) Z'_j, & j = t+1, \cdots, n, \end{cases}$$

(4.56)

其中，

$$\begin{aligned} \mathrm{E}(\varepsilon_t x'_{t+1}) &= -H_t K'_t, \\ \mathrm{E}(\varepsilon_t x'_{t+2}) &= -H_t K'_t L'_{t+1}, \\ &\vdots \\ \mathrm{E}(\varepsilon_t x'_n) &= -H_t K'_t L'_{t+1} \cdots L'_{n-1}, \end{aligned}$$

(4.57)

对于 $t = 1$，$\cdots$，$n-1$。注意，这里与其他地方一样，当 $t = n-1$ 时，我们解释 $L'_t \cdots L'_{n-1}$ 为 $I_m$；当 $t = n-2$ 时为 $L'_{n-1}$。将式（4.56）代入式（4.55）得到：

$$\begin{aligned} \hat{\varepsilon}_t &= H_t(F_t^{-1} v_t - K'_t Z'_{t+1} F_{t+1}^{-1} v_{t+1} - K'_t L'_{t+1} Z'_{t+2} F_{t+2}^{-1} v_{t+2} - \cdots \\ &\quad - K'_t L'_{t+1} \cdots L'_{n-1} Z'_n F_n^{-1} v_n) \\ &= H_t(F_t^{-1} v_t - K'_t r_t) \\ &= H_t u_t, \quad t = n, \cdots, 1, \end{aligned}$$

(4.58)

式中 $r_t$ 由式（4.37）定义且

$$u_t = F_t^{-1} v_t - K_t' r_t。$$  (4.59)

我们将向量 $u_t$ 定义为平滑误差（smoothing error）。

$\eta_t$ 的平滑估计记为 $\hat{\eta}_t = \mathrm{E}(\eta_t \mid Y_n)$，类似于式（4.55），我们有：

$$\hat{\eta}_t = \sum_{j=t}^{n} \mathrm{E}(\eta_t v_j') F_j^{-1} v_j, \qquad t = 1, \cdots, n。$$  (4.60)

关系（4.30）隐含：

$$\mathrm{E}(\eta_t v_j') = \begin{cases} Q_t R_t' Z_{t+1}', & j = t+1, \\ \mathrm{E}(\eta_t x_j') Z_j', & j = t+2, \cdots, n, \end{cases}$$  (4.61)

其中，

$$\mathrm{E}(\eta_t x_{t+2}') = Q_t R_t' L_{t+1}',$$
$$\mathrm{E}(\eta_t x_{t+3}') = Q_t R_t' L_{t+1}' L_{t+2}',$$
$$\vdots$$  (4.62)
$$\mathrm{E}(\eta_t x_n') = Q_t R_t' L_{t+1}' \cdots L_{n-1}',$$

对于 $t = 1, \cdots, n-1$。将式（4.61）代入式（4.60），并注意 $\mathrm{E}(\eta_t v_t') = 0$，给出：

$$\hat{\eta}_t = Q_t R_t'(Z_{t+1}' F_{t+1}^{-1} v_{t+1} + L_{t+1}' Z_{t+2}' F_{t+2}^{-1} v_{t+2} + \cdots + L_{t+1}' \cdots L_{n-1}' Z_n' F_n^{-1} v_n)$$
$$= Q_t R_t' r_t, \quad t = n, \cdots, 1,$$  (4.63)

式中 $r_t$ 从式（4.38）获得。这个结果非常有用，因为我们将在下一节展示，但它也把向量 $r_t$ 解释为"缩放"平滑估计 $\eta_t$。需要注意在许多实际情形下，矩阵 $Q_t R_t'$ 为对角或稀疏矩阵。方程（4.58）和下面的方程（4.65）由 de Jong（1988a）、de Jong（1989）以及 Kohn 和 Ansley（1989）首先给出。方程（4.63）和下面的方程（4.68）由 Koopman（1993）给出。扰动平滑较早的开发来自 Kailath 和 Frost（1968）。

### 4.5.2　平滑扰动方差矩阵

平滑扰动的误差方差矩阵由使用第 4.4.3 节推导的平滑状态方差矩阵的相同方法开发。使用引理一，我们有：

$$\mathrm{Var}(\varepsilon_t \mid Y_n) = \mathrm{Var}(\varepsilon_t \mid Y_{t-1}, v_t, \cdots, v_n)$$

$$= \mathrm{Var}(\varepsilon_t \mid Y_{t-1}) - \sum_{j=t}^{n} \mathrm{Cov}(\varepsilon_t, v_j) \mathrm{Var}(v_j)^{-1} \mathrm{Cov}(\varepsilon_t, v_j)'$$

$$= H_t - \sum_{j=t}^{n} \mathrm{Cov}(\varepsilon_t, v_j) F_j^{-1} \mathrm{Cov}(\varepsilon_t, v_j)',$$  (4.64)

式中 Cov（$\varepsilon_t$, $v_j$）= E（$\varepsilon_t v'_j$），它由式（4.56）给出。通过替换得到：

$$
\begin{aligned}
\text{Var}(\varepsilon_t \mid Y_n) &= H_t - H_t(F_t^{-1} + K'_t Z'_{t+1} F_{t+1}^{-1} Z_{t+1} K_t \\
&\quad + K'_t L'_{t+1} Z'_{t+2} F_{t+2}^{-1} Z_{t+2} L_{t+1} K_t + \cdots \\
&\quad + K'_t L'_{t+1} \cdots L'_{n-1} Z'_n F_n^{-1} Z_n L_{n-1} \cdots L_{t+1} K_t) H'_t \\
&= H_t - H_t(F_t^{-1} + K'_t N_t K_t) H_t \\
&= H_t - H_t D_t H_t,
\end{aligned} \tag{4.65}
$$

其中，

$$
D_t = F_t^{-1} + K'_t N_t K_t, \tag{4.66}
$$

式中 $N_t$ 由式（4.41）定义，且可以从向后递推（4.42）得到。

以类似的方法，方差矩阵 Var（$\eta_t \mid Y_n$）由下式给出：

$$
\text{Var}(\eta_t \mid Y_n) = \text{Var}(\eta_t) - \sum_{j=t}^{n} \text{Cov}(\eta_t, v_j) F_j^{-1} \text{Cov}(\eta_t, v_j)', \tag{4.67}
$$

式中 Cov（$\eta_t$, $v_j$）= E（$\eta_t$, $v'_j$），它由式（4.61）给出。通过替换得到：

$$
\begin{aligned}
\text{Var}(\eta_t \mid Y_n) &= Q_t - Q_t R'_t (Z'_{t+1} F_{t+1}^{-1} Z_{t+1} + L'_{t+1} Z'_{t+2} F_{t+2}^{-1} Z_{t+2} L_{t+1} + \cdots \\
&\quad + L'_{t+1} \cdots L'_{n-1} Z'_n F_n^{-1} Z_n L_{n-1} \cdots L_{t+1}) R_t Q_t \\
&= Q_t - Q_t R'_t N_t R_t Q_t,
\end{aligned} \tag{4.68}
$$

式中 $N_t$ 从式（4.42）得到。

### 4.5.3  扰动滤波递推

为方便起见，我们把扰动向量的平滑方程汇集在一起，

$$
\hat{\varepsilon}_t = H_t(F_t^{-1} v_t - K'_t r_t), \quad \text{Var}(\varepsilon_t \mid Y_n) = H_t - H_t(F_t^{-1} + K'_t N_t K_t) H_t,
$$

$$
\hat{\eta}_t = Q_t R'_t r_t, \qquad\qquad \text{Var}(\eta_t \mid Y_n) = Q_t - Q_t R'_t N_t R_t Q_t,
$$

$$
r_{t-1} = Z'_t F_t^{-1} v_t + L'_t r_t, \quad N_{t-1} = Z'_t F_t^{-1} Z_t + L'_t N_t L_t, \tag{4.69}
$$

对于 $t = n, \cdots, 1$，式中 $r_n = 0$，$N_n = 0$。这些方程可以改写为：

$$
\hat{\varepsilon}_t = H_t u_t, \qquad\qquad \text{Var}(\varepsilon_t \mid Y_n) = H_t - H_t D_t H_t,
$$

$$
\hat{\eta}_t = Q_t R'_t r_t, \qquad\qquad \text{Var}(\eta_t \mid Y_n) = Q_t - Q_t R'_t N_t R_t Q_t,
$$

$$
u_t = F_t^{-1} v_t - K'_t r_t, \quad D_t = F_t^{-1} + K'_t N_t K_t,
$$

$$
r_{t-1} = Z'_t u_t + T'_t r_t, \quad N_{t-1} = Z'_t D_t Z_t + T'_t N_t T_t - Z'_t K'_t N_t T_t - T'_t N_t K_t Z_t,
$$

对于 $t = n, \cdots, 1$。这在计算上更为有效，因为它们直接依赖于系统矩阵 $Z_t$ 和 $T_t$，而系统矩阵通常含有许多 0 和 1。我们将这些方程统称为扰动平

滑递推（disturbance smoothing recursion）。多种原因可说明，平滑误差 $u_t$ 和向量 $r_t$ 非常重要，我们将在第 7.5 节讨论。扰动平滑的向量和矩阵的维度在表 4.3 给出。

我们已经表明，扰动平滑实现的方法，与状态平滑的方法类似：我们使用式（4.24）向前处理序列和使用式（4.69）向后处理序列，以得到 $\hat{\varepsilon}_t$ 和 $\hat{\eta}_t$ 及相应的条件方差，对于 $t = 1,\cdots,n$。式（4.69）的向前传递的存储要求小于状态平滑递推（4.44），因为在这里只需要计算卡尔曼滤波的 $v_t$、$F_t$ 和 $K_t$。此外，扰动平滑的计算更快，因为它们不涉及向量 $a_t$ 和非稀疏矩阵 $P_t$。

# 4.6　其他状态平滑算法

## 4.6.1　古典平滑状态

状态平滑的替代算法也已建议。例如，基于 Rauch、Tung 和 Striebel（1965）的文献，Anderson 和 Moore（1979）提出了所谓的古典固定区间平滑（classical fixed‑interval smoother），给出了我们的状态空间模型：

$$\hat{\alpha}_t = a_{t\mid t} + P_{t\mid t}T_t'P_{t+1}^{-1}(\hat{\alpha}_{t+1} - a_{t+1}),\quad t = n,\cdots,1,\qquad (4.70)$$

式中，

$$a_{t\mid t} = \mathrm{E}(\alpha_t\mid Y_t) = a_t + P_tZ_t'F_t^{-1}v_t,$$

$$P_{t\mid t} = \mathrm{Var}(\alpha_t\mid Y_t) = P_t - P_tZ_t'F_t^{-1}Z_tP_t;$$

见方程（4.17）和方程（4.18）。请注意 $T_tP_{t\mid t} = L_tP_t$。

遵循 Koopman（1998），我们现在表明式（4.39）可从式（4.70）推导得到。将 $a_{t\mid t}$ 和 $T_tP_{t\mid t}$ 代入式（4.70），我们有：

$$\hat{\alpha}_t = a_t + P_tZ_t'F_t^{-1}v_t + P_tL_t'P_{t+1}^{-1}(\hat{\alpha}_{t+1} - a_{t+1})。$$

通过定义 $r_t = P_{t+1}^{-1}(\hat{\alpha}_{t+1} - a_{t+1})$ 和重新排序各项，我们得到

$$P_t^{-1}(\hat{\alpha}_t - a_t) = Z_t'F_t^{-1}v_t + L_t'P_{t+1}^{-1}(\hat{\alpha}_{t+1} - a_{t+1}),$$

从而得到

$$r_{t-1} = Z_t'F_t^{-1}v_t + L_t'r_t,$$

也就是式（4.38）。注意 $r_t$ 的替代定义也意味着 $r_n = 0$。最后，它从定义性关系 $r_{t-1} = P_t^{-1}(\hat{\alpha}_t - a_t)$ 立即得到 $\hat{\alpha}_t = a_t + P_tr_{t-1}$。

两个不同算法的比较表明，Anderson 和 Moore 的平滑需要大矩阵 $P_t$ 求 $n-1$ 次逆，而平滑（4.39）除了 $F_t$ 无须求逆，而它作为卡尔曼滤波的计算的一部分已被求逆。这对于大型模型具有相当优势。对于这两个平滑，卡尔曼滤波向量 $a_t$ 和矩阵 $P_t$ 需要与 $v_t$、$F_t^{-1}$ 和 $K_t$ 一起存储，对于 $t=1,\cdots,n$。我们认为，在第 4.6.2 节的所考虑的 Koopman（1993）的状态平滑方程不涉及 $a_t$ 和 $P_t$，因此它会更多地节省计算。

### 4.6.2 快速状态平滑

第 4.5.3 节的扰动向量 $\eta_t$ 的平滑递推特别有用，相比式（4.39）的方法，它导致计算 $\hat{\alpha}_t$ 更有效，对于 $t=1$，$\cdots$，$n$。给定状态方程：

$$\alpha_{t+1} = T_t\alpha_t + R_t\eta_t,$$

它给定 $Y_n$ 取期望：

$$\begin{aligned}\hat{\alpha}_{t+1} &= T_t\hat{\alpha}_t + R_t\hat{\eta}_t \\ &= T_t\hat{\alpha}_t + R_tQ_tR_t'r_t, \quad t=1,\cdots,n, \end{aligned} \tag{4.71}$$

它通过关系式（4.35）初始化得到，对于 $t=1$，即 $\hat{\alpha}_1 = a_1 + P_1r_0$，式中 $r_0$ 来自式（4.38）。因为 Koopman（1993），这个递推可以使用产生平滑的状态 $\hat{\alpha}_1$，$\cdots$，$\hat{\alpha}_n$，使用一种不同于式（4.39）的算法；它不需要存储 $a_t$ 和 $P_t$，它不涉及全矩阵 $P_t$ 的乘法运算，对于 $t=1$，$\cdots$，$n$。卡尔曼滤波执行后，仅需执行存储 $v_t$、$F_t^{-1}$ 和 $K_t$，向后递推（4.38）和向量 $r_t$ 存储于 $K_t$ 的存储空间，不需要额外的存储空间。应该注意，$T_t$ 和 $R_tQ_tR_t'$ 通常是稀疏矩阵，包含许多 0 和 1 的值，这使得应用式（4.71）非常快速；$P_t$ 为全方差矩阵时，这个属性并不适用。这种方法不能用于获得计算 $V_t = \text{Var}(\alpha_t \mid Y_n)$ 的递推；如果 $V_t$ 需要，应该仍然使用式（4.39）和式（4.43）。

### 4.6.3 平滑估计之间的 Whittle 关系

Whittle（1991）提供了基于直接似然估计的平滑状态向量估计值之间的有趣关系。特别是对于局部水平模型（2.3）这种关系简化为：

$$\hat{\alpha}_{t-1} = 2\hat{\alpha}_t - \hat{\alpha}_{t+1} - q(y_t - \hat{\alpha}_t),$$

对于 $t=n$，$n-1$，$\cdots$，$1$，其中 $\hat{\alpha}_{n+1} = \hat{\alpha}_n$。初始化和递推方程直接从似然函数写成 $\alpha_1$，$\cdots$，$\alpha_n$，$\alpha_{n+1}$ 和 $y_1$，$\cdots$，$y_n$ 的联合密度。通过取 $\alpha_t$ 的一阶导数，并设定为零求解方程得到结果。该结果对于一般模型依然成立。递推算法具有吸引力，因为不需要存储卡尔曼滤波的计算量；卡尔曼滤波只需

要计算 $\hat{\alpha}_{n+1} = a_{n+1 \mid n}$。然而由于数值不精确的累积，该算法在数值计算上并不稳定。

### 4.6.4　平滑的两个滤波公式

Mayne（1966）、Fraser 和 Potter（1969）以及 Kitagawa（1994）开发了基于回溯观测和状态空间模型方程（4.12）的平滑方法。回溯意味着观测序列 $y_1$，$\cdots$，$y_n$ 变为：

$$y_1^-, \cdots, y_n^- \equiv y_n, \cdots, y_1 。$$

我们定义了向量 $Y_t^- = (y_1^{-'}, \cdots, y_t^{-'})'$，对于 $t = 1$，$\cdots$，$n$。这里，$Y_1^-$ 是 $p \times 1$ 向量 $y_n$，而 $Y_t$ 和 $Y_t^-$ 是具有不同数目的元素的两个向量，几乎在所有情形下。$Y_n$ 和 $Y_n^-$ 包括相同的元素，但元素的顺序方向相反。建议同一个状态空间模型考虑以相反顺序的时间序列，即

$$y_t^- = Z_t^- \alpha_t^- + \varepsilon_t^-, \quad \alpha_{t+1}^- = T_t^- \alpha_t^- + R_t^- \eta_t^-, \tag{4.72}$$

对于 $t = 1$，$\cdots$，$n$，式中 $x_t^-$ 是任何变量 $x$ 的序列 $x_1$，$\cdots$，$x_n$ 的第 $t$ 个元素。这种方法似乎很难自圆其说。然而，在初始状态向量为完全扩散的情形下，即 $\alpha_1 \sim N(0, \kappa I)$ 及 $\kappa \to \infty$，它可以是合理的。我们使用其矩阵表达式，以第 2 章的局部模型来说明。

当 $n \times 1$ 时间序列向量 $Y_n$ 由单变量局部水平模型生成，我们从式（2.4）的 $Y_n \sim N(a_1 1, \Omega)$，式中 $a_1$ 为初始状态，$\Omega$ 被设定如式（2.4）和式（2.5）。这里令 $J$ 为 $n \times n$ 矩阵，其 $(i, n - i + 1)$ 元素等于 1，对于 $i = 1$，$\cdots$，$n$，而其他元素等于 0。向量 $JY_n$ 就等于相反顺序的 $Y_n$，即 $Y_n^-$。矩阵 $J$ 具有 $J' = J^{-1} = J$ 和 $JJ = I$ 的属性。在第 2.3.1 节通过乔里斯基分解，卡尔曼滤波有效地执行 $Y_n' \Omega^{-1} Y_n = v' F^{-1} v$ 的计算。该计算也可以相反的顺序进行，它隐含：

$$Y_n' \Omega^{-1} Y_n = (JY_n)' \Omega^{-1} JY_n = Y_n' J \Omega^{-1} JY_n 。$$

这里我们已经隐含 $\Omega^{-1} = J \Omega^{-1} J$。一般来说，对于对称矩阵这个属性不再成立。但是，如果 $\Omega^{-1}$ 为一个对称 Toeplitz 矩阵，该属性成立。当矩阵 $\Omega$ 如式（2.4）被定义，即 $\Omega = 11' P_1 + \Sigma$，式中 $P_1$ 为初始状态方差和 $\Sigma$ 在式（2.5）中定义，且当 $P_1 = \kappa \to \infty$，$\Omega^{-1}$ 收敛于对称 Toeplitz 矩阵，因此该属性成立。因此，我们可以回溯局部水平的观测排序，以获得与 $v' F^{-1} v$ 相同的值。当状态空间模型的状态向量完全扩散，这种论证可一般化。在其他情形下，回溯观测的理由则难以成立。

当回溯观测为有效，下面平滑的两个滤波方法可以应用。状态向量的平滑密度可表示为：

$$p(\alpha_t \mid Y_n) = p(\alpha_t \mid Y_{t-1}, Y_t^-)$$
$$= cp(\alpha_t, Y_t^- \mid Y_{t-1})$$
$$= cp(\alpha_t \mid Y_{t-1})p(Y_t^- \mid \alpha_t, Y_{t-1})$$
$$= cp(\alpha_t \mid Y_{t-1})p(Y_t^- \mid \alpha_t), \tag{4.73}$$

式中 $c$ 为常数，且不依赖于 $\alpha_t$。最后一个等式（4.73）成立，因为式（4.12）的扰动 $\varepsilon_t$，…，$\varepsilon_n$ 和 $\eta_t$，…，$\eta_{n-1}$ 并不依赖于 $Y_{t-1}$。对式（4.73）取对数，乘以 $-2$ 且仅写出与 $\alpha_t$ 关联项，给出等式：

$$(\alpha_t - a_{t \mid n})' P_{t \mid n}^{-1}(\alpha_t - a_{t \mid n}) = (\alpha_t - a_t)' P_t^{-1}(\alpha_t - a_t)$$
$$+ (\alpha_t - a_{t \mid t}^-)' Q_{t \mid t}^{-1}(\alpha_t - a_{t \mid t}^-),$$

式中，

$$a_{t \mid t}^- = \mathrm{E}(\alpha_t \mid Y_t^-) = \mathrm{E}(\alpha_t \mid y_t, \cdots, y_n),$$
$$Q_{t \mid t} = \mathrm{Var}(\alpha_t \mid Y_t^-) = \mathrm{Var}(\alpha_t \mid y_t, \cdots, y_n)。$$

向量 $a_{t \mid t}^-$ 与 $a_{t \mid t}$ 相关联，且矩阵 $Q_{t \mid t}$ 与 $P_{t \mid t}$ 相关联，卡尔曼滤波应用到以相反顺序的观测，即 $y_1^-$，…，$y_n^-$。基于模型（4.72）可得到通过上面的等式做一些小的矩阵操作，我们得到：

$$a_{t \mid n} = P_{t \mid n}(P_t^{-1} a_t + Q_{t \mid t}^{-1} a_{t \mid t}^-), \quad P_{t \mid n} = (P_t^{-1} + Q_{t \mid t}^{-1})^{-1}, \tag{4.74}$$

对于 $t = 1$，…，$n$。为了避免对方差矩阵求逆，可以考虑应用信息滤波；见 Anderson 和 Moore（1979，第 3 章）的信息滤波的讨论。

# 4.7　平滑估计的协方差矩阵

在本节中，我们开发了平滑估计的误差 $\hat{\varepsilon}_t$、$\hat{\eta}_t$ 和 $\hat{\alpha}_t$ 之间的所有同期、领先和滞后的协方差表达式。

事实证明，平滑估计的协方差基本上依赖于交叉期望，$\mathrm{E}(\varepsilon_t r_j')$，$\mathrm{E}(\eta_t r_j')$ 和 $\mathrm{E}(\alpha_t r_j')$，对于 $j = t+1$，…，$n$。为了开发这些表达式，我们汇集式（4.56）、式（4.57）、式（4.61）、式（4.62）、式（4.33）和式（4.32），其结果为：

$$\mathrm{E}(\varepsilon_t x'_t) = 0, \qquad\qquad \mathrm{E}(\varepsilon_t v'_t) = H_t,$$
$$\mathrm{E}(\varepsilon_t x'_j) = -H_t K'_t L'_{t+1}\cdots L'_{j-1}, \quad \mathrm{E}(\varepsilon_t v'_j) = \mathrm{E}(\varepsilon_t x'_j)Z'_j,$$
$$\mathrm{E}(\eta_t x'_t) = 0, \qquad\qquad \mathrm{E}(\eta_t v'_t) = 0,$$
$$\mathrm{E}(\eta_t x'_j) = Q_t R'_t L'_{t+1}\cdots L'_{j-1}, \qquad \mathrm{E}(\eta_t v'_j) = \mathrm{E}(\eta_t x'_j)Z'_j, \qquad (4.75)$$
$$\mathrm{E}(\alpha_t x'_t) = P_t, \qquad\qquad \mathrm{E}(\alpha_t v'_t) = P_t Z'_t,$$
$$\mathrm{E}(\alpha_t x'_j) = P_t L'_t L'_{t+1}\cdots L'_{j-1}, \qquad \mathrm{E}(\alpha_t v'_j) = \mathrm{E}(\alpha_t x'_j)Z'_j,$$

对于 $t=1$，$\cdots$，$n$。对于 $j=t+1$ 情形下，我们将矩阵 $L'_{t+1}\cdots L'_t$ 替代为单位矩阵 $I$。

我们使用如下式定义推导出交叉期望：

$$r_j = \sum_{k=j+1}^n L'_{j+1}\cdots L'_{k-1} Z'_k F_k^{-1} v_k,$$
$$N_j = \sum_{k=j+1}^n L'_{j+1}\cdots L'_{k-1} Z'_k F_k^{-1} Z_k L_{k-1}\cdots L_{j+1},$$

其由式（4.36）和式（4.40）分别给出。接下来，

$$\mathrm{E}(\varepsilon_t r'_j) = \mathrm{E}(\varepsilon_t v'_{j+1})F_{j+1}^{-1}Z_{j+1} + \mathrm{E}(\varepsilon_t v'_{j+2})F_{j+2}^{-1}Z_{j+2}L_{j+1} + \cdots$$
$$\qquad + \mathrm{E}(\varepsilon_t v'_n)F_n^{-1}Z_n L_{n-1}\cdots L_{j+1}$$
$$= -H_t K'_t L'_{t+1}\cdots L'_j Z'_{j+1}F_{j+1}^{-1}Z_{j+1}$$
$$\quad -H_t K'_t L'_{t+1}\cdots L'_{j+1}Z'_{j+2}F_{j+2}^{-1}Z_{j+2}L_{j+1} - \cdots$$
$$\quad -H_t K'_t L'_{t+1}\cdots L'_{n-1}Z'_n F_n^{-1}Z_n L_{n-1}\cdots L_{j+1}$$
$$= -H_t K'_t L'_{t+1}\cdots L'_{j-1}L'_j N_j, \qquad (4.76)$$
$$\mathrm{E}(\eta_t r'_j) = \mathrm{E}(\eta_t v'_{j+1})F_{j+1}^{-1}Z_{j+1} + \mathrm{E}(\eta_t v'_{j+2})F_{j+2}^{-1}Z_{j+2}L_{j+1} + \cdots$$
$$\qquad + \mathrm{E}(\eta_t v'_n)F_n^{-1}Z_n L_{n-1}\cdots L_{j+1}$$
$$= Q_t R'_t L'_{t+1}\cdots L'_j Z'_{j+1}F_{j+1}^{-1}Z_{j+1}$$
$$\quad + Q_t R'_t L'_{t+1}\cdots L'_{j+1}Z'_{j+2}F_{j+2}^{-1}Z_{j+2}L_{j+1} + \cdots$$
$$\quad + Q_t R'_t L'_{t+1}\cdots L'_{n-1}Z'_n F_n^{-1}Z_n L_{n-1}\cdots L_{j+1}$$
$$= Q_t R'_t L'_{t+1}\cdots L'_{j-1}L'_j N_j, \qquad (4.77)$$
$$\mathrm{E}(\alpha_t r'_j) = \mathrm{E}(\alpha_t v'_{j+1})F_{j+1}^{-1}Z_{j+1} + \mathrm{E}(\alpha_t v'_{j+2})F_{j+2}^{-1}Z_{j+2}L_{j+1} + \cdots$$
$$\qquad + \mathrm{E}(\alpha_t v'_n)F_n^{-1}Z_n L_{n-1}\cdots L_{j+1}$$
$$= P_t L'_t L'_{t+1}\cdots L'_j Z'_{j+1}F_{j+1}^{-1}Z_{j+1}$$

$$+ P_t L'_t L'_{t+1} \cdots L'_{j+1} Z'_{j+2} F^{-1}_{j+2} Z_{j+2} L_{j+1} + \cdots$$

$$+ P_t L'_t L'_{t+1} \cdots L'_{n-1} Z'_n F^{-1}_n Z_n L_{n-1} \cdots L_{j+1}$$

$$= P_t L'_t L'_{t+1} \cdots L'_{j-1} L'_j N_j, \tag{4.78}$$

对于 $t = 1, \cdots, n$。因此，

$$\mathrm{E}(\varepsilon_t r'_j) = \mathrm{E}(\varepsilon_t x'_{t+1}) N^*_{t+1,j},$$

$$\mathrm{E}(\eta_t r'_j) = \mathrm{E}(\eta_t x'_{t+1}) N^*_{t+1,j},$$

$$\mathrm{E}(\alpha_t r'_j) = \mathrm{E}(\alpha_t x'_{t+1}) N^*_{t+1,j}, \tag{4.79}$$

式中 $N^*_{t,j} = L'_t \cdots L'_{j-1} L'_j N_j$，对于 $j = t, \cdots, n$。

$\varepsilon_t$、$\eta_t$ 和 $\alpha_t$ 平滑估计的交叉期望：

$$\hat{\varepsilon}_j = H_j(F^{-1}_j v_j - K'_j r_j), \quad \hat{\eta}_j = Q_j R'_j r_j, \quad \alpha_j - \hat{\alpha}_j = x_j - P_j r_{j-1},$$

对于 $j = t+1, \cdots, n$，由下式给出：

$$\mathrm{E}(\varepsilon_t \hat{\varepsilon}'_j) = \mathrm{E}(\varepsilon_t v'_j) F^{-1}_j H_j - \mathrm{E}(\varepsilon_t r'_j) K_j H_j,$$

$$\mathrm{E}(\varepsilon_t \hat{\eta}'_j) = \mathrm{E}(\varepsilon_t r'_j) R_j Q_j,$$

$$\mathrm{E}[\varepsilon_t (\alpha_j - \hat{\alpha}_j)'] = \mathrm{E}(\varepsilon_t x'_j) - \mathrm{E}(\varepsilon_t r'_{j-1}) P_j,$$

$$\mathrm{E}(\eta_t \hat{\varepsilon}'_j) = \mathrm{E}(\eta_t v'_j) F^{-1}_j H_j - \mathrm{E}(\eta_t r'_j) K_j H_j,$$

$$\mathrm{E}(\eta_t \hat{\eta}'_j) = \mathrm{E}(\eta_t r'_j) R_j Q_j,$$

$$\mathrm{E}[\eta_t (\alpha_j - \hat{\alpha}_j)'] = \mathrm{E}(\eta_t x'_j) - \mathrm{E}(\eta_t r'_{j-1}) P_j,$$

$$\mathrm{E}(\alpha_t \hat{\varepsilon}'_j) = \mathrm{E}(\alpha_t v'_j) F^{-1}_j H_j - \mathrm{E}(\alpha_t r'_j) K_j H_j,$$

$$\mathrm{E}(\alpha_t \hat{\eta}'_j) = \mathrm{E}(\alpha_t r'_j) R_j Q_j,$$

$$\mathrm{E}[\alpha_t (\alpha_j - \hat{\alpha}_j)'] = \mathrm{E}(\alpha_t x'_j) - \mathrm{E}(\alpha_t r'_{j-1}) P_j,$$

式（4.75）、式（4.76）、式（4.77）和式（4.78）方程的表达式可以被取代。

不同时期的平滑估计的协方差矩阵推导如下。我们首先考虑平滑扰动向量 $\hat{\varepsilon}_t$ 的协方差矩阵，即 $\mathrm{Cov}(\varepsilon_t - \hat{\varepsilon}_t, \varepsilon_j - \hat{\varepsilon}_j)$，对于 $t = 1, \cdots, n$ 和 $j = t+1, \cdots, n$。因为

$$\mathrm{E}[\,\hat{\varepsilon}_t\,(\varepsilon_j - \hat{\varepsilon}_j)'\,] = \mathrm{E}[\,\mathrm{E}\{\hat{\varepsilon}_t\,(\varepsilon_j - \hat{\varepsilon}_j)'\,|\,Y_n\}\,] = 0,$$

我们有

$$\mathrm{Cov}(\varepsilon_t - \hat{\varepsilon}_t, \varepsilon_j - \hat{\varepsilon}_j) = \mathrm{E}[\,\varepsilon_t\,(\varepsilon_j - \hat{\varepsilon}_j)'\,]$$

$$= -\mathrm{E}(\varepsilon_t \hat{\varepsilon}'_j)$$

$$= H_t K'_t L'_{t+1} \cdots L'_{j-1} Z'_j F_j^{-1} H_j$$

$$\quad + H_t K'_t L'_{t+1} \cdots L'_{j-1} L'_j N_j K_j H_j$$

$$= H_t K'_t L'_{t+1} \cdots L'_{j-1} W'_j,$$

式中,

$$W_j = H_j(F_j^{-1} Z_j - K'_j N_j L_j), \qquad (4.80)$$

对于 $j = t+1, \cdots, n$。以类似的方法, 得到:

$$\mathrm{Cov}(\eta_t - \hat{\eta}_t, \eta_j - \hat{\eta}_j) = -\mathrm{E}(\eta_t \hat{\eta}'_j)$$

$$= -Q_t R'_t L'_{t+1} \cdots L'_{j-1} L'_j N_j R_j Q_j,$$

$$\mathrm{Cov}(\alpha_t - \hat{\alpha}_t, \alpha_j - \hat{\alpha}_j) = -\mathrm{E}[\,\alpha_t\,(\alpha_j - \hat{\alpha}_j)'\,]$$

$$= P_t L'_t L'_{t+1} \cdots L'_{j-1} - P_t L'_t L'_{t+1} \cdots L'_{j-1} N_{j-1} P_j$$

$$= P_t L'_t L'_{t+1} \cdots L'_{j-1}(I - N_{j-1} P_j),$$

对于 $j = t+1, \cdots, n$。

平滑扰动的协方差矩阵获得如下:

$$\mathrm{Cov}(\varepsilon_t - \hat{\varepsilon}_t, \eta_j - \hat{\eta}_j) = \mathrm{E}[\,(\varepsilon_t - \hat{\varepsilon}_t)(\eta_j - \hat{\eta}_j)'\,]$$

$$= \mathrm{E}[\,\varepsilon_t\,(\eta_j - \hat{\eta}_j)'\,]$$

$$= -\mathrm{E}(\varepsilon_t \hat{\eta}'_j)$$

$$= H_t K'_t L'_{t+1} \cdots L'_{j-1} L'_j N_j R_j Q_j,$$

对于 $j = t, t+1, \cdots, n$, 和

$$\mathrm{Cov}(\eta_t - \hat{\eta}_t, \varepsilon_j - \hat{\varepsilon}_j) = -\mathrm{E}(\eta_t \hat{\varepsilon}'_j)$$

$$= -Q_t R'_t L'_{t+1} \cdots L'_{j-1} Z'_j F_j^{-1} H_j$$

$$\quad + Q_t R'_t L'_{t+1} \cdots L'_{j-1} N'_j K_j H_j$$

$$= -Q_t R'_t L'_{t+1} \cdots L'_{j-1} W'_j,$$

对于 $j = t+1, \cdots, n$。矩阵乘积 $L_{t+1}' \cdots L_{j-1}' L_j'$（对于 $j=t$）和 $L_{t+1}' \cdots L_{j-1}'$（对于 $j=t+1$）假定等于单位矩阵。

平滑状态向量和平滑扰动之间的协方差以类似的方式获得。我们有：

$$\begin{aligned}
\mathrm{Cov}(\alpha_t - \hat{\alpha}_t, \varepsilon_j - \hat{\varepsilon}_j) &= -\mathrm{E}(\alpha_t \hat{\varepsilon}'_j) \\
&= -P_t L'_t L'_{t+1} \cdots L'_{j-1} Z'_j F_j^{-1} H_j \\
&\quad + P_t L'_t L'_{t+1} \cdots L'_{j-1} N'_j K_j H_j \\
&= -P_t L'_t L'_{t+1} \cdots L'_{j-1} W'_j, \\
\mathrm{Cov}(\alpha_t - \hat{\alpha}_t, \eta_j - \hat{\eta}_j) &= -\mathrm{E}(\alpha_t \hat{\eta}'_j) \\
&= -P_t L'_t L'_{t+1} \cdots L'_{j-1} L'_j N_j R_j Q_j,
\end{aligned}$$

对于 $j = t, t+1, \cdots, n$，且

$$\begin{aligned}
\mathrm{Cov}(\varepsilon_t - \hat{\varepsilon}_t, \alpha_j - \hat{\alpha}_j) &= \mathrm{E}[\varepsilon_t (\alpha_j - \hat{\alpha}_j)'] \\
&= -H_t K'_t L'_{t+1} \cdots L'_{j-1} \\
&\quad + H_t K'_t L'_{t+1} \cdots L'_{j-1} N_{j-1} P_j \\
&= -H_t K'_t L'_{t+1} \cdots L'_{j-1} (I - N_{j-1} P_j), \\
\mathrm{Cov}(\eta_t - \hat{\eta}_t, \alpha_j - \hat{\alpha}_j) &= \mathrm{E}[\eta_t (\alpha_j - \hat{\alpha}_j)'] \\
&= Q_t R'_t L'_{t+1} \cdots L'_{j-1} (I - N_{j-1} P_j),
\end{aligned}$$

对于 $j = t+1, \cdots, n$。

这里的这些结果由 de Jong 和 MacKinnon（1988）开发，他们推导出平滑状态向量估计之间的协方差，而 Koopman（1993）推导得到平滑扰动向量估计之间的协方差。本节的结果也已由 de Jong（1998）综述。为方便起见，自协方差矩阵和交叉协方差矩阵收集在表 4.4 中。

**表 4.4**　　　　　平滑估计的协方差，对于 $t = 1, \cdots, n$

| | | | |
|---|---|---|---|
| $\hat{\varepsilon}_t$ | $\hat{\varepsilon}_j$ | $H_t K'_t L'_{t+1} \cdots L'_{j-1} W'_j$ | $j > t$ |
| | $\hat{\eta}_j$ | $H_t K'_t L'_{t+1} \cdots L'_{j-1} L'_j N_j R_j Q_j$ | $j \geqslant t$ |
| | $\hat{\alpha}_j$ | $-H_t K'_t L'_{t+1} \cdots L'_{j-1} (I_m - N_{j-1} P_j)$ | $j > t$ |

| | | | |
|---|---|---|---|
| $\hat{\eta}_t$ | $\hat{\varepsilon}_j$ | $-Q_t R'_t L'_{t+1}\cdots L'_{j-1} W'_j$ | $j>t$ |
| | $\hat{\eta}_j$ | $-Q_t R'_t L'_{t+1}\cdots L'_{j-1} L'_j N_j R_j Q_j$ | $j>t$ |
| | $\hat{\alpha}_j$ | $Q_t R'_t L'_{t+1}\cdots L'_{j-1}\,(I_m - N_{j-1}P_j)$ | $j>t$ |
| $\hat{\alpha}_t$ | $\hat{\varepsilon}_j$ | $-P_t L'_t L'_{t+1}\cdots L'_{j-1} W'_j$ | $j\geq t$ |
| | $\hat{\eta}_j$ | $-P_t L'_t L'_{t+1}\cdots L'_{j-1} L'_j N_j R_j Q_j$ | $j\geq t$ |
| | $\hat{\alpha}_j$ | $P_t L'_t L'_{t+1}\cdots L'_{j-1}\,(I_m - N_{j-1}P_j)$ | $j\geq t$ |

# 4.8　权重函数

## 4.8.1　引言

到目前为止，我们已经开发了三种给定条件的状态向量 $\alpha_t$ 的条件均值向量和方差矩阵的递推的评估，包括给定观测序列 $y_1$，$\cdots$，$y_{t-1}$（预测），给定观测序列 $y_1$，$\cdots$，$y_t$（滤波）和给定观测序列 $y_1$，$\cdots$，$y_n$（平滑）。我们还开发了给定观测序列 $y_1$，$\cdots$，$y_n$ 的扰动向量 $\varepsilon_t$ 和 $\eta_t$ 的条件均值向量和方差矩阵的递推。这些条件均值分别是过去观测的加权和（滤波），所有观测的加权和（平滑）以及过去观测和现在观测的加权和（同期滤波）。Koopman 和 Harvey（2003）感兴趣的是研究这些权重，以便更好地了解估计量的属性。例如，趋势成分的平滑估计的权重在 $t=n/2$ 期周围，也就是，在该序列的中间，整体应是对称的，并围绕着 $t$ 期的权重指数下降，除非特殊情形需要的模式。趋势成分模型所产生的权重模式与所调查的模型有所不同。实际上，该权重可以被视为所谓的非参数回归领域的核函数；例如，见 Green 和 Silverman（1994）。

当状态向量包含回归系数的情形下，用于平滑状态向量相关联的权重可被解释为杠杆统计量，如 Cook 和 Weisberg（1982）以及 Atkinson（1985）在回归模型环境下的研究。已开发的针对状态空间模型的统计量，强调平滑信号估计量 $Z_t\hat{\alpha}_t$，例如，Kohn 和 Ansley（1989）、de Jong（1989）、Harrison 和 West（1991）以及 de Jong（1998）。由于杠杆的概念在回归环境更为有用，我们将参照下面的表达式为权重。鉴于到目前这一章为止的结果，开发权重的表达式相对简单直接。

### 4.8.2 滤波权重

从正态分布的线性性质可知，状态向量的滤波估计可表示为过去观测的加权向量和，即

$$a_t = \sum_{j=1}^{t-1} \omega_{jt} y_j,$$

式中 $\omega_{jt}$ 为 $m \times p$ 权重矩阵，其与估计 $a_t$ 和第 $j$ 个观测相关联。权重矩阵的表达式可由使用如下事实而获得：

$$\mathrm{E}(a_t \varepsilon'_j) = \omega_{jt}\mathrm{E}(y_j \varepsilon'_j) = \omega_{jt} H_j。$$

由于 $x_t = \alpha_t - a_t$ 和 $\mathrm{E}(\alpha_t \varepsilon'_j) = 0$，我们可使用式（4.29）来得到：

$$\mathrm{E}(a_t \varepsilon'_j) = \mathrm{E}(x_t \varepsilon'_j) = L_{t-1}\mathrm{E}(x_{t-1} \varepsilon'_j)$$
$$= L_{t-1} L_{t-2} \cdots L_{j+1} K_j H_j,$$

其给出：

$$\omega_{jt} = L_{t-1} L_{t-2} \cdots L_{j+1} K_j,$$

对于 $j = t-1$，$\cdots$，1。以类似的方法，我们可得到与其他滤波估计相关联的权重。在表 4.5 我们给出部分遴选获得权重的表达式，不考虑最后一个矩阵 $H_j$。最后权重 $Z_t a_{t|t}$ 的表达式，由 $Z_t P_t Z'_t = F_t - H_t$ 和下式得到：

$$Z_t(I - P_t Z'_t F_t^{-1} Z_t) = [I - (F_t - H_t)F_t^{-1}]Z_t = H_t F_t^{-1} Z_t。$$

**表4.5** 给定（滤波）的 $\mathbf{E}(s_t \varepsilon'_j)$ 的表达式（$1 \leq t \leq n$）

| $s_t$ | $j < t$ | $j = t$ | $j > t$ |
|---|---|---|---|
| $a_t$ | $L_{t-1}\cdots L_{j+1}K_j H_j$ | 0 | 0 |
| $a_{t|t}$ | $(I - P_t Z'_t F_t^{-1} Z_t)\,L_{t-1}\cdots L_{j+1}K_j H_j$ | $P_t Z'_t F_t^{-1} H_t$ | 0 |
| $Z_t a_t$ | $Z_t L_{t-1}\cdots L_{j+1}K_j H_j$ | 0 | 0 |
| $Z_t a_{t|t}$ | $H_t F_t^{-1} Z_t L_{t-1}\cdots L_{j+1}K_j H_j$ | $(I - H_t F_t^{-1})\,H_t$ | 0 |
| $v_t$ | $-Z_t L_{t-1}\cdots L_{j+1}K_j H_j$ | $H_t$ | 0 |

### 4.8.3 平滑权重

用于平滑估计的加权表达式可以类似滤波的方式获得。例如，测量扰动向量的平滑估计可以表示为过去、当前和未来的观测的加权向量和，即：

$$\hat{\varepsilon}_t = \sum_{j=1}^{n} \omega_{jt}^{\varepsilon} y_j,$$

式中 $\omega_{jt}^{\varepsilon}$ 为 $p \times p$ 权重矩阵，其与估计 $\hat{\varepsilon}_t$ 和第 $j$ 个观测相关联。权重矩阵的表达式使用如下事实而获得：

$$\mathrm{E}(\hat{\varepsilon}_t \varepsilon'_j) = \omega_{jt}^{\varepsilon} \mathrm{E}(y_j \varepsilon'_j) = \omega_{jt}^{\varepsilon} H_j。$$

在第 4.7 节开发的平滑扰动协方差矩阵的表达式，且其与 $\mathrm{E}(\hat{\varepsilon}_t \varepsilon'_j)$ 直接关联，因为

$$\mathrm{Cov}(\varepsilon_t - \hat{\varepsilon}_t, \varepsilon_j - \hat{\varepsilon}_j) = \mathrm{E}[(\varepsilon_t - \hat{\varepsilon}_t)\varepsilon'_j] = -\mathrm{E}(\hat{\varepsilon}_t \varepsilon'_j),$$

式中 $1 \leqslant t \leqslant n$，$j = 1, \cdots, n$。因此，在这里无需新的推导，我们只说明结果，如表 4.6 中给出。

例如，为了获得平滑估计 $\alpha_t$ 的权重，我们要求

$$\mathrm{E}(\hat{\alpha}_t \varepsilon'_j) = -\mathrm{E}[(\alpha_t - \hat{\alpha}_t)\varepsilon'_j] = -\mathrm{E}[\varepsilon_j(\alpha_t - \hat{\alpha}_t)']'$$
$$= \mathrm{Cov}(\varepsilon_j - \hat{\varepsilon}_j, \alpha_t - \hat{\alpha}_t)',$$

对于 $j < t$。后一个数量的表达式从表 4.4 中直接获得，注意表 4.4 的索引 $j$ 和 $t$，在这里需要翻转。此外，对于 $j < t$，

$$\mathrm{E}(\hat{\alpha}_t \varepsilon'_j) = \mathrm{Cov}(\alpha_t - \hat{\alpha}_t, \varepsilon_j - \hat{\varepsilon}_j)$$

也可以从表 4.4 获得。以相同的方法，从表 4.4 我们可以得到平滑估计 $\varepsilon_t$ 和 $\eta_t$ 的权重，如表 4.6 报告的。最后，对于 $Z_t \hat{\alpha}_t$ 的权重表达式，由 $Z_t P_t Z'_t = F_t - H_t$ 和 $Z_t P_t L'_t = H_t K'_t$ 得到。因此，通过使用式（4.42）、式（4.66）和式（4.80），我们有：

$$Z_t(I - P_t N_{t-1}) = Z_t - Z_t P_t Z'_t F_t^{-1} Z_t + Z_t P_t L'_t N_t L_t$$
$$= H_t F_t^{-1} Z_t + H_t K'_t N_t L_t = W_t,$$
$$Z_t P_t W'_t = (Z_t P_t Z'_t F_t^{-1} - Z_t P_t L'_t N_t K_t) H_t$$
$$= [(F_t - H_t) F_t^{-1} - H_t K'_t N_t K_t] H_t$$
$$= (I - H_t D_t) H_t。$$

表 4.6　　　给定（平滑）的 $\mathrm{E}(s_t \varepsilon'_j)$ 的表达式（$1 \leqslant t \leqslant n$）

| $s_t$ | $j < t$ | $j = t$ | $j > t$ |
|---|---|---|---|
| $\hat{\varepsilon}_t$ | $-W_t L_{t-1} \cdots L_{j+1} K_j H_j$ | $H_t D_t H_t$ | $-H_t K'_t L'_{t+1} \cdots L'_{j-1} W'_j$ |
| $\hat{\eta}_t$ | $-Q_t R'_t N_t L_t L_{t-1} \cdots L_{j+1} K_j H_j$ | $Q_t R'_t N_t K_t H_t$ | $Q_t R'_t L'_{t+1} \cdots L'_{j-1} W'_j$ |
| $\hat{\alpha}_t$ | $(I - P_t N_{t-1}) L_{t-1} \cdots L_{j+1} K_j H_j$ | $P_t W'_t$ | $P_t L'_{t+1} \cdots L'_{j-1} W'_j$ |
| $Z_t \hat{\alpha}_t$ | $W_t L_{t-1} \cdots L_{j+1} K_j H_j$ | $(I - H_t D_t) H_t$ | $H_t K'_t L'_{t+1} \cdots L'_{j-1} W'_j$ |

## 4.9 模拟平滑

　　给定观测保持固定的状态或扰动向量的样本抽取叫做模拟平滑（simulation smoothing）。该样本是用于调查，基于该模型线性高斯模型分析技术以及贝叶斯分析的性能。本书的模拟平滑主要目的是，作为模拟技术的基础，用于我们在第二部分从古典和贝叶斯视角开发的非高斯和非线性模型的处理。

　　在本节中，我们将展示如何抽取给定观测向量 $y$ 的条件扰动 $\varepsilon_t$ 和 $\eta_t$，以及状态向量 $\alpha_t$ 的随机样本，对于 $t = 1$，$\cdots$，$n$，其由线性高斯模型（4.12）生成。所得算法有时被称为向前滤波向后采样（forwards filtering，backwards sampling）算法。

　　Fruhwirth – Schnatter（1994）以及 Carter 和 Kohn（1994）分别基于下列等式为状态向量的模拟平滑开发方法：

$$p(\alpha_1, \cdots, \alpha_n \mid Y_n) = p(\alpha_n \mid Y_n) p(\alpha_{n-1} \mid Y_n, \alpha_n) \cdots p(\alpha_1 \mid Y_n, \alpha_2, \cdots, \alpha_n)。$$

(4.81)

de Jong 和 Shephard（1995）首先压缩扰动抽样及状态抽样，取得了显著进展。

　　接着，Durbin 和 Koopman（2002）开发了一种方法，该方法仅基于无条件向量的均值修正，它比 de Jong – Shephard 方法和早期程序要简单得多且计算更高效。下面是基于该方法的处理；第4.9.3节总结了 de Jong – Shephard 方法。

### 4.9.1 均值修正的模拟滤波

　　我们的目标是给定观测集 $Y_n$ 抽取扰动 $\varepsilon_1$，$\cdots$，$\varepsilon_n$ 和 $\eta_1$，$\cdots$，$\eta_n$ 的样本。令 $w = (\varepsilon_1', \eta_1', \cdots, \varepsilon_n', \eta_n')'$，$\hat{w} = \mathrm{E}(w \mid Y_n)$，$W = (w \mid Y_n)$。由于模型（4.12）为线性且高斯，给定 $Y_n$ 的 $w$ 的条件密度为 $\mathrm{N}(\hat{w}, W)$。均值向量 $\hat{w}$ 很容易从递推（4.58）和递推（4.63）来计算；我们在下面表明，对于均值修正方法，我们并不需要计算方差矩阵 $W$，尽管其计算简便。

　　$w$ 的无条件分布是 $p(w) = \mathrm{N}(0, \Phi)$，式中 $\Phi = \mathrm{diag}(H_1, Q_1, \cdots, H_n, Q_n)$。

　　令 $w^+$ 为从 $p(w)$ 的一个抽取随机向量。$w^+$ 的抽取过程很简单，特别是在许多实践情形下，矩阵 $H_t$ 和 $Q_t$ 为标量或对角矩阵，对于 $t = 1$，…，$n$。$y^+$ 表示 $y_t$ 的堆栈向量，通过从 $p(\alpha_1)$ 抽取向量 $\alpha_1^+$ 递推生成，假设该密度为已知，将模型（4.12）的 $\alpha_1$ 和 $w$ 更换为 $\alpha_1^+$ 和 $w^+$。从递推（4.58）和递推（4.63）计算 $\hat{w}^+ = \mathrm{E}(w \mid y^+)$。由第 4.2 节的引理一可知，在多变量正态分布中给定向量 $y$ 的 $x$ 的条件方差矩阵，并不依赖于 $y$ 的值。因此，$\mathrm{Var}(w \mid y^+) = W$ 和以 $y^+$ 为条件，我们有 $w^+ - \hat{w}^+ \sim \mathrm{N}(0, W)$。由于密度 $\mathrm{N}(0, W)$ 不依赖于 $y^+$，因此 $w^+ - \hat{w}^+ \sim \mathrm{N}(0, W)$ 无条件成立，

$$\tilde{w} = w^+ - \hat{w}^+ + \hat{w}, \qquad (4.82)$$

从 $\mathrm{N}(\hat{w}, W)$ 随机抽取。$\hat{w}$ 的这个表达式简单，与从 $\mathrm{N}(0, \Phi)$ 抽取的 $w^+$ 的基本性质，与以前的模型相比，本模拟平滑方法效率更高。如果仅抽取所必需的 $\varepsilon = (\varepsilon_1', \cdots, \varepsilon_n')'$ 或 $\eta = (\eta_1', \cdots, \eta_n')'$，我们只需将 $w$ 更换为适当的 $\varepsilon$ 或 $\eta$。有趣的是，注意式（4.82）的形式类似于 Journel（1974）的表达式（4）；然而 Journel 的工作是在不同的环境下完成。此外，我们开发 Durbin 和 Koopman（2002）的均值修正方法时，并没有意识到这一点。

上面的理论来自于初始向量 $\alpha_1$ 具有分布 $\mathrm{N}(a_1, P_1)$ 的假设，式中 $a_1$ 和 $P_1$ 为已知。然而在实践中，更为常见的是至少 $\alpha_1$ 的一些元素是固定且未知的，或者是具有任意大方差的随机变量；这样的元素被称为扩散（diffuse）。当 $\alpha_1$ 的一些元素为扩散，理论所必要的修改在第 5.5 节中给出。

### 4.9.2　状态向量的模拟平滑

为了构造一个算法从条件密度 $p(\alpha \mid Y_n)$ 生成状态向量 $\alpha = (\alpha_1', \cdots, \alpha_n')'$ 的抽取，我们将从 $p(\alpha)$ 的抽取记为 $\alpha^+$，从 $p(\alpha \mid Y_n)$ 的抽取记为 $\tilde{\alpha}$。为了生成 $\alpha^+$ 我们首先抽取 $w^+$ 如上，然后使用模型（4.12），作为递推初始化，通过将 $\alpha_1^+ \sim p(\alpha_1)$ 的 $\alpha$ 和 $w$ 分别替换为 $\alpha^+$ 和 $w^+$，如在第 4.9.1 节。我们由卡尔曼滤波和递推平滑（4.58）和（4.63），计算 $\tilde{\alpha} = \mathrm{E}(\alpha \mid Y_n)$ 和 $\tilde{\alpha}^+ = \mathrm{E}(\alpha \mid y^+)$，最后使用前向递推（4.71）生成 $\tilde{\alpha}$ 和 $\tilde{\alpha}^+$。$\tilde{\alpha}$ 所必要的抽取由表达式 $\tilde{\alpha} = \alpha^+ - \hat{\alpha}^+ + \hat{\alpha}$ 给出。

### 4.9.3　de Jong – Shephard 模拟扰动方法

模拟平滑的均值修正方法，几乎在所有实际情形下运行良好。然而，在方差矩阵定义不当的情形下，均值修正方法可能无法正确实现；见 Jungbacker 和 Koopman（2007，§1）的讨论。由于 de Jong – Shephard 方法在一般情形下有效，我们在这里呈现 de Jong 和 Shephard（1995）开发的递推。我们首先呈现出需要用于从条件密度 $p(\varepsilon_1, \cdots, \varepsilon_n | Y_n)$ 抽取观测扰动 $\varepsilon_1, \cdots, \varepsilon_n$ 的样本的递推。令

$$\bar{\varepsilon}_t = E(\varepsilon_t | \varepsilon_{t+1}, \cdots, \varepsilon_n, Y_n), \quad t = n-1, \cdots, 1, \qquad (4.83)$$

以及 $\bar{\varepsilon}_n = E(\varepsilon_n | Y_n) = H_n F_n^{-1} v_n$。它表明

$$\bar{\varepsilon}_t = H_t(F_t^{-1} v_t - K_t' \tilde{r}_t), \quad t = n-1, \cdots, 1, \qquad (4.84)$$

式中 $\tilde{r}_t$ 由向后递推确定：

$$\tilde{r}_{t-1} = Z_t' F_t^{-1} v_t - \widetilde{W}_t' C_t^{-1} d_t + L_t' \tilde{r}_t, \quad t = n, n-1, \cdots, 1, \qquad (4.85)$$

式中 $\tilde{r}_n = 0$ 且

$$\widetilde{W}_t = H_t(F_t^{-1} Z_t - K_t' \widetilde{N}_t L_t), \qquad (4.86)$$

$$\widetilde{N}_{t-1} = Z_t' F_t^{-1} Z_t + \widetilde{W}_t' C_t^{-1} \widetilde{W}_t + L_t' \widetilde{N}_t L_t, \qquad (4.87)$$

对于 $t = n, n-1, \cdots, 1$，其中 $\widetilde{N}_n = 0$。这里 $C_t = \text{Var}(\varepsilon_t - \bar{\varepsilon}_t)$，由下式决定：

$$C_t = H_t - H_t(F_t^{-1} + K_t' \widetilde{N}_t K_t) H_t, \quad t = n, \cdots, 1。 \qquad (4.88)$$

在这些公式中，$F_t$、$v_t$ 和 $K_t$ 从卡尔曼滤波（4.24）和 $L_t = T_t - K_t Z_t$ 获得。$p(\varepsilon_t | \varepsilon_{t+1}, \cdots, \varepsilon_n, Y_n)$ 所需的抽取，如从 $(\bar{\varepsilon}_t, C_t)$ 的随机抽取一样而获得。

我们现在呈现从密度 $p(\eta_1, \cdots, \eta_n | Y_n)$ 选择状态扰动 $\eta_1, \cdots, \eta_n$ 的样本的必需的递推。令

$$\bar{\eta}_t = E(\eta_t | \eta_{t+1}, \cdots, \eta_n, Y_n), \quad \overline{C}_t = \text{Var}(\eta_t | Y_n, \eta_{t+1}, \cdots, \eta_n),$$

对于 $t = n-1, \cdots, 1$，其中 $\bar{\eta}_n = E(\eta_n | Y_n) = 0$ 且 $\overline{C}_n = \text{Var}(\eta_n | Y_n) = Q_n$。此外，令

$$\overline{W}_t = Q_t R_t' \widetilde{N}_t L_t, \qquad (4.89)$$

式中 $\widetilde{N}_t$ 由向后递推（4.87）决定，其中 $\widetilde{W}_t$ 由式（4.89）中 $\overline{W}_t$ 替换。然后 $\bar{\eta}_t$ 由如下关系给出：

$$\bar{\eta}_t = Q_t R_t \tilde{r}_t, \quad t = n-1, \cdots, 1, \qquad (4.90)$$

式中 $\tilde{r}_t$ 由递推（4.85）决定，其中 $\widetilde{W}_t$ 由 $\overline{W}_t$ 替换。此外 $\overline{C}_t$ 由下式给出：

$$\overline{C}_t = Q_t - Q_t R_t' \tilde{N}_t R_t Q_t, \quad t = n, \cdots, 1。 \tag{4.91}$$

其中 $\tilde{N}_t$ 由式（4.87）得出。从 $p(\eta_t | \eta_{t+1}, \cdots, \eta_n, Y_n)$ 所需的抽取，如从 $(\overline{\eta}_t, \overline{C}_t)$ 的随机抽取一样而获得，对于 $t = n - 1$，$\cdots$，1，其中 $\eta_n \sim N(0, Q_n)$。

通过采用第 4.6.2 节中用于开发快速状态平滑的相同的参数，当使用 de Jong – Shephard 方法，我们从条件密度 $p(\alpha | Y_n)$ 得到如下向前递推模拟：

$$\tilde{\alpha}_{t+1} = T_t \tilde{\alpha}_t + R_t \tilde{\eta}_t, \tag{4.92}$$

对于 $t = 1$，$\cdots$，$n$，其中 $\tilde{\alpha}_1 = a_1 + P_1 \tilde{r}_0$。

这些递推的证明较长且复杂，这里不再给出。取而代之的是，读者可参考 de Jong 和 Shephard（1995，§2）和 Jungbacker 和 Koopman（2007，定理 2 和命题 6）的证明过程。

## 4.10　缺失观测

我们现在论证，当线性高斯状态空间模型（4.12）用于分析时，不管有或没有正态假设，在卡尔曼滤波和平滑的推导中，允许观测缺失是特别简单的。假设观测 $y_j$ 在 $j = \tau$，$\cdots$，$\tau^*$ 时缺失，且 $1 < \tau < \tau^* < n$。简明程序是定义一个新序列 $y_{t^*}^*$，式中 $y_{t^*}^* = y_t$（对于 $t = t^* = 1$，$\cdots$，$\tau - 1$），$y_{t^*}^* = y_t$（对于 $t = \tau^* + 1$，$\cdots$，$n$），且 $t^* = \tau$，$\cdots$，$n - (\tau^* - \tau)$。该模型 $y_{t^*}^*$ 与式（4.12）相同，式中，$y_t = y_{t^*}$，$\alpha_t = \alpha_{t^*}$ 且扰动与时间索引 $t^*$ 相关联。系统矩阵保持与时间索引 $t$ 相关联。状态更新方程在时间 $t^* = \tau - 1$ 被替换，

$$\alpha_\tau = T_{\tau^*, \tau-1}^* \alpha_{\tau-1} + \eta_{\tau-1}^*, \qquad \eta_{\tau-1}^* \sim N\left(0, \sum_{j=\tau}^{\tau^*+1} T_{\tau^*, j}^* R_{j-1} Q_{j-1} R_{j-1}' T_{\tau^*, j}^{*'}\right),$$

其中 $T_{i,j}^* = T_i T_{i-1} \cdots T_j$，对于 $j = \tau$，$\cdots$，$\tau^*$ 和 $T_{\tau^*, \tau^*+1}^* = I_r$。滤波和平滑通过上面的模型（4.12）开发的方法继续处理。当观测在序列的几个点缺失，程序以显性方式扩展。

然而，它更容易进行如下操作。因为 $t = \tau$，$\cdots$，$\tau^* - 1$，我们有：

$$a_{t|t} = (\alpha_t | Y_t) = (\alpha_t | Y_{t-1})$$

$$= a_t,$$

$$P_{t\,|\,t} = (\alpha_t\,|\,Y_t) = (\alpha_t\,|\,Y_{t-1})$$

$$= P_t,$$

$$a_{t+1} = (\alpha_{t+1}\,|\,Y_t) = (T_t\alpha_t + R_t\eta_t\,|\,Y_{t-1})$$

$$= T_t a_t,$$

$$P_{t+1} = (\alpha_{t+1}\,|\,Y_t) = (T_t\alpha_t + R_t\eta_t\,|\,Y_{t-1})$$

$$= T_t P_t T_t' + R_t Q_t R_t'\,。$$

卡尔曼滤波对于观测缺失的情形，令式（4.24）中的 $Z_t = 0$，$t = \tau,\cdots,\tau^* - 1$ 即可简单获得；对于均值调整模式的情形，这同样适用于式（4.13）。类似地，向后平滑递推（4.38）和递推（4.42）成为

$$r_{t-1} = T_t' r_t, \quad N_{t-1} = T_t' N_t T_t, \quad t = \tau^* - 1,\cdots,\tau; \qquad (4.93)$$

在式（4.44）中其他方程保持不变。因此，由此可见，在平滑如滤波一样，我们可以使用相同的递推（4.44），当所有的观测都用，可通过在时间点取 $Z_t = 0$ 观测为缺失。与卡尔曼滤波和平滑的观测的完整集合一样，由引理二、引理三和引理四的 MLVUE 和贝叶斯分析的结果保持有效。这个观测缺失的简单处理是状态空间方法进行时间序列分析的吸引力之一。

假设在 $t$ 期的观测向量 $y_t$ 的一些但不是所有的元素缺失。令 $y_t^*$ 为实际观测值向量。则 $y_t^* = W_t y_t$，式中 $W_t$ 为一个已知矩阵，其行为 $I$ 的行子集。因此，$y_t$ 所有的元素不是在所有时期可用，式（4.12）的第一个方程被替换为

$$y_t^* = Z_t^* \alpha_t + \varepsilon_t^*, \quad \varepsilon_t^* \sim \mathrm{N}(0, H_t^*),$$

式中 $Z_t^* = W_t Z_t$，$\varepsilon_t^* = W_t \varepsilon_t$，$H_t^* = W_t H_t W_t'$。卡尔曼滤波和平滑然后准确进行，如在标准情形下一样，$y_t$、$Z_t$ 和 $H_t$ 在相应的时期替换为 $y_t^*$、$Z_t^*$ 和 $H_t^*$。当然，该观测向量的维度随时间变化，但并不影响公式的有效性；参见第 4.12 节。缺失的元素可以通过 $Z_t \hat{\alpha}_t$ 适当元素来估计，式中 $\hat{\alpha}_t$ 是平滑值。多变量模型中处理缺失元素的简便方法在第 6.4 节给出，其基于观测向量 $y_t$ 的元素逐个处理。

当观测或观测元素缺失，使用在第 4.9 节中描述的方法，无需更复杂的方法就可执行获得模拟样本。均值修正方法是基于卡尔曼滤波和平滑方法，其可使用本小节中所示的方法处理缺失值。

## 4.11 预测

对于许多时间序列的调查，状态向量的未来观测的预测特别重要。在本节中，我们将证明最小均方误差预测可通过将未来观测值 $y_t$ 处理为缺失，使用上一节的方法即可简单获得。

假设我们有观测向量 $y_1$，$\cdots$，$y_n$，服从状态空间模型（4.12），我们希望预测 $y_{n+j}$，式中 $j=1$，$\cdots$，$J$。为此目的，我们选择估计 $\bar{y}_{n+j}$，其具有给定 $Y_n$ 的最小均方误差矩阵。即对所有 $y_{n+j}$ 的估计，$\bar{F}_{n+j} = \mathrm{E}[(\bar{y}_{n+j} - y_{n+j})(\bar{y}_{n+j} - y_{n+j})' \mid Y_n]$ 为在矩阵意义上最小。这是标准的知识，如果 $x$ 为一个随机向量，其均值 $\mu$ 和有限方差矩阵，然后使 $\mathrm{E}[(\lambda - x)(\lambda - x)']$ 最小化的不变向量 $\lambda$ 的值为 $\lambda = \mu$。给定 $Y_n$ 的 $y_{n+j}$ 的最小均方预测误差是条件均值 $\bar{y}_{n+j} = \mathrm{E}(Y_{n+j} \mid Y_n)$。

对于 $j=1$，预测是直截了当的。我们有 $y_{n+1} = Z_{n+1}\alpha_{n+1} + \varepsilon_{n+1}$，因此，

$$\bar{y}_{n+1} = Z_{n+1}\mathrm{E}(\alpha_{n+1} \mid Y_n)$$
$$= Z_{n+1}a_{n+1},$$

式中 $a_{n+1}$ 是由卡尔曼滤波所产生的式（4.12）的 $\alpha_{n+1}$ 的估计值。条件均方误差矩阵

$$\bar{F}_{n+1} = \mathrm{E}[(\bar{y}_{n+1} - y_{n+1})(\bar{y}_{n+1} - y_{n+1})' \mid Y_n]$$
$$= Z_{n+1}P_{n+1}Z'_{n+1} + H_{n+1},$$

是由卡尔曼滤波关系（4.16）生成。我们现在证明可以生成预测 $\bar{y}_{n+j}$，对于 $j=2$，$\cdots$，$J$，仅通过将 $y_{n+1}$，$\cdots$，$y_{n+J}$ 处理为缺失值，如在第 4.10 节。令 $\bar{a}_{n+j} = \mathrm{E}(\alpha_{n+j} \mid Y_n)$ 和 $\bar{P}_{n+j} = \mathrm{E}[(\bar{a}_{n+j} - \alpha_{n+j})(\bar{a}_{n+j} - \alpha_{n+j})' \mid Y_n]$。因为 $y_{n+j} = Z_{n+j}\alpha_{n+j} + \varepsilon_{n+j}$，我们有

$$\bar{y}_{n+j} = Z_{n+j}\mathrm{E}(\alpha_{n+j} \mid Y_n)$$
$$= Z_{n+j}\bar{a}_{n+j},$$

条件均方误差矩阵

$$\bar{F}_{n+j} = \mathrm{E}[\{Z_{n+j}(\bar{a}_{n+j} - \alpha_{n+j}) - \varepsilon_{n+j}\}\{Z_{n+j}(\bar{a}_{n+j} - \alpha_{n+j}) - \varepsilon_{n+j}\}' \mid Y_n]$$
$$= Z_{n+j}\bar{P}_{n+j}Z'_{n+j} + H_{n+j}。$$

我们现在推导出计算 $\bar{a}_{n+j}$ 和 $\bar{P}_{n+j}$ 的递推。我们有 $\alpha_{n+j+1} = T_{n+j}\alpha_{n+j} +$

$R_{n+j}\boldsymbol{\eta}_{n+j}$，则

$$\bar{a}_{n+j+1} = T_{n+j}E(\alpha_{n+j} \mid Y_n)$$

$$= T_{n+j}\bar{a}_{n+j},$$

对于 $j = 1, \cdots, J-1$ 和及 $\bar{a}_{n+1} = a_{n+1}$。还有

$$\bar{P}_{n+j+1} = E[(\bar{a}_{n+j+1} - \alpha_{n+j+1})(\bar{a}_{n+j+1} - \alpha_{n+j+1})' \mid Y_n]$$

$$= T_{n+j}E[(\bar{a}_{n+j} - \alpha_{n+j})(\bar{a}_{n+j} - \alpha_{n+j})' \mid Y_n]T'_{n+j}$$

$$+ R_{n+j}E[\eta_{n+j}\eta'_{n+j}]R'_{n+j}$$

$$= T_{n+j}\bar{P}_{n+j}T'_{n+j} + R_{n+j}Q_{n+j}R'_{n+j},$$

对于 $j = 1, \cdots, J-1$。

当取 $\bar{Z}_{n+j} = 0$ 时，我们观察到对于 $\bar{a}_{n+j}$ 和 $\bar{P}_{n+j}$ 的递推与卡尔曼滤波对于 $a_{n+j}$ 和 $P_{n+j}$ 的递推相同，对于 $j = 1, \cdots, J-1$。但这恰恰是在第4.10节使我们能够应对观测缺失的卡尔曼滤波的常规应用的条件。我们已经证明，预测 $y_{n+1}, \cdots, y_{n+j}$，连同它们的预测误差方差矩阵仅仅通过处理 $y_t$ 在 $t > n$ 时为观测缺失，再使用第4.10节的结果即可得到。在某种意义上，这结论可视为直观明显；然而，我们认为值得展示其代数过程。综上所述，预测及其相关联的误差方差矩阵可通过状态空间时间序列分析常规获得，其方法是在 $t = n$ 之后继续使用卡尔曼滤波，且当 $t = n$ 时，$Z_t = 0$。当然，对于 $\bar{y}_{n+j}$ 和 $\bar{F}_{n+j}$ 的计算，我们取 $Z_{n+j}$ 作为它们的实际值，当 $j = 1, \cdots, J$。类似的结果成立，如状态向量 $\alpha_t$ 的预测值，因此预测为 $\alpha_t$ 的元素的线性函数。在非正态情形下，使用引理二至引理四的 MVLUE 预测和贝叶斯的分析结果仍然有效。这些预测结果是状态空间方法对时间序列分析的一个特别优良的特性。

## 4.12 观测向量的维度

整个这一章，我们假设（既为了方便论述，还因为这是迄今为止在实践中最常见的情形）观测向量 $y_t$ 的维数是固定值 $p$。然而这很容易验证，我们已得出的基本公式并无一个依赖于这一假设。例如，$y_t$ 的维数允许改变时，滤波递推（4.24）和扰动平滑（4.69）都保持有效。这种方便的一般化扩展是因为公式的递推属性。事实上，在第4.10节我们充分利用这个属性处理观测元素缺失。除了刚才提到的观测缺失处理和第6.4节多元序列转化为一元序列，在这

本书的多数情形下，我们并不明确，状态向量 $\alpha_t$ 的维数随着 $t$ 变化。

## 4.13　基本结果的矩阵形式

在本节中，我们提供以矩阵形式表达的状态空间模型、滤波、平滑和相关的无条件和条件的密度。对于本章的滤波和平滑的结果，这些表达式可以提供一些额外的见解。我们进一步开发这些表达式以供本书的其余章节参考，特别是第二部分。

### 4.13.1　状态空间模型的矩阵形式

线性高斯状态空间模型（4.12），自身就可用一般矩阵形式来表示。观测方程可形式化为

$$Y_n = Z\alpha + \varepsilon, \quad \varepsilon \sim \mathrm{N}(0, H), \tag{4.94}$$

其中，

$$Y_n = \begin{pmatrix} y_1 \\ \vdots \\ y_n \end{pmatrix}, \quad Z = \begin{bmatrix} Z_1 & & 0 & 0 \\ & \ddots & & \vdots \\ 0 & & Z_n & 0 \end{bmatrix}, \quad \alpha = \begin{pmatrix} \alpha_1 \\ \vdots \\ \alpha_n \\ \alpha_{n+1} \end{pmatrix},$$

$$\varepsilon = \begin{pmatrix} \varepsilon_1 \\ \vdots \\ \varepsilon_n \end{pmatrix}, \quad H = \begin{bmatrix} H_1 & & 0 \\ & \ddots & \\ 0 & & H_n \end{bmatrix}. \tag{4.95}$$

状态方程的形式为：

$$\alpha = T(\alpha_1^* + R\eta), \quad \eta \sim \mathrm{N}(0, Q), \tag{4.96}$$

其中，

$$T = \begin{bmatrix} I & 0 & 0 & 0 & 0 & 0 \\ T_1 & I & 0 & 0 & 0 & 0 \\ T_2 T_1 & T_2 & I & 0 & 0 & 0 \\ T_3 T_2 T_1 & T_3 T_2 & T_3 & I & 0 & 0 \\ & & & & \ddots & \vdots \\ T_{n-1}\cdots T_1 & T_{n-1}\cdots T_2 & T_{n-1}\cdots T_3 & T_{n-1}\cdots T_4 & I & 0 \\ T_n\cdots T_1 & T_n\cdots T_2 & T_n\cdots T_3 & T_n\cdots T_4 & \cdots & T_n & I \end{bmatrix},$$

$$\tag{4.97}$$

$$\alpha_1^* = \begin{pmatrix} \alpha_1 \\ 0 \\ 0 \\ \vdots \\ 0 \end{pmatrix}, \quad R = \begin{bmatrix} 0 & 0 & \cdots & 0 \\ R_1 & 0 & & 0 \\ 0 & R_2 & & 0 \\ & & \ddots & \vdots \\ 0 & 0 & \cdots & R_n \end{bmatrix}, \tag{4.98}$$

$$\eta = \begin{pmatrix} \eta_1 \\ \vdots \\ \eta_n \end{pmatrix}, \quad Q = \begin{bmatrix} Q_1 & & 0 \\ & \ddots & \\ 0 & & Q_n \end{bmatrix}。\tag{4.99}$$

状态空间模型的这种表达式对于更好了解本章的结果非常有用。例如，对于 $\mathrm{E}(\alpha_1^*) = a_1^*$，$\mathrm{Var}(\alpha_1^*) = P_1^*$，有

$$\mathrm{E}(\alpha) = Ta_1^*, \quad \mathrm{Var}(\alpha) = \mathrm{Var}\{T[\alpha_1^* - a_1^*] + R\eta\}$$
$$= T(P_1^* + RQR')T'$$
$$= TQ^*T', \tag{4.100}$$

式中，

$$a_1^* = \begin{pmatrix} a_1 \\ 0 \\ 0 \\ \vdots \\ 0 \end{pmatrix}, \quad P_1^* = \begin{bmatrix} P_1 & 0 & 0 & \cdots & 0 \\ 0 & 0 & 0 & & 0 \\ 0 & 0 & 0 & & 0 \\ \vdots & & & & \ddots \\ 0 & 0 & 0 & & 0 \end{bmatrix}, \quad Q^* = P_1^* + RQR'。$$

此外，我们表明观测向量 $y_t$ 是初始状态向量 $\alpha_1$ 与扰动向量 $\varepsilon_t$ 和 $\eta_t$ 的线性函数，对于 $t = 1, \cdots, n$。将式（4.96）代入式（4.94），就有

$$Y_n = ZT\alpha_1^* + ZTR\eta + \varepsilon。\tag{4.101}$$

接下来，

$$\mathrm{E}(Y_n) = \mu = ZTa_1^*, \quad \mathrm{Var}(Y_n) = \Omega = ZT(P_1^* + RQR')T'Z' + H$$
$$= ZTQ^*T'Z' + H。\tag{4.102}$$

### 4.13.2 密度的矩阵表达式

给定矩阵形式的模型表达式，借助向量和矩阵，我们也可以表示密度 $p(Y_n)$ 和 $p(\alpha, Y_n)$。例如，式（4.102）的 $p(Y_n)$ 的对数密度函数由下式给出：

$$\log p(Y_n) = \text{constant} - \frac{1}{2}\log|\Omega| - \frac{1}{2}(Y_n - \mu)'\Omega^{-1}(Y_n - \mu)\,。$$

$$(4.103)$$

$Y_n$ 和 $\alpha$ 的联合密度的表达式可以基于分解 $p(\alpha,Y_n) = p(Y_n|\alpha)p(\alpha)$。式 (4.100) 的 $\alpha$ 的对数密度由下式给出：

$$\log p(\alpha) = \text{constant} - \frac{1}{2}\log|V^*| - \frac{1}{2}(\alpha - a^*)'V^{*-1}(\alpha - a^*),$$

$$(4.104)$$

式中 $\alpha^* = \mathrm{E}(\alpha) = Ta_1^*$，$V^* = \mathrm{Var}(\alpha) = TQ^*T'$。观测方程 (4.94) 意味着给定状态 $\alpha$ 的观测向量 $Y_n$ 的对数密度由下式给出

$$\log p(Y_n|\alpha) = \text{constant} - \frac{1}{2}\log|H| - \frac{1}{2}(Y_n - \theta)'H^{-1}(Y_n - \theta),$$

$$(4.105)$$

式中 $\theta = Z\alpha$ 称为信号。接下来，

$$p(Y_n|\alpha) = p(Y_n|\theta)\,。$$

联合密度 $\log p(\alpha,Y_n)$ 是 $\log p(\alpha)$ 和 $\log p(Y_n|\theta)$ 的简单总和。

### 4.13.3　滤波的矩阵形式：乔里斯基分解

我们现在显示，新息向量可以表示为 $v = CY_n - Ba_1^*$，式中 $v = (v_1',\cdots,v_n')'$ 且 $C$ 和 $B$ 为矩阵，$C$ 为下三角矩阵。首先，由式 (4.21) 及 $v_t = y_t - Z_ta_t$ 和 $L_t = T_t - K_tZ_t$，我们观测到

$$a_{t+1} = L_ta_t + K_ty_t\,。$$

然后通过反复替代，我们有

$$a_{t+1} = L_tL_{t-1}\cdots L_1a_1 + \sum_{j=1}^{t-1}L_tL_{t-1}\cdots L_{j+1}K_jy_j + K_ty_t$$

和

$$v_1 = y_1 - Z_1a_1,$$
$$v_2 = -Z_2L_1a_1 + y_2 - Z_2K_1y_1,$$
$$v_3 = -Z_3L_2L_1a_1 + y_3 - Z_3K_2y_2 - Z_3L_2K_1y_1,$$

等等。一般地，

$$v_t = -Z_tL_{t-1}L_{t-2}\cdots L_1a_1 + y_t - Z_tK_{t-1}y_{t-1}$$
$$- Z_t\sum_{j=1}^{t-2}L_{t-1}\cdots L_{j+1}K_jy_j\,。$$

请注意，矩阵 $K_t$ 和 $L_t$ 依赖于 $P_1$、$Z$、$T$、$R$、$H$ 和 $Q$，但不依赖于初始均值向量 $a_1$ 或观测向量 $y_1$，$\cdots$，$y_n$，对于 $t = 1$，$\cdots$，$n$。因此新息可以表示为

$$v = (I - ZLK)Y_n - ZLa_1^*$$

$$= CY_n - Ba_1^*, \tag{4.106}$$

式中 $C = I - ZLK$，$B = ZL$，

$$L = \begin{bmatrix} I & 0 & 0 & 0 & 0 & 0 \\ L_1 & I & 0 & 0 & 0 & 0 \\ L_2L_1 & L_2 & I & 0 & 0 & 0 \\ L_3L_2L_1 & L_3L_2 & L_3 & I & 0 & 0 \\ & & & & \ddots & \vdots \\ L_{n-1}\cdots L_1 & L_{n-1}\cdots L_2 & L_{n-1}\cdots L_3 & L_{n-1}\cdots L_4 & I & 0 \\ L_n\cdots L_1 & L_n\cdots L_2 & L_n\cdots L_3 & L_n\cdots L_4 & \cdots & L_n & I \end{bmatrix},$$

$$K = \begin{bmatrix} 0 & 0 & \cdots & 0 \\ K_1 & 0 & \cdots & 0 \\ 0 & K_2 & & 0 \\ \vdots & & \ddots & \\ 0 & 0 & & K_n \end{bmatrix},$$

矩阵 $Z$ 由式（4.95）定义。可以很容易地证实矩阵 $C$ 是下三角块矩阵，其主对角线为单位矩阵。因为 $v = CY_n - ZLa_1^*$，$\mathrm{Var}(Y_n) = \Omega$，$a_1^*$ 是常数，所以 $\mathrm{Var}(v) = C\Omega C'$。我们从第 4.3.5 节知道，新息相互独立，因此 $\mathrm{Var}(v)$ 为块对角矩阵

$$F = \begin{bmatrix} F_1 & 0 & \cdots & 0 \\ 0 & F_2 & & 0 \\ \vdots & & \ddots & \\ 0 & 0 & & F_n \end{bmatrix}。$$

这表明，卡尔曼滤波的效果实质上是相当于乔里斯基分解的块版本应用到由状态空间模型（4.1）所隐含的观测方差矩阵。乔里斯基分解的一般性讨论由 Golub 和 Van Loan（1996，第 4.2 节）提供。

　　鉴于 $C = I - ZLK$ 的特殊结构，我们以矩阵形式表示能重现一些有趣结果。首先，从式（4.106）我们注意到 $\mathrm{E}(v) = C\mathrm{E}(Y_n) - ZLa_1^* = 0$。由

式（4.102）的 $\mathrm{E}(Y_n) = \mu = ZTa_1^*$，我们得到恒等式 $CZT = ZL$。接下来有

$$v = C(Y_n - \mu), \quad F = \mathrm{Var}(v) = C\Omega C'。 \qquad (4.107)$$

此外，我们注意到 $C$ 为非奇异且

$$\Omega^{-1} = C'F^{-1}C。 \qquad (4.108)$$

可以证实矩阵 $C = I - ZLK$ 为下三角块矩阵，其主对角线块等同于单位矩阵。因而有 $|C| = 1$，根据式（4.108）得出 $|\Omega|^{-1} = |\Omega^{-1}| = |C'F^{-1}C| = |C| \cdot |F|^{-1} \cdot |C| = |F|^{-1}$。这个结果对式（4.103）的对数密度 $p(Y_n)$ 的评估特别有用。应用乔里斯基分解式（4.103），我们得到

$$\log p(Y_n) = \mathrm{constant} - \frac{1}{2}\log|F| - \frac{1}{2}v'F^{-1}v, \qquad (4.109)$$

它直接从式（4.107）和式（4.108）得到。卡尔曼滤波计算 $v$ 和 $F$ 具有效率，因此也是评估式（4.109）的工具。

### 4.13.4 平滑的矩阵形式

令 $\hat{\varepsilon} = (\hat{\varepsilon}_1', \cdots, \hat{\varepsilon}_n')$，式中 $\hat{\varepsilon}_t = \mathrm{E}(\varepsilon_t | Y_n)$，对于 $t = 1, \cdots, n$，用第4.5.3节所描述的方法进行评估。平滑观测扰动向量 $\hat{\varepsilon}$ 可以直接应用引理一来得到，也就是

$$\hat{\varepsilon} = \mathrm{E}(\varepsilon | Y_n) = \mathrm{Cov}(\varepsilon, Y_n)\Omega^{-1}(Y_n - \mu)。$$

因为 $\mathrm{Cov}(\varepsilon, Y_n) = H$，接下来有式（4.107）和式（4.108）的替代形式

$$\hat{\varepsilon} = H\Omega^{-1}(Y_n - \mu)$$

$$= Hu,$$

式中，

$$u = \Omega^{-1}(Y_n - \mu)$$

$$= C'F^{-1}v$$

$$= (I - K'L'Z')F^{-1}v$$

$$= F^{-1}v - K'r,$$

其中 $r = L'Z'F^{-1}v$。这很容易证实 $u$ 和 $r$ 的定义分别与式（4.59）和式（4.38）的元素定义相一致。

令 $\hat{\eta} = (\hat{\eta}_1', \cdots, \hat{\eta}_n')'$，式中 $\hat{\eta}_t = \mathrm{E}(\eta_t | Y_n)$，对于 $t = 1, \cdots, n$，由第4.5.3节描述的方法评估。我们直接通过下式得到堆栈平滑状态扰动向量 $\hat{\eta}$：

$$\hat{\eta} = \mathrm{Cov}(\eta, Y_n)\Omega^{-1}(Y_n - \mu)$$
$$= QR'T'Z'u$$
$$= QR'r,$$

式中 $r = T'Z'u = T'Z'\Omega^{-1}(Y_n - \mu) = L'Z'F^{-1}v$，因为 $CZT = ZL$。这一结果与 $\hat{\eta}$ 的元素的定义相一致，即 $\hat{\eta}_t = Q_t R_t' r_t$，式中 $r_t$ 由 $r_{t-1} = Z_t' u_t + T_t' r_t$ 评估；见第 4.5.3 节。

最后，我们由下式得到 $\alpha$ 的平滑估计：

$$\hat{\alpha} = \mathrm{E}(\alpha) + \mathrm{Cov}(\alpha, Y_n)\Omega^{-1}(Y_n - \mu)$$
$$= \mathrm{E}(\alpha) + \mathrm{Cov}(\alpha, Y_n)u$$
$$= Ta_1^* + TQ^*T'Z'u$$
$$= Ta_1^* + TQ^*r, \tag{4.110}$$

因为 $Y_n = Z\alpha + \varepsilon$ 和 $\mathrm{Cov}(\alpha, Y_n) = \mathrm{Var}(\alpha)Z' = TQ^*T'Z'$。这与第 4.6.2 节中描述的使用快速状态平滑评估 $\hat{\alpha}_t$ 的方法一致。

#### 4.13.5 信号的矩阵表达式

给定方程（4.102）和信号 $\theta = Z\alpha$ 的定义，我们进一步定义 $\mu = \mathrm{E}(\theta) = \mathrm{E}(Z\alpha) = Za^* = ZTa_1^*$，$\Psi = \mathrm{Var}(\theta) = ZV^*Z' = ZTQ^*T'Z'$。信号的对数密度由下式给出：

$$\log p(\theta) = \mathrm{constant} - \frac{1}{2}\log|\Psi| - \frac{1}{2}(\theta - \mu)'\Psi^{-1}(\theta - \mu)。 \tag{4.111}$$

另外从方程（4.102），我们有

$$\mathrm{E}(Y_n) = \mu, \quad \mathrm{Var}(Y_n) = \Omega = \Psi + H。$$

因为 $\mathrm{Cov}(\theta, Y_n) = \mathrm{Var}(\theta) = \Psi$，从引理一可得信号的条件（平滑）均值和方差，由下式给出：

$$\hat{\theta} = E(\theta|Y_n) = \mu + \Psi\Omega^{-1}(Y_n - \mu), \quad \mathrm{Var}(\theta|Y_n) = \Psi - \Psi\Omega^{-1}\Psi。 \tag{4.112}$$

在平滑均值 $\hat{\theta}$ 的情形下，经过一些矩阵操作后，我们得到

$$\hat{\theta} = (\Psi^{-1} + H^{-1})^{-1}(\Psi^{-1}\mu + H^{-1}Y_n)。$$

注意这个表达式由卡尔曼滤波和平滑递推计算。特别是卡尔曼滤波和扰动平滑的应用是充分的，因为 $\hat{\theta} = Y_n - \hat{\varepsilon}$。在线性高斯模型（4.12）中，所有

随机变量都是高斯且变量之间的所有关系也是线性。因此均值和模相等。$\hat{\theta}$ 也是平滑对数密度 $p(\theta \mid Y_N)$ 的模。

平滑信号 $\hat{\theta} = \mathrm{E}(\theta \mid Y_n)$ 的表达式导致了计算 $u$ 的一个有趣结果。由式 (4.112) 有

$$\mu = \Omega^{-1}(Y_n - \mu) = \Psi^{-1}(\hat{\theta} - \mu)_\circ \qquad (4.113)$$

因为 $\Omega = \Psi + H$，式 (4.113) 意味着 $u$ 也可以通过卡尔曼滤波和卡尔曼平滑应用到线性高斯状态空间模型，对于 $\hat{\theta}$ 及无观测噪声，因此 $H = 0$ 和 $\Omega = \Psi$，即

$$\hat{\theta}_t = Z_t \alpha_t, \quad \alpha_{t+1} = T_t \alpha_t + R_t \eta_t, \qquad (4.114)$$

对于 $t = 1, \cdots, n$。例如，结果 (4.113) 意味着 $\hat{\alpha} = \mathrm{E}(\alpha \mid Y_n)$ 可从模型 (4.114) 应用卡尔曼滤波和平滑来计算，因为

$$\hat{\alpha} = T a_1^* + T Q^* T' Z' u = T a_1^* + T Q^* T' Z' \Psi^{-1}(\hat{\theta} - \mu)_\circ$$

对于特定应用，这些结果可以提高计算效率。

### 4.13.6　模拟滤波

鉴于第 4.9 节的结果和本节的结果及矩阵表达式，我们可以为信号和状态向量的模拟平滑开发简便表达式。在信号的模拟平滑的情形下，从第 4.9.2 节的讨论，我们可以表示从 $p(\theta \mid Y_n)$ 的抽取如下：

$$\tilde{\theta} = \theta^+ - \hat{\theta}^+ + \hat{\theta},$$

式中，

$$\theta^+ \sim p(\theta), \quad \hat{\theta}^+ = \mathrm{E}(\theta \mid y^+), \quad \hat{\theta} = \mathrm{E}(\theta \mid Y_n),$$

其中，

$$y^+ = \theta^+ + \varepsilon^+, \quad \theta^+ = Z\alpha^+ = ZT(\alpha_1^{*+} + R\eta^+),$$

且

$$\varepsilon^+ \sim \mathrm{N}(0, H), \quad \alpha_1^+ \sim \mathrm{N}(a, P), \quad \eta^+ \sim \mathrm{N}(0, Q)_\circ$$

我们注意到 $\alpha_1^{*+'} = (\alpha_1^{+'}, 0, \cdots, 0)'$。使用式 (4.112) 模拟平滑降低了单一卡尔曼滤波和平滑的应用，因为

$$\tilde{\theta} - \theta^+ = \hat{\theta} - \hat{\theta}^+ = [\mu + \Psi\Omega^{-1}(Y_n - \mu)] - [\mu + \Psi\Omega^{-1}(y^+ - \mu)]$$
$$= \Psi\Omega^{-1}(Y_n - y^+)_\circ$$

接下来有

$$\tilde{\theta} = \theta^+ + \Psi\Omega^{-1}(Y_n - y^+)。$$

一旦 $\alpha^+$、$\theta^+ = Z\alpha^+$ 和 $y^+ = \theta^+ + \varepsilon^+$ 使用线性高斯状态空间模型（4.12）的关系来计算，样本 $\tilde{\theta} \sim p(\theta|Y_n)$ 从卡尔曼滤波和平滑应用到模型（4.12）（其中 $a_1 = 0$），获得"观测值" $y_t - y_t^+$，对于 $t = 1, \cdots, n$。类似的论点适用于计算 $\tilde{\alpha}$、$\tilde{\varepsilon}$ 和 $\tilde{\eta}$。

## 4.14 练习

### 4.14.1

以第 4.2 节的记号和

$$\sum_* = \begin{bmatrix} \sum_{xx} & \sum_{xy} \\ \sum_{xy}' & \sum_{yy} \end{bmatrix},$$

验证

$$\sum_* = \begin{bmatrix} I & \sum_{xy}\sum_{yy}^{-1} \\ 0 & I \end{bmatrix} \begin{bmatrix} \sum_{xx} - \sum_{xy}\sum_{yy}^{-1}\sum_{xy}' & 0 \\ 0 & \sum_{yy} \end{bmatrix} \begin{bmatrix} I & 0 \\ \sum_{yy}^{-1}\sum_{xy}' & I \end{bmatrix},$$

进而，

$$\sum_*^{-1} = \begin{bmatrix} I & 0 \\ \sum_{yy}^{-1}\sum_{xy}' & I \end{bmatrix} \begin{bmatrix} (\sum_{xx} - \sum_{xy}\sum_{yy}^{-1}\sum_{xy}')^{-1} & 0 \\ 0 & \sum_{yy}^{-1} \end{bmatrix} \begin{bmatrix} I & -\sum_{xy}\sum_{yy}^{-1} \\ 0 & I \end{bmatrix}。$$

取

$$p(x,y) = \text{constant} \times \exp\left[ -\frac{1}{2} \begin{pmatrix} x - \mu_x \\ y - \mu_y \end{pmatrix}' \sum^{-1} \begin{pmatrix} x - \mu_x \\ y - \mu_y \end{pmatrix} \right],$$

得到 $p(x|y)$，因此证明引理一。这个练习包含 Anderson 和 Moore（1979，3.2 例）和 Harvey（1989，第 3 章的附录）中的我们的引理一的证明要领。

### 4.14.2

根据引理一的条件，使用练习 4.14.1 中 $\sum^{-1}$ 的表达式，展示 $\hat{x} = \mu_x + \sum_{xy}\sum_{yy}^{-1}(y - \mu_y)$ 是给定 $y$ 的 $x$ 及渐近方差 $\sum_{xx} - \sum_{xy}\sum_{yy}^{-1}\sum_{xy}'$ 的极大似然估计。

**4.14.3**

假设固定向量 $\lambda$ 被视为随机向量 $x$ 的估计，其均值向量为 $\mu$。当 $\lambda = \mu$ 时，展示该最小均方误差矩阵 $\left[ (\lambda - x)(\lambda - x)' \right]$ 如何得到。

**4.14.4**

随机向量 $x$ 和 $y$ 的联合分布不一定正态，假设 $\bar{x} = \beta + \gamma y$ 为给定 $y$ 的 $x$ 的估计，其均方误差矩阵 $\mathrm{MSE}(\bar{x}) = \left[ (\bar{x} - x)(\bar{x} - x)' \right]$。采用练习 4.14.3 和引理二的证明细节，展示当 $\bar{x} = \hat{x}$ 时，最小均方误差矩阵如何得到，式中 $\hat{x}$ 由式（4.6）定义及 $\mathrm{MSE}(\hat{x})$ 由式（4.7）给出。

**4.14.5**

采用引理三的记号，假设 $p(y|x) = \mathrm{N}(Zx, H)$，式中 $Z$ 和 $H$ 是适当维度的不变矩阵。

（a）展示

$$p(x|y) = \exp\left(-\frac{1}{2}Q\right)$$

式中，

$$Q = x'\left(Z'H^{-1}Z + \sum\nolimits_{yy}^{-1}\right)x - 2\left(y'H^{-1}Z + \mu'_y \sum\nolimits_{yy}^{-1}\right)x + \mathrm{constant}$$

$$= (x - m)'C^{-1}(x - m) + \mathrm{constant},$$

其中，

$$C^{-1} = \sum\nolimits_{yy}^{-1} + Z'H^{-1}Z, \quad m = C\left(Z'H^{-1}y + \sum\nolimits_{yy}^{-1}\mu_y\right)。$$

（b）使用矩阵等式

$$\left(\sum\nolimits_{yy}^{-1} + Z'H^{-1}Z\right)^{-1} = \sum\nolimits_{yy} - \sum\nolimits_{yy}Z'\left(Z\sum\nolimits_{yy}Z' + H\right)^{-1}Z\sum\nolimits_{yy},$$

展示（a）中结果证明引理三对 $p(x|y)$ 这种形式。

该练习包含我们引理一中的 West 和 Harrison（1997，第 17.3.3 节）的证明要领。

**4.14.6**

在 $E(\varepsilon_t \eta_t') = R_t^*$ 和 $E(\varepsilon_t \eta_s') = 0$ 的情形下推导第 4.3.1 节的卡尔曼滤波方程，式中 $R_t^*$ 是一个固定已知 $p \times r$ 矩阵，对于 $t, s = 1, \cdots, n$ 和 $t \neq s$。

**4.14.7**

给定状态空间模型（4.12）及第 4.4 节和第 4.5 节的结果，推导下式递推表达式

$$\mathrm{Cov}(\varepsilon_t, \alpha_t \mid Y_n), \quad \mathrm{Cov}(\eta_t, \alpha_t \mid Y_n),$$

对于 $t = 1$，$\cdots$，$n$。

**4.14.8**

当你仅依赖第 4.44 节的平滑递推（4.44），如何修改状态空间模型来进行固定滞后平滑？也见练习 4.14.7。

# 5. 滤波和平滑的初始化

## 5.1 引言

在前面的章节中，我们已经考虑线性高斯状态空间模型滤波和平滑的操作：

$$
\begin{aligned}
y_t &= Z_t\alpha_t + \varepsilon_t, & \varepsilon_t &\sim N(0, H_t), \\
\alpha_{t+1} &= T_t\alpha_t + R_t\eta_t, & \eta_t &\sim N(0, Q_t),
\end{aligned}
\tag{5.1}
$$

根据假设 $\alpha_1 \sim N(a_1, P_1)$，式中 $a_1$ 和 $P_1$ 已知。然而，在大多数实际应用中 $a_1$ 和 $P_1$ 至少一些元素是未知的。我们现在开发在这种情形下开始序列的方法；该过程称为初始化（initialisation）。我们会考虑 $\alpha_1$ 的一些元素为已知的联合分布，而对其他因素则完全未知的一般情形。我们详细处理古典视角下的观测正态分布情形。该结果可以通过引理二、引理三和引理四扩展到最小方差无偏线性估计和贝叶斯分析。

初始状态向量 $\alpha_1$ 的一般模型是

$$
\alpha_1 = a + A\delta + R_0\eta_0, \quad \eta_0 \sim N(0, Q_0),
\tag{5.2}
$$

式中 $m \times 1$ 向量 $a$ 为已知，$\delta$ 为 $q \times 1$ 未知的向量，$m \times q$ 矩阵 $A$ 和 $m \times (m - q)$ 矩阵 $R_0$ 为选择矩阵，也就是说，其列由单位矩阵 $I_m$ 构成；它们结合在一起被定义，它们的列构成单位矩阵 $I_m$ 的一组列 $g$，$g \leqslant m$ 和 $A'R_0 = 0$。该矩阵 $Q_0$ 被假设为正定且已知。在大多数情形下，$a$ 向量将被视为零向量，除非初始状态向量的一些元素为已知常数。当状态向量 $\alpha_t$ 的所有元素是平稳的，这些初始状态元素的初始均值、方差和协方差可以由模型参数推导得到。例如，在平稳 ARMA 模型的情形下，直接获得无条件方差矩阵 $Q_0$，我们将在第 5.6.2 节展示。卡尔曼滤波（4.24）可以被常规应用于 $a_1 = 0$ 和 $P_1 = Q_0$。

为不熟悉初始化主题的读者，我们呈现一个简单的案例以演示结构和式（5.2）的符号

$$y_t = \mu_t + \rho_t + \varepsilon_t, \quad \varepsilon_t \sim N(0, \sigma_\varepsilon^2),$$

式中，

$$\mu_{t+1} = \mu_t + \nu_t + \xi_t, \quad \xi_t \sim N(0, \sigma_\xi^2),$$

$$\nu_{t+1} = \nu_t + \zeta_t, \quad \zeta_t \sim N(0, \sigma_\zeta^2),$$

$$\rho_{t+1} = \phi\rho_t + \tau_t, \quad \tau_t \sim N(0, \sigma_\tau^2),$$

式中 $|\phi| < 1$ 且扰动都为相互和序列无关。因而 $\mu_t$ 为一个局部线性趋势如式（3.2），其为非平稳，而 $\rho_t$ 为一个不可观测平稳的 AR（1）序列且均值为零。在状态空间形式下，这是

$$y_t = (1 \quad 0 \quad 1)\begin{pmatrix} \mu_t \\ \nu_t \\ \rho_t \end{pmatrix} + \varepsilon_t,$$

$$\begin{pmatrix} \mu_{t+1} \\ \nu_{t+1} \\ \rho_{t+1} \end{pmatrix} = \begin{bmatrix} 1 & 1 & 0 \\ 0 & 1 & 0 \\ 0 & 0 & \phi \end{bmatrix}\begin{pmatrix} \mu_t \\ \nu_t \\ \rho_t \end{pmatrix} + \begin{bmatrix} 1 & 0 & 0 \\ 0 & 1 & 0 \\ 0 & 0 & 1 \end{bmatrix}\begin{pmatrix} \xi_t \\ \zeta_t \\ \tau_t \end{pmatrix}。$$

因而我们有

$$a = \begin{pmatrix} 0 \\ 0 \\ 0 \end{pmatrix}, \quad A = \begin{bmatrix} 1 & 0 \\ 0 & 1 \\ 0 & 0 \end{bmatrix}, \quad R_0 = \begin{pmatrix} 0 \\ 0 \\ 1 \end{pmatrix},$$

以及 $\eta_0 = \rho_1$ 且式中 $Q_0 = \sigma_\tau^2 / (1 - \phi^2)$ 为平稳序列 $\rho_t$ 的方差。

虽然我们处理参数 $\phi$ 为已知，主要是出于服务此节的目的，但在实际中它多为未知，这在古典分析中被替换为极大似然估计。我们看到式（5.2）的目的是分离出 $\alpha_1$ 的不变部分 $a$、非平稳部分 $A\delta$ 以及平稳部分 $R_0\eta_0$。在贝叶斯分析中，$\alpha_1$ 可视为已知或无信息先验密度。

向量 $\delta$ 可视为未知参数固定向量或具有无限方差的随机正态变量的向量。对于 $\delta$ 固定未知的情形，我们可用极大似然估计它；该方法由 Rosenberg（1973）开发，我们在第 5.7 节讨论这个问题。对于 $\delta$ 为随机的情形，我们假设

$$\delta \sim N(0, \kappa I_q), \tag{5.3}$$

式中，我们令 $\kappa \to \infty$。我们首先考虑卡尔曼滤波的初始条件 $a_1 = E(\alpha_1) = a$ 和 $P_1 = Var(\alpha_1)$，其中，

$$P_1 = \kappa P_\infty + P_* , \qquad (5.4)$$

式中，令 $\kappa \to \infty$ 在后面合适的点。这里 $P_\infty = AA'$ 和 $P_* = R_0 Q_0 R_0'$；因为 $A$ 由列 $I_m$ 构成，$P_\infty$ 为一个 $m \times m$ 对角矩阵及 $q$ 个对角线元素等于 1 而其他元素等于 0。另外，不失一般性，$P_\infty$ 的对角元素为非零，我们取 $a$ 的相应元素为零。当 $\kappa \to \infty$，向量 $\delta$ 的分布 $N(0, \kappa I_q)$ 被认为是扩散（diffuse）。当 $\alpha_1$ 的一些元素是扩散时，卡尔曼滤波的初始化称为滤波的扩散初始化（diffuse initialisation）。我们现在考虑在扩散初始化情形下卡尔曼滤波的必要修改。

一个简单的近似的技术是，将式（5.4）中的 $\kappa$ 替换为任意大的数，然后再使用标准卡尔曼滤波（4.13）。这种方法由 Harvey 和 Phillips（1979）采用。同时，该方法可用于近似探索工作，但不建议用于一般用途，因为它可能会导致较大的舍入误差。因而，我们开发了精确处理。

我们将使用该技术扩展矩阵乘法如幂级数 $\kappa^{-1}$，只取前两个或三个必要的项，然后令 $\kappa \to \infty$ 获得主要项。其基本思想由 Ansley 和 Kohn（1985）提出，但方式有点不可行。基于相同的想法，Koopman（1997）提出了扩散滤波和平滑的更透明的处理方法。进一步的发展由 Koopman 和 Durbin（2003）给出，他们得到第 5.2 节基于滤波和第 5.3 节基于状态平滑的结果。相比基于 Rosenberg（1973）的思想的 de Jong（1991）的增广技术，这种方法给出了不同的递推形式，见第 5.7 节。这些初始化方法的说明在第 5.6 节和第 5.7.4 节给出。

一般多元线性高斯状态空间模型直接解决初始化问题的方法证明有点复杂，这可以从 Koopman（1997）的处理看出。这样做的原因是，多元序列的逆矩阵 $F_t^{-1}$ 不具有一般扩展，由于该序列的前几个项的幂级数 $\kappa^{-1}$ 并不简单增长。在非常特殊的情形下，$F_t$ 的部分与 $P_\infty$ 相关联可以是奇异且具有变化的秩。当该序列在起始点附近观测缺失，可能会发生秩不足。然而，对于单变量序列处理则简单得多，因为 $F_t$ 是一个标量，与 $P_\infty$ 相关的部分只能为零或正，这两者都容易处理。在复杂的情形下，采用第 6.4 节的滤波和平滑的方法，处理多变量情况会更简单，在该方法中，通过一次一个地引入观测向量 $y_t$ 的元素将多变量序列转换为单变量序列，而不是直接将该序列作为多变量序列来处理。因此，我们通过假定与 $P_\infty$ 相关联的 $F_t$ 的部分是非奇异或为零，对于任何时期 $t$。通过这种方式，我们可以处理大多数多元序列，同时获得用于所有一元时间序列的一般结果。我们使用第 6.4 节的结果以对多元序列进行一元处理。

## 5.2 卡尔曼滤波的精确初始化

在本节中，我们使用符号 $O(\kappa^{-j})$ 来表示 $\kappa$ 的函数 $f(\kappa)$，当 $\kappa \to \infty$ 时，其限定 $\kappa^j f(\kappa)$ 为有限，对于 $j = 1, 2$。

### 5.2.1 基本递推

类似于初始矩阵 $P_1$ 在式（5.4）的分解，我们展示均方误差矩阵 $P_t$ 具有分解：

$$P_t = \kappa P_{\infty,t} + P_{*,t} + O(\kappa^{-1}), \quad t = 2, \cdots, n, \tag{5.5}$$

式中 $P_{\infty,t}$ 和 $P_{*,t}$ 不依赖于 $\kappa$。其表明 $P_{\infty,t} = 0$，对于 $t > d$，式中 $d$ 是一个正整数，其在正态情形下相对小于 $n$。其结果是通常的卡尔曼滤波（4.24）无须改变仍可用，对于 $t = d+1$，$\cdots$，$n$ 及 $P_t = P_{*,t}$。需要注意的是，当所有的初始状态元素具有已知联合分布或固定且已知，矩阵 $P_\infty = 0$，因而 $d = 0$。

式（5.5）的分解导致类似的分解

$$F_t = \kappa F_{\infty,t} + F_{*,t} + O(\kappa^{-1}), \quad M_t = \kappa M_{\infty,t} + M_{*,t} + O(\kappa^{-1}), \tag{5.6}$$

由于 $F_t = Z_t P_t Z_t' + H_t$ 且 $M_t = P_t Z_t'$，我们有

$$\begin{aligned} F_{\infty,t} &= Z_t P_{\infty,t} Z_t', & F_{*,t} &= Z_t P_{*,t} Z_t' + H_t, \\ M_{\infty,t} &= P_{\infty,t} Z_t', & M_{*,t} &= P_{*,t} Z_t', \end{aligned} \tag{5.7}$$

对于 $t = 1$，$\cdots$，$d$。当 $\kappa \to \infty$，我们将推导卡尔曼滤波，将其称为精确初始卡尔曼滤波（exact initial Kalman filter）。我们在这里使用"精确"一词，以区分通过选择一个随意的大的值，并采用标准卡尔曼滤波（4.24）得到的近似滤波。在推导它的过程中，需要注意式（5.7）中的零矩阵 $M_{\infty,t}$（无论 $P_{\infty,t}$ 是否为零矩阵）隐含 $F_{\infty,t} = 0$，这很重要。如在第 4.3.2 节开发的卡尔曼滤波，假定 $F_t$ 为非奇异。精确初始卡尔曼滤波的推导基于 $F_t^{-1} = [\kappa F_{\infty,t} + F_{*,t} + O(\kappa^{-1})]^{-1}$ 的扩展，作为幂级数 $\kappa^{-1}$，也就是

$$F_t^{-1} = F_t^{(0)} + \kappa^{-1} F_t^{(1)} + \kappa^{-2} F_t^{(2)} + O(\kappa^{-3}), \tag{5.8}$$

对于较大的 $\kappa$。因为 $I_p = F_t F_t^{-1}$，我们有

$$I_p = (\kappa F_{\infty,t} + F_{*,t} + \kappa^{-1} F_{a,t} + \kappa^{-2} F_{b,t} + \cdots)$$

$$\times (F_t^{(0)} + \kappa^{-1} F_t^{(1)} + \kappa^{-2} F_t^{(2)} + \cdots)。$$

等同的 $\kappa^j$ 系数对于 $j = 0,\ -1,\ -2,\ \cdots$ 我们得到

$$F_{\infty,t} F_t^{(0)} = 0,$$

$$F_{*,t} F_t^{(0)} + F_{\infty,t} F_t^{(1)} = I_p, \tag{5.9}$$

$$F_{a,t} F_t^{(0)} + F_{*,t} F_t^{(1)} + F_{\infty,t} F_t^{(2)} = 0, 等等。$$

我们需要求解式（5.9）的 $F_t^{(0)}$、$F_t^{(1)}$ 和 $F_t^{(2)}$，其他项则非必需。我们仅考虑 $F_{\infty,t}$ 为非奇异或 $F_{\infty,t} = 0$ 的情形。这种限定处理是合理的，原因有三点。首先，它给出了一元序列在重要特殊情形下的完整解，因为如果 $y_t$ 为单变量，$F_{\infty,t}$ 显然必须为正数或零。其次，如果 $y_t$ 为多元，限定在大多数实际情形下也能满足。最后，对于那些极少数情形下 $y_t$ 多元但限定不满足，该序列可以处理为一个一元序列，这由第 6.4 节中描述的技术来实现。通过这两种情形下的限定处理，推导基本上并不比一元情形下处理更困难。然而，在对 $F_{\infty,t}$ 没有任何限定的一般情形下的解，其代数式较为复杂，见 Koopman（1997）。我们提醒虽然 $F_{\infty,t}$ 为非奇异是最常见的情形，但在实践中 $F_{\infty,t} = 0$ 的情形也有可能出现，如果 $M_{\infty,t} = P_{\infty,t} Z_t' = 0$，甚至 $P_{\infty,t} \neq 0$ 也会出现。

在第一种情形下 $F_{\infty,t}$ 为非奇异，我们从式（5.9）有

$$F_t^{(0)} = 0, \quad F_t^{(1)} = F_{\infty,t}^{-1}, \quad F_t^{(2)} = -F_{\infty,t}^{-1} F_{*,t} F_{\infty,t}^{-1}. \tag{5.10}$$

矩阵 $K_t = T_t M_t F_t^{-1}$ 和 $L_t = T_t - K_t Z_t$ 依赖于逆矩阵 $F_t^{-1}$，因此它们也可以表示为 $\kappa^{-1}$ 的指数序列。我们有

$$K_t = T_t [\kappa M_{\infty,t} + M_{*,t} + O(\kappa^{-1})] (\kappa^{-1} F_t^{(1)} + \kappa^{-2} F_t^{(2)} + \cdots),$$

因此，

$$K_t = K_t^{(0)} + \kappa^{-1} K_t^{(1)} + O(\kappa^{-2}), \quad L_t = L_t^{(0)} + \kappa^{-1} L_t^{(1)} + O(\kappa^{-2}),$$

$$\tag{5.11}$$

式中，

$$\begin{aligned} K_t^{(0)} &= T_t M_{\infty,t} F_t^{(1)}, & L_t^{(0)} &= T_t - K_t^{(0)} Z_t, \\ K_t^{(1)} &= T_t M_{*,t} F_t^{(1)} + T_t M_{\infty,t} F_t^{(2)}, & L_t^{(1)} &= -K_t^{(1)} Z_t。 \end{aligned} \tag{5.12}$$

通过从 $t = 1$ 开始的 $a_{t+1}$ 的递推（4.21），我们发现 $a_t$ 具有形式

$$a_t = a_t^{(0)} + \kappa^{-1} a_t^{(1)} + O(\kappa^{-2}),$$

式中 $a_1^{(0)} = a$ 和 $a_1^{(1)} = 0$。因此 $v_t$ 的结果有如下形式

$$v_t = v_t^{(0)} + \kappa^{-1}v_t^{(1)} + O(\kappa^{-2}),$$

式中 $v_t^{(0)} = y_t - Z_t a_t^{(0)}$ 和 $v_t^{(1)} = -Z_t a_t^{(1)}$。$a_{t+1}$ 的更新方程（4.21）现在可表示为：

$$
\begin{aligned}
a_{t+1} &= T_t a_t + K_t v_t \\
&= T_t [\, a_t^{(0)} + \kappa^{-1} a_t^{(1)} + O(\kappa^{-2})\,] \\
&\quad + [\, K_t^{(0)} + \kappa^{-1} K_t^{(1)} + O(\kappa^{-2})\,][\, v_t^{(0)} + \kappa^{-1} v_t^{(1)} + O(\kappa^{-2})\,],
\end{aligned}
$$

当 $\kappa \to \infty$，其成为

$$a_{t+1}^{(0)} = T_t a_t^{(0)} + K_t^{(0)} v_t^{(0)}, \quad t = 1, \cdots, n。 \tag{5.13}$$

$P_{t+1}$ 的更新方程（4.10）为

$$
\begin{aligned}
P_{t+1} &= T_t P_t L_t' + R_t Q_t R_t' \\
&= T_t [\, \kappa P_{\infty,t} + P_{*,t} + O(\kappa^{-1})\,][\, L_t^{(0)} + \kappa^{-1} L_t^{(1)} + O(\kappa^{-2})\,]' + R_t Q_t R_t'。
\end{aligned}
$$

结果是，通过令 $\kappa \to \infty$，$P_{\infty,t+1}$ 和 $P_{*,t+1}$ 的更新由下式给出

$$P_{\infty,t+1} = T_t P_{\infty,t} L_t^{(0)'},$$

$$P_{*,t+1} = T_t P_{\infty,t} L_t^{(1)'} + T_t P_{*,t} L_t^{(0)'} + R_t Q_t R_t', \tag{5.14}$$

对于 $t = 1, \cdots, n$。矩阵 $P_{t+1}$ 还依赖于 $\kappa^{-1}$、$\kappa^{-2}$ 等条件，在卡尔曼滤波递推内，这些项将不乘以 $\kappa$ 或者 $\kappa$ 的更高幂级。因此 $P_{t+1}$ 的更新方程不需要考虑这些项。递推（5.13）和递推（5.14）构成了精确卡尔曼滤波。

在 $F_{\infty,t} = 0$ 情形下，我们有

$$F_t = F_{*,t} + O(\kappa^{-1}), \quad M_t = M_{*,t} + O(\kappa^{-1}),$$

逆矩阵 $F_t^{-1}$ 由下式给出：

$$F_t^{-1} = F_{*,t}^{-1} + O(\kappa^{-1})。$$

因此，

$$
\begin{aligned}
K_t &= T_t [\, M_{*,t} + O(\kappa^{-1})\,][\, F_{*,t}^{-1} + O(\kappa^{-1})\,] \\
&= T_t M_{*,t} F_{*,t}^{-1} + O(\kappa^{-1})。
\end{aligned}
$$

（5.13）$a_{t+1}^{(0)}$ 的更新方程为：

$$K_t^{(0)} = T_t M_{*,t} F_{*,t}^{-1}, \tag{5.15}$$

$P_{t+1}$ 的更新方程为：

$$
\begin{aligned}
P_{t+1} &= T_t P_t L_t' + R_t Q_t R_t' \\
&= T_t [\, \kappa P_{\infty,t} + P_{*,t} + O(\kappa^{-1})\,][\, L_t^{(0)} + \kappa^{-1} L_t^{(1)} + O(\kappa^{-2})\,]' + R_t Q_t R_t',
\end{aligned}
$$

式中 $L_t^{(0)} = T_t - K_t^{(0)} Z_t$ 和 $L_t^{(1)} = -K_t^{(1)} Z_t$。$P_{\infty,t+1}$ 和 $P_{*,t}$ 的更新方程可大幅简

化，因为当 $F_{\infty,t} = 0$，$M_{\infty,t} = P_{\infty,t}Z'_t = 0$。通过令 $\kappa \to \infty$，我们有

$$
\begin{aligned}
P_{\infty,t+1} &= T_t P_{\infty,t} L_t^{(0)'} \\
&= T_t P_{\infty,t} T'_t - T_t P_{\infty,t} Z'_t K_t^{(0)'} \\
&= T_t P_{\infty,t} T'_t, \tag{5.16}
\end{aligned}
$$

$$
\begin{aligned}
P_{*,t+1} &= T_t P_{\infty,t} L_t^{(1)'} + T_t P_{*,t} L_t^{(0)'} + R_t Q R'_t \\
&= -T_t P_{\infty,t} Z'_t K_t^{(1)'} + T_t P_{*,t} L_t^{(0)'} + R_t Q R'_t \\
&= T_t P_{*,t} L_t^{(0)'} + R_t Q R'_t, \tag{5.17}
\end{aligned}
$$

对于 $t = 1$，$\cdots$，$d$，其中，$P_{\infty,1} = P_\infty = AA'$，$P_{*,1} = P_* = R_0 Q_0 R'_0$。人们认为 $F_{*,t} + \kappa^{-1} F_{**,t} + O(\kappa^{-2})$ 形式的表达式在这里应该用于 $F_t$，使得两项扩展可以整个进行。然而，可以证明，当 $M_{\infty,t} = P_{\infty,t}Z'_t = 0$，那么 $F_{\infty,t} = 0$，这样 $\kappa^{-1} F_{**,t}$ 项的贡献是零，我们略去它以简化呈现。

### 5.2.2 常规卡尔曼滤波的过渡

我们现在论证，对于非退化模型，$t$ 与 $d$ 存在这样的值，使得有这样的关系，即，当 $t \le d$ 时，$P_{\infty,t} \ne 0$ 和当 $t > d$ 时，$P_{\infty,t} = 0$。从式（5.2），$\alpha_1$ 的扩散元素向量为 $\delta$ 且其维度为 $q$。对有限的 $\kappa$，$\delta$ 的对数密度为

$$
\log p(\delta) = -\frac{q}{2} \log 2\pi - \frac{q}{2} \log \kappa - \frac{1}{2\kappa} \delta' \delta,
$$

因为 $\mathrm{E}(\delta) = 0$ 和 $\mathrm{Var}(\delta) = \kappa I_q$。现在考虑 $\delta$ 和 $Y_t$ 的联合密度。给定 $Y_t$ 的 $\delta$ 的对数条件密度可表示为

$$
\log p(\delta \mid Y_t) = \log p(\delta, Y_t) - \log p(Y_t),
$$

对于 $t = 1$，$\cdots$，$n$。关于 $\delta$ 求微分，又令 $\kappa \to \infty$ 等于零，可求解 $\delta$，得到 $\delta = \tilde{\delta}$，即条件模，以及给定 $Y_t$ 的 $\delta$ 的条件均值。

由于 $p(\delta, Y_t)$ 为高斯分布，$\log p(\delta, Y_t)$ 为 $\delta$ 的二次型，因此 $\log(\delta, Y_t)$ 二阶导数不依赖于 $\delta$。给定 $Y_t$ 的 $\delta$ 方差矩阵为减去二阶导数的倒数。令 $d$ 为 $t$ 的第一值，其方差矩阵存在。在实际情形下，$d$ 通常相对小于 $n$。如果 $t$ 值不存在而方差矩阵存在，我们说该模型是退化的，因为不包含足够的信息来估计初始条件的观测序列显然也是无用的。

通过从状态方程 $\alpha_{t+1} = T_t \alpha_t + R_t \eta_t$ 重复替代，我们可以将 $\alpha_{t+1}$ 表示为 $\alpha_1$ 和 $\eta_1$，$\cdots$，$\eta_t$ 的线性函数。除了 $\delta$ 中的其他元素，$\alpha_1$ 及 $\eta_1$，$\cdots$，$\eta_t$ 的元素都为有限非条件方差，因此给定 $Y_t$ 具有有限条件方差。我们还通过 $d$ 的定义确保 $\delta$

的元素，当 $t \geq d$ 时，给定 $Y_t$ 的有限条件方差。接下来 $\mathrm{Var}(\alpha_{t+1} \mid Y_t) = P_{t+1}$ 也为有限，因此 $P_{\infty,t+1} = 0$，对于 $t \geq d$。对于 $t < d$，$\mathrm{Var}(\alpha_{t+1} \mid Y_t)$ 的元素为无限，因此 $P_{\infty,t+1} \neq 0$，对于 $t < d$。对于非退化模型存在 $t$ 的 $d$ 取值，使得当 $t \leq d$ 时，$P_{\infty,t} \neq 0$ 当 $t > d$ 时，$P_{\infty,t} = 0$。因此当 $t > d$ 时，我们有 $p_t = p_{x,t} + 0(k^{-1})$ 等，令 $k \rightarrow \infty$，我们可以用常规的卡尔曼滤波（4.24）以 $a_{d+1} = a_{d+1}^{(0)}$ 和 $P_{d+1} = P_{*,d+1}$ 开始。这一点的类似讨论由 de Jong（1991）给出。

### 5.2.3 方便的表达式

对于 $t = 1$，$\cdots$，$d$，$P_{*,t+1}$ 和 $P_{\infty,t+1}$ 的更新方程可以组合从而获得一个非常方便的表达式。令

$$P_t^{\dagger} = \begin{bmatrix} P_{*,t} & P_{\infty,t} \end{bmatrix}, \quad L_t^{\dagger} = \begin{bmatrix} L_t^{(0)} & L_t^{(1)} \\ 0 & L_t^{(0)} \end{bmatrix}。 \tag{5.18}$$

从式（5.14），当 $\kappa \rightarrow \infty$，限定初始状态滤波方程式可写为

$$P_{t+1}^{\dagger} = T_t P_t^{\dagger} L_t^{\dagger'} + \begin{bmatrix} R_t Q_t R_t' & 0 \end{bmatrix}, \quad t = 1, \cdots, d, \tag{5.19}$$

以及初始化 $P_1^{\dagger} = P^{\dagger} = \begin{bmatrix} P_* & P_{\infty} \end{bmatrix}$。在 $F_{\infty,t} = 0$ 的情形下，式（5.19）的方程，以及式（5.18）中的定义仍然有效，但

$$K_t^{(0)} = T_t M_{*,t} F_{*,t}^{-1}, \quad L_t^{(0)} = T_t - K_t^{(0)} Z_t, \quad L_t^{(1)} = 0。$$

这直接源于用来推导式（5.15）、式（5.16）和式（5.17）的论点。扩散状态滤波的递推（5.19）由 Koopman 和 Durbin（2003）给出。其形式与标准卡尔曼滤波（4.24）递推相似，导致了执行计算的大幅简化。

# 5.3 状态平滑的精确初始化

### 5.3.1 状态向量的平滑均值

为了得到式（4.39）中的平滑方程 $\hat{\alpha}_t = a_t + P_t r_{t-1}$ 的限定递推，对于 $t = d$，$\cdots$，1，我们返回到 $r_{t-1}$ 的递推（4.38），也就是说，

$$r_{t-1} = Z_t' F_t^{-1} v_t + L_t' r_t, \quad t = n, \cdots, 1,$$

以及 $r_n = 0$。由于 $r_{t-1}$ 依赖于 $F_t^{-1}$ 和 $L_t$，其可以表示为 $\kappa^{-1}$ 的幂级数，我们写成：

$$r_{t-1} = r_{t-1}^{(0)} + \kappa^{-1} r_{t-1}^{(1)} + O(\kappa^{-2}), \quad t = d, \cdots, 1。 \tag{5.20}$$

代入相关扩展到 $r_{t-1}$ 的递推，在 $F_{\infty,t}$ 为非奇异的情形下，有

$$
\begin{aligned}
r_{t-1}^{(0)} + \kappa^{-1} r_{t-1}^{(1)} + \cdots = & Z_t'(\kappa^{-1} F_t^{(1)} + \kappa^{-2} F_t^{(2)} + \cdots)(v_t^{(0)} + \kappa^{-1} v_t^{(1)} + \cdots) \\
& + (L_t^{(0)} + \kappa^{-1} L_t^{(1)} + \cdots)'(r_t^{(0)} + \kappa^{-1} r_t^{(1)} + \cdots),
\end{aligned}
$$

导出 $r_t^{(0)}$ 和 $r_t^{(1)}$ 的递推，

$$
\begin{aligned}
r_{t-1}^{(0)} &= L_t^{(0)'} r_t^{(0)}, \\
r_{t-1}^{(1)} &= Z_t' F_t^{(1)} v_t^{(0)} + L_t^{(0)'} r_t^{(1)} + L_t^{(1)'} r_t^{(0)},
\end{aligned}
\tag{5.21}
$$

对于 $t=d,\cdots,1$ 及 $r_d^{(0)} = r_d$ 和 $r_d^{(1)} = 0$。

平滑状态向量为

$$
\begin{aligned}
\hat{\alpha}_t &= a_t + P_t r_{t-1} \\
&= a_t + [\kappa P_{\infty,t} + P_{*,t} + O(\kappa^{-1})][r_{t-1}^{(0)} + \kappa^{-1} r_{t-1}^{(1)} + O(\kappa^{-2})] \\
&= a_t + \kappa P_{\infty,t}(r_{t-1}^{(0)} + \kappa^{-1} r_{t-1}^{(1)}) + P_{*,t}(r_{t-1}^{(0)} + \kappa^{-1} r_{t-1}^{(1)}) + O(\kappa^{-1}) \\
&= a_t + \kappa P_{\infty,t} r_{t-1}^{(0)} + P_{*,t} r_{t-1}^{(0)} + P_{\infty,t} r_{t-1}^{(1)} + O(\kappa^{-1}),
\end{aligned}
\tag{5.22}
$$

式中 $a_t = a_t^{(0)} + \kappa^{-1} a_t^{(1)} + \cdots$。显然在所有 $t$ 情形下，为了这个表达式有意义，必须有 $P_{\infty,t} r_{t-1}^{(0)} = 0$。当 $\kappa \to \infty$，我们可以证明 $\mathrm{Var}(\alpha_t \mid Y_n)$ 为有限，对于所有 $t$。类似于第 5.2.2 节的论证，$\alpha_t$ 可以表示为 $\delta$，$\eta_0$，$\eta_1$，$\cdots$，$\eta_{t-1}$ 的线性函数。当 $\kappa \to \infty$，因为 $d < n$，由 $d$ 定义 $\mathrm{Var}(\delta \mid Y_d)$ 必须为有限。此外，$Q_j = \mathrm{Var}(\eta_j)$ 为有限，因此 $\mathrm{Var}(\eta_j \mid Y_n)$ 也为有限，对于 $j=0,\cdots,t-1$。接下去，当 $\kappa \to \infty$，对于所有 $t$，$\mathrm{Var}(\alpha_t \mid Y_n)$ 为有限，因此从式 (5.22)，有 $P_{\infty,t} r_{t-1}^{(0)} = 0$。

令 $\kappa \to \infty$，我们得到

$$
\hat{\alpha}_t = a_t^{(0)} + P_{*,t} r_{t-1}^{(0)} + P_{\infty,t} r_{t-1}^{(1)}, \quad t = d,\cdots,1,
\tag{5.23}
$$

以及 $r_d^{(0)} = r_d$ 和 $r_d^{(1)} = 0$。方程 (5.21) 和方程 (5.23) 可被重新形式化以得到

$$
r_{t-1}^{\dagger} = \begin{pmatrix} 0 \\ Z_t' F_t^{(1)} v_t^{(0)} \end{pmatrix} + L_t^{\dagger'} r_t^{\dagger}, \quad \hat{\alpha}_t = a_t^{(0)} + P_t^{\dagger} r_t^{\dagger}, \quad t = d,\cdots,1,
\tag{5.24}
$$

式中，

$$
r_{t-1}^{\dagger} = \begin{pmatrix} r_{t-1}^{(0)} \\ r_{t-1}^{(1)} \end{pmatrix}, \quad \text{及} \quad r_d^{\dagger} = \begin{pmatrix} r_d \\ 0 \end{pmatrix},
$$

分块矩阵 $P_t^\dagger$ 和 $L_t^\dagger$ 在式（5.18）中定义。此形式化较为简便，因为它与标准平滑递推（4.39）具有相同的形式。引入模型 $\alpha_1$ 的扩散元素存在复杂性，非常有趣的是，该状态平滑方程（5.24）与对应的公式（4.39）具有相同的基本结构。这对于构建软件实现算法是非常有用的性质。

为了避免处理进一步扩大，在实践中由于 $F_{\infty,t} = 0$ 的情形非常罕见，在这里和第 5.3.2 节，我们不考虑它，请读者参考 Koopman 和 Durbin（2003）的讨论。

### 5.3.2 状态向量的平滑方差

我们现在考虑在扩散情形下误差 $\hat{\alpha}_t - \alpha_t$ 的方差矩阵的评估，对于 $t = d, \cdots, 1$。在扩散情形下，我们不推导估计误差在不同时期之间的交叉协方差，因为在实践中这些数量并不受关注。

从第 4.4.3 节，平滑状态向量的误差方差矩阵由 $V_t = P_t - P_t N_{t-1} P_t$ 给出，其中递推 $N_{t-1} = Z_t' F_t^{-1} Z_t + L_t' N_t L_t$，对于 $t = n$，$\cdots$，1 和 $N_n = 0$。为了获得 $V_t$ 和 $N_{t-1}$ 的精确表达式，式中 $F_{\infty,t}$ 为非奇异且 $\kappa \to \infty$，对于 $t = d$，$\cdots$，1，我们发现，需要取三项展开式，而不是以前使用的两项表达式。因此，我们写出

$$N_t = N_t^{(0)} + \kappa^{-1} N_t^{(1)} + \kappa^{-2} N_t^{(2)} + O(\kappa^{-3})。 \tag{5.25}$$

忽略残余项和替代 $N_{t-1}$ 的表达式，我们得到 $N_{t-1}$ 的递推

$$N_{t-1}^{(0)} + \kappa^{-1} N_{t-1}^{(1)} + \kappa^{-2} N_{t-1}^{(2)} + \cdots$$
$$= Z_t'(\kappa^{-1} F_t^{(1)} + \kappa^{-2} F_t^{(2)} + \cdots) Z_t + (L_t^{(0)} + \kappa^{-1} L_t^{(1)} + \kappa^{-2} L_t^{(2)} + \cdots)'$$
$$\times (N_t^{(0)} + \kappa^{-1} N_t^{(1)} + \kappa^{-2} N_t^{(2)} + \cdots)(L_t^{(0)} + \kappa^{-1} L_t^{(1)} + \kappa^{-2} L_t^{(2)} + \cdots),$$

这导出了一组递推

$$N_{t-1}^{(0)} = L_t^{(0)'} N_t^{(0)} L_t^{(0)},$$
$$N_{t-1}^{(1)} = Z_t' F_t^{(1)} Z_t + L_t^{(0)'} N_t^{(1)} L_t^{(0)} + L_t^{(1)'} N_t^{(0)} L_t^{(0)} + L_t^{(0)'} N_t^{(0)} L_t^{(1)},$$
$$N_{t-1}^{(2)} = Z_t' F_t^{(2)} Z_t + L_t^{(0)'} N_t^{(2)} L_t^{(0)} + L_t^{(0)'} N_t^{(1)} L_t^{(1)} + L_t^{(1)'} N_t^{(1)} L_t^{(0)}$$
$$+ L_t^{(0)'} N_t^{(0)} L_t^{(2)} + L_t^{(2)'} N_t^{(0)} L_t^{(0)} + L_t^{(1)'} N_t^{(0)} L_t^{(1)}, \tag{5.26}$$

以及 $N_d^{(0)} = N_d$ 和 $N_d^{(1)} = N_d^{(2)} = 0$。

将 $\kappa^{-1}$、$\kappa^{-2}$ 等的幂级数和表达式 $P_t = \kappa P_{\infty,t} + P_{*,t}$ 代入关系 $V_t = P_t - P_t N_{t-1} P_t$，得到

$$V_t = \kappa P_{\infty,t} + P_{*,t}$$

$$- ( \kappa P_{\infty,t} + P_{*,t} ) ( N_{t-1}^{(0)} + \kappa^{-1} N_{t-1}^{(1)} + \kappa^{-2} N_{t-1}^{(2)} + \cdots ) ( \kappa P_{\infty,t} + P_{*,t} )$$

$$= - \kappa^2 P_{\infty,t} N_{t-1}^{(0)} P_{\infty,t}$$

$$+ \kappa ( P_{\infty,t} - P_{\infty,t} N_{t-1}^{(0)} P_{*,t} - P_{*,t} N_{t-1}^{(0)} P_{\infty,t} - P_{\infty,t} N_{t-1}^{(1)} P_{\infty,t} )$$

$$+ P_{*,t} - P_{*,t} N_{t-1}^{(0)} P_{*,t} - P_{*,t} N_{t-1}^{(1)} P_{\infty,t} - P_{\infty,t} N_{t-1}^{(1)} P_{*,t}$$

$$- P_{\infty,t} N_{t-1}^{(2)} P_{\infty,t} + O(\kappa^{-1})_{\circ} \tag{5.27}$$

前面的内容说明，$V_t = \mathrm{Var}(\alpha_t \mid Y_n)$ 为有限，对于 $t = 1, \cdots, n$。因此，与式（5.27）的 $\kappa$ 和 $\kappa^2$ 相关的两个矩阵项必须为零。令 $\kappa \to \infty$，平滑状态方差矩阵由下式给出

$$V_t = P_{*,t} - P_{*,t} N_{t-1}^{(0)} P_{*,t} - P_{*,t} N_{t-1}^{(1)} P_{\infty,t} - P_{\infty,t} N_{t-1}^{(1)} P_{*,t} - P_{\infty,t} N_{t-1}^{(2)} P_{\infty,t}_{\circ} \tag{5.28}$$

Koopman 和 Durbin（2003）已经表明通过利用等式 $P_{\infty,t} L_t^{(0)} N_t^{(0)} = 0$，当式（5.26）的 $N_t^{(1)}$ 和 $N_t^{(2)}$ 递推被用来分别计算式（5.28）的 $N_{t-1}^{(1)}$ 和 $N_{t-1}^{(2)}$ 项时，可变项则消失，实际上我们可以继续进行，如果递推是

$$N_{t-1}^{(0)} = L_t^{(0)'} N_t^{(0)} L_t^{(0)},$$

$$N_{t-1}^{(1)} = Z_t' F^{(1)} Z_t + L_t^{(0)'} N_t^{(1)} L_t^{(0)} + L_t^{(1)'} N_t^{(0)} L_t^{(0)},$$

$$N_{t-1}^{(2)} = Z_t' F^{(2)} Z_t + L_t^{(0)'} N_t^{(2)} L_t^{(0)} + L_t^{(0)'} N_t^{(1)} L_t^{(1)} + L_t^{(1)'} N_t^{(1)'} L_t^{(0)} + L_t^{(1)'} N_t^{(0)} L_t^{(1)}, \tag{5.29}$$

而且，我们可以通过下式计算 $V_t$：

$$V_t = P_{*,t} - P_{*,t} N_{t-1}^{(0)} P_{*,t} - ( P_{\infty,t} N_{t-1}^{(1)} P_{*,t} )' - P_{\infty,t} N_{t-1}^{(1)} P_{*,t} - P_{\infty,t} N_{t-1}^{(2)} P_{\infty,t}_{\circ} \tag{5.30}$$

因此，从式（5.26）中计算的矩阵可由式（5.29）计算的矩阵代替以获得 $V_t$ 正确的值。因为矩阵 $L_t^{(2)}$ 中，我们舍弃了 $N_t^{(2)}$ 的计算，式（5.29）中新递推较方便。

在式（5.29）中 $N_t^{(1)}$ 和 $N_t^{(2)}$ 的矩阵递推与式（5.26）中的递推不同。另外也注意到，式（5.26）中的 $N_t^{(1)}$ 为对称，而式（5.29）中的 $N_t^{(1)}$ 为不对称。然而，采用同样的符号，因为 $N_t^{(1)}$ 仅与计算 $V_t$ 相关，当 $N_{t-1}^{(1)}$ 由式（5.26）或由式（5.29）来计算，矩阵 $P_{\infty,t} N_{t-1}^{(1)}$ 均相同。同样的道理也适用于矩阵 $N_t^{(2)}$。

现在可以容易地证实方程（5.30）和修正递推（5.29）可以重新形式化为

$$N_{t-1}^\dagger = \begin{bmatrix} 0 & Z_t' F_t^{(1)} Z_t \\ Z_t' F_t^{(1)} Z_t & Z_t' F_t^{(2)} Z_t \end{bmatrix} + L_t^{\dagger'} N_t^\dagger L_t^\dagger, \quad V_t = P_{*,t} - P_t^\dagger N_{t-1}^\dagger P_t^{\dagger'},$$

$$(5.31)$$

对于 $t = d, \cdots, 1$，式中，

$$N_{t-1}^\dagger = \begin{bmatrix} N_{t-1}^{(0)} & N_{t-1}^{(1)'} \\ N_{t-1}^{(1)} & N_{t-1}^{(2)} \end{bmatrix}, \quad 及 \quad N_d^\dagger = \begin{bmatrix} N_d & 0 \\ 0 & 0 \end{bmatrix},$$

且分块矩阵 $P_t^\dagger$ 和 $L_t^\dagger$ 由式（5.18）定义。此外，该形式与标准平滑递推（4.30）具有相同的形式，这对于编写软件是一个有用的性质。式（5.24）和式（5.31）由 Koopman 和 Durbin（2003）给出。

## 5.4 扰动平滑的精确初始化

当初始状态向量为扩散时，相对于平滑状态向量的计算量，平滑扰动的计算量要少很多。这是因为平滑扰动方程不涉及矩阵乘法，其依赖于 $\kappa$ 的项或高阶项。从式（4.45），平滑估计是 $\hat{\varepsilon}_t = H_t(F_t^{-1} v_t - K_t' r_t)$，式中对于 $F_{\infty,t}$ 为正定，$F_t^{-1} = O(\kappa^{-1})$，对于 $F_{\infty,t} = 0$，$F_t^{-1} = F_{*,t}^{-1} + O(\kappa^{-1})$，$K_t = K_t^{(0)} + O(\kappa^{-1})$ 和 $r_t = r_t^{(0)} + O(\kappa^{-1})$ 等，因此，当 $\kappa \to \infty$，我们有

$$\hat{\varepsilon}_t = \begin{cases} -H_t K_t^{(0)'} r_t^{(0)} & 如果 F_{\infty,t} \ 非奇异 \\ H_t(F_{*,t}^{-1} v_t - K_t^{(0)'} r_t^{(0)}) & 如果 F_{\infty,t} = 0 \end{cases}$$

对于 $t = d, \cdots, 1$。以类似的方法，扰动平滑的其他结果也可得到，为方便起见，我们将其汇集在一起如下：

$$\hat{\varepsilon}_t = -H_t K_t^{(0)'} r_t^{(0)},$$

$$\hat{\eta}_t = Q_t R_t' r_t^{(0)},$$

$$\text{Var}(\varepsilon_t | Y_n) = H_t - H_t K_t^{(0)'} N_t^{(0)} K_t^{(0)} H_t,$$

$$\text{Var}(\eta_t | Y_n) = Q_t - Q_t R_t' N_t^{(0)} R_t Q_t,$$

对于 $F_{\infty,t} \neq 0$ 的情形，以及

$$\hat{\varepsilon}_t = H_t(F_{*,t}^{-1} v_t - K_t^{(0)'} r_t^{(0)}),$$

$$\hat{\eta}_t = Q_t R_t' r_t^{(0)},$$

$$\text{Var}(\varepsilon_t | Y_n) = H_t - H_t(F_{*,t}^{-1} + K_t^{(0)'} N_t^{(0)} K_t^{(0)}) H_t,$$

$$\mathrm{Var}(\boldsymbol{\eta}_t \mid Y_n) = Q_t - Q_t R_t' N_t^{(0)} R_t Q_t,$$

对于 $F_{\infty,t} = 0$ 且 $t = d, \cdots, 1$ 的情形。幸运的是在扩散情形下，平滑扰动与状态平滑相同，并不需要太多的额外计算。当得分向量在参数估计的过程中反复计算，这就特别方便，我们将在第 7.3.3 节讨论。

## 5.5    精确初始模拟平滑

### 5.5.1    扩散初始条件的修正

当初始状态向量为扩散，事实证明，第 4.9 节的模拟平滑仍然可用，无须第 5.3 节的扩散状态平滑的复杂性。让我们从直观上先看看扩散滤波和平滑。假设我们以完全任意的值 $\alpha_1 = \alpha_1^*$ 初始化模型（4.12），然后应用第 5.2 节至第 5.4 节的公式获得观测向量 $Y_n$ 的扩散滤波和平滑值，很明显，滤波和平滑值可以不依赖于我们所选择 $\alpha_1^*$ 的值即可得到。

这些想法提出以下猜想，即在扩散的情形下，模拟平滑可精确处理。设定 $\alpha_1$ 的扩散元素等于任意值，比如为零，并使用第 5.2 节至第 5.4 节开发的扩散滤波和平滑，使用第 4.9 节的方法，分别计算 $w$ 和 $\alpha$；这些是精确值所必需的。这些猜想在 Durbin 和 Koopman（2002）的附录 2 中被证实。证明细节较为复杂，这里不再重复。

### 5.5.2    模拟平滑的精确初始化

我们首先考虑使用 de Jong – Shephard 方法如何得到给定 $Y_n$ 的 $\alpha$ 的模拟样本。与以前一样，取 $\alpha = (\alpha_1, \cdots, \alpha_n, \alpha_{n+1})'$，定义 $\alpha_{/1}$ 为 $\alpha$，但没有 $\alpha_1$。它有

$$p(\alpha \mid Y_n) = p(\alpha_1 \mid Y_n) p(\alpha_{/1} \mid Y_n, \alpha_1)。 \tag{5.32}$$

通过从 $p(\alpha_1 \mid Y_n) = \mathrm{N}(\hat{\alpha}_1, V_1)$ 抽取样本得到 $\alpha_1$ 的模拟值 $\tilde{\alpha}_1$，式中 $\hat{\alpha}_1$ 和 $V_1$ 通过精确初始状态平滑计算得到，该方法在第 5.3 节开发。接下来初始化卡尔曼滤波及 $a_1 = \tilde{\alpha}_1$ 和 $P_1 = 0$，因为我们现在视 $\tilde{\alpha}_1$ 为给定，并应用卡尔曼滤波和模拟平滑，如第 4.9 节描述。给定 $Y_n$ 的 $\alpha$ 的样本值获得的过程，由方程（5.32）证实为合理的。为了获得多个样本，我们重复此过程。这需要计算一个新的 $\tilde{\alpha}_1$ 值，$v_t$ 的新值从卡尔曼滤波每次新抽取而得到。卡尔曼滤波的 $F_t$、$K_t$ 和 $P_{t+1}$ 的数值不需要重新计算。

给定 $Y_n$ 的模拟扰动向量，以类似的过程可以得到：如上所述，我们初始化卡尔曼滤波及 $a_1 = \tilde{\alpha}_1$ 和 $P_1 = 0$，然后使用第 4.9 节的模拟平滑递推生成扰动样本。

# 5.6 一些模型初始条件案例

在本节中，在状态空间模型范围内，我们给出精确初始卡尔曼滤波的一些案例，对于 $t = 1, \cdots, d$。

## 5.6.1 结构时间序列模型

结构时间序列模型通常建立在非平稳成分。因此，大多数这类模型的初始状态向量等于 $\delta$，即 $\alpha_1 = \delta$，因而有 $a_1 = 0$，$P_* = 0$ 和 $P_\infty = I_m$。然后，我们开始使用第 5.2 节、第 5.3 节和第 5.4 节提供的算法。

为了详细说明精确初始卡尔曼滤波，以局部线性趋势模型（3.2）为例，其系统矩阵为

$$Z_t = (1 \quad 0), \quad T_t = \begin{bmatrix} 1 & 1 \\ 0 & 1 \end{bmatrix}, \quad Q_t = \sigma_\varepsilon^2 \begin{bmatrix} q_\xi & 0 \\ 0 & q_\zeta \end{bmatrix},$$

且 $H_t = \sigma_\varepsilon^2$，$R_t = I_2$，式中 $q_\xi = \sigma_\xi^2/\sigma_\varepsilon^2$ 和 $q_\zeta = \sigma_\zeta^2/\sigma_\varepsilon^2$。精确初始卡尔曼滤波以下式启动

$$a_1 = 0, \quad P_{*,1} = 0, \quad P_{\infty,1} = I_2,$$

第一次更新是基于

$$K_1^{(0)} = \begin{pmatrix} 1 \\ 0 \end{pmatrix}, \quad L_1^{(0)} = \begin{bmatrix} 0 & 1 \\ 0 & 1 \end{bmatrix}, \quad K_1^{(1)} = -\sigma_\varepsilon^2 \begin{pmatrix} 1 \\ 0 \end{pmatrix},$$

$$L_1^{(1)} = \sigma_\varepsilon^2 \begin{bmatrix} 1 & 0 \\ 0 & 0 \end{bmatrix},$$

因此有

$$a_2 = \begin{pmatrix} y_1 \\ 0 \end{pmatrix}, \quad P_{*,2} = \sigma_\varepsilon^2 \begin{bmatrix} 1+q_\xi & 0 \\ 0 & q_\zeta \end{bmatrix}, \quad P_{\infty,2} = \begin{bmatrix} 1 & 1 \\ 1 & 1 \end{bmatrix}。$$

第二次更新给出数值：

$$K_2^{(0)} = \begin{pmatrix} 2 \\ 1 \end{pmatrix}, \quad L_2^{(0)} = \begin{bmatrix} -1 & 1 \\ -1 & 1 \end{bmatrix},$$

和

$$K_2^{(1)} = -\sigma_\varepsilon^2 \binom{3 + q_\xi}{2 + q_\xi}, \quad L_2^{(1)} = \sigma_\varepsilon^2 \begin{bmatrix} 3 + q_\xi & 0 \\ 2 + q_\xi & 0 \end{bmatrix},$$

以及状态更新结果：

$$a_3 = \binom{2y_2 - y_1}{y_2 - y_1}, \quad P_{*,3} = \sigma_\varepsilon^2 \begin{bmatrix} 5 + 2q_\xi + q_\zeta & 3 + q_\xi + q_\zeta \\ 3 + q_\xi + q_\zeta & 2 + q_\xi + 2q_\zeta \end{bmatrix},$$

$$P_{\infty,3} = \begin{bmatrix} 0 & 0 \\ 0 & 0 \end{bmatrix}。$$

接下来，常规卡尔曼滤波（4.24）可使用，对于 $t = 3, \cdots, n$。

### 5.6.2　平稳 ARMA 模型

单变量平稳 ARMA 模型具有零均值，且阶数 $p$ 和 $q$ 由下式给出

$$y_t = \phi_1 y_{t-1} + \cdots + \phi_p y_{t-p} + \zeta_t + \theta_1 \zeta_{t-1} + \cdots + \theta_q \zeta_{t-q}, \quad \zeta_t \sim \mathrm{N}(0, \sigma^2)。$$

状态空间形式为

$$y_t = (1, 0, \cdots, 0) \alpha_t,$$
$$\alpha_{t+1} = T\alpha_t + R\zeta_{t+1},$$

式中系统矩阵 $T$ 和 $R$ 由式（3.20）及 $r = \max(p, q+1)$ 给出。状态向量的所有元素都为平稳，因此式（5.2）中的 $a + A\delta$ 部分为零且 $R_0 = I_m$。初始状态向量 $\alpha_1$ 的无条件分布由下式给出

$$\alpha_1 \sim \mathrm{N}(0, \sigma^2 Q_0),$$

式中 $\sigma^2 Q_0 = \sigma^2 T Q_0 T' + \sigma^2 RR'$，因为 $\mathrm{Var}(\alpha_{t+1}) = \mathrm{Var}(T\alpha_t + R\zeta_{t+1})$。这个方程需要对 $Q_0$ 求解。可以证明，$Q_0$ 可以通过线性方程 $(I_{m^2} - T \otimes T)\mathrm{vec}(Q_0) = \mathrm{vec}(RR')$ 求解，式中 $\mathrm{vec}(Q_0)$ 和 $\mathrm{vec}(RR')$ 为 $Q_0$ 和 $RR'$ 的堆栈列，且式中

$$T \otimes T = \begin{bmatrix} t_{11}T & \cdots & t_{1m}T \\ t_{21}T & \cdots & t_{2m}T \\ \vdots & & \\ t_{m1}T & \cdots & t_{mm}T \end{bmatrix},$$

$t_{ij}$ 记为矩阵 $T$ 的元素 $(i, j)$；例如，见 Magnus 和 Neudecker（1988）给出这类问题的一般处理。卡尔曼滤波由 $a_1 = 0$ 和 $P_1 = Q_0$ 初始化。

作为一个案例，考虑 ARMA（1, 1）模型

$$y_t = \phi y_{t-1} + \zeta_t + \theta \zeta_{t-1}, \quad \zeta_t \sim N(0, \sigma^2)。$$

然后，

$$T = \begin{bmatrix} \phi & 1 \\ 0 & 0 \end{bmatrix} \quad \text{和} \quad R = \begin{pmatrix} 1 \\ \theta \end{pmatrix},$$

则其解为

$$Q_0 = \begin{bmatrix} (1 - \phi^2)^{-1}(1 + \theta^2 + 2\phi\theta) & \theta \\ \theta & \theta^2 \end{bmatrix}。$$

### 5.6.3　非平稳 ARIMA 模型

单变量非平稳 ARIMA 模型，其阶数 $p$、$d$ 和 $q$，可为如下形式

$$y_t^* = \phi_1 y_{t-1}^* + \cdots + \phi_p y_{t-p}^* + \zeta_t + \theta_1 \zeta_{t-1} + \cdots + \theta_q \zeta_{t-q}, \quad \zeta_t \sim N(0, \sigma^2)。$$

式中 $y_t^* = \Delta^d y_t$。ARIMA 模型的状态空间形式（$p = 2$，$d = 1$ 和 $q = 1$）在第 3.4 节给出，其状态向量为

$$\alpha_t = \begin{pmatrix} y_{t-1} \\ y_t^* \\ \phi_2 y_{t-1}^* + \theta_1 \zeta_t \end{pmatrix},$$

式中 $y_t^* = \Delta y_t = y_t - y_{t-1}$。初始状态向量 $\alpha_1$ 的第一个元素，也就是 $y_0$ 为非平稳，而其他元素为平稳。因此，该初始向量 $\alpha_1 = a + A\delta + R_0 \eta_0$ 由下式给出

$$\alpha_1 = \begin{pmatrix} 0 \\ 0 \\ 0 \end{pmatrix} + \begin{pmatrix} 1 \\ 0 \\ 0 \end{pmatrix} \delta + \begin{bmatrix} 0 & 0 \\ 1 & 0 \\ 0 & 1 \end{bmatrix} \eta_0, \quad \eta_0 \sim N(0, Q_0),$$

式中 $Q_0$ 为 $2 \times 2$ 的 ARMA 模型（$p = 2$ 和 $q = 1$）的无条件方差矩阵，我们从第 5.6.2 节得到。当 $\delta$ 为扩散，均值向量和方差矩阵为

$$a_1 = 0, \quad P_1 = \kappa P_\infty + P_*,$$

式中，

$$P_\infty = \begin{bmatrix} 1 & 0 & 0 \\ 0 & 0 & 0 \\ 0 & 0 & 0 \end{bmatrix}, \quad P_* = \begin{bmatrix} 0 & 0 \\ 0 & Q_0 \end{bmatrix}。$$

然后，使用第 5.2 节、第 5.3 节和第 5.4 节的精确初始卡尔曼滤波和平滑继续处理。以类似方式获得 ARIMA 模型（$d = 1$，$p$ 和 $q$ 为其他值）初始状态。

从第 3.4 节，ARIMA 模型 $(p = 2,\ d = 2$ 和 $q = 1)$ 的初始状态向量由下式给出

$$\alpha_1 = \begin{pmatrix} y_0 \\ \Delta y_0 \\ y_1^* \\ \phi_2 y_0^* + \theta_1 \zeta_1 \end{pmatrix}.$$

$\alpha_1$ 的前两个元素就是 $y_0$ 和 $\Delta y_0$，都是非平稳的，因此把它们处理为扩散。我们写出

$$\alpha_1 = \begin{pmatrix} 0 \\ 0 \\ 0 \\ 0 \end{pmatrix} + \begin{bmatrix} 1 & 0 \\ 0 & 1 \\ 0 & 0 \\ 0 & 0 \end{bmatrix} \delta + \begin{bmatrix} 0 & 0 \\ 0 & 0 \\ 1 & 0 \\ 0 & 1 \end{bmatrix} \eta_0, \quad \eta_0 \sim N(0, Q_0),$$

式中 $Q_0$ 与前面的情形一样。$\alpha_1$ 的均值向量和方差矩阵为

$$a_1 = 0, \quad P_1 = \kappa P_\infty + P_*,$$

式中，

$$P_\infty = \begin{bmatrix} I_2 & 0 \\ 0 & 0 \end{bmatrix}, \quad P_* = \begin{bmatrix} 0 & 0 \\ 0 & Q_0 \end{bmatrix}.$$

然后，我们就开始使用第 5.2 节、第 5.3 节和第 5.4 节的方法继续处理。对于非季节 ARIMA 模型（$p$、$d$ 和 $q$ 为其他值），以及季节性模型的初始条件，以类似的方法推导得到。

### 5.6.4　回归模型及 ARMA 误差

第 3.6.3 节的具有 $k$ 解释变量和 ARMA $(p, q)$ 误差（3.30）的回归模型可以写成状态空间形式。初始状态向量为

$$\alpha_1 = \begin{pmatrix} 0 \\ 0 \end{pmatrix} + \begin{bmatrix} I_k \\ 0 \end{bmatrix} \delta + \begin{bmatrix} 0 \\ I_r \end{bmatrix} \eta_0, \quad \eta_0 \sim N(0, Q_0),$$

式中 $Q_0$ 获得如第 5.6.2 节所述且 $r = \max(p, q + 1)$。当 $\delta$ 被处理为扩散，我们有 $\alpha_1 \sim N(a_1, P_1)$，式中 $a_1 = 0$ 和 $P_1 = \kappa P_\infty + P_*$，以及

$$P_\infty = \begin{bmatrix} I_k & 0 \\ 0 & 0 \end{bmatrix}, \quad P_* = \begin{bmatrix} 0 & 0 \\ 0 & Q_0 \end{bmatrix}.$$

然后我们继续处理，如上一节所述。

为了说明精确初始卡尔曼滤波，我们考虑具有不变参数的 AR（1）模

型的简单情形，即

$$y_t = \mu + \xi_t,$$

$$\xi_t = \phi\xi_{t-1} + \zeta_t, \quad \zeta_t \sim N(0, \sigma^2)。$$

以状态空间形式，我们有

$$\alpha_t = \begin{pmatrix} \mu \\ \xi_t \end{pmatrix}$$

系统矩阵由下式给出

$$Z_t = (1 \quad 1), \quad T_t = \begin{bmatrix} 1 & 0 \\ 0 & \phi \end{bmatrix}, \quad R_t = \begin{pmatrix} 0 \\ 1 \end{pmatrix},$$

以及 $H_t = 0$ 和 $Q_t = \sigma^2$。精确初始卡尔曼滤波以下式开始：

$$a_1 = \begin{pmatrix} 0 \\ 0 \end{pmatrix}, \quad P_{*,1} = c\begin{bmatrix} 0 & 0 \\ 0 & 1 \end{bmatrix}, \quad P_{\infty,1} = \begin{bmatrix} 1 & 0 \\ 0 & 0 \end{bmatrix},$$

式中 $c = \sigma^2/(1 - \phi^2)$。第一次更新基于

$$K_1^{(0)} = \begin{pmatrix} 1 \\ 0 \end{pmatrix}, \quad L_1^{(0)} = \begin{bmatrix} 0 & -1 \\ 0 & \phi \end{bmatrix}, \quad K_1^{(1)} = c\begin{pmatrix} -1 \\ \phi \end{pmatrix},$$

$$L_1^{(1)} = c\begin{bmatrix} 1 & 1 \\ -\phi & -\phi \end{bmatrix},$$

因此有

$$a_2 = \begin{pmatrix} y_1 \\ 0 \end{pmatrix}, \quad P_{*,2} = \frac{\sigma^2}{1 - \phi^2}\begin{bmatrix} 1 & -\phi \\ -\phi & 1 \end{bmatrix}, \quad P_{\infty,2} = \begin{bmatrix} 0 & 0 \\ 0 & 0 \end{bmatrix}。$$

接下来常规卡尔曼滤波（4.24）可使用，对 $t = 2, \cdots, n$。

### 5.6.5　样条平滑

样条模型（3.44）的初始状态向量就是简单的 $\alpha_1 = \delta$，这意味着 $a_1 = 0$，$P_* = 0$ 和 $P_\infty = I_2$。

## 5.7　增广卡尔曼滤波和平滑

### 5.7.1　引言

初始化问题处理的另一种方法归功于 Rosenberg（1973）、de Jong（1988b）和 de Jong（1991）。如在式（5.2）中，初始状态向量被定义为

$$\alpha_1 = a + A\delta + R_0\eta_0, \quad \eta_0 \sim N(0, Q_0)。 \tag{5.33}$$

Rosenberg（1973）将 $\delta$ 处理为固定未知向量，他采用极大似然估计 $\delta$，而 de Jong（1991）将 $\delta$ 处理为扩散向量。由于 Rosenberg 和 de Jong 的处理方法都是基于增广观测向量的思想，我们把他们的过程统称为增广（augmentation）方法。对于以无限方差在实际数据中没有对应物而不想使用扩散初始化密度的分析家而言，Rosenberg 的方法可提供可靠分析。事实上，我们将证明，这两种方法均有效地给出相同的答案，这些分析家们认为扩散假设可作为工具，以实现基于极大似然估计未知初始状态元素的初始化。从古典视角来看，对于观测正态分布的情形下开发得到的结果，通过应用引理二、引理三和引理四，相应的 MVLUE 和贝叶斯分析的结果也可以得到。

### 5.7.2　增广卡尔曼滤波

在这一小节，我们对 Rosenberg 和 de Jong 技术建立了理论基础。对于给定的 $\delta$，应用卡尔曼滤波（4.24）及 $a_1 = E(\alpha_1) = a + A\delta$，$P_1 = Var(\alpha_1) = P_* = R_0 Q_0 R_0'$，将由滤波得到的 $a_t$ 值记为 $a_{\delta,t}$。由于 $a_{\delta,t}$ 为观测的线性函数，且 $a_1 = a + A\delta$，我们可以写出

$$a_{\delta,t} = a_{a,t} + A_{A,t}\delta, \tag{5.34}$$

式中 $a_{a,t}$ 为通过取 $a_1 = a$，$P_1 = P_*$ 获得的 $a_t$ 的滤波输出值，且式中 $A_{A,t}$ 的第 $j$ 列为 $a_t$ 的滤波输出，从观测向量为零及 $a_1 = A_j$，$P_1 = P_*$，式中 $A_j$ 为 $A$ 的第 $j$ 列。$v_t$ 的滤波输出值记为 $v_{\delta,t}$，其由取 $a_1 = a + A\delta$，$P_1 = P_*$ 所得到。类似于式（5.34），我们可以写出

$$v_{\delta,t} = v_{a,t} + V_{A,t}\delta, \tag{5.35}$$

式中 $v_{a,t}$ 和 $V_{A,t}$ 由相同卡尔曼滤波给出，它也给出 $a_{a,t}$ 和 $A_{A,t}$。

矩阵 $(a_{a,t}, A_{A,t})$ 和 $(v_{a,t}, V_{A,t})$ 可以通过卡尔曼滤波来计算，其输入为增广为零的观测向量 $y_t$。这是可能的，因为对于每次卡尔曼滤波产生一个 $(a_{a,t}, A_{A,t})$ 的特定列，相同的方差初始化 $P_1 = P_*$ 应用，我们把方差输出记为 $F_{\delta,t}$、$K_{\delta,t}$，并且每次卡尔曼滤波的 $P_{\delta,t+1}$ 相同。卡尔曼滤波方程的向量 $v_t$ 和 $a_t$ 替换为该矩阵的相应方程 $(a_{a,t}, A_{A,t})$ 和 $(v_{a,t}, V_{A,t})$，并得出方程

$$(v_{a,t}, V_{A,t}) = (y_t, 0) - Z_t(a_{a,t}, A_{A,t}),$$

$$(a_{a,t+1}, A_{A,t+1}) = T_t(a_{a,t}, A_{A,t}) + K_{\delta,t}(v_{a,t}, V_{A,t}), \tag{5.36}$$

式中 $(a_{a,1}, A_{A,1}) = (a, A)$；相应 $F_t$、$K_t$ 和 $P_{t+1}$ 的递推保持与标准卡尔曼滤

波一样，也就是

$$F_{\delta,t} = Z_t P_{\delta,t} Z_t' + H_t,$$

$$K_{\delta,t} = T_t P_{\delta,t} Z_t' F_{\delta,t}^{-1}, \quad L_{\delta,t} = T_t - K_{\delta,t} Z_t, \tag{5.37}$$

$$P_{\delta,t+1} = T_t P_{\delta,t} L'_{\delta,t} + R_t Q_t R_t',$$

对于 $t = 1$，$\cdots$，$n$ 及 $P_{\delta,1} = P_*$。我们已在这些表达式中纳入下标 $\delta$，不是因为它们数学上依赖 $\delta$，而是因为假设 $\delta$ 固定而计算。在这本书中，修订卡尔曼滤波式（5.36）和式（5.37）被称为增广卡尔曼滤波（augmented Kalman filter）。

### 5.7.3 基于增广卡尔曼滤波的滤波

有了这些预备知识，让我们首先考虑扩散（5.2）及 $\delta \sim \mathrm{N}(0, \kappa I_q)$，式中 $\kappa \to \infty$；稍后我们将考虑 $\delta$ 为固定并由极大似然估计的情形。从式（5.34）给定 $\kappa$，我们得到

$$a_{t+1} = \mathrm{E}(\alpha_{t+1} \mid Y_t) = a_{a,t+1} + A_{A,t+1} \bar{\delta}_t, \tag{5.38}$$

式中 $\bar{\delta}_t = \mathrm{E}(\delta \mid Y_t)$。现在，

$$\log p(\delta \mid Y_t) = \log p(\delta) + \log p(Y_t \mid \delta) - \log p(Y_t)$$

$$= \log p(\delta) + \sum_{j=1}^{t} \log p(v_{\delta,j}) - \log p(Y_t)$$

$$= -\frac{1}{2\kappa} \delta' \delta - b_t' \delta - \frac{1}{2} \delta' S_{A,t} \delta + \delta \text{ 的独立项}, \tag{5.39}$$

式中，

$$b_t = \sum_{j=1}^{t} V'_{A,j} F_{\delta,j}^{-1} v_{a,j}, \quad S_{A,t} = \sum_{j=1}^{t} V'_{A,j} F_{\delta,j}^{-1} V_{A,j} \circ \tag{5.40}$$

由于密度都为正态，$p(\delta \mid Y_t)$ 的均值等于模，这是其极大化 $\log p(\delta \mid Y_t)$ 的 $\sigma$ 值，所以式（5.39）关于 $\sigma$ 的微分等于零，我们有

$$\bar{\delta}_t = -\left(S_{A,t} + \frac{1}{\kappa} I_q\right)^{-1} b_t \circ \tag{5.41}$$

此外，由于 $\mathrm{Var}(\delta \mid Y_t) = \left(S_{A,t} + \frac{1}{\kappa} I_q\right)^{-1}$，

$$P_{t+1} = \mathrm{E}[(a_{t+1} - \alpha_{t+1})(a_{t+1} - \alpha_{t+1})']$$

$$= \mathrm{E}[\{a_{\delta,t+1} - \alpha_{t+1} - A_{A,t+1}(\delta - \bar{\delta}_t)\}\{a_{\delta,t+1} - \alpha_{t+1} - A_{A,t+1}(\delta - \bar{\delta}_t)\}']$$

$$= P_{\delta,t+1} + A_{A,t+1} \mathrm{Var}(\delta \mid Y_t) A'_{A,t+1}$$

$$= P_{\delta, t+1} + A_{A, t+1} \left( S_{A, t} + \frac{1}{\kappa} I_q \right)^{-1} A'_{A, t+1} \circ \tag{5.42}$$

令 $\kappa \to \infty$，我们有：

$$\overline{\delta}_t = -S_{A, t}^{-1} b_t, \tag{5.43}$$

$$\mathrm{Var}(\delta \mid Y_t) = S_{A, t}^{-1}, \tag{5.44}$$

当 $S_{A, t}$ 为非奇异。$b_t$ 和 $S_{A, t}$ 的计算很容易纳入增广卡尔曼滤波（5.36）和（5.37）。接下来，

$$a_{t+1} = a_{a, t+1} - A_{A, t+1} S_{A, t}^{-1} b_t, \tag{5.45}$$

$$P_{t+1} = P_{\delta, t+1} + A_{A, t+1} S_{A, t}^{-1} A'_{A, t+1}, \tag{5.46}$$

当 $\kappa \to \infty$。当 $t < d$，$S_{A, t}$ 为奇异，因此由式（5.45）给出的 $a_{t+1}$ 和由式（5.46）给出的 $P_{t+1}$ 不存在。然而，当 $t = d$，$a_{d+1}$ 和 $P_{d+1}$ 存在，因此，当 $t > d$，$a_{t+1}$ 和 $P_{t+1}$ 的值可以通过标准卡尔曼滤波来计算，对于 $t = d+1, \cdots, n$。因此，我们就不需要使用增广卡尔曼滤波（5.36），对于 $t = d+1, \cdots, n$。这些结果来自 de Jong（1991），但在这里我们的推导更透明。

我们现在考虑极大似然方法的变种以用于初始化滤波，这由 Rosenberg（1973）提出。在该技术中，$\delta$ 被认为是固定未知的，我们采用极大似然方法以估计给定 $Y_t$ 的 $\hat{\delta}_t$。给定 $\delta$ 的 $Y_t$ 的对数似然是

$$\log p(Y_t \mid \delta) = \sum_{j=1}^{t} \log p(v_{\delta, j}) = -b_t' \delta - \frac{1}{2} \delta' S_{A, t} \delta + \delta \text{ 的独立项},$$

除去 $-\delta'\delta/(2\kappa)$ 项，这与式（5.39）相同。关于 $\delta$ 取微分等于零，取二阶导数给出

$$\hat{\delta}_t = -S_{A, t}^{-1} b_t, \quad \mathrm{Var}(\hat{\delta}_t) = S_{A, t}^{-1},$$

当 $S_{A, t}$ 为非奇异，对于 $t = d, \cdots, n$。当 $\kappa \to \infty$，这些值与 $\overline{\delta}_t$ 和 $\mathrm{Var}(\delta_t \mid Y_t)$ 相同。在实践中，我们选择 $t$ 以使 $\hat{\delta}_t$ 最小值存在，即为 $d$。接下来，当 $t \geqslant d$，$a_{t+1}$ 和 $P_{t+1}$ 的值由该方法给出，与在扩散情形下获得的相同。因此，在第 5.2 节中给出的初始化问题的解，也适用于 $\delta$ 为固定未知的情形。从计算视角来看，当模型非常大时，第 5.2 节的计算比本节中描述的增广方法更有效。第 5.7.5 节给出计算效率的比较。Rosenberg（1973）的过程与这个方法略微不同。虽然他采用基本上相同的增广技术，但他对 $\delta$ 的估计值

$\hat{\delta}_n$ 是基于所有数据。

### 5.7.4 演示：局部线性趋势模型

为了说明增广卡尔曼滤波，我们考虑与第 5.6.1 节同样的局部线性趋势模型。在局部线性趋势模型（3.2）中，系统矩阵由下式给出：

$$Z = (1 \quad 0), \quad T = \begin{bmatrix} 1 & 1 \\ 0 & 1 \end{bmatrix}, \quad Q = \sigma_\varepsilon^2 \begin{bmatrix} q_\xi & 0 \\ 0 & q_\zeta \end{bmatrix},$$

以及 $H = \sigma_\varepsilon^2$ 和 $R = I_2$，式中 $q_\xi = \sigma_\xi^2/\sigma_\varepsilon^2$ 和 $q_\zeta = \sigma_\zeta^2/\sigma_\varepsilon^2$。增广卡尔曼滤波启动如下

$$(a_{a,1}, A_{A,1}) = \begin{bmatrix} 0 & 1 & 0 \\ 0 & 0 & 1 \end{bmatrix}, \quad P_{\delta,1} = \sigma_\varepsilon^2 \begin{bmatrix} 0 & 0 \\ 0 & 0 \end{bmatrix},$$

第一次更新是基于

$$(v_{a,1}, V_{A,1}) = (y_1 \quad -1 \quad 0), \quad F_{\delta,1} = \sigma_\varepsilon^2, \quad K_{\delta,1} = \begin{pmatrix} 0 \\ 0 \end{pmatrix},$$

$$L_{\delta,1} = \begin{bmatrix} 1 & 1 \\ 0 & 1 \end{bmatrix},$$

则

$$b_1 = -\frac{1}{\sigma_\varepsilon^2}\begin{pmatrix} y_1 \\ 0 \end{pmatrix}, \quad S_{A,1} = \frac{1}{\sigma_\varepsilon^2}\begin{bmatrix} 1 & 0 \\ 0 & 0 \end{bmatrix},$$

和

$$(a_{a,2}, A_{A,2}) = \begin{bmatrix} 0 & 1 & 1 \\ 0 & 0 & 1 \end{bmatrix}, \quad P_{\delta,2} = \sigma_\varepsilon^2 \begin{bmatrix} q_\xi & 0 \\ 0 & q_\zeta \end{bmatrix}.$$

第二次更新给出的数值为

$$(v_{a,2}, V_{A,2}) = (y_2 \quad -1 \quad -1), \quad F_{\delta,2} = \sigma_\varepsilon^2(1 + q_\xi),$$

$$K_{\delta,2} = \frac{q_\xi}{1 + q_\xi}\begin{pmatrix} 1 \\ 0 \end{pmatrix}, \quad L_{\delta,2} = \begin{bmatrix} \dfrac{1}{1 + q_\xi} & 1 \\ 0 & 1 \end{bmatrix},$$

以及

$$b_2 = \frac{-1}{1 + q_\xi}\begin{pmatrix} (1 + q_\xi)y_1 + y_2 \\ y_2 \end{pmatrix}, \quad S_{A,2} = \frac{1}{\sigma_\varepsilon^2(1 + q_\xi)}\begin{bmatrix} 2 + q_\xi & 1 \\ 1 & 1 \end{bmatrix},$$

和状态更新结果：

$$(a_{a,3}, A_{A,3}) = \frac{1}{1+q_\xi} \begin{bmatrix} q_\xi y_2 & 1 & 2+q_\xi \\ 0 & 0 & 1+q_\xi \end{bmatrix}, \quad P_{\delta,3} = \sigma_\varepsilon^2 \begin{bmatrix} q_\xi + \dfrac{q_\xi}{1+q_\xi} + q_\zeta & q_\zeta \\ q_\zeta & 2q_\zeta \end{bmatrix}.$$

增广部分可以压缩，因为 $S_{A,2}$ 为非奇异，给出

$$S_{A,2}^{-1} = \sigma_\varepsilon^2 \begin{bmatrix} 1 & -1 \\ -1 & 2+q_\xi \end{bmatrix}, \quad \bar{\delta}_2 = -S_{A,2}^{-1} b_2 = \begin{pmatrix} y_1 \\ y_2 - y_1 \end{pmatrix}.$$

接下来，

$$a_3 = a_{a,3} + A_{A,3}\bar{\delta}_2 = \begin{pmatrix} 2y_2 - y_1 \\ y_2 - y_1 \end{pmatrix},$$

$$P_3 = P_{\delta,3} + A_{A,3} S_{A,2}^{-1} A'_{A,3} = \sigma_\varepsilon^2 \begin{bmatrix} 5+2q_\xi+q_\zeta & 3+q_\xi+q_\zeta \\ 3+q_\xi+q_\zeta & 2+q_\xi+2q_\zeta \end{bmatrix}.$$

常规卡尔曼滤波（4.24）可以使用，对于 $t = 3$，$\cdots$，$n$。这些结果与第 5.6.1 节得到的完全相同，虽然计算需要更长的时间，如同我们现在将要展示的。

### 5.7.5 计算效率比较

第 5.2 节和第 5.7.2 节的调整卡尔曼滤波，都比已知初始条件下的卡尔曼滤波（4.24）需要更多计算。当然调整所必需的更新数量是有限的。精确初始卡尔曼滤波的附加计算是由于更新矩阵 $P_{\infty,t+1}$ 并计算矩阵 $K_t^{(1)}$ 和 $L_t^{(1)}$，当 $F_{\infty,t} \neq 0$，对于 $t = 1$，$\cdots$，$d$。对于许多实际状态空间模型，系统矩阵 $Z_t$ 和 $T_t$ 为包含许多 0 和 1 的稀疏选择矩阵；第 3 章讨论过这些模型的案例。对于大多数模型，涉及 $Z_t$ 和 $T_t$ 的计算特别少。表 5.1 比较了第 5.2 节和第 5.7.2 节的滤波技术，所需使用的附加的乘法次数（相对于卡尔曼滤波具有已知初始条件）应用到第 3.2 节讨论的几种结构时间序列模型。表 5.1 的结果表明，第 5.2 节的精确初始卡尔曼滤波的附加乘法次数的计算比第 5.7.2 节的增广技术所需的额外计算少一半。在参数估计的情形下，卡尔曼滤波被用于多次，这样的计算效率提高至关重要。第 7 章给出估计的详细讨论。第 7.3.5 节许多精确初始卡尔曼滤波的计算只需要对一个特定模型进行一次，因为模型的参数改变时，计算的值保持不变。这种论点并不适用于增广技术，这也是第 5.2 节的方法比增广方法更有效的另一个重要原因。

表 5.1 滤波的附加乘法次数

| 模型 | 精确初始 | 增广 | 差别（%） |
|---|---|---|---|
| 局部水平 | 3 | 7 | 57 |
| 局部线性趋势 | 18 | 46 | 61 |
| 基本季节（$s=4$） | 225 | 600 | 63 |
| 基本季节（$s=12$） | 3549 | 9464 | 63 |

### 5.7.6 基于增广卡尔曼滤波的平滑

平滑算法也可以使用增广方法来开发。式（4.69）中的平滑递推 $r_{t-1}$ 需要以同样方法来进行增广，如同卡尔曼滤波对 $v_t$ 和 $a_t$ 的处理。当增广卡尔曼滤波被应用，对于 $t=1$，$\cdots$，$n$，计算 $\hat{\delta}_n$ 和 $\mathrm{Var}(\hat{\delta}_n)$ 后，平滑的修正较为直接，然后对式（5.45）和式（5.46）应用类似表达式。增广卡尔曼滤波压缩为卡尔曼滤波，这在滤波计算上更为有效，但作为结果，估计 $\hat{\delta}_n$ 和 $\mathrm{Var}(\hat{\delta}_n)$ 不可用于状态向量的平滑估计的计算，因为当压缩技术被用在增广方法时，平滑不再直观简单。针对此问题的解决方案已经由 Chu – Chun – Lin 和 de Jong（1993）给出。

# 6. 深入计算方面

## 6.1 引言

在本章中，我们将讨论卡尔曼滤波和平滑的计算的一些扩展内容。我们在古典假设下基于古典分析处理线性估计结果，或者通过应用引理二、引理三和引理四获得贝叶斯分析。第 6.2 节描述了在卡尔曼滤波内纳入回归效应的两种不同方法。滤波状态向量的方差矩阵的标准卡尔曼滤波递推不能排除该矩阵变为负定的可能性；这显然是不希望得到的结果，因为这表示存在舍入误差。平方根卡尔曼滤波可以消除这个问题，但以牺牲滤波和平滑过程的时间为代价；细节见第 6.3 节。对于高维多元模型，尤其是在处理初始化问题时，实现第 4 章和第 5 章的滤波和平滑程序的计算成本可能变高。事实证明，一次性将多元模型的观测向量的元素进行滤波和平滑计算操作，大幅提高计算效率得以实现，且初始化问题也被大幅简化。基于这一理念的方法在第 6.4 节开发。第 4 章、第 5 章及本章中的各种算法需要在计算机上有效实现。不同的软件包已开发以实现本书所考虑的算法。SsfPack 是这些软件包的一个例子。第 6.7 节综述了状态空间方法软件的功能，并提供 SsfPack 的使用说明。

## 6.2 回归估计

### 6.2.1 引言

关于第 3.2 节考虑的结构时间序列模型，一般状态空间模型可扩展以允许将解释变量和干预变量纳入模型。为了实现一般形式，我们更换了状态空间模型（3.1）的观测方程如下：

$$y_t = Z_t \alpha_t + X_t \beta + \varepsilon_t, \tag{6.1}$$

式中 $X_t = (x_{1,t}, \cdots, x_{k,t})$ 为 $p \times k$ 解释变量，$\beta$ 为 $k \times 1$ 未知回归系数向量，

我们假定其不随着时间而变化且需估计。我们不在这里讨论时变回归系数，因为它们可以以如第 3.6.1 节所示显性方式纳入，并作为状态向量的一部分，随后由标准卡尔曼滤波和平滑来处理。有两种方式能够处理纳入固定系数的回归效应。首先，我们可以在状态向量中纳入系数向量 $\beta$。特别是在我们希望保持所述状态向量的维数尽可能低时，也可以替代使用增广卡尔曼滤波和平滑。这两种解决方案将在接下来的两节中讨论。当模型纳入回归变量，存在不同类型的残差。在第 6.2.4 节中，我们展示在两个不同的解决方案中如何计算它们。

### 6.2.2　包含系数向量的状态向量

状态空间模型（6.1）的状态向量中包含不变系数向量的形式为

$$y_t = \begin{bmatrix} Z_t & X_t \end{bmatrix} \begin{pmatrix} \alpha_t \\ \beta_t \end{pmatrix} + \varepsilon_t,$$

$$\begin{pmatrix} \alpha_{t+1} \\ \beta_{t+1} \end{pmatrix} = \begin{bmatrix} T_t & 0 \\ 0 & I_k \end{bmatrix} \begin{pmatrix} \alpha_t \\ \beta_t \end{pmatrix} + \begin{bmatrix} R_t \\ 0 \end{bmatrix} \eta_t,$$

对于 $t = 1, \cdots, n$。在初始状态向量中，$\beta_1$ 可作为扩散或固定。在扩散情形下，模型的初始状态向量为

$$\begin{pmatrix} \alpha_1 \\ \beta_1 \end{pmatrix} \sim N\left\{ \begin{pmatrix} a \\ 0 \end{pmatrix}, \kappa \begin{bmatrix} P_\infty & 0 \\ 0 & I_k \end{bmatrix} + \begin{bmatrix} P_* & 0 \\ 0 & 0 \end{bmatrix} \right\},$$

式中 $\kappa \to \infty$；另见第 5.6.4 节，我们给出具有 ARMA 误差的回归模型的初始状态向量。我们给 $\beta$ 附加下标纯粹是为了使状态空间形式简化，因为 $\beta_{t+1} = \beta_t = \beta$。精确初始卡尔曼滤波（5.19）和卡尔曼滤波（4.24）可以直接应用到这个扩大的状态空间模型以得到 $\beta$ 的估计值。由于系统矩阵的稀疏性质，状态空间模型的扩大并不会导致太多额外的计算。

### 6.2.3　增广回归估计

估计 $\beta$ 的另一种方法是通过卡尔曼滤波的增广。这种技术在本质上与第 5.7 节增广卡尔曼滤波使用的相同。在初始状态向量不包含扩散元素的假设下，我们给出这种方法的细节。似然函数借助 $\beta$ 构成，通过将卡尔曼滤波依次应用到变量 $y_t$，$x_{1,t}$，$\cdots$，$x_{k,t}$。在卡尔曼滤波中，对每个变量 $x_{1,t}$，$\cdots$，$x_{k,t}$ 进行处理，作为观测向量具有相同方差元素，如 $y_t$ 使用一样。将所得向前一步预测误差分别记为 $v_t^*$，$x_{1,t}^*$，$\cdots$，$x_{k,t}^*$。由于滤波操作是线性的，序列 $y_t - X_t\beta$ 的向前一步预测误差由 $v_t = v_t^* - X_t^*\beta$ 给出，式中 $X_t^* =$

$(x_{1,t}^*\cdots x_{k,t}^*)$。注意，$k+1$ 卡尔曼滤波除了在式（4.24）的 $v_t$ 和 $a_t$ 值不同外，其他均相同。因此，我们可以将这些滤波组合到一个增广卡尔曼滤波，将向量 $y_t$ 替换为矩阵 $(y_t, X_t)$，以获得"新息"矩阵 $(v_t^*, X_t^*)$；这类似于在第5.7节中描述的增广卡尔曼滤波。

向前一步预测误差 $v_1$，$\cdots$，$v_n$ 及其相应的方差 $F_1$，$\cdots$，$F_n$ 构造为相互独立。标准化预测误差平方和因此变得简单，

$$\sum_{t=1}^{n} v_t' F_t^{-1} v_t = \sum_{t=1}^{n} (v_t^* - X_t^*\beta)' F_t^{-1} (v_t^* - X_t^*\beta),$$

且可直接关于 $\beta$ 求最小化。然后我们获得 $\beta$ 及其方差矩阵的广义最小二乘估计（generalised least squares estimate）。它们由下式给出

$$\hat{\beta} = \Big(\sum_{t=1}^{n} X_t^{*'} F_t^{-1} X_t^*\Big)^{-1} \sum_{t=1}^{n} X_t^{*'} F_t^{-1} v_t^*, \quad \mathrm{Var}(\hat{\beta}) = \Big(\sum_{t=1}^{n} X_t^{*'} F_t^{-1} X_t^*\Big)^{-1}.$$

$$(6.2)$$

在初始状态向量包含扩散元素的情形下，我们可以扩展为包含 $\delta$ 的增广卡尔曼滤波，如第5.7节所示。然而，我们偏好使用精确初始卡尔曼滤波来处理 $\delta$。精确初始卡尔曼滤波的 $P_{*,t}$ 和 $P_{\infty,t}$ 的方程不受影响，因为它们不依赖于数据。增广状态向量的更新由下式给出

$$(v_t^*, x_{1,t}^*, \cdots, x_{k,t}^*) = (y_t, x_{1,t}, \cdots, x_{k,t}) - Z_t(a_{a,t}, A_{x,t}),$$

$$(a_{a,t+1}, A_{x,t+1}) = T_t(a_{a,t}, A_{x,t}) + K_t^{(0)}(v_t^*, x_{1,t}^*, \cdots, x_{k,t}^*), \quad (6.3)$$

对于 $t=1$，$\cdots$，$d$ 及 $(a_{a,1}, A_{x,1}) = (a, 0, \cdots, 0)$，式中 $K_t^{(0)}$ 在第5.2节中定义。注意，精确初始卡尔曼滤波（6.2）中的 $F_t^{-1}$ 必须替换为零，或 $F_{*,t}^{-1}$ 依赖于 $F_{\infty,t}$ 的值。总体而言，在上一节的处理中，我们在状态向量中包含 $\beta$，在给定的处理中，将 $\delta$ 和 $\beta$ 处理为扩散，然后应用精确初始卡尔曼滤波，这在概念上比较简单，但计算大型模型时它可能并不那样有效。

### 6.2.4　最小二乘残差和递推残差

通过考虑测量方程（6.1），我们遵循 Harvey（1989）定义下面两种不同类型的残差：递推残差和最小二乘残差。第一种类型被定义为：

$$v_t = y_t - Z_t a_t - X_t \hat{\beta}_{t-1}, \quad t = d+1, \cdots, n,$$

式中 $\hat{\beta}_{t-1}$ 为给定 $Y_{t-1}$ 的 $\beta$ 的极大似然估计。由于在第6.2.2节扩大模型的

滤波状态向量中包含 $\hat{\beta}_{t-1}$，在 $\alpha_1$ 扩散情形下，残差 $v_t$ 通过在状态向量中包含 $\beta$ 而容易计算。当然增广方法还可以评估 $v_t$，但它需要在每个时期计算 $\hat{\beta}_{t-1}$，计算效率则降低。注意残差 $v_t$ 序列不相关。最小二乘残差由下式给出：

$$v_t^+ = y_t - Z_t a_t - X_t \hat{\beta}, \quad t = d+1, \cdots, n,$$

式中 $\hat{\beta}$ 是基于整个序列的 $\beta$ 的极大似然估计，所以 $\hat{\beta} = \hat{\beta}_n$。第 6.2.2 节的方法用于计算 $\hat{\beta}$ 的情形下，我们需要两个卡尔曼滤波：一个用于扩大后的模型来计算 $\hat{\beta}$，另一个卡尔曼滤波用于构造测量方程 $y_t - X_t \hat{\beta} = Z_t \alpha_t + \varepsilon_t$，其"新息" $v_t$ 实际上为 $v_t^+$，对于 $t = d+1$，$\cdots$，$n$。这同样适用于第 6.2.3 节的方法，所不同的是 $\hat{\beta}$ 使用式（6.2）来计算。最小二乘残差相关是由于这些残差存在 $\hat{\beta}$，它从整个样本进行计算。

两组残差都可用于诊断目的。残差 $v_t$ 有序列不相关的优点，而残差 $v_t^+$ 具有从整个样本中计算出 $\hat{\beta}$ 的估计值的优点。进一步的讨论参考 Harvey（1989，§7.4.1）。

## 6.3  平方根滤波和平滑

### 6.3.1  引言

在本节中，我们处理舍入误差和矩阵接近奇异的情形下，可能会出现 $P_t$ 的计算值为负定，或接近负定，从而产生不可接受的舍入误差。从式（4.24），状态方差矩阵 $P_t$ 由卡尔曼滤波方程更新

$$F_t = Z_t P_t Z_t' + H_t,$$

$$K_t = T_t P_t Z_t' F_t^{-1},$$

$$P_{t+1} = T_t P_t L_t' + R_t Q_t R_t'$$

$$= T_t P_t T_t' + R_t Q_t R_t' - K_t F_t K_t', \tag{6.4}$$

式中 $L_t = T_t - K_t Z_t$。当系统矩阵随时间发生错误变化，$P_t$ 的计算值可能变为负定。使用卡尔曼滤波转换后的版本，即所谓的平方根滤波（square root filter），可以避免这个问题。然而，其所需计算量要比标准卡尔曼滤波多很

多。平方根滤波是基于正交下三角变换，我们可以使用 Givens 旋转技术。平方根滤波的标准参考为 Morf 和 Kailath（1975）。

### 6.3.2 方差更新的平方根形式

定义分块矩阵如下

$$U_t = \begin{bmatrix} Z_t \widetilde{P}_t & \widetilde{H}_t & 0 \\ T_t \widetilde{P}_t & 0 & R_t \widetilde{Q}_t \end{bmatrix}, \tag{6.5}$$

式中，

$$P_t = \widetilde{P}_t \widetilde{P}_t', \quad H_t = \widetilde{H}_t \widetilde{H}_t', \quad Q_t = \widetilde{Q}_t \widetilde{Q}_t',$$

式中矩阵 $\widetilde{P}_t$、$\widetilde{H}_t$ 和 $\widetilde{Q}_t$ 是下三角矩阵。接下来有

$$U_t U_t' = \begin{bmatrix} F_t & Z_t P_t T_t' \\ T_t P_t Z_t' & T_t P_t T_t' + R_t Q_t R_t' \end{bmatrix}。 \tag{6.6}$$

矩阵 $U_t$ 可以转化为下三角矩阵，使用正交矩阵 $G$，如 $GG' = I_{m+p+r}$。需要注意下三角矩阵的矩形矩阵如 $U_t$，其列数超过行数，定义为 $[A \quad 0]$ 的形式，式中 $A$ 为一个方阵且下三角的矩阵。后乘 $G$，我们有

$$U_t G = U_t^*, \tag{6.7}$$

$U_t^* U_t^{*'} = U_t U_t'$ 由式（6.6）给出。下三角矩形矩阵 $U_t^*$ 与 $U_t$ 具有相同的维度，且可以被表示为分块矩阵：

$$U_t^* = \begin{bmatrix} U_{1,t}^* & 0 & 0 \\ U_{2,t}^* & U_{3,t}^* & 0 \end{bmatrix},$$

式中 $U_{1,t}^*$ 和 $U_{3,t}^*$ 为下三角方阵。接下来，

$$U_t^* U_t^{*'} = \begin{bmatrix} U_{1,t}^* U_{1,t}^{*'} & U_{1,t}^* U_{2,t}^{*'} \\ U_{2,t}^* U_{1,t}^{*'} & U_{2,t}^* U_{2,t}^{*'} + U_{3,t}^* U_{3,t}^{*'} \end{bmatrix}$$

$$= \begin{bmatrix} F_t & Z_t P_t T_t' \\ T_t P_t Z_t' & T_t P_t T_t' + R_t Q_t R_t' \end{bmatrix},$$

从中我们得出：

$$U_{1,t}^* = \widetilde{F}_t,$$

$$U_{2,t}^* = T_t P_t Z_t' \widetilde{F}_t'^{-1} = K_t \widetilde{F}_t,$$

式中 $F_t = \widehat{F}_t \widehat{F}'_t$，$\widehat{F}_t$ 为下三角矩阵。值得注意的是，$U^*_{3,t} = \widetilde{P}_{t+1}$，由于

$$U^*_{3,t} U^{*'}_{3,t} = T_t P_t T'_t + R_t Q_t R'_t - U^*_{2,t} U^{*'}_{2,t}$$
$$= T_t P_t T'_t + R_t Q_t R'_t - K_t F_t K'_t$$
$$= P_{t+1},$$

其从式（6.4）得到。因此，通过式（6.5）的 $U_t$ 变换到下三角矩阵，我们得到 $\widetilde{P}_{t+1}$；因而此操作可被视为 $P_t$ 的一个平方根递推。对于状态向量 $a_t$ 的更新可以轻松整合为

$$a_{t+1} = T_t a_t + K_t v_t,$$
$$= T_t a_t + T_t P_t Z'_t \widehat{F}'^{-1}_t \widehat{F}^{-1}_t v_t$$
$$= T_t a_t + U^*_{2,t} U^{*-1}_{1,t} v_t,$$

式中 $v_t = y_t - Z_t a_t$。需要注意 $U^*_{1,t}$ 的求逆很容易计算，因为它是下三角矩阵。

### 6.3.3 Givens 旋转

矩阵 $G$ 可以是任何正交矩阵，可将 $U_t$ 变换到下三角矩阵。许多不同的技术都能达到这个目的。例如，Golub 和 Van Loan（1996）给出这个目的的 Householder 和 Givens 矩阵详细处理。我们在这里给出后者的简短说明。$2 \times 2$ 正交矩阵为

$$G_2 = \begin{bmatrix} c & s \\ -s & c \end{bmatrix}, \tag{6.8}$$

$c^2 + s^2 = 1$ 是 Givens 变换的关键。它用于将向量

$$x = (x_1 \quad x_2)$$

转换为第二个元素为零的向量，即

$$y = x G_2 = (y_1 \quad 0),$$

通过取

$$c = \frac{x_1}{\sqrt{x_1^2 + x_2^2}}, \quad s = -\frac{x_2}{\sqrt{x_1^2 + x_2^2}}, \tag{6.9}$$

式中 $c^2 + s^2 = 1$ 和 $sx_1 + cx_2 = 0$。需要注意 $y_1 = cx_1 - sx_2$ 和 $yG'_2 = xG_2 G'_2 = x$。

一般 Givens 矩阵 $G$ 被定义为单位矩阵 $I_q$，但其四个元素 $I_{ii}$、$I_{jj}$、$I_{ij}$、$I_{ji}$ 替换为：

$$G_{ii} = G_{jj} = c,$$

$$G_{ij} = s,$$

$$G_{ji} = -s,$$

对于 $1 \leqslant i < j \leqslant q$，$c$ 和 $s$ 由式（6.9）给出，但现在强制矩阵 $xG$ 的元素（$i$, $j$）为零，对于所有 $1 \leqslant i < j \leqslant q$ 和任何矩阵 $x$。接下来有 $GG' = I$，这样当 Givens 重复旋转应用以创建矩阵的零块，整体变换矩阵也是正交的。Givens 旋转的这些性质及其计算效率和数值稳定性使其成为流行的转换工具，将非零矩阵转换成稀疏矩阵如下三角矩阵。更多详细信息和 Givens 旋转的高效算法由 Golub 和 Van Loan（1996）给出。

### 6.3.4　平方根平滑

$N_{t-1}$ 的向后递推（4.42）的基本平滑方程也可给出平方根形式。这些方程使用平方根卡尔曼滤波的输出，由下式给出

$$U_{1,t}^* = \widehat{F}_t,$$

$$U_{2,t}^* = K_t \widehat{F}_t,$$

$$U_{3,t}^* = \widehat{P}_{t+1}。$$

$N_{t-1}$ 的递推由下式给出

$$N_{t-1} = Z_t' F_t^{-1} Z_t + L_t' N_t L_t,$$

式中，

$$F_t^{-1} = (U_{1,t}^* U_{1,t}^{*'})^{-1},$$

$$L_t = T_t - U_{2,t}^* U_{1,t}^{*-1} Z_t。$$

我们引入下三角方阵 $\widetilde{N}_t$，有

$$N_t = \widetilde{N}_t \widetilde{N}_t',$$

和 $m \times (m + p)$ 矩阵：

$$\widetilde{N}_{t-1}^* = \begin{bmatrix} Z_t' U_{1,t}^{*-1'} & L_t' \widetilde{N}_t \end{bmatrix},$$

从中可得出 $N_{t-1} = \widetilde{N}_{t-1}^* \widetilde{N}_{t-1}^{*'}$。

矩阵 $N_{t-1}^*$ 可以使用一些正交矩阵 $G$，如 $GG' = I_{m+p}$，转换为下三角矩阵；比较第 6.3.2 节。我们有

$$\widetilde{N}_{t-1}^* G = \begin{bmatrix} \widetilde{N}_{t-1} & 0 \end{bmatrix},$$

因此有 $N_{t-1} = \widetilde{N}_{t-1}^* \widetilde{N}_{t-1}^{*'} = \widetilde{N}_{t-1} \widetilde{N}_{t-1}'$。矩阵 $N_{t-1}^*$ 变换为下三角矩阵，取决于矩阵的时间索引 $t$，我们得到平方根矩阵 $N_{t-1}$。我们开发了平方根形式的 $N_{t-1}$ 的向后递推。除了 $F_t^{-1}$ 和 $L_t$ 计算的方式，$r_{t-1}$ 的向后递推不受影响。

### 6.3.5 平方根滤波和初始化

第 5.2 节的卡尔曼滤波的精确初始可以开发平方根形式的版本。然而，开发滤波和平滑的平方根形式的版本要避免由舍入误差引起的计算数值不稳定性，其误差在递推计算过程中累计而成。因为初始化通常只需要有限次数 $d$ 的更新，所以此过程中的数值问题并不大。虽然使用平方根滤波可能很重要，对于 $t = d$，$\cdots$，$n$，但采用第 5.2 节所描述的标准的精确初始卡尔曼滤波通常也充分，对于 $t = 1$，$\cdots$，$d$。

第 5.7 节的增广卡尔曼滤波的平方根形式或多或少与常规卡尔曼滤波相同，因为 $F_t$、$K_t$ 和 $P_t$ 更新方程并未改变。增广部分更新所必需的调整也可直接导出；细节由 de Jong（1991）给出。Snyder 和 Saligari（1996）已经给出了基于 Givens 旋转的卡尔曼滤波，如在第 6.3.3 节开发的一样，具有幸运属性，即该扩散先验 $\kappa \to \infty$ 可在 Givens 操作中明确处理。该解的应用仅限于滤波，似乎不能为初始扩散平滑提供适当的解。

### 6.3.6 演示：局部线性趋势模型

对于局部线性趋势模型（3.2），我们取

$$
U_t = \begin{bmatrix} \widetilde{P}_{11,t} & 0 & \sigma_\varepsilon & 0 & 0 \\ \widetilde{P}_{11,t} + \widetilde{P}_{21,t} & \widetilde{P}_{22,t} & 0 & \sigma_\xi & 0 \\ \widetilde{P}_{21,t} & \widetilde{P}_{22,t} & 0 & 0 & \sigma_\zeta \end{bmatrix},
$$

其变换为下三角矩阵：

$$
U_t^* = \begin{bmatrix} \widetilde{F}_t & 0 & 0 & 0 & 0 \\ K_{11,t}\widetilde{F}_t & \widetilde{P}_{11,t+1} & 0 & 0 & 0 \\ K_{21,t}\widetilde{F}_t & \widetilde{P}_{21,t+1} & \widetilde{P}_{22,t+1} & 0 & 0 \end{bmatrix}。
$$

通过矩阵 $U_t$ 应用一组 Givens 旋转，创建 $U_t^*$ 行方向的零元素。$U_t^*$ 的某些零元素在 $U_t$ 中已经为零，在整体 Givens 变换中它们大多仍保持为零，因此计算次数会有所限定。

## 6.4　多元序列的一元处理

### 6.4.1　引言

在第 4 章、第 5 章和本章中，我们以传统方式处理多元序列滤波和平滑，通过取整个观测向量 $y_t$ 作为分析单元。在这一节中，我们呈现一个替代方法，将多元序列转变为一元时间序列，将 $y_t$ 的元素一次性代入分析。这种技术不仅为大型序列的滤波和平滑提供显著计算效率，而且当 $\alpha_1$ 初始状态向量的部分或全部扩散时，它也大幅简化初始化过程的计算。

这种观测向量的单变量（一元）方法用于滤波是由 Anderson 和 Moore（1979）建议的，用于纵向模型的滤波和平滑是由 Fahrmeir 和 Tutz（1994）建议的。这些作者给出的处理并不完整，特别是没有处理初始化问题，事实上这里的收益最为可观。随后的单变量方法的讨论由 Koopman 和 Durbin（2000）给出了一个完整的处理，包括初始化问题的讨论。

### 6.4.2　单变量处理的细节

我们的分析基于标准模型：

$$y_t = Z_t\alpha_t + \varepsilon_t, \quad \alpha_{t+1} = T_t\alpha_t + R_t\eta_t,$$

以及 $\varepsilon_t \sim \mathrm{N}(0, H_t)$ 和 $\eta_t \sim \mathrm{N}(0, Q_t)$，对于 $t = 1, \cdots, n$。首先假设 $\alpha_1 \sim \mathrm{N}(a_1, P_1)$ 且 $H_t$ 为对角；后一种限制在稍后会移除。另外，我们介绍两个简单的一般基本模型：首先，我们允许 $y_t$ 的维度可随时间变化，通过取 $y_t$ 的维度为 $p_t \times 1$，对于 $t = 1, \cdots, n$；其次，我们并不要求预测误差方差矩阵 $F_t$ 为非奇异。

观测和扰动向量写为：

$$y_t = \begin{pmatrix} y_{t,1} \\ \vdots \\ y_{t,p_t} \end{pmatrix}, \quad \varepsilon_t = \begin{pmatrix} \varepsilon_{t,1} \\ \vdots \\ \varepsilon_{t,p_t} \end{pmatrix},$$

观测方程矩阵为：

$$Z_t = \begin{pmatrix} Z_{t,1} \\ \vdots \\ Z_{t,p_t} \end{pmatrix}, \quad H_t = \begin{pmatrix} \sigma_{t,1}^2 & 0 & 0 \\ 0 & \ddots & 0 \\ 0 & 0 & \sigma_{t,p_t}^2 \end{pmatrix},$$

式中 $y_{t,i}$，$\varepsilon_{t,i}$ 和 $\sigma_{t,i}^2$ 是标量，$Z_{t,i}$ 为一个 $(1 \times m)$ 行向量，对于 $i = 1$，$\cdots$，$p_t$。单变量表示的模型的观测方程为

$$y_{t,i} = Z_{t,i}\alpha_{t,i} + \varepsilon_{t,i}, \quad i = 1,\cdots,p_t, \quad t = 1,\cdots,n, \tag{6.10}$$

式中 $\alpha_{t,i} = \alpha_t$。对应的式（6.10）的状态方程为

$$\alpha_{t,i+1} = \alpha_{t,i}, \quad i = 1,\cdots,p_t - 1,$$

$$\alpha_{t+1,1} = T_t\alpha_{t,p_t} + R_t\eta_t, \quad t = 1,\cdots,n, \tag{6.11}$$

定义

$$a_{t,1} = \mathrm{E}(\alpha_{t,1} \mid Y_{t-1}), \quad P_{t,1} = \mathrm{Var}(\alpha_{t,1} \mid Y_{t-1}),$$

以及

$$a_{t,i} = \mathrm{E}(\alpha_{t,i} \mid Y_{t-1}, y_{t,1}, \cdots, y_{t,i-1}),$$

$$P_{t,i} = \mathrm{Var}(\alpha_{t,i} \mid Y_{t-1}, y_{t,1}, \cdots, y_{t,i-1}),$$

对于 $i = 2$，$\cdots$，$p_t$。将向量序列 $y_1$，$\cdots$，$y_n$ 处理为标量序列

$$y_{1,1}, \cdots, y_{1,p_1}, y_{2,1}, \cdots, y_{n,p_n},$$

滤波方程（4.24）可以写为

$$a_{t,i+1} = a_{t,i} + K_{t,i}v_{t,i}, \quad P_{t,i+1} = P_{t,i} - K_{t,i}F_{t,i}K_{t,i}', \tag{6.12}$$

式中

$$v_{t,i} = y_{t,i} - Z_{t,i}a_{t,i}, \quad F_{t,i} = Z_{t,i}P_{t,i}Z_{t,i}' + \sigma_{t,i}^2, \quad K_{t,i} = P_{t,i}Z_{t,i}'F_{t,i}^{-1}, \tag{6.13}$$

对于 $i = 1$，$\cdots$，$p_t$ 和 $t = 1$，$\cdots$，$n$。这个公式的 $v_{t,i}$ 和 $F_{t,i}$ 为标量，$K_{t,i}$ 为一个列向量。从 $t$ 期到 $t + 1$ 期的转换由如下关系取得：

$$a_{t+1,1} = T_t a_{t,p_t+1}, \quad P_{t+1,1} = T_t P_{t,p_t+1} T_t' + R_t Q_t R_t'。 \tag{6.14}$$

$a_{t+1,1}$ 和 $P_{t+1,1}$ 的值与用标准卡尔曼滤波计算的 $a_{t+1}$ 和 $P_{t+1}$ 值完全相同。

需要注意的是，新息向量 $v_t$ 的元素并不与 $v_{t,i}$ 相同，对于 $i = 1$，$\cdots$，$p_t$，这非常重要；只有 $v_t$ 的第一元素等于 $v_{t,1}$。这同样适用于方差矩阵 $F_t$ 的对角元素与方差 $F_{t,i}$，对于 $i = 1$，$\cdots$，$p_t$；只有 $F_t$ 的第一对角元素等于 $F_{t,1}$。应当强调的是，$F_{t,i}$ 可以为零，例如，当 $y_t$ 是一个多项式观测，其包括在所有元素计数的情形。这表明 $y_{t,i}$ 线性依赖于以前的一些观测 $i$。在这种情形下，

$$a_{t,i+1} = \mathrm{E}(\alpha_{t,i+1} \mid Y_{t-1}, y_{t,1}, \cdots, y_{t,i})$$

$$= \mathrm{E}(\alpha_{t,i+1} \mid Y_{t-1}, y_{t,1}, \cdots, y_{t,i-1}) = a_{t,i},$$

同样 $P_{t,i+1} = P_{t,i}$。这种权变很容易处理。

标准状态空间模型的基本平滑递推（4.69）可以重新形式化为单变量序列：

$$y_{1,1}, \cdots, y_{1,p_t}, y_{2,1}, \cdots, y_{n,p_n},$$

如

$$r_{t,i-1} = Z'_{t,i} F^{-1}_{t,i} v_{t,i} + L'_{t,i} r_{t,i}, \quad N_{t,i-1} = Z'_{t,i} F^{-1}_{t,i} Z_{t,i} + L'_{t,i} N_{t,i} L_{t,i},$$

$$r_{t-1,p_{t-1}} = T'_{t-1} r_{t,0}, \quad N_{t-1,p_{t-1}} = T'_{t-1} N_{t,0} T_{t-1}, \tag{6.15}$$

式中 $L_{t,i} = I_m - K_{t,i} Z_{t,i}$，对于 $i = p_t$，$\cdots$，1 和 $t = n$，$\cdots$，1。初始化为 $r_{n,p_n} = 0$ 和 $N_{n,p_n} = 0$。$r_{t-1,p_{t-1}}$ 和 $N_{t-1,p_{t-1}}$ 的方程并没有应用，对于 $t = 1$。$r_{t,0}$ 和 $N_{t,0}$ 的值分别与标准平滑方程的 $r_{t-1}$ 和 $N_{t-1}$ 的平滑值相同。

平滑状态向量 $\hat{\alpha}_t = \mathrm{E}(\alpha_t \mid Y_n)$ 和方差误差矩阵 $V_t = \mathrm{Var}(\alpha_t \mid Y_n)$，连同转移方程的其他相关的平滑结果，由使用标准的式（4.39）和式（4.43）计算，其中

$$a_t = a_{t,1}, \quad P_t = P_{t,1}, \quad r_{t-1} = r_{t,0}, \quad N_{t-1} = N_{t,0}。$$

最后，式（6.10）观测的扰动 $\varepsilon_{t,i}$ 的平滑估计直接由我们的方法给出

$$\hat{\varepsilon}_{t,i} = \sigma^2_{t,i} F^{-1}_{t,i} (v_{t,i} - K'_{t,i} r_{t,i}),$$

$$\mathrm{Var}(\hat{\varepsilon}_{t,i}) = \sigma^4_{t,i} F^{-2}_{t,i} (F_{t,i} + K'_{t,i} N_{t,i} K_{t,i})。$$

由于第 4.9.1 节和第 4.9.2 节的模拟平滑完全依赖于卡尔曼滤波和平滑的应用，因此多元观测的一元处理不需要更深入的模拟平滑。

### 6.4.3　观测方程之间的相关性

对于 $H_t$ 不为对角的情形，由于 $\varepsilon_{t,i}$ 之间的相关，状态空间模型（6.10）的单变量表达式不能应用。在这种情形下，我们可以寻求两种不同的方法。第一种方法，我们可以把扰动向量 $\varepsilon_t$ 放入状态向量。对于观测方程（3.1），定义

$$\overline{\alpha}_t = \begin{pmatrix} \alpha_t \\ \varepsilon_t \end{pmatrix}, \quad \overline{Z}_t = (Z_t \quad I_{P_t}),$$

而对于状态方程，定义

$$\overline{\eta}_t = \begin{pmatrix} \eta_t \\ \varepsilon_t \end{pmatrix}, \quad \overline{T}_t = \begin{pmatrix} T_t & 0 \\ 0 & 0 \end{pmatrix},$$

$$\overline{R}_t = \begin{pmatrix} R_t & 0 \\ 0 & I_{P_t} \end{pmatrix}, \quad \overline{Q}_t = \begin{pmatrix} Q_t & 0 \\ 0 & H_t \end{pmatrix},$$

得到

$$y_t = \overline{Z}_t \overline{\alpha}_t, \quad \overline{\alpha}_{t+1} = \overline{T}_t \overline{\alpha}_t + \overline{R}_t \overline{\eta}_t, \quad \overline{\eta}_t \sim N(0, \overline{Q}_t),$$

对于 $t = 1, \cdots, n$。当 $H_t$ 为对角情形，通过单独处理观测向量的每个元素，然后继续使用相同的技术。第二种方法是变换观测方程。在 $H_t$ 不为对角的情形下，我们通过乔里斯基分解使其对角化：

$$H_t = C_t H_t^* C_t',$$

式中 $H_t^*$ 为对角且 $C_t$ 为下三角且对角线为 1。通过变换观测方程，我们得到新的观测方程：

$$y_t^* = Z_t^* \alpha_t + \varepsilon_t^*, \quad \varepsilon_t^* \sim N(0, H_t^*),$$

式中 $y_t^* = C_t^{-1} y_t$，$Z_t^* = C_t^{-1} Z_t$，$\varepsilon_t^* = C_t^{-1} \varepsilon_t$。由于 $C_t$ 为下三角矩阵，因此很容易计算其逆矩阵。状态向量不受转换的影响。由于 $\varepsilon_t^*$ 的元素是独立的，使用上面的方法，我们可以把多元序列 $y_t^*$ 处理为一个单变量序列。

这两种方法的观测扰动相关是互补的。第一种方法的缺点是状态向量变得较大。第二种方法在第 6.4.5 节演示，在该节我们展示同时将状态向量转换也可以很方便。

### 6.4.4 计算效率

多元状态空间模型的滤波和平滑的"单变量"的方法的主要动机是计算效率。这种方法避免了矩阵 $F_t$ 的求逆和两个矩阵的乘法。另外，递推的实施更为简单。表 6.1 显示，滤波的单变量方法相比标准方法，矩阵乘法的节省百分比相当可观。表 6.1 没有考虑转移矩阵的计算，因为矩阵 $T_t$ 通常稀疏，大多数元素等于 0 或 1。

**表 6.1** **使用单变量方法的滤波节省的百分比**

| 状态变量维度 | 观测变量维度 | | | | | |
|---|---|---|---|---|---|---|
| | $p=1$ | $p=2$ | $p=3$ | $p=5$ | $p=10$ | $p=20$ |
| $m=1$ | 0 | 39 | 61 | 81 | 94 | 98 |
| $m=2$ | 0 | 27 | 47 | 69 | 89 | 97 |
| $m=3$ | 0 | 21 | 38 | 60 | 83 | 95 |
| $m=5$ | 0 | 15 | 27 | 47 | 73 | 90 |
| $m=10$ | 0 | 8 | 16 | 30 | 54 | 78 |
| $m=20$ | 0 | 5 | 9 | 17 | 35 | 58 |

表6.2 显示，平滑的单变量方法相比标准方法，矩阵乘法的节省百分百也相当可观。同样，在编制这些数字时没有考虑转移矩阵 $T_t$ 的计算。

表6.2　　　　　　　　　　使用单变量方法的平滑节省的百分比

| 状态变量维度 | 观测变量维度 | | | | | |
|---|---|---|---|---|---|---|
| | $p=1$ | $p=2$ | $p=3$ | $p=5$ | $p=10$ | $p=20$ |
| $m=1$ | 0 | 27 | 43 | 60 | 77 | 87 |
| $m=2$ | 0 | 22 | 36 | 53 | 72 | 84 |
| $m=3$ | 0 | 19 | 32 | 48 | 68 | 81 |
| $m=5$ | 0 | 14 | 25 | 40 | 60 | 76 |
| $m=10$ | 0 | 9 | 16 | 28 | 47 | 65 |
| $m=20$ | 0 | 5 | 10 | 18 | 33 | 51 |

### 6.4.5　演示：向量样条

我们现在考虑单变量方法应用于向量样条。Hastie 和 Tibshirani（1990）的平滑样条一般化到多元情形是由 Fessler（1991）以及 Yee 和 Wild（1996）实现的。向量样条模型由下式给出

$$y_i = \theta(t_i) + \varepsilon_i, \quad \mathrm{E}(\varepsilon_i) = 0, \mathrm{Var}(\varepsilon_i) = \sum{}_i, \quad i = 1,\cdots,n,$$

式中 $y_i$ 为 $p \times 1$ 向量在标量 $t_i$ 的响应，$\theta(\cdot)$ 为任意平滑向量函数，误差 $\varepsilon_i$ 互不相关。方差矩阵 $\sum_i$ 假定为已知且通常对于变化的 $i$ 为常数。这是第 3.9.2 节所考虑单变量问题的一般化。估计平滑向量函数的标准方法是通过最小化广义最小二乘准则

$$\sum_{i=1}^{n} \{y_i - \theta(t_i)\}' \sum{}_i^{-1} \{y_i - \theta(t_i)\} + \sum_{j=1}^{p} \lambda_j \int \theta_j''(t)^2 dt,$$

式中非负平滑参数 $\lambda_j$ 确定向量 $\theta(\cdot)$ 的第 $j$ 个平滑函数 $\theta_j(\cdot)$ 的平滑度，对于 $j = 1, \cdots, p$。请注意，当 $i = 1, \cdots, n-1$，$t_{i+1} > t_i$，且 $\theta_j''(t)$ 表示 $\theta_j(t)$ 关于 $t$ 的二阶导数。以同样的方式，在式（3.41）的单变量情形下，我们使用离散模型

$$y_i = \mu_i + \varepsilon_i,$$

$$\mu_{i+1} = \mu_i + \delta_i \nu_i + \eta_i, \quad \mathrm{Var}(\eta_i) = \frac{\delta_i^3}{3}\Lambda,$$

$$\nu_{i+1} = \nu_i + \zeta_i, \quad \mathrm{Var}(\zeta_i) = \delta_i\Lambda, \quad \mathrm{Cov}(\eta_i,\zeta_i) = \frac{\delta_i^2}{2}\Lambda,$$

式中向量 $\mu_i = \theta(t_i)$，标量 $\delta_i = t_{i+1} - t_i$，对角矩阵 $\Lambda = \mathrm{diag}(\lambda_1, \cdots, \lambda_p)$。该模型是第 3.2.1 节介绍的整合随机游走模型的连续时间表示的多元扩展；见 Harvey（1989，487 页）。在 $\sum_i = \sum$ 且用乔里斯基分解 $\sum = CDC'$，式中矩阵 $C$ 为下三角矩阵和 $D$ 为对角的情形下，我们得到变换模型

$$y_i^* = \mu_i^* + \varepsilon_i^*,$$

$$\mu_{i+1}^* = \mu_i^* + \delta_i \nu_i^* + \eta_i^*, \quad \mathrm{Var}(\eta_i) = \frac{\delta_i^3}{3} Q,$$

$$\nu_{i+1}^* = \nu_i^* + \zeta_i^*, \quad \mathrm{Var}(\zeta_i) = \delta_i Q, \quad \mathrm{Cov}(\eta_i, \zeta_i) = \frac{\delta_i^2}{2} Q,$$

以及 $y_i^* = C^{-1} y_i$ 和 $\mathrm{Var}(\varepsilon_i^*) = D$，而且我们已经使用式（3.42）。此外，我们有 $\mu_i^* = C^{-1}\mu_i$，$\nu_i^* = C^{-1}\nu_i$ 和 $Q = C^{-1}\Lambda C'^{-1}$。卡尔曼滤波的平滑算法提供拟合平滑样条。未转换模型和转换后模型都可以通过单变量滤波和平滑的策略来处理，这在本节中已讨论。变换模型的优点是，$\varepsilon_i^*$ 可以排除在状态向量之外，这对未转换模型是不可能的，因为 $\mathrm{Var}(\varepsilon_i) = \sum_i$ 不一定为对角；见第 6.4.3 节的讨论。

样条平滑的单变量方法的计算节省的百分比取决于 $p$ 的大小。转换模型的状态向量维数 $m = 2p$，所以用于滤波的计算节省的百分比，如果 $p = 5$，它为 30；如果 $p = 10$，它为 35；见表 6.1。平滑的计算节省的百分比分别为 28% 和 33%，见表 6.2。

# 6.5 大型观测向量的收缩

## 6.5.1 引言

在状态空间模型（3.1）观测向量 $y_t$ 的维数 $p$ 大于状态向量的维数 $m$ 的情形下，卡尔曼滤波计算可能变得繁重。特别是，卡尔曼滤波（4.24）中 $p \times p$ 新息方差矩阵的逆矩阵 $F_t^{-1}$ 在每次 $t$ 时都成为计算负担。上一节中所讨论的卡尔曼滤波的单变量处理可以显著减轻部分计算问题，因为我们为 $y_t$ 的每个单独元素更新状态向量的估计，所以新息方差是一个标量。然而，当 $p$ 很大时，比如说 500，观测向量中的每个元素的状态更新估计所需的计算就变得繁重。

处理该问题的替代方法是采用众所周知的 $F_t$ 的逆的矩阵恒等式（matrix identity）

$$F_t^{-1} = (Z_t P_t Z_t + H_t)^{-1} = H_t^{-1} - H_t^{-1} Z_t (P_t^{-1} + Z_t H_t^{-1} Z_t)^{-1} Z_t H_t^{-1},$$

$$(6.16)$$

当 $H_t$ 和 $P_t$ 均为非奇异矩阵，它是有效的；例如，见 Rao（1973）第 1 章的问题 2.9。虽然 $H_t$ 与 $F_t$ 一样具有相同的大维度，我们可以期望 $H_t$ 矩阵具有方便结构；例如，$H_t$ 是一个对角矩阵。在 $p$ 比 $m$ 大得多的情形下，计算式（6.16）中的 $P_t$ 的逆应该比直接计算 $F_t$ 的逆要容易得多；例如，当 $p = 100$ 和 $m = 5$。在第 3.7 节所讨论的动态因子模型的情形下，这样的维度非常典型。使用式（6.16）计算 $F_t^{-1}$ 的缺点是需要 $H_t$ 和 $P_t$ 满足一定的条件；它们必须同时为非奇异且 $H_t$ 必须有一个方便的结构。许多感兴趣的模型并没有非奇异矩阵 $H_t$ 和（或）不能保证对于所有 $t$，矩阵 $P_t$ 为非奇异。此外，一旦我们采用 $F_t$ 的逆的恒等式（6.16），单变量处理则不能采用。

Jungbacker 和 Koopman（2008，§2）最近开发了一种新的方法，其收缩原始 $p \times 1$ 观测向量为 $m \times 1$ 的新观测向量。然后新观测方程可以与原来的状态方程结合，提供一个有效的状态空间模型。此模型的卡尔曼滤波和平滑产生的估计等同于原始模型产生的估计。这是显而易见的，当 $p$ 远远大于 $m$，使用这种方法可能会导致大量的计算节省。例如，当分析被应用于高维动态因子模型，$y_t$ 的维数可以是 500。下一小节给出该方法的详细情形与演示。

### 6.5.2　通过转换来收缩

通过转换来收缩的背后想法是把观测向量转换为一对向量 $y_t^*$ 和 $y_t^+$，并使 $y_t^*$ 为 $m \times 1$ 维而 $y_t^+$ 为 $(p - m) \times 1$ 维，$y_t^*$ 依赖于 $\alpha_t$ 而 $y_t^+$ 不依赖于 $\alpha_t$，且给定 $\alpha_t$，$y_t^*$ 和 $y_t^+$ 独立。然后将原始状态空间模型的 $y_t$ 的观测方程替换为新的 $y_t^*$ 的观测方程；这里给出小型模型用来分析。我们将 $y_t$ 收缩（collapse）为 $y_t^*$。

令 $A_t^*$ 为投影矩阵（projection matrix）$(Z_t' H_t^{-1} Z_t)^{-1} Z_t' H_t^{-1}$，且令 $y_t^* = A_t^* y_t$。然后 $y_t^*$ 是给定 $y_t$ 的 $\alpha_t$ 条件分布 $\alpha_t$ 的广义最小二乘估计。令 $A_t^+ = B_t(I_p - Z_t A_t^*)$，式中 $(p - m) \times p$ 矩阵 $B_t$ 被选择以使 $A_t^+$ 具有满秩 $p - m$。使用此属性计算 $B_t$ 的值的方法存在。我们并不需要 $B_t$ 有一个明确的值。接下来 $A_t^* Z_t = I_p$ 和 $A_t^+ Z_t = 0$。原始观测方程由下式给出：

$$y_t = Z_t \alpha_t + \varepsilon_t, \quad \varepsilon_t \sim N(0, H_t) \tag{6.17}$$

观测方程的转换变量由下式给出：

$$\begin{pmatrix} y_t^* \\ y_t^+ \end{pmatrix} = \begin{bmatrix} A_t^* \\ A_t^+ \end{bmatrix} y_t = \begin{pmatrix} \alpha_t \\ 0 \end{pmatrix} + \begin{pmatrix} \varepsilon_t^* \\ \varepsilon_t^+ \end{pmatrix},$$

式中 $y_t^+ = A_t^+ y_t$，$\varepsilon_t^* = A_t^* \varepsilon_t$ 和 $\varepsilon_t^+ = A_t^+ \varepsilon_t$，对于 $t = 1$，$\cdots$，$n$。由于 $\mathrm{Cov}(\varepsilon_t^*, \varepsilon_t^+) = \mathrm{E}(\varepsilon_t^* \varepsilon_t^{+\prime}) = A_t^* H_t (I_p - A_t^{*\prime} Z_t') B_t' = (A_t^* - A_t^*) H_t B_t' = 0$，
观测转换后的模型方程由下式给出：

$$y_t^* = \alpha_t + \varepsilon_t^*, \quad \varepsilon_t^* \sim \mathrm{N}(0, H_t^*),$$

$$y_t^+ = \varepsilon_t^+, \quad \varepsilon_t^+ \sim \mathrm{N}(0, H_t^+),$$

式中 $\varepsilon_t^*$ 和 $\varepsilon_t^+$ 分别独立于方差矩阵 $H_t^* = A_t^* H_t A_t^{*\prime}$ 和 $H_t^+ = A_t^+ H_t A_t^{+\prime}$。所有有关 $\alpha_t$ 的新息包含在第一个方程式中，因此，可舍弃第二个方程，我们可以用收缩模型代替原来的状态空间模型

$$\begin{aligned} y_t^* &= \alpha_t + \varepsilon_t^*, \quad \varepsilon_t^* \sim \mathrm{N}(0, H_t^*) \\ \alpha_{t+1} &= T_t \alpha_t + R_t \eta_t, \quad \eta_t \sim \mathrm{N}(0, Q_t) \end{aligned} \tag{6.18}$$

对于 $t = 1$，$\cdots$，$n$。式中 $y_t^*$ 为 $m \times 1$ 维。这种模型分析由第 4 章的方法给出，它与卡尔曼滤波和平滑的原始模型的分析结果完全相同。

当 $p$ 远大于 $m$ 时，使用模型（6.18）可以显著节省计算量。当原始模型为时间不变，式中的系统矩阵随时间恒定，收缩就特别有利，因为我们只需计算矩阵 $A_t^*$ 和 $H_t^*$ 一次。

### 6.5.3 转换收缩的一般化

我们现在呈现第 6.5.2 节描述的收缩方法的一般化。令

$$\bar{A}_t^* = C_t Z_t' H_t^{-1} \tag{6.19}$$

式中 $C_t$ 为一个任意非奇异和非随机矩阵，并令

$$\bar{A}_t^+ = B_t [I_p - Z_t (Z_t' H_t^{-1} Z_t)^{-1} Z_t' H_t^{-1}],$$

式中 $B_t$ 与第 6.5.2 节的相同。接下来 $\bar{A}_t^*$ 是第 6.5.2 节的 $A_t^*$ 的一般化，式中 $\bar{A}_t^* = A_t^*$，当 $C_t = (Z_t' H_t^{-1} Z_t)^{-1}$。我们有 $\bar{A}_t^+ Z_t = 0$，并考虑转换

$$\begin{pmatrix} \bar{y}_t^* \\ \bar{y}_t^+ \end{pmatrix} = \begin{bmatrix} \bar{A}_t^* \\ \bar{A}_t^+ \end{bmatrix} y_t = \begin{pmatrix} Z_t^* \alpha_t \\ 0 \end{pmatrix} + \begin{pmatrix} \bar{\varepsilon}_t^* \\ \bar{\varepsilon}_t^+ \end{pmatrix},$$

式中 $Z_t^* = \bar{A}_t^* Z_t = C_t Z_t' H_t^{-1} Z_t$，$\bar{\varepsilon}_t^* = \bar{A}_t^* \varepsilon_t$ 和 $\bar{\varepsilon}_t^+ = \bar{A}_t^+ \varepsilon_t$，对于 $t = 1$，$\cdots$，$n$。由于

$$\mathrm{E}(\bar{\varepsilon}_t^*, \bar{\varepsilon}_t^{+\prime}) = \bar{A}_t^* H_t [I_p - H_t^{-1} Z_t (Z_t' H_t^{-1} Z_t)^{-1} Z_t'] B_t'$$

$$= \left[ C_t Z_t' - C_t Z_t' H_t^{-1} Z_t \left( Z_t' H_t^{-1} Z_t \right)^{-1} Z_t' \right] = 0,$$

$\overline{\varepsilon}_t^*$ 和 $\overline{\varepsilon}_t^+$ 独立。因此，收缩后的 $m \times 1$ 观测方程代替原来的 $p \times 1$ 观测方程：

$$\overline{y}_t^* = Z_t^* \alpha_t + \overline{\varepsilon}_t^*, \quad \overline{\varepsilon}_t^* \sim \mathrm{N}(0, \overline{H}_t^*),$$

对于 $t = 1, \cdots, n$，式中 $\overline{H}_t^* = C_t Z_t' H_t^{-1} Z_t C_t'$。特别是，如果我们取 $C_t = I_p$，那么 $\overline{A}_t^* = Z_t' H_t^{-1}$，$\overline{H}_t^* = Z_t' H_t^{-1} Z_t$。这表明该变换较为灵活，即可根据所考虑的特定状态空间模型的细节，选择方便的 $C_t$（在一组非奇异矩阵内）。

对于 $C_t$，特别方便的选择是取 $C_t' C_t = \left( Z_t' H_t^{-1} Z_t \right)^{-1}$，这样，

$$Z_t^* = \overline{A}_t^* Z_t = C_t Z_t' H_t^{-1} Z_t = C_t \left( C_t' C_t \right)^{-1} = C_t C_t^{-1} C_t'^{-1} = C_t'^{-1},$$

$$\overline{H}_t^* = C_t Z_t' H_t^{-1} Z_t C_t' = C_t \left( C_t' C_t \right)^{-1} C_t' = I_p。$$

卡尔曼滤波和平滑应用到收缩模型用于 $\overline{y}_t^*$ 及 $\overline{H}_t^* = I_p$，其可直接使用第 6.4 节所描述的单变量处理。

本节的结果首先由 Jungbacker 和 Koopman（2008）获得，相对于本节，他们考虑更一般的情形。例如，他们呈现了如何收缩 $y_t$ 以转换为最低可能维度的 $\overline{y}_t^*$。

### 6.5.4　计算效率

为了深入了解收缩对计算量节省的程度，我们将卡尔曼滤波应用于不同的 $p$ 和 $m$ 的值，有和没有收缩的观测向量。卡尔曼滤波收缩观测向量与卡尔曼滤波的原始观测向量相比，节省的百分比见表 6.3，并给出不同 $p$ 和 $m$ 的维度。同时考虑与转换相关联的计算以及与转移方程相关联的计算。通过任何方式，收缩方法节省的百分比相当大，特别是当 $p \gg m$。

**表 6.3**　　　　　　　　　卡尔曼滤波的节约百分比

| 状态维度 | 观测维度 | | | | |
|---|---|---|---|---|---|
| | $p = 10$ | $p = 50$ | $p = 100$ | $p = 250$ | $p = 500$ |
| $m = 1$ | 50 | 82 | 85 | 89 | 92 |
| $m = 5$ | 23 | 79 | 87 | 93 | 94 |
| $m = 10$ | — | 68 | 82 | 92 | 95 |
| $m = 25$ | | 33 | 60 | 81 | 90 |
| $m = 50$ | — | | 33 | 67 | 81 |

## 6.6 线性约束下的滤波与平滑

我们现在考虑状态向量服从一组线性约束下如何进行滤波和平滑的问题，约束为

$$R_t^* \alpha_t = r_t^*, \quad t = 1, \cdots, n, \tag{6.20}$$

式中矩阵 $R_t^*$ 和向量 $r_t^*$ 为已知，$R_t^*$ 的行数可以随时间 $t$ 变化。状态向量的线性约束通过重新设定状态向量的元素，就可以轻松处理。另一种替代方法如下。为了施加限制（6.20），我们增广观测方程为

$$\begin{pmatrix} y_t \\ r_t^* \end{pmatrix} = \begin{bmatrix} Z_t \\ R_t^* \end{bmatrix} \alpha_t + \begin{pmatrix} \varepsilon_t \\ 0 \end{pmatrix}, \quad t = 1, \cdots, n_{\circ} \tag{6.21}$$

为了这个增广模型，滤波和平滑会产生 $a_t$ 和 $\hat\alpha_t$ 的估计，$\alpha_t$ 和 $\hat\alpha_t$ 受到 $R_t^* a_t = r_t^*$ 和 $R_t^* \hat\alpha_t = r_t^*$ 的限制；这个过程的讨论见 Doran（1992）。方程（6.21）代表多变量模型，$y_t$ 并不限定为单变量。滤波和平滑的单变量方法基于第 6.4 节所讨论的技术来处理。

## 6.7 状态空间方法的计算机软件包

### 6.7.1 引言

状态空间方法在统计和计量经济学软件业已实现，这提升了状态空间方法的实证工作。STAMP（Structural Time Series Analyser，Modeller and Predictor）程序（结构时间序列分析、建模和预测）首先出现在 1982 年，是由西蒙·彼得斯（Simon Peters）和安德鲁·哈维（Andrew Harvey）在伦敦经济学院开发的。它被公认为第一个主要基于状态空间方法的统计软件包。STAMP 程序包括应用于结构时间序列模型的极大似然估计、诊断检查、信号提取和预测过程，我们已在第 3.2 节和第 3.3 节讨论过。STAMP 有一个用户友好的菜单系统，可方便使用这些功能。该程序的最新版本包括用于分析单变量和多变量模型的扩展功能，自动检测异常点和断点，以及预测。目前的版本由 Koopman、Harvey、Doornik 和 Shephard（2010）开发，最新的信息可以从 http：//stamp－software.com/获得。

　　随着计算能力的进步和计算机软件的现代化，状态空间方法的软件实现能力也不断增强。许多著名的统计和计量软件包已经选择使用状态空间方法。关于状态空间方法的计算机软件包的完整使用的综述，见《统计软件期刊》（*Journal of Statistical Software*）的专刊，其由 Commandeur、Koopman 和 Ooms（2011）编辑。该综述表明，当前许多状态空间模型的软件工具均可用于时间序列分析。状态空间分析的功能强大的计算机软件包代表是 SsfPack，其由 Koopman，Shephard 和 Doornik（1999，2008）开发，接下来我们将讨论更多的细节。

## 6.7.2　SsfPack

　　SsfPack 涉及状态空间形式的单变量和多变量模型的统计分析计算的一套 C 语言例程。SsfPack 允许不同范围内的状态空间形式，从简单时不变到复杂时变的模型。函数设定将标准模型如 ARIMA 和样条模型放入状态空间形式。常规例程可用于滤波、平滑和模拟平滑。非常易用的函数提供了标准任务，如似然函数的评估、预测和信号提取。这些例程的标题由 Koopman，Shephard 和 Doornik（1999）制成文档；最新版本 3.0 的详细文档由 Koopman，Shephard 和 Doornik（2008）提供。SsfPack 可用于实现、拟合和分析与线性、高斯、非线性和/或非高斯状态空间模型的时间序列分析相关的许多领域。对高斯模型分析的演示在第 6.7.5 节给出。

## 6.7.3　基本 SsfPack 函数

　　表 6.4 给出 SsfPack 的函数列表。该函数分为几组：把具体的单变量模型纳入状态空间形式的函数，执行基本滤波和平滑操作的函数，执行特定重要任务的状态空间分析如似然评估等的函数。表 6.4 包含三列：第一列包含函数名，第二列为 SsfPack 文献的参考节数［Koopman、Shephard 和 Doornik（1999）］，第三列描述函数引用的方程或在这本书中的节数。软件包的这部分是免费的，其网址为 http：//www.ssfpack.com。

**表 6.4　基本 *SsfPack* 的函数、文档的参考节号和简短描述**

| 模型的状态空间形式 | | |
| --- | --- | --- |
| AddSsfReg | §3.3 | 增加回归效应（3.30）至状态空间模型 |
| GetSsfArma | §3.1 | 把 ARMA 模型（3.18）放入状态空间模型 |
| GetSsfReg | §3.3 | 把回归模型（3.30）放入状态空间模型 |

续表

| 模型的状态空间形式 | | |
|---|---|---|
| GetSsfSpline | §3.4 | 把三次样条模型（3.46）放入状态空间模型 |
| GetSsfStsm | §3.2 | 把§3.2的结构时间序列模型放入状态空间 |
| SsfCombine | §6.2 | 合并两个模型的系统矩阵 |
| SsfCombineSym | §6.2 | 合并两个模型的对称系统矩阵 |
| 一般状态空间算法 | | |
| KalmanFil | §4.3 | 提供§4.3.2的卡尔曼滤波的结果 |
| KalmanSmo | §4.4 | 提供§4.4.4的基本平滑算法的结果 |
| SimSmoDraw | §4.5 | 提供模拟样本 |
| SimSmoWgt | §4.5 | 提供模拟平滑的结果 |
| 容易使用的函数 | | |
| SsfCondDens | §4.6 | 提供均值或抽取条件密度（4.81） |
| SsfLik | §5.1 | 提供对数似然函数（7.4） |
| SsfLikConc | §5.1 | 提供收缩对数似然函数 |
| SsfLikSco | §5.1 | 提供得分向量信息（2.63） |
| SsfMomentEst | §5.2 | 提供从预测、预报和§5.3的平滑得到的结果 |
| SsfRecursion | §4.2 | 提供状态空间递推（3.1）的结果 |

### 6.7.4 扩展 SsfPack 函数

在 Koopman、Shephard 和 Doornik（2008）的 SsfPack 3.0 版本的基础上，计算机程序再次修改和发展以涵盖以下复杂内容：第5.2节的精确初始卡尔曼滤波，第5.3节的精确初始状态平滑，第5.4节精确初始扰动平滑和第7.2节定义的扩散似然函数的计算。新增的函数列于表6.5，其与表6.4的方式相同。

**表 6.5** 扩展 SsfPack 的新增函数、文档的参考节号和简短描述

| 一般状态空间算法 | | |
|---|---|---|
| KalmanInit | §8.2.2 | 提供精确初始的结果 |
| KalmanFilEx | §8.2.2 | §5.2的卡尔曼滤波 |
| KalmanSmoEx | §8.2.4 | 提供精确初始平滑的结果 |
| KalmanFilSmoMeanEx | §9.2 | 提供提升§5.7增广卡尔曼滤波和平滑的结果 |

续表

| 易于使用的函数 | | |
|---|---|---|
| SsfCondDensEx | §9.4 | 提供基于§5.2和§5.3的均值和条件密度 |
| SsfLikEx | §9.1.2 | 提供扩散似然函数（7.4） |
| SsfLikConcEx | §9.1.2 | 提供浓缩扩散似然函数 |
| SsfLikScoEx | §9.1.3 | 提供得分向量信息，见§7.3.3 |
| SsfMomentEstEx | §9.4 | 提供基于§5.2和§5.3的预测、预报和结果 |
| SsfForecast | §9.5 | 提供卡尔曼滤波预测结果，见§4.11 |
| SsfWeights | §9.6 | 提供滤波和平滑的权重结果，见§4.8 |

对于涉及（精确初始）卡尔曼滤波和平滑的所有任务，第6.4节描述了多元序列的一元处理由 SsfPack 扩展函数实现，这时状态空间形态代表了多元时间序列模型。此外，涉及所有 1 和 0 值的计算可特殊处理，使它能够以计算上有效率的方式处理稀疏矩阵系统。这些修改会导致计算更快和数值计算更稳定。我们不深入讨论 SsfPack 函数，仅给出一个 Ox 的代码的例子，它利用 SsfPack 函数库的链接，如第 6.7.5 节给出。软件包的这部分是一个商业产品，更多的信息可以从 http：//www. ssfpack. com 获得。

### 6.7.5　演示：样条平滑

下面的 Ox 程序代码，我们考虑连续样条平滑的问题，目标是给定 $\lambda$ 的值最小化式（3.46）。该程序的目标是通过第 2 章的尼罗河时间序列拟合样条函数（见第 2.2.5 节了解详细信息）。为了说明该 SsfPack 函数可以处理观测缺失，我们设定两部分数据集合为缺失。连续样条模型使用函数 GetSsfSpline 可轻松放入状态空间形式。平滑参数 $\lambda$ 被选择为取 2500 的值（函数需要输入 $\lambda^{-1} = 0.004$）。我们需要计算未知标量式（3.47）的 $\sigma_\xi^2$ 的估计，它可使用函数 SsfLikEx 得到。重新缩放后，使用滤波（ST_ FIL）和平滑（ST_ SMO）所估计的样条函数是使用函数 SsfMomentEst 来计算的。结果在图 6.1 给出，展示了样条函数的滤波和平滑估计。这两个图说明当观测缺失时，滤波可以解释为推断，平滑其实为插值。

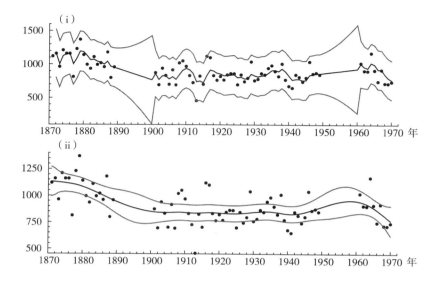

**图 6.1　Ox 程序 spline. ox 的结果：（i）尼罗河数据（点）与**
**样条函数的滤波估计的 95% 置信区间；（ii）尼罗河数据（点）与**
**样条函数的平滑估计的 95% 置信区间**

spline. ox

```
#include  < oxstd. h >

#include  < oxdraw. h >

#include  < oxfloat. h >

#include  < packages/ssfpack/ssfpack. h >

main （ ）

{

  decl mdelta, mphi, momega, msigma, myt, mfil, msmo, cm, dlik, dvar;

  myt  =  loadmat （"Nile. dat"）′;

  myt ［］［1890 - 1871：1900 - 1871］= M_ NAN;    // set 1890. . 1900 to missing

  myt ［］［1950 - 1871：1960 - 1871］= M_ NAN;    // set 1950. . 1960 to missing

  GetSsfSpline （0. 004,  < >,  &mphi, &momega, &msigma）;     // SSF for spline

  SsfLikEx （&dlik, &dvar, myt, mphi, momega）;              // need dVar

  cm  =  columns （mphi）;                              // dimension of state

  momega *  =  dvar;                           // set correct scale of Omega

  SsfMomentEstEx （ST_FIL, &mfil, myt, mphi, momega）;
```

SsfMomentEstEx (ST_SMO, &msmo, myt, mphi, momega);

// note that first filtered estimator does not exist
DrawTMatrix (0, myt, {"Nile"}, 1871, 1, 1);
DrawTMatrix (0, mfil [cm] [1:], {"Pred +/ - 2SE"}, 1872, 1, 1, 0, 3);
DrawZ (sqrt (mfil [2 * cm + 1] [1:]), "", ZMODE_ BAND, 2. 0, 14);
DrawTMatrix (1, myt, {"Nile"}, 1871, 1, 1);
DrawTMatrix (1, msmo [cm] [], {"Smooth +/ - 2SE"}, 1871, 1, 1, 0, 3);
DrawZ (sqrt (msmo [2 * cm + 1] []), "", ZMODE_ BAND, 2. 0, 14);
ShowDrawWindow ();
    }

# 7. 参数极大似然估计

## 7.1  引言

到目前为止，我们已经开发了参数估计方法，它可以被放入模型（4.12）的状态向量。实际工作中，几乎所有的应用程序模型取决于那些附加参数，都需从数据中估计，例如，局部水平模型（2.3）中方差 $\sigma_\varepsilon^2$ 和 $\sigma_\eta^2$ 是未知的且需要进行估算。在古典分析中，这些额外的参数被假定为固定但未知，而在贝叶斯分析中它们被假定为随机变量。因为存在假设差异，两种情形的处理则不一样。在本章中，我们处理古典分析，其中附加参数为固定，利用极大似然估计。这些参数的贝叶斯处理作为第二部分的第 13 章状态空间模型贝叶斯一般讨论的一部分。

对于线性高斯模型，即使在初始状态向量完全或部分扩散时，我们将证明似然函数仍然可以通过卡尔曼滤波的例程应用来计算。应用第 6.4 节的多元观测的一元处理时，我们还给出似然函数的计算细节。我们考虑如何通过迭代数值程序方法极大化对数似然。在这个过程中，一个重要部分是得分向量执行。我们将展示初始状态向量具有已知分布的情形下，以及为扩散情形下如何计算。在某些情形下，对数似然极大化的有用技术是 EM 算法，特别是在极大化的早期阶段。我们给出线性高斯模型的细节。我们还考虑参数估计误差引起的估计偏差。本章结尾讨论了诊断检查拟合优度的一些问题。

## 7.2  似然评估

### 7.2.1  初始条件已知的对数似然函数

我们首先假设初始状态向量具有密度 $N(a_1, P_1)$，式中 $a_1$ 和 $P_1$ 为已知。似然函数为

$$L(Y_n) = p(y_1, \cdots, y_n) = p(y_1) \prod_{t=2}^{n} p(y_t \mid Y_{t-1}),$$

式中 $Y_t = (y_1', \cdots, y_t')'$。实际上我们一般使用对数似然函数

$$\log L(Y_n) = \sum_{t=1}^{n} \log p(y_t \mid Y_{t-1}), \tag{7.1}$$

式中 $p(y_1 \mid Y_0) = p(y_1)$。对于模型（3.1），$\mathrm{E}(y_t \mid Y_{t-1}) = Z_t a_t$。令 $v_t = y_t - Z_t a_t$，$F_t = \mathrm{Var}(y_t \mid Y_{t-1})$，并将式（7.1）中 $p(y_t \mid Y_{t-1})$ 的 $\mathrm{N}(Z_t a_t, F_t)$ 代入，我们得到

$$\log L(Y_n) = -\frac{np}{2} \log 2\pi - \frac{1}{2} \sum_{t=1}^{n} (\log |F_t| + v_t' F_t^{-1} v_t)。 \tag{7.2}$$

$v_t$ 和 $F_t$ 由卡尔曼滤波（4.24）例程计算，所以 $\log L(Y_n)$ 很容易从卡尔曼滤波的结果计算得到。假设 $F_t$ 为非奇异，对于 $t = 1, \cdots, n$。如果此条件最初不成立，通常可以重新定义该模型以使它被满足。该对数似然的表达式（7.2）首先由 Schweppe（1965）给出。Harvey（1989，§3.4）将它定义为预测误差分解（prediction error decomposition）。

### 7.2.2 扩散对数似然函数

我们现在考虑 $\alpha_1$ 的一些元素为扩散的情形。在第 5.1 节，我们假设 $\alpha_1 = a + A\delta + R_0 \eta_0$，式中 $a$ 为已知的不变向量，$\delta \sim \mathrm{N}(0, \kappa I_q)$，$\eta_0 \sim \mathrm{N}(0, Q_0)$，$A'R_0 = 0$，给出 $\alpha_1 \sim \mathrm{N}(a_1, P_1)$，式中 $P_1 = \kappa P_\infty + P_*$，$\kappa \to \infty$。从式（5.6）和式（5.7），

$$F_t = \kappa F_{\infty, t} + F_{*, t} + O(\kappa^{-1}), \text{其中} F_{\infty, t} = Z_t P_{\infty, t} Z_t' \tag{7.3}$$

其中根据 $d$ 的定义，对于 $t = 1, \cdots, d$，$p_{\infty, t} \neq 0$。$\alpha_1$ 中的扩散元素的数目为 $q$，它也是向量 $\delta$ 的维数。因此，对数似然函数（7.2）将包含 $-\frac{1}{2} q \log 2\pi\kappa$ 项，因此当 $\kappa \to \infty$，$\log L(Y_n)$ 不收敛。遵循 de Jong（1991），我们定义扩散对数似然函数（diffuse loglikelihood）为

$$\log L_d(Y_n) = \lim_{\kappa \to \infty} \left[ \log L(Y_n) + \frac{q}{2} \log \kappa \right]$$

在扩散情形下，我们用 $\log L_d(Y_n)$ 代替 $\log L(Y_n)$ 来估计未知参数。Harvey 和 Phillips（1979）以及 Ansley 和 Kohn（1986）采纳了类似扩散对数似然函数的定义。如在第 5.2 节，出于同样的原因，我们假定 $F_{\infty, t}$ 为正定或零矩阵。我们还假设 $q$ 为 $p$ 的倍数。这涵盖一元序列的重要的特殊情形，实践

中的多元序列一般满足；如果不是多元序列，使用第 6.4 节中的方法，该序列可以处理为一元序列。

首先假设 $F_{\infty,t}$ 为正定，因此有秩 $p$。从式（7.3），对于 $t = 1,\cdots,d$，我们有

$$F_t^{-1} = \kappa^{-1} F_{\infty,t}^{-1} + O(\kappa^{-2})。$$

接下来，

$$-\log|F_t| = \log|F_t^{-1}| = \log|\kappa^{-1} F_{\infty,t}^{-1} + O(\kappa^{-2})|$$
$$= -p\log\kappa + \log|F_{\infty,t}^{-1} + O(\kappa^{-1})|,$$

和

$$\lim_{\kappa\to\infty}(-\log|F_t| + p\log\kappa) = \log|F_{\infty,t}^{-1}| = -\log|F_{\infty,t}|。$$

此外，

$$\lim_{\kappa\to\infty} v_t' F_t^{-1} v_t = \lim_{\kappa\to\infty}[v_t^{(o)} + \kappa^{-1} v_t^{(1)} + O(\kappa^{-2})]'[\kappa^{-1} F_{\infty,t}^{-1} + O(\kappa^{-2})]$$
$$\times [v_t^{(0)} + \kappa^{-1} v_t^{(1)} + O(\kappa^{-2})]$$
$$= 0$$

对于 $t = 1,\cdots,d$，式中 $v_t^{(0)}$ 和 $v_t^{(1)}$ 在第 5.2.1 节中定义。

当 $F_{\infty,t} = 0$，接下来从第 5.2.1 节有 $F_t = F_{*,t} + O(\kappa^{-1})$ 和 $F_t^{-1} = F_{*,t}^{-1} + O(\kappa^{-1})$。结果有

$$\lim_{\kappa\to\infty}(-\log|F_t|) = -\log|F_{*,t}| \text{ 和 } \lim_{\kappa\to\infty} v_t' F_t^{-1} v_t = v_t^{(0)'} F_{*,t}^{-1} v_t^{(0)}。$$

将这些结果放在一起，我们得到扩散对数似然函数如

$$\log L_d(Y_n) = -\frac{np}{2}\log 2\pi - \frac{1}{2}\sum_{t=1}^{d} w_t - \frac{1}{2}\sum_{t=d+1}^{n}(\log|F_t| + v_t' F_t^{-1} v_t),$$

$$(7.4)$$

式中，

$$w_t = \begin{cases} \log|F_{\infty,t}|, & \text{如果 } F_{\infty,t} \text{ 正定} \\ \log|F_{*,t}| + v_t^{(0)'} F_{*,t}^{-1} v_t^{(0)}, & \text{如果 } F_{\infty,t} = 0, \end{cases}$$

对于 $t = 1, \cdots, d$。对数似然函数的表达式（7.4）由 Koopman（1997）给出。

### 7.2.3 增广卡尔曼滤波的扩散对数似然函数

应用第 5.7.3 节的符号，给定 $\kappa$ 的 $\delta$ 和 $Y_n$ 的联合密度可表示为

$$p(\delta, Y_n) = p(\delta)p(Y_n|\delta)$$

$$= p(\delta)\sum_{t=1}^{n} p(v_{\delta,t})$$

$$= (2\pi)^{-(np+q)/2} \kappa^{-q/2} \prod_{t=1}^{n} |F_{\delta,t}|^{-1/2}$$

$$\times \exp\left[ -\frac{1}{2}\left(\frac{\delta'\delta}{\kappa} + S_{a,n} + 2b_n'\delta + \delta' S_{A,n}\delta\right)\right], \tag{7.5}$$

式中 $v_{\delta,t}$ 由式（5.35）定义，$b_n$ 和 $S_{A,n}$ 由式（5.40）定义，且 $S_{a,n} = \sum_{t=1}^{n} v'_{a,t} F_{\delta,t}^{-1} v_{a,t}$。从式（5.41），我们有 $\bar{\delta}_n = E(\delta|Y_n) = -(S_{A,n} + \kappa^{-1}I_q)^{-1}b_n$。式（7.5）可以重写为

$$-\frac{1}{2}\left[ S_{a,n} + (\delta - \bar{\delta}_n)'(S_{A,n} + \kappa^{-1}I_q)(\delta - \bar{\delta}_n) - \bar{\delta}_n'(S_{A,n} + \kappa^{-1}I_q)\bar{\delta}_n\right],$$

它容易验证。从 $p(\delta, Y_n)$ 中整合（integrate out）出 $\delta$，得到 $Y_n$ 的边际密度。取对数后，对数似然函数为

$$\log L(Y_n) = -\frac{np}{2}\log 2\pi - \frac{q}{2}\log\kappa - \frac{1}{2}\log|S_{A,n} + \kappa^{-1}I_q|$$

$$-\frac{1}{2}\sum_{t=1}^{n}\log|F_{\delta,t}| - \frac{1}{2}\left[S_{a,n} - \bar{\delta}_n'(S_{A,n} + \kappa^{-1}I_q)\bar{\delta}_n\right]。 \tag{7.6}$$

增加 $\frac{q}{2}\log\kappa$ 且令 $\kappa\to\infty$，我们得到扩散对数似然函数

$$\log L_d(Y_n) = -\frac{np}{2}\log 2\pi - \frac{1}{2}\log|S_{A,n}| - \frac{1}{2}\sum_{t=1}^{n}\log|F_{\delta,t}|$$

$$-\frac{1}{2}(S_{a,n} - b_n' S_{A,n}^{-1} b_n), \tag{7.7}$$

这出自 de Jong（1991）。尽管式（7.7）与式（7.4）结构非常不同，但具有相同的数值。

第 5.7.3 节展示该增广卡尔曼滤波可以在时间点 $t=d$ 被收缩。因此，我们可以形成偏似然函数，其基于固定 $\kappa$ 的 $Y_d$，整合出 $\delta$ 且令 $\kappa\to\infty$，如式（7.7）所示。随后，我们可以添加从收缩卡尔曼滤波获得的新息 $v_{d+1}$，…，$v_n$ 的贡献。但在这里，我们不给出详细公式。

这些结果最初由 de Jong（1988，1999）获得。式（7.7）所需的计算比式（7.4）更为复杂。我们自己更偏爱从第 5.2 节的初始化技术到第 5.7 节的增广技术，这也是另一个原因。偏爱我们的计算式（7.4）的更深入的原因将在第 7.3.5 节给出。

## 7.2.4 初始状态向量的元素固定未知的似然函数

现在我们考虑 $\delta$ 被视为固定的情形下，如前一节中，给定 $\delta$ 的 $Y_n$ 的

密度

$$p(Y_n \mid \delta) = (2\pi)^{-np/2} \prod_{t=1}^{n} \mid F_{\delta,t} \mid^{-1/2} \exp\left[-\frac{1}{2}(S_{a,n} + 2b_n'\delta + \delta_n' S_{A,n}\delta_n)\right]。$$

$$(7.8)$$

从似然函数中去掉未知参数向量如 $\delta$ 的影响的一般方法是通过它的极大似然估计，在这种情形下为 $\hat{\delta}_n$，并采取集中对数似然函数 $logL_c(Y_n)$，通过将 $p(Y_n \mid \delta)$ 中的 $\delta$ 替代为 $\hat{\delta}_n = -S_{A,n}^{-1} b_n$ 来获得。这给出

$$logL_c(Y_n) = -\frac{np}{2}\log(2\pi) - \frac{1}{2}\sum_{t=1}^{n} \mid F_{\delta,t} \mid - \frac{1}{2}(S_{a,n} - b_n' S_{A,n}^{-1} b_n)。(7.9)$$

比较式（7.7）和式（7.9），我们看到，它们之间的差别仅是式（7.7）的 $-\frac{1}{2}\log \mid S_{A,n} \mid$ 项。式（7.7）和式（7.9）之间的关系由 de Jong（1988）使用不同的参数证实。增广卡尔曼滤波的修改和相应的扩散对数似然函数由 Francke、Koopman 和 de Vos（2010）提出。他们的修改确保了对数似然函数仍然具有相同的值，而不管模型处理回归效应的方式。

Harvey 和 Shephard（1990）认为，参数估计应优先基于对数似然函数（7.4），初始向量 $\delta$ 被视为扩散而非固定。他们展示对于第 2 章的局部水平模型关于信噪比 $q$ 的极大化式（7.9）导致估计 $q$ 为零的概率，相比极大化式（7.4），要高得多。从预测的视角来看，这并不可取，因为这会导致过去观测值没有衰减。

### 7.2.5 多元序列的一元处理的似然函数

当考虑第 6.4 节的多元时间序列采用一元卡尔曼滤波处理，我们把向量时间序列 $y_1, \cdots, y_n$ 转换为单变量的时间序列

$$y_{1,1}, \cdots, y_{1,p_1}, y_{2,1}, \cdots, y_{n,p_n}。$$

然后单变量卡尔曼滤波（6.12）和（6.13）可应用到该单变量序列的模型方程（6.10）和（6.11）。它产生预测误差 $v_{t,i}$ 及其标量方差 $F_{t,i}$，对于 $t = 1, \cdots, n$ 和 $i = 1, \cdots, p_t$，式中预测误差是预测 $y_{t,i}$ 作为"过去"观测 $y_{1,1}, \cdots, y_{1,p_1}, y_{2,1}, \cdots, y_{t,i-1}$（对于 $i = 2, \cdots, p_t$）和 $y_{1,1}, \cdots, y_{1,p_1}, y_{2,1}, \cdots, y_{t-1,p_{t-1}}$（对于 $i = 1$）的误差的函数。因为单变量序列模型（6.10）和（6.11）与向量时间序列 $y_1, \cdots, y_n$ 的原始模型一致，卡尔曼滤波正确应用，当初始条件为已知，对数似然函数由下式给出

$$\log L(Y_n) = -\frac{1}{2}\sum_{t=1}^{n}\left[p_t^*\log 2\pi + \sum_{i=1}^{p_t}\iota_{t,i}(\log F_{t,i} + v_{t,i}^2/F_{t,i})\right]。$$

式中如果 $F_{t,i} = 0$，则 $\iota_{t,i}$ 等于 $0$，其他情形下则为 $1$，且 $p_t^* = \sum_{i=1}^{p_t}\iota_{t,i}$。由于 $F_t$ 的奇异性，$F_{t,i} = 0$，如同在第 6.4 节讨论。

当第 5.2 节的精确初始卡尔曼滤波被应用到多元序列转变为一元序列时，它的相关的变量还可以重新定义。在单变量处理情形下，第 7.2.2 节所考虑的扩散对数似然函数的相关变量由标量 $v_{t,i}^{(0)}$ 给出。其中，$t = 1, \cdots, d$ 时，由标量给出的是 $F_{\infty,t,i}$ 和 $F_{*,t,i}$；$t = d+1, \cdots n$ 时，给出的是 $v_{t,i}$ 和 $F_{t,i}$。扩散对数似然函数（7.4）则由下式计算

$$\log L_d(Y_n) = -\frac{1}{2}\sum_{t=1}^{n}\sum_{i=1}^{p_t}\iota_{t,i}\log 2\pi - \frac{1}{2}\sum_{t=1}^{d}\sum_{i=1}^{p_t}w_{t,i}$$

$$-\frac{1}{2}\sum_{t=d+1}^{n}\sum_{i=1}^{p_t}\iota_{t,i}(\log F_{t,i} + v_{t,i}^2/F_{t,i}),$$

式中如果 $F_{*,t,i} = 0$，则 $\iota_{t,i}$ 等于 $0$，其他情形下则为 $1$，且式中

$$w_{t,i} = \begin{cases} \log F_{\infty,t,i}, & \text{如果 } F_{\infty,t,i} > 0, \\ \iota_{t,i}(\log F_{*,t,i} + v_t^{(0)2}/F_{*,t,i}), & \text{如果 } F_{\infty,t,i} = 0, \end{cases}$$

对于 $t = 1, \cdots, d$ 和 $i = 1, \cdots, p_t$。

### 7.2.6 模型包含回归效应的似然函数

当回归效应存在于状态空间模型中，扩散对数似然函数需要作类似的调整。该扩散对数似然可被视为原始时间序列的对数似然函数的线性变换。当该对数似然函数被用于参数估计，转换并不依赖于参数向量本身。当它这样做了，该似然函数并不是参数向量的光滑函数。Francke、Koopman 和 de Vos（2010）表明，通过增广卡尔曼滤波的简单修改适当转换可以获得。他们提供了不同似然函数的比较细节和一些说明。

### 7.2.7 当大型观测向量收缩的似然函数

当需要在分析中处理一个大的 $p \times 1$ 观测向量 $y_t$ 时，我们在第 6.5 节中提出了将 $y_t$ 收缩成一个变换后的观测向量，其维度等于状态向量 $m$ 的维度。第 6.5 节展示，当 $p \gg m$，该收缩战略在计算上较为有利。卡尔曼滤波可应用于小型观测向量而无需额外的成本。下面我们展示原始模型的似然函数可以使用卡尔曼滤波的小型观测向量，再加上一些额外的计算。考虑在第 6.5 节所定义的 $y_t^*$ 和 $y_t^+$，或在第 6.5.3 节中定义的它们的对应物 $\overline{y}_t^*$ 和 $\overline{y}_t^+$，则模型

$$y_t^* = \alpha_t + \varepsilon_t^*, \quad y_t^+ = \varepsilon_t^+,$$

被采用，式中 $\varepsilon_t^* \sim \mathrm{N}(0, H_t^*)$ 和 $\varepsilon_t^+ \sim \mathrm{N}(0, H_t^+)$ 为序列和相互无关。接下来，原始对数似然函数服从关系

$$\log L(Y_n) = \log L(Y_n^*) + \log L(Y_n^+) + \sum_{t=1}^n \log|A_t|,$$

式中 $Y_n^* = (y_1^{*'}, \cdots, y_n^{*'})'$，$Y_n^+ = (y_1^{+'}, \cdots, y_n^{+'})'$，$A_t = (A_t^{*'}, A_t^{+'})'$，因此 $A_t y_t = (y_t^{*'}, y_t^{+'})'$，对于 $t = 1, \cdots, n$。$|A_t|$ 项可通过如下关系更方便地表示：

$$|A_t|^2 = |A_t A_t'| = |H_t^{-1}||A_t H_t A_t'| = |H_t|^{-1}|H_t^*||H_t^+|.$$

因为矩阵 $A_t^+$ 的尺度并不与其构造相关，如在第 6.5.2 节和第 6.5.3 节所示，我们选择 $A_t^+$，因此 $|H_t^+| = 1$。我们然后有

$$\log|A_t| = \frac{1}{2}\log\frac{|H_t^*|}{|H_t|}, \quad t = 1, \cdots, n,$$

它可以被有效地计算，因为矩阵 $H_t^*$ 具有小的维度，而 $H_t$ 是原始观测干扰 $\varepsilon_t$ 的方差矩阵且通常为对角矩阵或有方便的结构。该对数似然函数 $\log L(Y_n^*)$ 由卡尔曼滤波应用到模型 $y_t^* = \alpha_t + \varepsilon_t^*$ 而计算，$\log L(Y_n^+)$ 由下式给出：

$$\log L(Y_n^+) = -\frac{(p-m)n}{2}\log 2\pi - \frac{1}{2}\sum_{t=1}^n y_t^{+'}(H_t^+)^{-1}y_t^+,$$

因为我们有 $|H_t^+| = 1$。$y_t^{+'}(H_t^+)^{-1}y_t^+$ 项使得矩阵 $A_t^+$ 事实上需要计算。然而 Jungbacker 和 Koopman（2008，引理二）表明这项可以计算为

$$y_t^{+'}(H_t^+)^{-1}y_t^+ = e_t'H_t^{-1}e_t,$$

式中 $e_t = y_t - Z_t y_t^*$，或更一般的 $e_t = y_t - Z_t \bar{y}_t^*$，对于任何非奇异的矩阵 $C_t$，如在第 6.3.5 节定义。$e_t'H_t^{-1}e_t$ 的计算较为简单，并不需要构造矩阵 $A_t^+$ 或 $\bar{A}_t^+$。

## 7.3 参数估计

### 7.3.1 引言

到目前为止，在这本书中，我们假设模型（3.1）的系统矩阵 $Z_t$、$H_t$、$T_t$、$R_t$ 和 $Q_t$ 为已知，对于 $t = 1, \cdots, n$。我们现在考虑更常见的情形，其中这些矩阵至少有一些元素依赖于未知参数向量 $\psi$。我们要极大似然估计

$\psi$。为了使对数似然能明确依赖于 $\psi$，我们写出 $\log L(Y_n|\psi)$、$\log L_d(Y_n|\psi)$ 和 $\log L_c(Y_n|\psi)$。在扩散情形下，我们取认为感兴趣的模型，通过固定 $\kappa$ 收敛极大化 $\log L(Y_n|\psi)$ 以得到 $\psi$ 的估计，当 $\kappa \to \infty$，通过极大化扩散对数似然函数 $\log L_d(Y_n|\psi)$ 获得估计。

### 7.3.2　数值极大化算法

广泛的数值搜索算法可用于对数似然关于未知参数的极大化。许多算法都是基于牛顿法，其求解方程

$$\partial_1(\psi) = \frac{\partial \log L(Y_n|\psi)}{\partial \psi} = 0, \tag{7.10}$$

利用一阶泰勒级数

$$\partial_1(\psi) \simeq \tilde{\partial}_1(\psi) + \tilde{\partial}_2(\psi)(\psi - \tilde{\psi}), \tag{7.11}$$

对于一些测试值 $\tilde{\psi}$，式中

$$\tilde{\partial}_1(\psi) = \partial_1(\psi)\big|_{\psi = \tilde{\psi}}, \quad \tilde{\partial}_2(\psi) = \partial_2(\psi)\big|_{\psi = \tilde{\psi}},$$

其中

$$\partial_2(\psi) = \frac{\partial^2 \log L(Y_n|\psi)}{\partial \psi \partial \psi'}。 \tag{7.12}$$

通过令方程（7.11）为零，我们从如下表达式得到修正值 $\bar{\psi}$：

$$\bar{\psi} = \tilde{\psi} - \tilde{\partial}_2(\psi)^{-1} \tilde{\partial}_1(\psi)。$$

重复这个过程直到其收敛或者切换到另一个优化方法。如果对所有 $\psi$，海塞矩阵 $\partial_2(\psi)$ 为负定，对数似然则为凹且有唯一似然函数极大值存在。梯度（gradient）$\partial_1(\psi)$ 决定最优化方向，海塞矩阵决定修改步长的大小。如下向量确定的方向有可能超出极大值：

$$\tilde{\pi}(\psi) = -\tilde{\partial}_2(\psi)^{-1} \tilde{\partial}_1(\psi),$$

因此通常的做法是，在优化过程中沿着梯度向量进行线性搜索。我们得到算法

$$\bar{\psi} = \tilde{\psi} + s\tilde{\pi}(\psi),$$

式中，有很多方法可用于找到对于 $s$ 的最优值，通常是在 0 与 1 之间。实际上它往往对计算能力有很高的要求，或无法解析计算 $\partial_1(\psi)$ 和 $\partial_2(\psi)$。$\partial_1(\psi)$ 的数值评估通常可行。各种计算方法可用来近似 $\partial_2(\psi)$ 以避免解析或数值计算。例如，Koopman、Harvey、Doornik 和 Shephard（2010）的

STAMP 软件包以及 Doornik （2010） 的 Ox 矩阵编程系统都使用所谓的 BFGS（Broyden – Fletcher – Goldfarb – Shannon） 算法，其近似于海塞矩阵，使用工具对每一个新 $\psi$ 的近似，每个海塞逆矩阵都是通过如下递推得到：

$$\bar{\partial}_2(\psi)^{-1} = \tilde{\partial}_2(\psi)^{-1} + \left(s + \frac{g'g^*}{\tilde{\pi}(\psi)'g}\right)\frac{\tilde{\pi}(\psi)\tilde{\pi}(\psi)'}{\tilde{\pi}(\psi)'g} - \frac{\tilde{\pi}(\psi)g^{*'} + g^*\tilde{\pi}(\psi)'}{\tilde{\pi}(\psi)'g},$$

式中 $g$ 为梯度 $\tilde{\partial}_1(\psi)$ 与 $\psi$ 之前的测试值 $\tilde{\psi}$ 的梯度之间的差，且

$$g^* = \tilde{\partial}_2(\psi)^{-1}g。$$

该 BFGS 方法确保近似海塞矩阵保持负定。牛顿法的优化方法的细节和推导，尤其是 BFGS 方法，可以在 Fletcher （1987） 中找到。

模型参数有时有约束。例如，在局部水平模型 （2.3） 中的参数，必须满足 $\sigma_\varepsilon^2 \geq 0$ 和 $\sigma_\eta^2 \geq 0$ 以及 $\sigma_\varepsilon^2 + \sigma_\eta^2 > 0$ 的约束。然而，在数值过程中引入约束并不方便，并且最好极大化是在不受数量约束的条件下进行的。在这个例子中，我们转换 $\psi_\varepsilon = \frac{1}{2}\log\sigma_\varepsilon^2$ 和 $\psi_\eta = \frac{1}{2}\log\sigma_\eta^2$ ，式中 $-\infty < \psi_\varepsilon, \psi_\eta < \infty$ ，从而将问题变换为一个无约束的极大化。参数向量为 $\psi = [\psi_\varepsilon, \psi_\eta]'$ 。同样，如果我们有参数 $\chi$ 被限定在 $[-a, a]$ 范围内，其中 $a$ 为正，我们可以使用一个变换 $\psi_\chi$ ，其为

$$\chi = \frac{a\psi_\chi}{\sqrt{1 + \psi_\chi^2}}, \quad -\infty < \psi_\chi < \infty。$$

### 7.3.3 得分向量

我们现在考虑梯度或得分向量 （score vector） 的计算细节，

$$\partial_1(\psi) = \frac{\partial \log L(Y_n | \psi)}{\partial \psi}$$

如在上一节，该向量在数值极大化中很重要，因为它设定参数空间搜索的方向。

我们首先从特例开始，初始向量 $\alpha_1$ 具有 $N(a_1, P_1)$ 分布，式中 $a_1$ 和 $P_1$ 为已知。令 $p(\alpha, Y_n | \psi)$ 为 $\alpha$ 和 $Y_n$ 的联合密度，令 $p(\alpha | Y_n, \psi)$ 为给定 $Y_n$ 的 $\alpha$ 的条件密度，令 $p(Y_n | \psi)$ 为给定 $\psi$ 的 $Y_n$ 的边际密度。我们现在以测试值 $\tilde{\psi}$ 评估得分向量 $\partial \log L(Y_n | \psi)/\partial \psi = \partial \log p(Y_n | \psi)/\partial \psi$ 。我们有

$$\log p(Y_n | \psi) = \log p(\alpha, Y_n | \psi) - \log p(\alpha | Y_n, \psi)。$$

将 $\hat{\mathrm{E}}$ 记为关于密度 $p(\alpha \mid Y_n, \widetilde{\psi})$ 的期望。由于 $p(Y_n \mid \psi)$ 不依赖于 $\alpha$，两边取 $\hat{\mathrm{E}}$ 给出

$$\log p(Y_n \mid \psi) = \hat{\mathrm{E}}[\log p(\alpha, Y_n \mid \psi)] - \hat{\mathrm{E}}[\log p(\alpha \mid Y_n, \psi)]。$$

为在 $\widetilde{\psi}$ 处获得得分向量，我们对等式两边关于 $\psi$ 取微分，并令 $\psi = \widetilde{\psi}$。假设在积分符号下微分合理，

$$\hat{\mathrm{E}}\left[ \frac{\partial \log p(\alpha \mid Y_n, \psi)}{\partial \psi}\bigg|_{\psi = \widetilde{\psi}} \right] = \int \frac{1}{p(\alpha \mid Y_n, \widetilde{\psi})} \frac{\partial p(\alpha \mid Y_n, \psi)}{\partial \psi}\bigg|_{\psi = \widetilde{\psi}} p(\alpha \mid Y_n, \widetilde{\psi}) d\alpha$$

$$= \frac{\partial}{\partial \psi} \int p(\alpha \mid Y_n, \psi) d\alpha \big|_{\psi = \widetilde{\psi}} = 0。$$

因此，

$$\frac{\partial \log p(Y_n \mid \psi)}{\partial \psi}\bigg|_{\psi = \widetilde{\psi}} = \hat{\mathrm{E}}\left[ \frac{\partial \log p(\alpha, Y_n \mid \psi)}{\partial \psi} \right]\bigg|_{\psi = \widetilde{\psi}}。$$

代替 $\eta_t = R_t'(\alpha_{t+1} - T_t \alpha_t)$ 和 $\varepsilon_t = y_t - Z_t \alpha_t$，且令 $\alpha_1 - a_1 = \eta_0$ 和 $P_1 = Q_0$，我们得到

$$\log p(\alpha, Y_n \mid \psi) = \text{constant}$$

$$- \frac{1}{2} \sum_{t=1}^{n} (\log |H_t| + \log |Q_{t-1}| + \varepsilon_t' H_t^{-1} \varepsilon_t + \eta_{t-1}' Q_{t-1}^{-1} \eta_{t-1})。$$

$$(7.13)$$

通过取 $\hat{\mathrm{E}}$ 且关于 $\psi$ 取微分，这里给出 $\psi = \widetilde{\psi}$ 的得分向量

$$\frac{\partial \log L(Y_n \mid \psi)}{\partial \psi}\bigg|_{\psi = \widetilde{\psi}} = -\frac{1}{2} \frac{\partial}{\partial \psi} \sum_{t=1}^{n} \big[ (\log |H_t| + \log |Q_{t-1}|$$

$$+ \mathrm{tr}[\{\hat{\varepsilon}_t \hat{\varepsilon}_t' + \mathrm{Var}(\varepsilon_t \mid Y_n)\} H_t^{-1}]$$

$$+ \mathrm{tr}[\{\hat{\eta}_{t-1} \hat{\eta}_{t-1}' + \mathrm{Var}(\eta_{t-1} \mid Y_n)\} Q_{t-1}^{-1}] \mid \psi) \big|_{\psi = \widetilde{\psi}} \big],$$

$$(7.14)$$

当 $\psi$ 取值 $\psi = \widetilde{\psi}$ 时，$\hat{\varepsilon}_t$、$\hat{\eta}_{t-1}$、$\mathrm{Var}(\varepsilon_t \mid Y_n)$ 和 $\mathrm{Var}(\eta_{t-1} \mid Y_n)$ 可通过第 4.5 节所述方法得到。

只有式（7.14）中的 $H_t$ 和 $Q_t$ 的项要求关于 $\psi$ 取微分。因为在实践中 $H_t$ 和 $Q_t$ 通常是 $\psi$ 的简单函数，这意味着得分向量通常容易计算，它在对数似然数值极大化过程中具有相当大的优势。可以为系统矩阵 $Z_t$ 和 $T_t$ 开

发类似的技术，但由于涉及状态平滑递推，这就需要更多计算。因此 Koopman 和 Shephard（1992）的结果（7.14）得出这样的结论，即 $\psi$ 的得分值与相关联矩阵 $Z_t$ 和 $T_t$ 的数值解比解析解更好评估。

现在考虑扩散情形。在第 5.1 节我们设定初始状态向量 $\alpha_1$ 为

$$\alpha_1 = a + A\delta + R_0\eta_0, \quad \delta \sim N(0, \kappa I_q), \quad \eta_0 \sim N(0, Q_0),$$

式中 $Q_0$ 为非奇异。方程（7.13）仍然有效，除了 $\alpha_1 - a_1 = \eta_0$，其被 $\alpha_1 - a = A\delta + R_0\eta_0$ 和 $P_1 = \kappa P_\infty + P_*$ 替换，式中 $P_* = R_0 Q_0 R_0'$。因此对于有限 $\kappa$，

$$-\frac{1}{2}\frac{\partial}{\partial\psi}\left(q\log\kappa + \kappa^{-1}\text{tr}\{\hat{\delta}\hat{\delta}' + \text{Var}(\delta|Y_n)\}\right)$$

必须包含在式（7.14）中。定义

$$\frac{\partial\log L_d(Y_n|\psi)}{\partial\psi}\bigg|_{\psi=\tilde{\psi}} = \lim_{\kappa\to\infty}\frac{\partial}{\partial\psi}\left[\log L(Y_n|\psi) + \frac{q}{2}\log\kappa\right],$$

类似于第 7.2.2 节的 $\log L_d(Y_n)$ 的定义，且令 $\kappa\to\infty$，我们有

$$\frac{\partial\log L_d(Y_n|\psi)}{\partial\psi}\bigg|_{\psi=\tilde{\psi}} = \frac{\partial\log L(Y_n|\psi)}{\partial\psi}\bigg|_{\psi=\tilde{\psi}}。 \tag{7.15}$$

其在式（7.14）给出。$\alpha_1$ 包含扩散元素，因此向量 $\eta_0$ 为空，$Q_0$ 的项从式（7.14）消失。

举例说明，考虑局部水平模型（2.3）及 $\eta$ 替换为 $\xi$，

$$\psi = \begin{pmatrix}\psi_\varepsilon \\ \psi_\xi\end{pmatrix} = \begin{pmatrix}\frac{1}{2}\log\sigma_\varepsilon^2 \\ \frac{1}{2}\log\sigma_\xi^2\end{pmatrix},$$

以及 $\alpha_1$ 扩散初始化。$\psi$ 为未知的参数向量，这在第 7.1 节提起。我们替换 $y_t - \alpha_t = \varepsilon_t$ 和 $\alpha_{t+1} - \alpha_t = \xi_t$，

$$\log p(\alpha, Y_n|\psi) = -\frac{2n-1}{2}\log 2\pi - \frac{n}{2}\log\sigma_\varepsilon^2 - \frac{n-1}{2}\log\sigma_\xi^2$$

$$-\frac{1}{2\sigma_\varepsilon^2}\sum_{t=1}^n\varepsilon_t^2 - \frac{1}{2\sigma_\xi^2}\sum_{t=2}^n\xi_{t-1}^2,$$

且

$$\hat{\text{E}}[\log p(\alpha, Y_n|\psi)] = -\frac{2n-1}{2}\log 2\pi - \frac{n}{2}\log\sigma_\varepsilon^2 - \frac{n-1}{2}\log\sigma_\xi^2 - \frac{1}{2\sigma_\varepsilon^2}$$

$$\times\sum_{t=1}^n\{\hat{\varepsilon}_t^2 + \text{Var}(\varepsilon_t|Y_n)\} - \frac{1}{2\sigma_\xi^2}\sum_{t=2}^n\{\hat{\xi}_{t-1}^2 + \text{Var}(\xi_{t-1}|Y_n)\},$$

式中 $\varepsilon_t$ 和 $\xi_t$ 的条件均值和方差从卡尔曼滤波和扰动平滑获得，$\sigma_\varepsilon^2$ 和 $\sigma_\xi^2$ 由 $\psi = \tilde{\psi}$ 隐含。为了获得得分向量，我们对等式两边关于 $\psi$ 取微分，我们注意到 $\psi_\varepsilon = \frac{1}{2}\log\sigma_\varepsilon^2$，

$$\frac{\partial}{\partial\sigma_\varepsilon^2}\Big[\log\sigma_\varepsilon^2 + \frac{1}{\sigma_\varepsilon^2}\{\hat{\varepsilon}_t^2 + \mathrm{Var}(\varepsilon_t\,|\,Y_n)\}\Big] = \frac{1}{\sigma_\varepsilon^2} - \frac{1}{\sigma_\varepsilon^4}\{\hat{\varepsilon}_t^2 + \mathrm{Var}(\varepsilon_t\,|\,Y_n)\},$$

$$\frac{\partial\sigma_\varepsilon^2}{\partial\psi_\varepsilon} = 2\sigma_\varepsilon^2。$$

$\hat{\varepsilon}_t$ 和 $\mathrm{Var}(\varepsilon_t\,|\,Y_n)$ 并不随 $\psi$ 而变化，因为它们基于 $\psi = \tilde{\psi}$ 的假设而计算。我们得到

$$\frac{\partial\log L_d(Y_n\,|\,\psi)}{\partial\psi_\varepsilon} = -\frac{1}{2}\frac{\partial}{\partial\psi_\varepsilon}\sum_{t=1}^{n}\Big[\log\sigma_\varepsilon^2 + \frac{1}{\sigma_\varepsilon^2}\{\hat{\varepsilon}_t^2 + \mathrm{Var}(\varepsilon_t\,|\,Y_n)\}\Big]$$

$$= -n + \frac{1}{\sigma_\varepsilon^2}\sum_{t=1}^{n}\{\hat{\varepsilon}_t^2 + \mathrm{Var}(\varepsilon_t\,|\,Y_n)\}。$$

以同样的方式，我们有

$$\frac{\partial\log L_d(Y_n\,|\,\psi)}{\partial\psi_\xi} = -\frac{1}{2}\frac{\partial}{\partial\psi_\xi}\sum_{t=2}^{n}\Big[\log\sigma_\xi^2 + \frac{1}{\sigma_\xi^2}\{\hat{\xi}_{t-1}^2 + \mathrm{Var}(\xi_{t-1}\,|\,Y_n)\}\Big]$$

$$= 1 - n + \frac{1}{\sigma_\xi^2}\sum_{t=2}^{n}\{\hat{\xi}_{t-1}^2 + \mathrm{Var}(\xi_{t-1}\,|\,Y_n)\}。$$

局部水平模型在 $\psi = \tilde{\psi}$ 的评估关于 $\psi$ 的得分向量为

$$\frac{\partial\log L_d(Y_n\,|\,\psi)}{\partial\psi}\bigg|_{\psi=\tilde{\psi}} = \begin{bmatrix} \tilde{\sigma}_\varepsilon^2\sum_{t=1}^{n}(u_t^2 - D_t) \\ \tilde{\sigma}_\xi^2\sum_{t=2}^{n}(r_{t-1}^2 - N_{t-1}) \end{bmatrix},$$

其中，$\tilde{\sigma}_\varepsilon^2$ 和 $\tilde{\sigma}_\xi^2$ 可由 $\tilde{\psi}$ 计算得到。从第 2.5.1 节和第 2.5.2 节，有结果 $\hat{\varepsilon}_t = \tilde{\sigma}_\varepsilon^2 u_t$，$\mathrm{Var}(\varepsilon_t\,|\,Y_n) = \tilde{\sigma}_\varepsilon^2 - \tilde{\sigma}_\varepsilon^4 D_t$，$\hat{\xi}_t = \tilde{\sigma}_\xi^2 r_t$ 和 $\mathrm{Var}(\xi_t\,|\,Y_n) = \tilde{\sigma}_\xi^2 - \tilde{\sigma}_\xi^4 N_t$。

　　这是非常令人满意的，这么多的代数推导后，我们得到这样一个简单表达式，可以有效利用第 4.5 节的扰动平滑方程来计算得分向量。在扩散情形下，我们可以高效地计算得分向量，因为它已在第 5.4 节显示。当处

理扩散初始状态向量时，扰动平滑不需要额外计算。最后，在更复杂的模型，如多元结构时间序列模型中，得分向量元素相关的方差或方差矩阵也有类似比较简单的表达式。Koopman 和 Shephard（1992）给出这些模型关于 $H_t$、$R_t$ 和 $Q_t$ 的参数的得分向量为表达式

$$
\left.\frac{\partial \log L_d(Y_n|\psi)}{\partial \psi}\right|_{\psi=\tilde{\psi}} = \frac{1}{2}\sum_{t=1}^{n} \mathrm{tr}\left\{(u_t u_t' - D_t)\frac{\partial H_t}{\partial \psi}\right\}
$$

$$
+ \frac{1}{2}\sum_{t=2}^{n} \mathrm{tr}\left\{(r_{t-1} r_{t-1}' - N_{t-1})\frac{\partial R_t Q_t R_t'}{\partial \psi}\right\}\bigg|_{\psi=\tilde{\psi}},
$$

$$(7.16)$$

式中 $u_t$、$D_t$、$r_t$ 和 $N_t$ 由卡尔曼滤波和平滑评估，如在第 4.5 节和第 5.4 节讨论。

### 7.3.4　EM 算法

EM 算法是一个众所周知的极大似然迭代估计的工具，对于很多状态空间模型，它有一个特别简洁的形式。状态空间模型早期的 EM 方法由 Shumway 和 Stoffer（1982）以及 Watson 和 Engle（1983）开发。EM 算法可以完全代替或者代替直接数值对数似然极大化的早期阶段。它由一个 E 步骤（Expertation，期望）和一个 M 步骤（Maximisation，极大化）构成，前者涉及条件期望的评估 $\hat{\mathrm{E}}[\log p(\alpha, Y_n|\psi)]$，后者关于 $\psi$ 极大化这种预期。$H_t$ 和 $Q_t$ 中未知元素的估计细节由 Koopman（1993）给出，它们接近那些必要的得分函数的评估。首先，在 $a_1$ 和 $P_1$ 已知的情形下，从式（7.13）开始，我们评估 $\hat{\mathrm{E}}[\log p(\alpha, Y_n|\psi)]$，如在式（7.14），我们得到

$$
\frac{\partial}{\partial \psi}\hat{\mathrm{E}}[\log p(\alpha, Y_n|\psi)] = -\frac{1}{2}\frac{\partial}{\partial \psi}\sum_{t=1}^{n}\Big[\log|H_t| + \log|Q_{t-1}|
$$

$$
+ \mathrm{tr}[\{\hat{\varepsilon}_t\,\hat{\varepsilon}_t' + \mathrm{Var}(\varepsilon_t|Y_n)\}H_t^{-1}]
$$

$$
+ \mathrm{tr}[\{\hat{\eta}_{t-1}\,\hat{\eta}_{t-1}' + \mathrm{Var}(\eta_{t-1}|Y_n)\}Q_{t-1}^{-1}]\Big|\psi(7.17)
$$

式中 $\hat{\varepsilon}_t$、$\hat{\eta}_{t-1}$、$\mathrm{Var}(\varepsilon_t|Y_n)$ 和 $\mathrm{Var}(\eta_{t-1}|Y_n)$ 的计算假设 $\psi=\tilde{\psi}$ 同时 $H_t$ 和 $Q_{t-1}$ 保留其原有对 $\psi$ 的依赖。通过设定式（7.17）等于零得到方程，然后求解 $\psi$ 的元素，以获得 $\psi$ 的修订值。这作为 $\psi$ 的新测试值，且重复该过程直到充分实现收敛或者切换至 $\log L(Y_n|\psi)$ 数值极大化。因为 EM 算法通常在早期阶段收敛较快，在极大值附近其收敛速度要比数值极大化慢很多，

所以通常使用后一选项；见 Watson 和 Engle（1983）以及 Harvey 和 Peters（1984）关于这一点的讨论。作为前一节中的得分向量，当 $\alpha_1$ 为扩散，我们仅以这样的方式重定义 $\eta_0$ 和 $Q_0$，它与初始状态向量模型 $\alpha_1 = a + A\delta + R_0\eta_0$ 保持一致，式中 $\delta \sim \mathrm{N}(0, \kappa I_q)$ 和 $\eta_0 \sim \mathrm{N}(0, Q_0)$。我们忽视与 $\delta$ 相关的部分。当 $\alpha_1$ 仅包含扩散性元素，$Q_0^{-1}$ 中的项从式（7.17）消失。

为了说明这一点，我们将 EM 算法应用到局部水平模型，如上一节，现在我们取

$$\psi = \begin{pmatrix} \sigma_\varepsilon^2 \\ \sigma_\xi^2 \end{pmatrix}$$

作为未知的参数向量。在给定 $\psi = \widetilde{\psi}$ 的条件下，E 步骤涉及卡尔曼滤波和扰动平滑以得到式（7.17）的 $\hat{\varepsilon}_t$、$\hat{\xi}_{t-1}$、$\mathrm{Var}(\varepsilon_t | Y_n)$ 和 $\mathrm{Var}(\xi_{t-1} | Y_n)$。M 步骤通过将等式设定为零求解 $\sigma_\varepsilon^2$ 和 $\sigma_\xi^2$。例如，利用与上一节同样的方式，我们有

$$-2\frac{\partial}{\partial \sigma_\varepsilon^2}\widehat{\mathrm{E}}[\log p(\alpha, Y_n | \psi)] = \frac{\partial}{\partial \sigma_\varepsilon^2}\sum_{t=1}^n \left[\log\sigma_\varepsilon^2 + \frac{1}{\sigma_\varepsilon^2}\{\hat{\varepsilon}_t^2 + \mathrm{Var}(\varepsilon_t | Y_n)\}\right]$$
$$= \frac{n}{\sigma_\varepsilon^2} - \frac{1}{\sigma_\varepsilon^4}\sum_{t=1}^n \{\hat{\varepsilon}_t^2 + \mathrm{Var}(\varepsilon_t | Y_n)\}$$
$$= 0,$$

$\sigma_\xi^2$ 也类似。由于 $\hat{\varepsilon}_t = \widetilde{\sigma}_\varepsilon^2 u_t$、$\mathrm{Var}(\varepsilon_t | Y_n) = \widetilde{\sigma}_\varepsilon^2 - \widetilde{\sigma}_\varepsilon^4 D_t$、$\hat{\xi}_t = \widetilde{\sigma}_\xi^2 r_t$ 和 $\mathrm{Var}(\xi_t | Y_n) = \widetilde{\sigma}_\xi^2 - \widetilde{\sigma}_\xi^4 N_t$，新的测试值 $\sigma_\varepsilon^2$ 和 $\sigma_\xi^2$ 由下式得到：

$$\overline{\sigma}_\varepsilon^2 = \frac{1}{n}\sum_{t=1}^n \{\hat{\varepsilon}_t^2 - \mathrm{Var}(\varepsilon_t | Y_n)\} = \widetilde{\sigma}_\varepsilon^2 + \frac{1}{n}\widetilde{\sigma}_\varepsilon^4 \sum_{t=1}^n (u_t^2 - D_t),$$
$$\overline{\sigma}_\xi^2 = \frac{1}{n-1}\sum_{t=2}^n \{\hat{\xi}_{t-1}^2 - \mathrm{Var}(\xi_{t-1} | Y_n)\} = \widetilde{\sigma}_\xi^2 + \frac{1}{n-1}\widetilde{\sigma}_\xi^4 \sum_{t=2}^n (r_{t-1}^2 - N_{t-1}),$$

扰动平滑值 $u_t$、$D_t$、$r_t$ 和 $N_t$ 基于 $\widetilde{\sigma}_\varepsilon^2$ 和 $\widetilde{\sigma}_\xi^2$。用新值 $\overline{\sigma}_\varepsilon^2$ 和 $\overline{\sigma}_\xi^2$ 代替 $\widetilde{\sigma}_\varepsilon^2$ 和 $\widetilde{\sigma}_\xi^2$，并且重复该过程直到收敛达到或切换至数值优化。类似简洁的结果在一般的时间序列模型可以得到，其中未知参数仅在矩阵 $H_t$ 和 $Q_t$ 发生。

### 7.3.5 处理扩散初始条件的估计

前几节表明处理一个扩散初始状态向量的参数估计仅需轻微的调整。扩散对数似然要求采用精确初始卡尔曼滤波或者增广卡尔曼滤波。在这两

种情形下，扩散对数似然计算与非扩散情形方式大致相同。计算得分向量或通过 EM 算法估计参数时，并没有真正的新的复杂问题出现。然而对于参数的估计，使用第 5.2 节的精确初始卡尔曼滤波而不是第 5.7 节的增广卡尔曼滤波，有一个令人信服的理由。对于大多数实际模型，矩阵 $P_{\infty,t}$ 及其相关矩阵 $F_{\infty,t}$、$M_{\infty,t}$ 和 $K_{\infty,t}$ 不依赖于参数向量 $\psi$。这可能令人惊讶，例如，通过研究第 5.6.1 节给出的对于局部线性趋势模型的演示，我们看到，矩阵 $P_{\infty,t}$、$K_t^{(0)} = T_t M_{\infty,t} F_{\infty,t}^{-1}$ 和 $L_t^{(0)} = T_t - K_t^{(0)} Z_t$ 不依赖于 $\sigma_\varepsilon^2$、$\sigma_\xi^2$ 或 $\sigma_\zeta^2$。另外，我们看到第 5.7.4 节报告的所有矩阵依赖于 $q_\xi = \sigma_\xi^2/\sigma_\varepsilon^2$ 和 $q_\zeta = \sigma_\zeta^2/\sigma_\varepsilon^2$，该节以增广方法处理相同的示例数据。因此，在估计过程中每次参数向量 $\psi$ 的变化，我们需要重新计算增广卡尔曼滤波的增广部分，而精确初始卡尔曼滤波不必重新计算与 $P_{\infty,t}$ 相关的矩阵。

首先我们考虑系统矩阵 $H_t$、$R_t$ 和 $Q_t$ 仅依赖于参数向量 $\psi$ 的情形。矩阵 $F_{\infty,t} = Z_t P_{\infty,t} Z_t'$ 和 $M_{\infty,t} = P_{\infty,t} Z_t'$ 并不依赖于 $\psi$，因为 $P_{\infty,t}$ 的更新方程由下式给出：

$$P_{\infty,t+1} = T_t P_{\infty,t} (T_t - K_t^{(0)} Z_t)',$$

式中 $K_t^{(0)} = T_t M_{\infty,t} F_{\infty,t}^{-1}$ 和 $P_{\infty,1} = AA'$，对于 $t = 1,\cdots,d$。因此对于所有与 $P_{\infty,t}$ 相关的数量，参数向量 $\psi$ 并不起作用。计算 $a_{t+1}$ 对于 $t = 1,\cdots,d$ 同样有效，因为

$$a_{t+1} = T_t a_t + K_t^{(0)} v_t,$$

式中 $v_t = y_t - Z_t a_t$ 和 $a_1 = a$。这里一样，数值不依赖于 $\psi$。更新方程为

$$P_{*,t+1} = T_t P_{*,t} (T_t - K_t^{(0)} Z_t)' - K_t^{(0)} F_{\infty,t} K_t^{(1)'} + R_t Q_t R_t',$$

式中 $K_t^{(1)} = T_t M_{*,t} F_{\infty,t}^{-1} - K_t^{(0)} F_{*,t} F_{\infty,t}^{-1}$ 依赖于 $\psi$。因此，我们计算向量 $v_t$ 及矩阵 $K_t^{(0)}$ 和 $F_{\infty,t}$，对于 $t = 1,\cdots,d$。一旦参数开始估计，我们就保存它们。当卡尔曼滤波再次调用于似然函数评估，我们并不需要重新计算这些数量，我们只需要更新矩阵 $P_{*,t}$，对于 $t = 1,\cdots,d$。这意味着使用 EM 算法或使用变种牛顿法极大化扩散对数似然时，参数估计的计算量有相当大节省。

在 $\psi$ 影响系统矩阵 $Z_t$ 和 $T_t$ 的情形下，对于这本书中我们考虑的所有非平稳模型，我们实现了相同的计算节省。矩阵 $Z_t$ 和 $T_t$ 可能依赖于 $\psi$ 但 $Z_t$ 和 $T_t$ 部分影响 $P_{\infty,t}$、$F_{\infty,t}$、$M_{\infty,t}$ 和 $K_{\infty,t}$，对于 $t = 1,\cdots,d$ 的计算不依赖于 $\psi$。应当指出的是，$P_{\infty,t}$ 的行和列与 $\alpha_1$ 的元素相关联，它并不是 $\delta$ 的元素，在 $t = 1,\cdots,d$ 均为 0。从而 $Z_t$ 的列及 $T_t$ 的行和列与状态向量平稳元素

有关，不影响矩阵 $P_{\infty,t}$、$F_{\infty,t}$、$M_{\infty,t}$ 和 $K_{\infty,t}$。在第 3 章的非平稳时间序列模型，如 ARIMA 和结构时间序列模型中，影响 $Z_t$ 和 $T_t$ 的 $\psi$ 的所有元素仅涉及模型的平稳部分，对于 $t = 1,\cdots,d$。$Z_t$ 和 $T_t$ 与 $\delta$ 相关的部分仅具有 0 或 1 值。例如，第 3.4 节的 ARIMA（2，1，1）模型表明 $\psi = (\phi_1, \phi_2, \theta_1, \sigma^2)'$ 不影响 $Z_t$ 和 $T_t$ 的元素，其与状态向量的第一个元素相关联。

### 7.3.6　大样本分布的估计

根据模型随时间的稳定性的合理假设，对于大样本 $n$ 的分布 $\hat{\psi}$ 近似为

$$\hat{\psi} \sim \mathrm{N}(\psi, \Omega),\qquad(7.18)$$

式中

$$\Omega = \Big[ - \frac{\partial^2 \log L}{\partial \psi \partial \psi'} \Big]^{-1}。\qquad(7.19)$$

这个分布与从独立同分布观测样本的极大似然估计的大样本分布具有相同的形式。结果（7.18）由 Hamilton（1994）在第 5.8 节对于一般时间序列模型和第 13.4 节对于线性高斯状态空间模型的特殊情形进行讨论。在讨论中，Hamilton 给出了一些关于这个问题的理论工作的参考。

### 7.3.7　参数估计的误差影响

到目前为止，我们都遵循标准古典统计方法，首先推导出感兴趣的数量估计，由假设参数向量 $\psi$ 为已知，然后将 $\psi$ 替换为极大似然估计而得到 $\hat{\psi}$。我们现在考虑这个过程可能产生的偏误。因为在一般情形下解析解似乎不可行，所以我们采用模拟方法。我们处理 $\mathrm{Var}(\hat{\psi}) = O(n^{-1})$ 的情形，这样偏误的阶数也为 $n^{-1}$。

我们提出的技术较为简单。假设 $\hat{\psi}$ 是 $\psi$ 的真值。从式（7.18）和式（7.19），我们知道，假设 $\psi$ 真值为 $\hat{\psi}$，$\psi$ 的极大似然估计的近似大样本分布为 $\mathrm{N}(\hat{\psi}, \hat{\Omega})$，式中 $\hat{\Omega}$ 为在 $\psi = \hat{\psi}$ 处由式（7.19）给出的 $\Omega$ 的评估。从 $\mathrm{N}(\hat{\psi}, \hat{\Omega}$ 抽取模拟样本 $N$ 独立于 $\psi^{(i)}$），$i = 1, \cdots, N$。记 $e$ 为标量、向量和矩阵，我们希望从样本 $Y_n$ 估计并令

$$\hat{e} = \mathrm{E}(e \mid Y_n)\big|_{\psi = \hat{\psi}}$$

为 $e$ 的估计，通过第 4 章的方法得到。为简单起见，我们关注平滑值，尽管滤波估计基本上技术一致。令

$$e^{(i)} = \mathrm{E}(e|Y_n)\big|_{\psi=\psi^{(i)}}$$

为 $e$ 的估计，通过取 $\psi = \psi^{(i)}$ 得到，对于 $i = 1,\cdots,N$。然后估计偏误

$$\hat{B}_e = \frac{1}{N}\sum_{i=1}^{N}e^{(i)} - \hat{e}。 \tag{7.20}$$

$\hat{B}_e$ 的精度可通过使用对偶变量显著改善，这在第 11.4.3 节讨论，与非高斯模型处理的重要性采样有联系。例如，我们可以平衡 $\psi^{(i)}$ 的位置，通过从 $\mathrm{N}(\hat{\psi},\hat{\Omega})$ 中取 $N/2$，式中 $N$ 为偶数，且定义 $\psi^{(N-i+1)} = 2\hat{\psi} - \psi^{(i)}$，对于 $i=1,\cdots,N/2$。由于 $\psi^{(N-i+1)} - \hat{\psi} = -(\psi^{(i)} - \hat{\psi})$ 且 $\psi^{(i)}$ 分布关于 $\hat{\psi}$ 对称，因此 $\psi^{(N-i+1)}$ 的分布与 $\psi^{(i)}$ 的分布相同。这样，我们不仅将从 $\mathrm{N}(\hat{\psi},\hat{\Omega})$ 分布中抽取的样本数减少了一半，而且引入了 $\psi^{(i)}$ 之间的负相关，它将减少样本的变动，我们已经安排了模拟样本，因此样本均值 $(\psi^{(1)} + \cdots + \psi^{(N)})/N$ 等于总体均值 $\hat{\psi}$。我们可以通过第 11.4.3 节描述的技术以平衡样本规模，使用如下事实：

$$(\psi^{(i)} - \hat{\psi})'\,\hat{\Omega}^{-1}(\psi^{(i)} - \hat{\psi}) \sim \chi_w^2,$$

式中 $w$ 为 $\psi$ 的维度；然而我们的期望是，在大多数情形下位置平衡应当充分。模拟的均方误差矩阵可以用类似于第 11.6.5 节中所描述的方式来估计。

当然，我们并不建议偏误作为常规时间序列分析的一个标准部分而估计。我们已经包括了该技术的描述，以帮助学者对特定类型问题调查偏误的程度；在大多数实际案例中，我们希望偏误足够小可忽略不计。

Hamilton（1994）曾提出由参数估计中的误差引起的用于偏误的模拟。他的方法与我们的在两个方面有所不同。他使用模拟来估计所研究的整个函数，在他的案例中，这是一个均方误差矩阵，而不仅是偏误，而我们处理为偏误。另外，他省去了相同阶的项如偏误，即 $n^{-1}$，第 2 章局部水平模型的偏误分析由 Quenneville 和 Singh（1997）所证实。后一论文纠正了 Hamilton 的方法，并提供了有趣的分析和模拟结果，但仅给出了局部水平模型的细节。基于参数和非参数的 bootstrap 样本的不同方法已由 Stoffer 和 Wall（1991，2004）以及 Pfefferman 和 Tiller（2000）所建议。

## 7.4　拟合优度

给定时间序列，由于估计的参数向量 $\hat{\psi}$，我们可能需要测度所考虑模型的拟合优度。时间序列模型的拟合优度测度通常与预测误差相关。拟合优度的基本测度是预测方差 $F_t$，这可与平凡模型的预测方差进行比较。例如，当我们分析时变的趋势和季节成分的时间序列，我们可以调整为固定的趋势和季节成分，然后比较该模型的预测方差。

当处理竞争模型时，我们可能要比较特定拟合模型的对数似然值，记为 $\log L(Y_n|\hat{\psi})$ 或 $\log L_d(Y_n|\hat{\psi})$，以及相应的竞争模型的对数似然值。一般来说，模型包含的参数数目较多时，其具有较大的对数似然值。为了对具有不同参数数目的模型之间进行公平比较，通常使用信息准则，如赤池信息准则（Akaike information criterion，AIC）和贝叶斯信息准则（Bayesian information criterion，BIC）。对于单变量序列，其由下式给出：

$$\text{AIC} = n^{-1}\big[-2\log L(Y_n|\hat{\psi}) + 2w\big], \qquad \text{BIC} = n^{-1}\big[-2\log L(Y_n|\hat{\psi}) + w\log n\big],$$

式中 $w$ 是 $\psi$ 的维度。具有多个参数或多个非平稳元素的模型则受到更大惩罚。更多细节可以在 Harvey（1989）中找到。在一般情形下，AIC 或 BIC 的较小值表明模型较优。

## 7.5　诊断检查

第 2.12 节中对于局部水平模型（2.3）讨论的诊断统计和图形也可以相同方式用于所有的单变量状态空间模型。式（4.13）定义的向前一步预测误差，经过除以标准差 $F_t^{1/2}$ 标准化后，可用于第 2.12.1 节的正态分布、异方差和序列相关的基本诊断。在多变量模型的情形下，我们可以考虑该向量的标准化单个元素

$$v_t \sim \text{N}(0, F_t), \qquad t = d+1,\cdots,n,$$

但是各个元素是相关的，因为矩阵 $F_t$ 是非对角。这些新息可进行转换以使它们互不相关：

$$v_t^s = B_t v_t, \qquad F_t^{-1} = B_t' B_t \text{。}$$

基本诊断应用于 $v_t^s$ 的单个元素是合适的。另一种可能是对全向量 $v_t^s$ 进行多元一般化诊断检查。关于诊断检查更详细的讨论在 Harvey（1989）以及 Koopman、Harvey、Doornik 和 Shephard（2010）的 STAMP 整个手册中可以找到。

一般状态空间模型的辅助残差由下式构造：

$$\hat{\varepsilon}_t^s = B_t^\varepsilon \hat{\varepsilon}_t, \qquad [\mathrm{Var}(\hat{\varepsilon}_t)]^{-1} = B_t^{\varepsilon'} B_t^\varepsilon,$$

$$\hat{\eta}_t^s = B_t^\eta \hat{\eta}_t, \qquad [\mathrm{Var}(\hat{\eta}_t)]^{-1} = B_t^{\eta'} B_t^\eta,$$

对于 $t = 1,\cdots,n$。辅助残差 $\hat{\varepsilon}_t^s$ 可用于识别序列 $y_t$ 的异常点。$\hat{\varepsilon}_t^s$ 的大绝对值表明观测值的行为无法适当表征所考虑的模型。$\hat{\eta}_t^s$ 的用处取决于 $\alpha_t$ 的状态元素的解释，其由系统矩阵 $T_t$、$R_t$ 和 $Q_t$ 的设计所隐含。这些辅助残差可利用的方式取决于他们的解释。对于第 7.3.3 节和第 7.3.4 节所考虑的局部水平模型，很显然，状态是随时间变化的水平，$\xi_t$ 为水平在 $t+1$ 期的变化。由此可见，序列 $y_t$ 的结构突变可以通过用 $\hat{\xi}_t$ 检测其绝对值来识别。以同样的方式，对于单变量局部线性趋势模型（3.2），$\hat{\xi}_t$ 的第二个元素可用来检测序列 $y_t$ 的斜率变化。Harvey 和 Koopman（1992）已经将这些想法正式加入第 3.2 节的结构时间序列模型，他们构造了一些基于辅助残差的诊断检查检验。

de Jong 和 Penzer（1998）认为，状态向量的任何元素均可计算这样的辅助残差，且可以将它们视为对假设的 $t$ 检验：

$$H_0: (\alpha_{t+1} - T_t\alpha_t - R_t\eta_t)_i = 0,$$

对于合适的大样本统计由下式计算：

$$r_{it}^s = r_{it}/\sqrt{N_{ii,t}},$$

对于 $i = 1,\cdots,m$，式中 $(\cdot)_i$ 为括号内的向量的第 $i$ 个元素，$r_{it}$ 为向量 $r_t$ 的第 $i$ 个元素，$N_{ij,t}$ 为矩阵 $N_t$ 的第 $(i,j)$ 个元素；该 $r_t$ 和 $N_t$ 的递推评估由第 4.5.3 节给出。这同样适用于测量方程，以 $t$ 检验统计量检验假设

$$H_0: (y_t - Z_t\alpha_t - \varepsilon_t)_i = 0,$$

由下式计算：

$$e_{it}^s = e_{it}/\sqrt{D_{ii,t}},$$

对于 $i = 1,\cdots,p$，式中计算 $e_t$ 和 $D_t$ 的公式在第 4.5.3 节给出。这些诊断可以看作模型设定的检验。$r_{it}^s$ 和 $e_{it}^s$ 较大的值对于 $i$ 和 $t$ 的取值，可能反映需重新设定模型，或显示具体的模型调整。

# 8. 线性高斯模型应用的演示

## 8.1  引言

在本章中，我们将给出一些演示以说明在实际中如何使用线性高斯模型来工作。状态空间方法通常用于时间序列问题，我们大部分的案例来自这一领域，但我们也处理平滑问题，这通常不被视为时间序列分析的部分，我们使用三次样条来求解该问题。

第一个案例是道路交通事故数据的分析，估计引入强制佩戴安全带的法案使英国司机死亡和重伤的减少程度。在第二个案例中，我们考虑一个二元模型，其中包括前排和后排乘客死伤人数的数据，我们估计加入第二个变量后对第一个变量的估计精度的影响。第三个案例显示了状态空间方法如何应用于 Box – Jenkins ARMA 模型，使用登录到互联网的用户数据。在第四个案例中，我们考虑了状态空间求解摩托车加速数据的样条平滑。最后一个案例提供了基于线性高斯模型的随机波动近似分析，采用英镑兑美元的汇率序列。我们大多数计算使用的软件是 SsfPack，其在第 6.7 节已描述。

## 8.2  结构时间序列分析

由 Durbin 和 Harvey（1985）以及 Durbin 和 Harvey（1986）研究的英国安全带法案对道路交通事故的影响，提供了使用结构时间序列模型处理应用时间序列分析问题的演示。他们分析的数据集，包含了各类影响道路交通事故伤亡的指标。他们的报告代表交通运输部提供了英国安全带法案对交通死伤的一个独立的评估。他们借助线性高斯状态空间模型，分析了大部分序列。在这里，我们仅关注从 1969 年 1 月到 1984 年 12 月在英国的道路交通事故中司机、前排乘客和后排乘客每月死亡或重伤数量。数据转换为对数，因为对数数据拟合模型更好。数据集包括尽可能的解释变量，如每车每月平均行驶公里数和汽油实际价格的数据。我们先从司机的单变量序列分析开始。在接下来的部分中，我们使用前排和后排乘客数据进行二元分析。

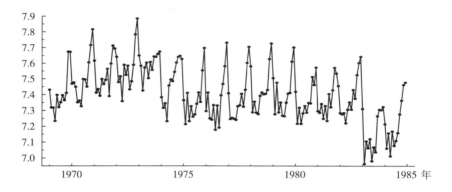

**图 8.1　英国道路交通事故中司机死亡或重伤（KSI）月度数据（对数）**

汽车司机死亡或重伤的每月对数图显示在图 8.1。该图展示了一个季节模式，这可能与天气条件和节日庆祝活动有关。该序列的总体趋势基本上不变，在 20 世纪 70 年代中期有断裂，可能是因为石油危机，1983 年 2 月之后的断裂可能与安全带法案推出有关。我们最初考虑的模型为基本结构时间序列模型，由下式给出：

$$y_t = \mu_t + \gamma_t + \varepsilon_t,$$

式中 $\mu_t$ 为局部水平成分，建模为随机游走 $\mu_{t+1} = \mu_t + \xi_t$，$\gamma_t$ 为三角季节性成分（3.7）和成分（3.8），而 $\varepsilon_t$ 为一个扰动项，具有零均值和方差 $\sigma_\varepsilon^2$。注意，为了说明目的，我们在此阶段并未加入干预成分来测量安全带法案的效应。

模型使用第 2 章描述的技术通过极大似然来估计。搜寻估计 $\sigma_\varepsilon^2$、$\sigma_\xi^2$ 和 $\sigma_\omega^2$ 的迭代方法由 STAMP 8.3 实现，其基于压缩扩散对数似然，如在第 2.10.2 节所讨论。估计结果在下面给出，其中参数向量的第一个元素是 $\phi_1 = 0.5\log q_\eta$，第二元素是 $\phi_2 = 0.5\log q_\omega$，式中 $q_\xi = \sigma_\xi^2/\sigma_\varepsilon^2$，$q_\omega = \sigma_\omega^2/\sigma_\varepsilon^2$。我们呈现从 Koopman、Harvey、Doornik 和 Shephard（2010）的 STAMP 软件包获得的参数估计结果。单变量优化迭代几次就得到估计值，优化过程为

其他参数保持固定到其当前值，对一个参数从任意值来初始化。极大似然估计优化过程不仅产生参数估计，通常也同时获得良好的初始值。在此过程中一个方差参数需要重点关注。所得参数估计如下，$\sigma_\omega^2$ 的估计非常小，但它最初被设定为零，也有证据显示残差中的季节序列相关。因此，我们保持 $\sigma_\omega^2$ 等于其估计值。

分布的估计方差

| 成分 | 值 | （q 比率） |
| --- | --- | --- |
| 水平 | 0.000935852 | （ 0.2740） |
| 季节 | 5.01096e − 007 | （0.0001467） |
| 不规则 | 0.00341598 | （ 1.000） |

各成分的估计在图 8.2 中显示。水平估计并没有显示序列潜在上升，不规则估计也不会引起我们太多关注，季节影响几乎不随时间而改变。

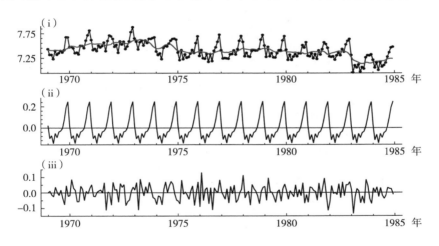

图 8.2　估计成分：（i）水平；（ii）季节；（iii）不规则

在图 8.3 中所估计的水平显示：预测估计仅基于过去数据，也就是 E $(\mu_t | Y_{t-1})$，而平滑估计是基于所有的数据，也就是 E $(\mu_t | Y_n)$。由此可以看出，预测估计滞后于序列中的冲击是可以预料的，因为该估计不考虑当前和未来的观测结果。

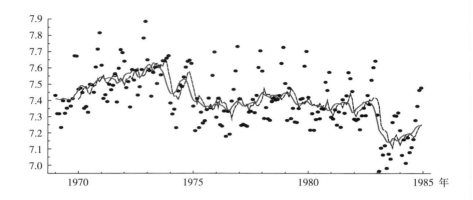

图8.3　数据（点）及预测（虚线）和平滑（实线）估计水平

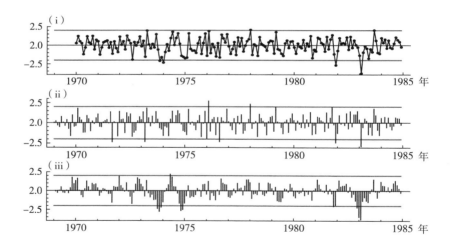

图8.4　（ⅰ）向前一步预测残差（时间序列图）；
（ⅱ）辅助不规则残差（索引图）；（ⅲ）辅助水平残差（索引图）

　　这一序列的模型拟合和初步基本诊断令人满意。STAMP 提供的标准结果如下：

诊断总结报告

估计样本为 69. 1 – 84. 12. （T = 192，n = 180）

对数似然值为 435. 295 （ – 2 LogL ＝ – 870. 59 ）

预测误差方差为 0. 00586717

概括统计量

|  | 司机 |
|---|---|
| 标准误 | 0. 076597 |
| N | 4. 6692 |
| H（60） | 1. 0600 |
| r（1） | 0. 038621 |
| Q（24，22） | 33. 184 |

诊断定义在第 2. 12 节可找到。

当我们检查图 8.4 中的残差曲线，特别是辅助水平残差，我们看到 1983 年 2 月的点为一个大的负值，这表明有必要在 1983 年 2 月加入一个干预变量来测量水平平移。我们已经执行了此项分析，并不纯粹是为了说明这个问题。在实际分析中，干预变量显然将被包括在内，因为期望得到引入安全带法案会降低伤亡的结果。

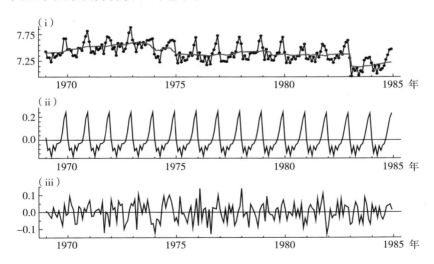

**图8.5　估计成分模型及干预和回归效应：（i）水平；（ii）季节；（iii）不规则**

通过引入干预变量，从 1983 年 2 月开始等于 1，之前为 0，以及汽油价格作为另一个解释变量，我们重新估计模型，得到回归结果如下：

解释变量的估计系数

| 变量 | 系数 | R. m. s. e. | $t$ 值 |
|---|---|---|---|
| 汽油价格 | − 0. 29140 | 0. 09832 | − 2. 96384 ［0. 00345］ |
| Lvl 83. 2 | − 0. 23773 | 0. 04632 | − 5. 13277 ［0. 00000］ |

当干预变量和汽油价格的回归效应都包括在内时，图 8.5 显示估计成分。

1983 年 1 月后的水平断点的估计系数为 − 0. 238，也就是在安全带法案出台之后司机死亡重伤下降21%，即 $1 - \exp\ (-0.238)\ =0.21$。$t$ 值为 − 5. 1表明断点非常显著。汽油价格的系数也显著。

# 8.3 二元结构时间序列分析

多元结构时间序列模型在第3.3节引入。为了说明状态空间方法应用于多元时间序列，我们分析一个二元月度时间序列，即英国道路交通事故中死亡重伤分为前排乘客和后排乘客，这也包含在 Durbin 和 Harvey（1986）的研究评估中。

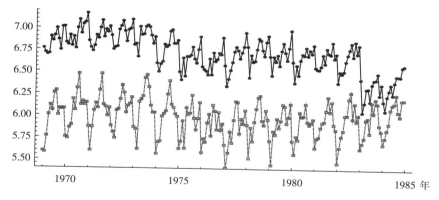

**图8.6 英国交通事故死亡重伤中的前排（灰连线）和
后排（虚线及方块）乘客人数（对数）**

图 8.6 中的图形表明，在局部水平设定趋势成分是合适的，我们也需要包含一个季节成分。首先，我们估计二元模型的水平、三角季节和不规则成分，以及行驶公里数和汽油实际价格的解释变量。我们估计模型只能利用 1983 年以前的观测值，因为在这一年引入了安全带法案。三个扰动向量的方差矩阵由第7.3节描述的极大似然所估计。季节成分的方差矩阵估

计较小，从而导致季节成分模型固定，再重新估算剩余的两个方差矩阵：

$$\hat{\sum}_{\varepsilon} = 10^{-4}\begin{bmatrix} 5.006 & 4.569 \\ 4.569 & 9.143 \end{bmatrix}, \qquad \hat{\sum}_{\eta} = 10^{-5}\begin{bmatrix} 4.834 & 2.993 \\ 2.993 & 2.234 \end{bmatrix},$$

$$\hat{\rho}_{\varepsilon} = 0.675, \quad \hat{\rho}_{\eta} = 0.893,$$

式中 $\rho_x = \sum_x(1,2) / \sqrt{\sum_x(1,1)\sum_x(2,2)}$，对于 $x = \varepsilon, \eta$，且式中 $\sum_x(i,j)$ 是矩阵 $\sum_x$ 的 $(i,j)$ 元素，对于 $i,j = 1,2$。模型估计的对数似然值为 742.088，AIC 等于 $-4.4782$。

两个水平的扰动之间的相关系数接近 1。因此，它可能有一定含义，限定水平方差矩阵的秩为 1，重新估计模型的方差：

$$\hat{\sum}_{\varepsilon} = 10^{-4}\begin{bmatrix} 5.062 & 4.791 \\ 4.791 & 10.02 \end{bmatrix}, \qquad \hat{\sum}_{\eta} = 10^{-5}\begin{bmatrix} 4.802 & 2.792 \\ 2.792 & 1.623 \end{bmatrix},$$

$$\hat{\rho}_{\varepsilon} = 0.673, \quad \rho_{\eta} = 1,$$

这个模型的对数似然值是 739.399，AIC 等于 $-4.4628$。两个 AIC 的比较显示轻微偏向不受约束模型。

我们现在评估引进安全带法案的效应，就如我们已经使用一个单变量模型分析司机序列的效应。我们专注于安全带法案对前排乘客的影响。我们还注意到后排序列与前排序列高度相关。然而，安全带法案并不影响后排乘客，因此数据也显示其未受到安全带法案出台的影响。在这种情况下，后排序列可用作控制组（control group），这样可能导致安全带法案对前排乘客效应更精确的测量；这种想法背后的原因请参阅 Harvey（1996）的讨论，他给出该方法。

我们考虑无限制的二元模型，但将 1983 年 2 月的水平干预加入两个序列。使用整个数据集估计该模型，参数估计为

$$\hat{\sum}_{\varepsilon} = 10^{-4}\begin{bmatrix} 5.135 & 4.493 \\ 4.493 & 9.419 \end{bmatrix}, \qquad \hat{\sum}_{\eta} = 10^{-5}\begin{bmatrix} 4.896 & 3.025 \\ 3.025 & 2.317 \end{bmatrix},$$

$$\hat{\rho}_{\varepsilon} = 0.660, \quad \hat{\rho}_{\eta} = 0.898,$$

两个方程的水平干预估计如下：

| | 系数 | rmse | $t$ 值 | $p$ 值 |
|---|---|---|---|---|
| 前排 | $-0.32799$ | 0.05699 | $-5.75497$ | 0.0000 |
| 后排 | 0.03376 | 0.05025 | 0.67189 | 0.50252 |

从这些结果和图 8.6 中的人员伤亡的后排乘客时间序列可见，很明显

它们不受安全带法案的影响，正如我们预期。模型的后排方程去掉干预作用，我们获得估计结果

$$\hat{\sum}_\varepsilon = 10^{-4}\begin{bmatrix}5.147 & 4.588\\4.588 & 9.380\end{bmatrix}, \qquad \hat{\sum}_\eta = 10^{-5}\begin{bmatrix}4.754 & 2.926\\2.926 & 2.282\end{bmatrix},$$

$$\hat{\rho}_\varepsilon = 0.660, \qquad \hat{\rho}_\eta = 0.888,$$

以及水平干预估计如下：

| | 系数 | rmse | $t$ 值 | $p$ 值 |
|---|---|---|---|---|
| 前排 | $-0.35630$ | $0.03655$ | $-9.74877$ | $0.0000$ |

前排乘客序列的干预系数估计的根均方误差下降两倍，非常显著。强制 $\sum_\eta$ 的秩为 1，使得该水平互成比例，产生以下估计结果

$$\hat{\sum}_\varepsilon = 10^{-4}\begin{bmatrix}5.206 & 4.789\\4.789 & 10.24\end{bmatrix}, \qquad \hat{\sum}_\eta = 10^{-5}\begin{bmatrix}4.970 & 2.860\\2.860 & 1.646\end{bmatrix},$$

$$\hat{\rho}_\varepsilon = 0.659, \qquad \rho_\eta = 1,$$

以及水平干预估计

| | 系数 | rmse | $t$ 值 | $p$ 值 |
|---|---|---|---|---|
| 前排 | $-0.41557$ | $0.02621$ | $-15.85330$ | $0.0000$ |

秩减少也导致了 $t$ 值的大幅增加（绝对值）。估计的（无季节性）信号和最后模型估计水平的曲线显示在图 8.7。前排座位乘客伤亡的潜在水平显著下降，反映了引入安全带法案的作用清晰可见。

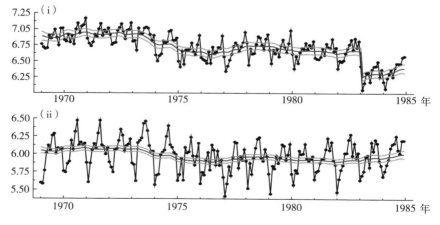

图 8.7　（ⅰ）前排乘客与估计信号（无季节性）和 **95%** 的置信区间；
　　　　（ⅱ）后排乘客与估计信号（无季节性）和 **95%** 的置信区间

## 8.4　Box – Jenkins 分析

在本节中，我们将证明拟合 ARMA 模型可使用状态空间方法来完成，ARMA 模型是 Box – Jenkins 方法的重要组成部分。此外，我们将证明观测缺失在状态空间框架内处理没有困难，而运用 Box – Jenkins 方法处理则非常困难，参见第 3.10.1 节的讨论。最后，由于 Box – Jenkins 方法的一个重要目的是预测，我们也呈现调查序列的预测。在这个演示中，我们使用 Makridakis、Wheelwright 和 Hyndman（1998）所分析的序列：登录到互联网服务器的每分钟用户记录，共超过 100 分钟。数据差分以使其更接近平稳，其中 99 个观测值在图 8.8（ⅰ）展示。

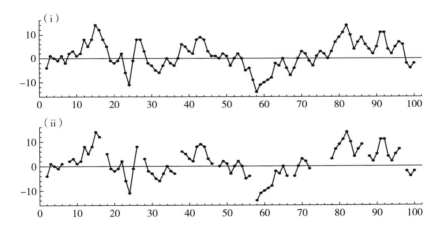

图 8.8　（ⅰ）登录到互联网服务器的每分钟用户数目的一阶差分；
（ⅱ）同序列删去 14 个观测值

我们估算了一系列 ARMA 模型（3.17），选择了不同的 $p$ 和 $q$ 的组合。它们基于（3.20）以状态空间形式估计。表 8.1 给出了这些不同的 ARMA 模型的赤池信息准则（AIC），这在第 7.4 节定义。我们看到，根据 AIC 值，ARMA 模型（$p,q$）为（1,1）和（3,0）为最优。我们偏爱 ARMA（1,1）模型，因为它更简洁。同一序列类似的表由 Makridakis、Wheelwright 和 Hyndman（1998）给出，但 AIC 统计量的计算不同。他们的结论是 ARMA（3,0）模型为最优。

表 8.1　　　　　　　　　　　不同 ARMA 模型的 AIC

| $p$ \ $q$ | 0 | 1 | 2 | 3 | 4 | 5 |
|---|---|---|---|---|---|---|
| 0 | | 2.777 | 2.636 | 2.648 | 2.653 | 2.661 |
| 1 | 2.673 | 2.608 | 2.628 | 2.629（1） | 2.642 | 2.658 |
| 2 | 2.647 | 2.628 | 2.642 | 2.657 | 2.642（1） | 2.660（4） |
| 3 | 2.606 | 2.626 | 2.645 | 2.662 | 2.660（2） | 2.681（4） |
| 4 | 2.626 | 2.646（8） | 2.657 | 2.682 | 2.670（1） | 2.695（1） |
| 5 | 2.645 | 2.665（2） | 2.654（9） | 2.673（10） | 2.662（12） | 2.727（A） |

注：括号内的值表示优化期间的对数似然无法评估的次数。符号 A 表示极大化过程中由于数值问题自动终止。

我们重新计算相同的差分序列，但现有 14 个观测值处理为缺失：6，16，26，36，46，56，66，72，73，74，75，76，86，96。经修改序列的图形见图 8.8（ⅱ）。表 8.2 报告的 AIC 得出了相同的结论，该序列没有缺失值。首选模型是 ARMA（1，1），虽然它的优势没有那么强。由此我们得知，估计高阶 ARMA 模型及观测缺失将导致更多数值问题。

表 8.2　　　　　　　　有观测缺失的不同 ARMA 模型的 AIC

| $p$ \ $q$ | 0 | 1 | 2 | 3 | 4 | 5 |
|---|---|---|---|---|---|---|
| 0 | | 3.027 | 2.893 | 2.904 | 2.908 | 2.926 |
| 1 | 2.891 | 2.855 | 2.877 | 2.892 | 2.899 | 2.922 |
| 2 | 2.883 | 2.878 | 2.895（6） | 2.915 | 2.912 | 2.931 |
| 3 | 2.856（1） | 2.880 | 2.909 | 2.924 | 2.918（12） | 2.940（1） |
| 4 | 2.880 | 2.902 | 2.923 | 2.946 | 2.943 | 2.957（2） |
| 5 | 2.901 | 2.923 | 2.877（A） | 2.897（A） | 2.956（26） | 2.979 |

注：括号内的值表示优化期间的对数似然无法评估的次数。符号 A 表示极大化过程中由于数值问题自动终止。

最后，我们在图 8.9 中呈现 50% 置信区间下样本内的提前一步预测的序列观测缺失和样本外预测。这是状态空间模型的诸多优点之一，允许观测缺失对它而言毫无困难。

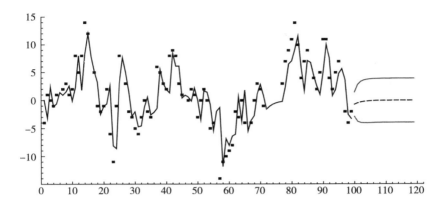

图 8.9　互联网序列（实线），50% 置信区间下样本内的提前一步预测和
样本外预测

## 8.5　平滑样条

平滑样条和局部线性趋势模型之间的关联已被熟知多年；例如，见 Wecker 和 Ansley（1983）。在第 3.9 节我们发现，连续时间局部线性趋势及水平扰动方差等于零，等效于该方程。

考虑一组观测 $y_1, \cdots, y_n$，其不规则隔开且与序列 $\tau_1, \cdots, \tau_n$ 相关联。变量 $\tau_t$ 也可以是年龄、长度或收入，以及时间的测度。离散时间模型所隐含的底层连续时间模型是局部线性趋势模型，其中

$$\mathrm{Var}(\eta_t) = \sigma_\zeta^2 \delta_t^3 / 3, \quad \mathrm{Var}(\zeta_t) = \sigma_\zeta^2 \delta_t, \quad E(\eta_t \zeta_t) = \sigma_\zeta^2 \delta_t^2 / 2, \quad (8.1)$$

如第 3.8 节给出，式中距离变量 $\delta_t = \tau_{t+1} - \tau_t$ 是观测 $t$ 和观测 $t+1$ 之间的时间。我们将展示不规则的间隔数据如何使用状态空间方法进行分析。间隔均匀的观测 $\delta_t$ 被设定为 1。

我们考虑 133 个观测时间模拟摩托车事故的加速时间（以毫秒计）。此数据集最初由 Silverman（1985）分析，并经常用于拟合曲线技术，例如，见 Hardle（1990）以及 Harvey 和 Koopman（2000）。不等距观测，在一定的时间点有多个观测，见图 8.10。三次样条和核平滑技术依赖于平滑参数的选择。这通常由一个所谓交叉验证（cross‑validation）技术来确定。但是，一个三次样条设定为一个状态空间模型，平滑参数通过极大似然估计，样条能够由卡尔曼滤波和平滑来计算。该模型容易扩展到包括其

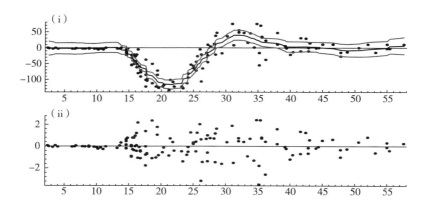

**图 8.10** 通过三次样条分析的摩托车加速度数据。（i）观测的时间与
样条和 95% 置信区间；（ii）标准化不规则

他未观测成分和解释变量，它可以使用标准统计准则与替代模型进行
比较。

这里我们遵循 Harvey 和 Koopman（2000）给出的分析。平滑系数 $\lambda = \sigma_\xi^2 / \sigma_\varepsilon^2$ 由极大似然估计（假设扰动正态分布），使用变换 $\lambda = \exp(\psi)$。$\psi$ 的估计是 $-3.59$，渐近标准误差为 $0.22$。这意味着 $\lambda$ 的估计是 $0.0275$，具有非对称的 95% 置信区间从 $0.018$ 到 $0.043$。Silverman（1985）通过交叉验证估计 $\lambda$，但未报告其值。在任何情况下，并不清楚通过交叉验证获得的估计值来计算标准误差。赤池信息量准则（AIC）是 $9.43$。图 8.10（i）呈现了三次样条。由一个统计模型技术表示的三次样条的优点之一是几乎没有额外计算，我们可以得到估计的方差，标准化残差定义为残差除以总标准差偏误。95% 置信区间的拟合样条在图 8.10（i）给出。这些都是基于均方根误差 $\mu_t$ 的平滑估计，从式（4.43）计算得到 $V_t$，但没有允许 $\lambda$ 的估计所引起的不确定，如第 7.3.7 节讨论的。

## 8.6 动态因子分析

收益率曲线或利率的期限结构，描述了给定借款人和给定货币的利率（借贷成本）与债务到期时间之间的关系。经济学家和交易商密切关注不同支付期限的美国国债的美元利率。收益率曲线的形状需要特别审查，因为它指示未来利率变化和经济活动。典型的收益率曲线是中长期贷款相比短期贷款由于与时间相关的风险而具有更高的收益率。众所周知的月度收益率数据集包括从 1985 年 1 月至 2000 年 12 月期间 17 种不同期限的美国利率数据。期限为 3 个月、6 个月、9 个月、12 个月、15 个月、18 个月、21 个月、24 个月、30 个月、36 个月、48 个月、60 个月、72 个月、84 个月、96 个月、108 个月和 120 个月。数据集在图 8.11 展示，我们参阅 Diebold 和 Li（2006）有关此数据集的更多细节。

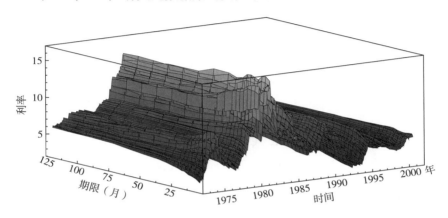

**图 8.11　美国月利率，期限分别为 3 个月、6 个月、9 个月、12 个月、15 个月、18 个月、21 个月、24 个月、30 个月、36 个月、48 个月、60 个月、72 个月、84 个月、96 个月、108 个月和 120 个月（从 1985 年 1 月至 2000 年 12 月）**

收益率曲线通常是期限的光滑函数。Nelson 和 Siegel（1987）提出了由代表收益率曲线的水平、斜率和曲率三个因素来表示收益率曲线。令 $y_{it}$ 为期限为 $\tau_i$ 的在时期 $t$ 的利率，$t = 1, \cdots, n$ 和 $i = 1, \cdots, N$。Nelson 和 Siegel 回归模型在时期 $t$ 的收益率曲线可以表示为

$$y_{it} = \beta_{1t} + x_{i2}\beta_{2t} + x_{i3}\beta_{3t} + \varepsilon_{it}, \tag{8.2}$$

其中，

$$x_{i2} = \frac{1 - z_i}{\lambda \tau_i}, \quad x_{i3} = \frac{1 - z_i}{\lambda \tau_i} - z_i, \quad z_i = \exp(-\lambda \tau_i),$$

式中 $\beta_{jt}$ 视为回归系数，$j = 1, 2, 3$，$\lambda$ 为非线性系数，$\varepsilon_{it}$ 为正态独立分布的扰动，其为零均值和未知方差 $\sigma^2$，对于 $i = 1, \cdots, N$。构造回归变量 $x_{ij}$ 允许 $\beta_{jt}$ 有一个解释，对于 $j = 1, 2, 3$ 和 $i = 1, \cdots, N$。第一个系数 $\beta_{1t}$ 代表所有利率的水平或均值。由于当 $\tau_i$ 变小，回归变量 $x_{i2}$ 收敛为 1；当 $\tau_i$ 变大，$x_{i2}$

收敛至零，因此系数 $\beta_{2t}$ 识别收益率曲线的斜率。当 $\tau_i$ 变小或变大，回归变量 $x_{i3}$ 收敛到零，对于 $\tau_i$ 为凹函数，因此系数 $\beta_{3t}$ 反映了收益率曲线的形状。在时期 $t$ 和收益观测 $y_{1t}$，$\cdots$，$y_{Nt}$，$N > 5$，我们通过非线性最小二乘法可以估算未知系数。当系数 $\lambda$ 被设定为等于某个固定值时，剩余系数可以通过普通最小二乘法估计。

Diebold、Rudebusch 和 Aruoba（2006）采用 Nelson – Siegel 框架，但设定三个因素为动态过程，并进行状态空间分析所获得的动态因子模型（3.32）由下式给出：

$$y_t = \Lambda f_t + \varepsilon_t, \quad \varepsilon_t \sim \mathrm{N}(0, \sigma^2 I_N),$$

式中 $y_t = (y_{1t}, \cdots, y_{Nt})'$，$f_t = (\beta_{1t}, \beta_{2t}, \beta_{3t})'$，$\varepsilon_t = (\varepsilon_{1t}, \cdots, \varepsilon_{Nt})'$，载荷矩阵 $\Lambda$ 的（$ij$）的元素等于 $x_{ij}$，式中 $x_{i1} = 1$，对于 $i = 1, \cdots, N$，$j = 1, 2, 3$ 和 $t = 1, \cdots, n$。$f_t$ 的动态设定一般由式（3.32）的 $f_t = U_t \alpha_t$ 给出，式中 $U_t$ 为典型已知选择矩阵。它允许 $3 \times 1$ 向量 $f_t$ 的向量自回归过程，这由 Diebold、Rudebusch 和 Aruoba（2006）以及其他文献建议，即

$$f_{t+1} = \Phi f_t + \eta_t, \quad \eta_t \sim \mathrm{N}(0, \textstyle\sum_\eta),$$

式中 $U_t = I_3$，且式中 $\Phi$ 为向量自回归的系数矩阵，$\sum_\eta$ 为扰动方差矩阵。通常假设向量 $f_t$ 遵循平稳过程。扰动向量 $\varepsilon_t$ 和 $\eta_t$ 在所有时点和滞后都相互且序列无关。由此可见，动态 Nelson – Siegel 模型是状态空间模型（3.1），其中 $Z_t = \Lambda$、$H_t = \sigma^2 I_N$、$T_t = \Phi$、$R_t = I_3$、$Q_t = \sum_\eta$，对于 $t = 1, \cdots, n$。这个动态因子模型描述了 Litterman 和 Scheinkman（1991）所提倡的利率和动态水平、斜率和曲率因子之间的线性关系。

状态空间分析包括通过极大似然方法估计 $\lambda$、$\sigma^2$、$\Phi$ 和 $\sum_\eta$，卡尔曼滤波用于评估似然值。在应用卡尔曼滤波之前，如在第 6.5 节中描述的 $N \times 1$ 观测向量 $y_t$ 已收缩为一个 $3 \times 1$ 向量 $y_t^*$。这导致了参数估计的高效计算和基于动态 Nelson – Siegel 模型的收益率曲线分析方法。极大似然估计结果为

$$\hat{\lambda} = 0.078, \quad \hat{\Phi} = \begin{bmatrix} 0.994 & 0.029 & -0.022 \\ -0.029 & 0.939 & 0.040 \\ 0.025 & 0.023 & 0.841 \end{bmatrix},$$
$$\hat{\sigma}^2 = 0.014,$$

$$\hat{\sum}_{\eta} = \begin{bmatrix} 0.095 & -0.014 & 0.044 \\ -0.014 & 0.383 & 0.009 \\ 0.044 & 0.009 & 0.799 \end{bmatrix}.$$

　　图 8.12 显示了随时间变化的因子 $f_t$ 的平滑估计。三个平滑因子与这些数据的代理变量也一起显示。水平近似是 10 年期的利率。斜率因子可以由利率差来近似，其定义为 10 年期和 3 月期的利率差。曲率代理是 3 月期和 2 年期的利差与 10 年期和 2 年期的利差之间的差异。估计的因子遵循相同的模式，与他们的数据近似相比较，因此收益率曲线的水平、斜率和曲率解释是合理的。平滑扰动向量 $\hat{\varepsilon}_t$ 也以类似的方式呈现在图 8.11。我们可以了解到模型拟合中长期利率是成功的，尽管在 20 世纪 70 年代初和 80 年代初经济动荡期间发生较大误差（绝对值）。此时间序列更全面的面板模型分析由 Koopman、Mallee 和 van der Wel（2010）给出。

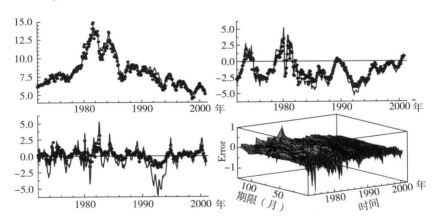

图 8.12　因子 $f_t$ 和扰动 $\varepsilon_t$ 的平滑估计（从 1985 年 1 月到 2000 年 12 月）

（i）水平数据代理（点）和 $\hat{f}_{1t}$（实线）；（ii）斜率数据代理和 $\hat{f}_{2t}$；

（iii）曲率数据代理和 $\hat{f}_{3t}$；（iv）平滑扰动 $\hat{\varepsilon}_{it}$，$i = 1, \cdots, N$，其中 $N = 17$。

# 第二部分

在第一部分，我们全面呈现了线性高斯状态空间模型、线性模型及这些模型的贝叶斯版本的构建和分析处理，我们讨论了相关方法论所必需的软件。基于这些模型的方法（对观测进行可能的转换）能够适合于实际时间序列分析中广泛范围的问题。

然而，在某些情形，线性高斯模型无法提供可接受的数据行为的表达式。例如，观测为特定区域每月道路交通事故的死亡人数，以及如果相关数字相对较小，泊松分布通常比正态分布提供更合适的模型以拟合数据。因此，我们需要寻求一个合适的模型表示随时间发展的泊松变量而非正态变量。同样也有线性模型不能充分代表数据行为的情形。例如，如果序列的趋势和季节项以乘法形式结合但扰动项却为加法形式，线性模型则不恰当。

在第二部分，我们讨论了处理宽泛类型的非高斯和非线性状态空间模型的近似和精确的方法。近似方法包括扩展卡尔曼滤波和最近开发的无迹卡尔曼滤波。我们进一步展示状态向量如何得到模估计。当我们采用基于模拟的方法，精确处理就是可行的。例如，我们开发了基于重要性采样非高斯和非线性模型的统一分析方法。针对这类模型的滤波方法称为粒子滤波，我们探讨了相关方法的细节。我们还讨论了基于模拟方法的贝叶斯处理，最后提供了一系列案例以给读者演示在实践中如何实现。

# 9. 非线性和非高斯模型特例

## 9.1 引言

在本章中我们将讨论各类非高斯和非线性模型，这也是本书第二部分所考虑的内容。本章暂不分析这些模型，留到后续章节再分析模型所产生的观测。

非线性非高斯状态空间模型（nonlinear non – Gaussian state space）的一般形式由下式给出：

$$y_t \sim p(y_t|\alpha_t), \quad \alpha_{t+1} \sim p(\alpha_{t+1}|\alpha_t), \quad \alpha_1 \sim p(\alpha_1), \qquad (9.1)$$

对于 $t = 1, \cdots, n$。我们在全章假设

$$p(Y_n|\alpha) = \prod_{t=1}^{n} p(y_t|\alpha_t), \quad p(\alpha) = p(\alpha_1) \prod_{t=1}^{n-1} p(\alpha_{t+1}|\alpha_t) \qquad (9.2)$$

式中 $Y_n = (y_1', \cdots, y_n')'$，$\alpha = (\alpha_1', \cdots, \alpha_n')'$。观测密度 $p(y_t|\alpha_t)$ 意味着观测向量 $y_t$ 与状态向量 $\alpha_t$ 之间的关系。状态更新密度 $p(\alpha_{t+1}|\alpha_t)$ 意味着下一期的状态向量 $\alpha_{t+1}$ 与当期状态向量 $\alpha_t$ 之间的关系。如果 $p(y_t|\alpha_t)$ 与 $p(\alpha_{t+1}|\alpha_t)$ 这两个关系是线性的，我们说该模型是线性非高斯状态空间模型（linear non – Gaussian state space model）。如果所有密度 $p(y_t|\alpha_t)$、$p(\alpha_{t+1}|\alpha_t)$ 和 $p(\alpha_1)$ 是高斯，但 $p(y_t|\alpha_t)$ 或 $p(\alpha_{t+1}|\alpha_t)$ 中至少有一个关系为非线性，我们说该模型为一个非线性高斯状态空间模型（nonlinear Gaussian state space model）。在第9.2节，我们考虑一般线性非高斯模型的特殊类型，第9.3节、第9.4节、第9.5节和第9.6节我们考虑感兴趣的子类模型的特殊类型，即指数簇模型、厚尾模型、随机波动模型和其他金融模型。在第9.7节中，我们介绍感兴趣的一类非线性模型。

## 9.2 线性高斯信号模型

具有线性高斯信号的多变量模型，从这里我们考虑一个类似状态空间

结构（3.1），从这个意义上说，观测向量 $y_t$ 由如下形式的关系所决定：

$$p(y_t | \alpha_1, \cdots, \alpha_t, y_1, \cdots, y_{t-1}) = p(y_t | Z_t \alpha_t), \qquad (9.3)$$

式中状态向量 $\alpha_t$ 由如下关系的以前观测独立决定：

$$\alpha_{t+1} = T_t \alpha_t + R_t \eta_t, \quad \eta_t \sim \mathrm{N}(0, Q_t), \qquad (9.4)$$

扰动 $\eta_t$ 为序列无关，对于 $t = 1, \cdots, n$。我们定义

$$\theta_t = Z_t \alpha_t \qquad (9.5)$$

且 $\theta_t$ 作为信号（signal）。密度 $p(y_t | \theta_t)$ 可以为非高斯、非线性或者两者兼而有之。如果 $p(y_t | \theta_t)$ 是正态分布，$y_t$ 中的 $\theta_t$ 为线性，那么模型简化为线性高斯模型（3.1）。我们首先考虑 $p(y_t | \theta_t)$ 的一般形式，我们应特别注意三种特殊情形：

1. 观测来自指数簇分布，其密度形式为

$$p(y_t | \theta_t) = \exp[y_t' \theta_t - b_t(\theta_t) + c_t(y_t)], \quad -\infty < \theta_t < \infty, \quad (9.6)$$

式中 $b_t(\theta_t)$ 为两次可微，并且 $c_t(y_t)$ 为 $y_t$ 的函数；

2. 观测由如下关系生成：

$$y_t = \theta_t + \varepsilon_t, \quad \varepsilon_t \sim p(\varepsilon_t), \qquad (9.7)$$

式中 $\varepsilon_t$ 是非高斯且序列无关。

3. 观测由固定均值但方差随时间随机演化所生成

$$y_t = \mu + \exp\left(\frac{1}{2}\theta_t\right)\varepsilon_t, \quad \varepsilon_t \sim p(\varepsilon_t), \qquad (9.8)$$

式中 $\mu$ 为均值，$\varepsilon_t$ 不再要求为高斯。

在模型（9.6）和式（9.4）、式（9.5）中，$\eta_t$ 被假定为高斯，由 West、Harrison 和 Migon（1985）在动态广义线性模型（dynamic generalised linear model）中引入。这个名称来源于处理非时间序列数据模型（9.6），式中 $\theta_t$ 不依赖于 $t$，称为广义线性模型（generalised linear model）。在这种情形下，$\theta_t$ 被称为链接函数（link function）；广义线性模型处理见 McCullagh 和 Nelder（1989）。West 和 Harrison（1997）描述了 West、Harrison 和 Migon 模型的进一步发展。Smith（1979）、Smith（1981）以及 Harvey 和 Fernandes（1989）对泊松观测均值建模为局部水平模型的特殊情形给出了精确处理，然而他们的方法并不能一般化。在第 9.3 节，我们讨论一系列有趣和经常使用的密度，它是指数簇系列的一部分。

模型（9.7）类似于第一部分的线性高斯状态空间模型，其观测扰动

向量 $\varepsilon_t$ 中至少一个元素为非高斯。典型的例子是，当观测有异常点污染，在这种情形下，高斯密度在分布的尾部并不充分强。Student's $t$ 分布和正态混合分布可能更适合于 $p(\varepsilon_t)$。细节在第 9.4 节提供。

模型（9.8）称为随机波动（stochastic volatility，SV）模型，被视为参数驱动模型，所对应的广义自回归条件异方差（general autoregressive conditionally heteroskedasticity，GARCH）模型则为观测驱动模型。GARCH 模型的描述见 Engle（1982）和 Bollerslev（1986）。关于 SV 模型发展的论文集合，我们参考 Shephard（2005）。

## 9.3　指数簇模型

对于模型（9.6），令

$$\dot{b}_t(\theta_t) = \frac{\partial b_t(\theta_t)}{\partial \theta_t} \quad \text{和} \quad \ddot{b}_t(\theta_t) = \frac{\partial^2 b_t(\theta_t)}{\partial \theta_t \partial \theta_t'}。 \qquad (9.9)$$

为简便起见，在没有必要强调依赖 $\theta_t$ 的情形下，我们将 $\dot{b}_t(\theta_t)$ 写为 $\dot{b}_t$，$\ddot{b}_t(\theta_t)$ 写为 $\ddot{b}_t$。假设相关常规条件满足，它通过关系 $\int p(y_t|\theta_t)\,\mathrm{d}y_t = 1$ 一次和两次微分

$$\mathrm{E}(y_t) = \dot{b}_t \quad \text{和} \quad \mathrm{Var}(y_t) = \ddot{b}_t。$$

因此对于非退化模型，$\ddot{b}_t$ 必须为正定。标准结果

$$\mathrm{E}\left[\frac{\partial \log p(y_t|\theta_t)}{\partial \theta_t}\right] = 0,$$

$$\mathrm{E}\left[\frac{\partial^2 \log p(y_t|\theta_t)}{\partial \theta_t \partial \theta_t'}\right] + \mathrm{E}\left[\frac{\partial \log p(y_t|\theta_t)}{\partial \theta_t}\frac{\partial \log p(y_t|\theta_t)}{\partial \theta_t'}\right] = 0, \qquad (9.10)$$

可直接从式（9.6）得到。

### 9.3.1　泊松密度

对于我们的第一个指数簇分布的案例，假设单变量观测 $y_t$ 来自泊松分布，其均值为 $\mu_t$。例如，$y_t$ 为在特定区域一个月内道路事故的数量。这种观测称为计数数据（count data）。

$y_t$ 的对数密度为

$$\log p(y_t|\mu_t) = y_t \log \mu_t - \mu_t - \log(y_t!)。 \qquad (9.11)$$

对比式（9.11）与式（9.6）我们可以看到，我们需要取 $\theta_t = \log\mu_t$ 和 $b_t = \exp\theta_t$，以及 $\theta_t = Z_t\alpha_t$，所以给定信号 $\theta_t$ 的 $y_t$ 的密度为

$$p(y_t|\theta_t) = \exp[y_t\theta_t - \exp\theta_t - \log y_t!], \quad t = 1,\cdots,n_。 \quad (9.12)$$

接下来，均值 $\dot{b}_t = \exp\theta_t = \mu_t$ 等于方差 $\ddot{b}_t = \mu_t$。大多数情形下，我们将假定式（9.4）的 $\eta_t$ 由一个高斯分布产生，但 $\eta_t$ 所有或部分元素可以来自其他连续分布。

### 9.3.2　二进制密度

观测 $y_t$ 具有二进制分布，如果 $y_t = 1$ 具有特定概率比如 $\pi_t$，那 $y_t = 0$ 的概率就是 $1 - \pi_t$。例如，如果剑桥大学赢得了某一年的划船赛，其得分为 1，那么牛津大学赢了则得分为 0。

这样 $y_t$ 的密度是

$$p(y_t|\pi_t) = \pi_t^{y_t}(1 - \pi_t)^{1-y_t}, \quad y_t = 1,0, \quad (9.13)$$

所以我们有

$$\log p(y_t|\pi_t) = y_t[\log\pi_t - \log(1 - \pi_t)] + \log(1 - \pi_t)_。 \quad (9.14)$$

把其放入式（9.6），我们取 $\theta_t = \log[\pi_t/(1 - \pi_t)]$ 和 $b_t(\theta_t) = \log(1 + e^{\theta_t})$，且给定信号 $\theta_t$ 的 $y_t$ 的密度为

$$p(y_t|\theta_t) = \exp[y_t\theta_t - \log(1 + \exp\theta_t)], \quad (9.15)$$

为此 $c_t = 0$。接下来均值和方差由下式给出：

$$\dot{b}_t = \frac{\exp\theta_t}{1 + \exp\theta_t} = \pi_t, \quad \ddot{b}_t = \frac{\exp\theta_t}{(1 + \exp\theta_t)^2} = \pi_t(1 - \pi_t),$$

这是众所周知的。

### 9.3.3　二项式密度

如果给定成功概率 $\pi_t$，观测 $y_t$ 等于 $k_t$ 次独立试验的成功次数，则观测 $y_t$ 具有二项式分布。在二项式的情形下，我们有

$$\log p(y_t|\pi_t) = y_t[\log\pi_t - \log(1 - \pi_t)] + k_t\log(1 - \pi_t) + \log\binom{k_t}{y_t},$$

$$(9.16)$$

其中 $y_t = 0$，$\cdots$，$k_t$。因此，我们取 $\theta_t = \log[\pi_t/(1 - \pi_t)]$ 和 $b_t(\theta_t) = k_t\log(1 + \exp\theta_t)$ 并给出式（9.6）中的 $y_t$ 的密度，

$$p(y_t|\theta_t) = \exp\left[y_t\theta_t - k_t\log(1 + \exp\theta_t) + \log\binom{k_t}{y_t}\right]_。 \quad (9.17)$$

### 9.3.4 负二项分布密度

定义负二项分布密度有多种方法；我们考虑以下情形，$y_t$ 为独立实验的数目，每次给定连续概率 $\pi_t$，需要达到一个连续特定数目 $k_t$。$y_t$ 的密度为

$$p(y_t \mid \pi_t) = \binom{k_t - 1}{y_t - 1} \pi_t^{k_t} (1 - \pi_t)^{y_t - k_t}, \quad y_t = k_t, k_{t+1}, \cdots, \quad (9.18)$$

且对数密度为

$$\log p(y_t \mid \pi_t) = y_t \log(1 - \pi_t) + k_t [\log \pi_t - \log(1 - \pi_t)] + \log \binom{k_t - 1}{y_t - 1}. \tag{9.19}$$

我们取 $\theta_t = \log(1 - \pi_t)$ 和 $b_t(\theta_t) = k_t[\theta_t - \log(1 - \exp\theta_t)]$，因此式（9.6）的密度为

$$p(y_t \mid \theta_t) = \exp[y_t \theta_t - k_t\{\theta_t - \log(1 - \exp\theta_t)\} + \log \binom{k_t - 1}{y_t - 1}]. \tag{9.20}$$

在非平凡 $1 - \pi_t < 1$ 的情形下，我们必须有 $\theta_t < 0$，这意味着我们不能使用关系 $\theta_t = Z_t \alpha_t$，因为 $Z_t \alpha_t$ 可以为负。解决困难的一种方法是取 $\theta_t = -\exp\theta_t^*$，式中 $\theta_t^* = Z_t \alpha_t$。均值 $\mathrm{E}(y_t)$ 由下式给出：

$$\dot{b}_t = k_t \left[1 + \frac{\exp\theta_t}{1 - \exp\theta_t}\right] = k_t \left[1 + \frac{1 - \pi_t}{\pi_t}\right] = \frac{k_t}{\pi_t},$$

这也是共识。

### 9.3.5 多项式密度

假设我们有 $h > 2$ 单元，落入第 $i$ 单元的概率是 $\pi_{it}$，同时假设在第 $i$ 单元中 $k_t$ 独立试验的观测到的数目为 $y_{it}$，对于 $i = 1, \cdots, h$。例如，月度民意调查的投票偏好：劳动党、保守党、自由民主党、其他，等等。

令 $y_t = (y_{1t}, \cdots, y_{h-1,t})'$ 和 $\pi_t = (\pi_{1t}, \cdots, \pi_{h-1,t})'$ 及 $\sum_{j=1}^{h-1} \pi_{jt} < 1$。

然后 $y_t$ 多项式有如下对数密度：

$$\log p(y_t \mid \pi_t) = \sum_{i=1}^{h-1} y_{it} \left[\log \pi_{it} - \log\left(1 - \sum_{j=1}^{h-1} \pi_{jt}\right)\right]$$

$$+ k_t \log\left(1 - \sum_{j=1}^{h-1} \pi_{jt}\right) + \log C_t, \tag{9.21}$$

对于 $0 \leqslant \sum_{i=1}^{h-1} y_{it} \leqslant k_t$，式中

$$C_t = k_t! \Big/ \Big[ \prod_{i=1}^{h-1} y_{it}! \Big( k_t - \sum_{j=1}^{h-1} y_{jt} \Big)! \Big]。$$

我们取 $\theta_t = (\theta_{1t}, \cdots, \theta_{h-1,t})'$，式中 $\theta_{it} = \log[\pi_{it}/(1 - \sum_{j=1}^{h-1} \pi_{jt})]$，和

$$b_t(\theta_t) = k_t \log \Big( 1 + \sum_{i=1}^{h-1} \exp\theta_{it} \Big)，$$

因此，在式（9.6）中的 $y_t$ 的密度为

$$p(y_t \mid \theta_t) = \exp \Big[ y_t'\theta_t - k_t \log \Big( 1 + \sum_{i=1}^{h-1} \exp\theta_{it} \Big) \Big] \times C_t。 \quad (9.22)$$

### 9.3.6 多元扩展

离散分布指数簇类的多元推广通常并不是其单变量的直接扩展。因此，我们不考虑这样的一般化。当面板变量在时间 $t$ 期彼此独立，以信号 $\theta_t$ 为条件，这样扩展相对简单。离散时间序列面板第 $i$ 变量记为 $y_{it}$，对于 $i = 1, \cdots, p$。模型的密度的形式为

$$p(y_t \mid \theta_t) = \prod_{i=1}^{p} p_i(y_{it} \mid \theta_t)，$$

式中 $p_i(y_{it} \mid \theta_t)$ 指的是单变量密度，可能是指数簇系列。每个密度 $p_i$ 可以不同，并且可以与连续的密度混合。面板中的变量可以共享 $\theta_t$ 所隐含的时间序列属性。$\theta_t$ 的向量维度可以不同于 $p \times 1$。在感兴趣的典型情形下，$\theta_t$ 的维度可以小于 $p$。在这种情形下，我们有效获得在第3.7节讨论的动态因子模型的非线性非高斯的版本。

## 9.4 厚尾分布

### 9.4.1 $t$ 分布

在模型中误差项引入相比正态分布的厚尾的常见方法是使用 Student's $t$ 分布。因此，我们考虑用 $t$ 分布的对数密度对式（9.7）中的 $\varepsilon_t$ 建模如下：

$$\log p(\varepsilon_t) = \log a(\nu) + \frac{1}{2}\log\lambda - \frac{\nu+1}{2}\log(1 + \lambda\varepsilon_t^2)， \quad (9.23)$$

式中，$\nu$ 为自由度且

$$a(\nu) = \frac{\Gamma(\frac{\nu}{2} + \frac{1}{2})}{\Gamma(\frac{\nu}{2})}, \quad \lambda^{-1} = (\nu - 2)\sigma_\varepsilon^2,$$

$$\sigma_\varepsilon^2 = \mathrm{Var}(\varepsilon_t), \quad \nu > 2, \quad t = 1, \cdots, n_\circ$$

$\varepsilon_t$ 的均值为零且方差为 $\sigma_\varepsilon^2$，对于任何自由度 $\nu$ 且不必是整数。$\nu$ 和 $\sigma_\varepsilon^2$ 的数值允许随时间变化，在这种情形下，$\lambda$ 也随时间变化。

### 9.4.2　混合正态分布

误差项相比正态分布的厚尾分布的第二种常见表示方法是混合正态分布，其密度为

$$p(\varepsilon_t) = \frac{\lambda^*}{(2\pi\sigma_\varepsilon^2)^{\frac{1}{2}}}\exp\left(\frac{-\varepsilon_t^2}{2\sigma_\varepsilon^2}\right) + \frac{1-\lambda^*}{(2\pi\chi\sigma_\varepsilon^2)^{\frac{1}{2}}}\exp\left(\frac{-\varepsilon_t^2}{2\chi\sigma_\varepsilon^2}\right), \quad (9.24)$$

式中 $\lambda^*$ 接近 1，比如 0.95 或 0.99，且 $\chi$ 较大，从 10 到 100。这是存在异常点的真实案例的模型，因为我们首先想到式（9.24）的第一个正态密度，它作为基本误差密度应用于 $100\lambda^*$ 的百分比，式（9.24）的第二个正态密度代表异常点的密度。当然如果合适，$\lambda^*$ 和 $\chi$ 可以使其依赖于 $t$。研究者可以将值分配给 $\lambda^*$ 和 $\chi$，当样本足够大，它们也可估计。

### 9.4.3　广义误差分布

第三种厚尾分布是广义误差分布，其密度为

$$p(\varepsilon_t) = \frac{w(\ell)}{\sigma_\varepsilon}\exp\left[-c(\ell)\left|\frac{\varepsilon_t}{\sigma_\varepsilon}\right|^\ell\right], \quad 1 < \ell < 2, \quad (9.25)$$

式中，

$$w(\ell) = \frac{2\left[\Gamma(3\ell/4)\right]^{\frac{1}{2}}}{\ell\left[\Gamma(\ell/4)\right]^{\frac{3}{2}}}, \quad c(\ell) = \left[\frac{\Gamma(3\ell/4)}{\Gamma(\ell/4)}\right]^{\frac{\ell}{2}}_\circ$$

有关此分布的细节由 Box 和 Tiao（1973，§3.2.1）给出，从中有 Var $(\varepsilon_t)$ = $\sigma_\varepsilon^2$，对于所有 $\ell$。

## 9.5　随机波动模型

标准状态空间模型（3.1）的观测误差 $\varepsilon_t$ 的方差被假定为随时间恒定。在金融时间序列分析中，如股票价格和汇率的日常波动，收益率序列通常近似于序列不相关。收益率序列可能序列不相关，但是其方差则存在严格

的序列相关。人们常常发现，观测误差的方差服从随着时间推移有显著变化。这种现象被称为波动集聚（volatility clustering）。允许这种变化的模型是通过随机波动（stochastic volatility，SV）模型来实现的。SV 模型具有坚实的金融理论基础，其基于经济学家 Black 和 Scholes 的关于期权定价的工作；讨论参见 Taylor（1986）。另外，SV 模型有与状态空间方法有很强的联系，以下描述将变得显而易见。

特定资产序列（每天）的对数价格的一阶差分记为 $y_t$。金融时间序列通常是由股票、债券、外汇等组合的对数价格的一阶差分构成的。关于 $y_t$ 的基本 SV 模型由下式给出：

$$y_t = \mu + \sigma \exp\left(\frac{1}{2}\theta_t\right)\varepsilon_t, \qquad \varepsilon_t \sim \mathrm{N}(0,1), \qquad t = 1,\cdots,n, \quad (9.26)$$

式中均值 $\mu$ 和平均标准差 $\sigma$ 假设为固定且未知。信号 $\theta_t$ 被认为是不可观测的对数波动率，它可以通常方式 $\theta_t = Z_t\alpha_t$ 进行建模，式中 $\alpha_t$ 由式（9.4）生成。在标准情形下，$\theta_t$ 被建模为一个具有高斯扰动的 AR（1）过程，即 $\theta_t = \alpha_t$，式中 $\alpha_t$ 为状态过程

$$\alpha_{t+1} = \phi\alpha_t + \eta_t, \qquad \eta_t \sim \mathrm{N}(0,\sigma_\eta^2), \qquad 0 < \phi < 1, \qquad (9.27)$$

对于 $t = 1$，$\cdots$，$n$ 且 $\alpha_1 \sim \mathrm{N}\left[0,\ \sigma_\eta^2/\ (1-\phi^2)\right]$。在其他情形下，$\alpha_t$ 的状态方程（9.4）的一般性可以充分利用。该模型可以看作在连续时间模型期权定价的离散时间类似物，如 Hull 和 White（1987）。由于模型为高斯，$\mathrm{E}\ (y_t|\theta_t)\ = \mu$ 和 $\mathrm{Var}\ (y_t|\theta_t)\ = \sigma^2\exp\ (\theta_t)$，接下来的对数密度 SV 模型（9.26）由下式给出：

$$\log p(y_t|\theta_t) = -\frac{1}{2}\log 2\pi - \frac{1}{2}\log\sigma^2 - \frac{1}{2}\theta_t - \frac{1}{2\sigma^2}(y_t-\mu)^2\exp(-\theta_t)\,。$$

$y_t$ 的进一步的统计性质也很容易确定。然而该模型并不是线性的，因此本书第一部分描述的技术不能提供统计分析的精确解。关于 SV 模型的发展的综述参见 Shephard（1996），Ghysels、Harvey 和 Renault（1996）以及 Shephard（2005）。

SV 模型基于极大似然方法的参数估计在别处作为一个难题来考虑。线性高斯技术只提供参数的近似极大似然估计，并且仅可被应用到基本 SV 模型（9.26）。本书后面章节中我们开发的技术还可提供基于模拟方法的 SV 模型，它可以给出必要的准确分析。

SV 模型的各种扩展也可充分考虑。在本节的剩余部分，我们讨论了相

关模型的各类扩展。

### 9.5.1 多重波动因素

实证研究已经发现，波动往往呈现长期相关；例如，见 Andersen、Bollerslev、Diebold 和 Labys（2003）。理想情形下，对数波动 $\theta_t$ 是由一个分数整合过程建模，例如，请参阅 Granger 和 Joyeau（1980）。SV 模型（9.26）及长记忆过程 $\theta_t$ 的推理通常基于谱似然函数，例如，Breidt、Crato 和 de Lima（1998）以及 Ray 和 Tsay（2000）。精确极大似然法最近由 Brockwell（2007）考虑。在我们的框架内，我们通过考虑其作为独立的自回归因子的总和近似于对数波动 $\theta_t$ 的长期相关，也就是

$$\theta_t = \sum_{i=1}^q \theta_{it},$$

式中，每一个 $\theta_{it}$ 代表一个独立的过程，如式（9.27）所示。最常用的设定是双因子模型（$q=2$），式中的一个因子可以与长期依赖性相关，另一个与短期依赖性相关；见 Durham 和 Gallant（2002）的讨论。

### 9.5.2 回归和固定效应

基本 SV 模型（9.26）仅能捕捉金融序列随着时间演化的方差不断变化的显著特征。当 $y_t$ 的均值通过纳入解释变量来建模，该模型将变得更精确。例如，对 SV 模型可以形式化为

$$b(L)y_t = \mu + c(L)'x_t + \sigma\exp\left(\frac{1}{2}\theta_t\right)\varepsilon_t,$$

式中，$L$ 为滞后算子，定义为 $L^j z_t = z_{t-j}$，对于 $z_t = y_t$，$x_t$，$b(L) = 1 - b_1 L - \cdots - b_{p^*}L^{p^*}$ 为 $p^*$ 阶滞后标量多项式，列向量多项式 $c(L) = c_0 + c_1 L_1 + \cdots + c_{k^*}L^{k^*}$ 包含 $k^*+1$ 向量系数，$x_t$ 为外生解释变量向量。注意，滞后值 $y_{t-j}$，对于 $j=1,\cdots,p^*$，可以作为解释变量被添加到外生解释变量。Tsiakas（2006）提供了一个例子，其引入虚拟变量以说明波动的季节性模式。Koopman、Jungbacker 和 Hol（2005）考虑了包含不可观测对数波动过程信息的回归变量。通过使信号 $\theta_t$ 依赖于解释变量，回归效应可以加入 SV 模型。

### 9.5.3 厚尾分布

SV 模型中的高斯密度 $p(\varepsilon_t)$ 可替换为厚尾密度，如 $t$ 分布。这个扩展通常是合适的，因为许多实证研究发现了外围的回报（大多为负，但也可为正），它们是由经济状况或金融市场动荡造成资产价格意外跳跃或下

挫而形成的。主要的例子是 1987 年 10 月的"黑色星期一"崩盘与 2008 年下半年世界范围的银行业危机。其所产生的金融收益率时间序列的尖峰已被证实，通过建模，使式（9.26）的 $\varepsilon_t$ 具有标准化 student's $t$ 分布和式（9.23）给出其密度。对数波动和厚尾的动态特性分别建模。这种方法的例子可参见 Fridman 和 Harris（1998），Liesenfeld 和 Jung（2000），Lee 和 Koopman（2004）。

### 9.5.4 加法噪声

实证金融文献普遍认为，由于离散观测的价格、市场法规和市场的不完善，金融价格或收益率在很短的时间间隔的观测服从于噪声。最后一个来源与战略交易行为有关，并且通常由交易商有关市场的信息量差异引起。这种现象被统称为市场微结构影响（market micro-structure effects），如价格在较小的时间间隔观测，这种影响变得更明显；进一步讨论见 Campbell、Lo 和 MacKinlay（1997）和本书中的参考文献。

基本 SV 模型假定金融收益率只有一种误差来源。当收益在一个更高频率观测的情形下，SV 模型应扩展为包含加法噪声成分以说明市场微观结构。加法噪声可以由高斯扰动项及不变方差来表示。更具体地说，我们有

$$y_t = \mu + \sigma \exp\left(\frac{1}{2}\theta_t\right)\varepsilon_t + \zeta_t, \qquad \varepsilon_t \sim N(0,1), \quad \zeta_t \sim N(0,\sigma_\zeta^2),$$

$$(9.28)$$

式中所有扰动为序列不相关。扰动项 $\zeta_t$ 表示收益率的市场微观结构的影响。该模型由 Jungbacker 和 Koopman（2005）所考虑。

### 9.5.5 杠杆效应

金融时间序列的另一特征是杠杆（leverage）现象。金融市场的波动性可能对正面和负面冲击有所不同。通常可观测到，当大的正收益已经实现时，市场可能会多少保持稳定，而当巨大的损失已经被消化，市场的未来则更加难以预测。2008 年 9 月开始的金融危机是杠杆效应明显的例证。Black（1976）的开创性论文说明了杠杆现象。借助 SV 模型（9.26）和模型（9.27），如果负收益（$\varepsilon_t < 0$）增加的波动性（$\eta_t > 0$）超过了相同幅度的正收益（$\varepsilon_t > 0$）减小的波动性（$\eta_t < 0$），即发生杠杆效应。通过允许状态和观测方程的扰动之间的相关性，杠杆效应加入 SV 模型；Yu（2005）进行了详细的讨论。在我们的基本 SV 模型（9.26）和模型（9.27）的情形下，由下式实现这一目标：

$$\binom{\varepsilon_t}{\eta_t} \sim \mathrm{N}\left(0, \begin{bmatrix} 1 & \sigma_\eta\rho \\ \sigma_\eta\rho & \sigma_\eta^2 \end{bmatrix}\right),$$

对 $t = 1, \cdots, n$。相关系数 $\rho$ 通常为负，这意味着收益率的负面冲击都伴随着波动的正向冲击，反之亦然。

具有杠杆效应的 SV 模型的非线性状态空间形式需要状态向量 $\alpha_t$ 的 $\theta_t$ 和 $\eta_t$ 以说明非线性关系。为了这个目的，具有杠杆效应的 SV 模型的一个更方便的设定由 Jungbacker 和 Koopman（2007）建议，式中模型重新形式化为

$$y_t = \sigma\exp\left(\frac{1}{2}h_t^*\right)\{\varepsilon_t^* + \mathrm{sign}(\rho)\xi_{2t}\}, \qquad \varepsilon_t^* \sim \mathrm{N}(0, 1 - |\rho|),$$

式中，

$$h_{t+1}^* = \phi h_t^* + \sigma_\xi(\xi_{1,t} + \xi_{2t}), \quad \xi_{1t} \sim \mathrm{N}(0, 1 - |\rho|), \quad \xi_{2t} \sim \mathrm{N}(0, |\rho|),$$

对于 $t = 1, \cdots, n$，以及 $h_1^* \sim \mathrm{N}\{0, \sigma_\xi^2(1 - \phi^2)^{-1}\}$。扰动 $\varepsilon_t^*$、$\xi_{1t}$ 和 $\xi_{2t}$ 为相互且序列无关，对于 $t = 1, \cdots, n$。借助一般形式（9.4），我们有 $\alpha_t = (h_t^*, \sigma_\xi\xi_{2,t})'$，$\xi_t = \sigma_\xi(\xi_{1,t}, \xi_{2,t+1})'$ 和

$$\theta_t = \alpha_t, \quad \alpha_{t+1} = \begin{bmatrix} \phi & 1 \\ 0 & 0 \end{bmatrix}\alpha_t + \xi_t, \quad \begin{array}{l} \xi_t \sim \mathrm{N}\{0, \sigma_\xi^2\mathrm{diag}(1 - |\rho|, |\rho|)\}, \\ \alpha_1 \sim \mathrm{N}\{0, \sigma_\xi^2\mathrm{diag}([1 - \phi^2]^{-1}, |\rho|)\}, \end{array}$$

对于 $t = 1, \cdots, n$。观测值 $y_1, \cdots, y_n$ 具有式（9.3）的条件密度，并由下式给出：

$$\log p(y|\theta) = \sum_{t=1}^{n} \log p(y_t|\theta_t),$$

式中，

$$\log p(y_t|\theta_t) = c - \frac{1}{2}h_t^* - \frac{1}{2}\sigma^{-2}\exp(-h_t^*)(1 - |\rho|)^{-1}$$

$$\left\{y_t - \sigma\exp\left(\frac{1}{2}h_t^*\right)\mathrm{sign}(\rho)\xi_{2,t}\right\}^2,$$

对于 $t = 1, \cdots, n$，其中 $c$ 为常数。

### 9.5.6　均值随机波动

如果风险很大，投资者就要求一个更大的预期收益，预期波动率和收益之间存在正相关关系似乎很合理。然而，经验证据指出波动率对收益率存在负向影响；例如，见 French、Schwert 和 Stambaugh（1987）。这个效应可以通过假设预期收益和事前（ex‐ante）波动之间存在正相关关系来解释。Koopman 和 Hol‐Uspensky（2002）提出通过加入波动作为均值函数的

回归效应以捕获这个所谓的波动反馈效应。这种模型被记为均值 SV（SV in Mean，SVM）模型，其最简单的形式由下式给出：

$$y_t = \mu + d\exp(\theta_t) + \sigma\exp\left(\frac{1}{2}\theta_t\right)\varepsilon_t,$$

式中 $d$ 为风险溢价系数，其固定且未知。其他形式的 SVM 模型也可考虑，但这个特别方便。

### 9.5.7 多元 SV 模型

考虑具有恒定均值 $\mu = (\mu_1, \cdots, \mu_p)'$ 和随时间变化的随机方差矩阵 $V_t$ 的资产对数价格 $p \times 1$ 差分序列向量 $y_t = (y_{1t}, \cdots, y_{pt})'$。多元随机波动率模型的基本版本可为

$$y_t = \mu + \varepsilon_t, \quad \varepsilon_t \sim N(0, V_t) \quad t = 1, \cdots, n, \tag{9.29}$$

式中，时变方差矩阵 $V_t$ 为给定式（9.5）的标量或向量信号 $\theta_t$ 的函数，即 $V_t = V_t(\theta_t)$。模型（9.29）意味着 $y_t | \theta_t \sim N(\mu, V_t)$，对于 $t = 1, \cdots, n$。我们下面讨论方差矩阵 $V_t(\theta_t)$ 三种可能的设定。一元 SV 模型的其他多元一般化可以很好地考虑。多元 SV 模型的更广泛讨论由 Asai 和 McAleer（2005）给出。下面三种多元模型的处理由 Jungbacker 和 Koopman（2006）给出。

第一种多元 SV 模型是基于一个单一时变因子。我们可以取方差矩阵 $V_t$ 为常数矩阵，它由一个随机时变的标量 $\theta_t$ 控制尺度，即

$$V_t = \exp(\theta_t)\sum_\varepsilon, \quad t = 1, \cdots, n, \tag{9.30}$$

这个一元 SV 模型的多元一般化隐含观测 $y_t$ 具有时变方差和协方差但其相关系数随时间恒定。条件密度 $p(y_t | \theta_t)$ 由下式给出：

$$p(y_t | \theta_t) = -\frac{p}{2}\log 2\pi - \frac{p}{2}\theta_t - \frac{1}{2}\log\left|\sum_\varepsilon\right| - \frac{1}{2}\exp(-\theta_t)s_t, \quad t = 1, \cdots, n,$$

标量 $s_t = (y_t - \mu)'\sum_\varepsilon^{-1}(y_t - \mu)$。公式（9.30）最初由 Quintana 和 West（1987）使用贝叶斯方法进行推理。Shephard（1994a）提出了一个类似模型，并称为局部尺度模型。所有方差都由共同随机标量 $\exp(\theta_t)$ 缩放的线性高斯状态空间模型的深入扩展由 Koopman 和 Bos（2004）所考虑。

第二种模型方差矩阵为随机时变而相关系数为时不变。我们考虑 $p \times 1$ 对数波动向量 $\theta_t = (\theta_{1t}, \cdots, \theta_{pt})'$。基本 SV 模型（9.26）的多元扩展由 Harvey、Ruiz 和 Shephard（1994）给出如下：

$$y_t = \mu + D_t\varepsilon_t, \quad D_t = \exp\left\{\frac{1}{2}\text{diag}(\theta_{1t}, \cdots, \theta_{pt})\right\}, \quad \varepsilon_t \sim N(0, \sum_\varepsilon),$$

$$\tag{9.31}$$

式中 $s_t = D_t^{-1}(y_t - \mu)$ 为 $p \times 1$ 向量，其第 $i$ 个元素等于 $s_{it} = \exp(-0.5\theta_{it})(y_{it} - \mu_i)$，对于 $i = 1, \cdots, p$。

第三种模型具有时变方差和相关系数。其基于模型（9.29），方差矩阵分解为 $V_t = CD_t^2C'$，式中矩阵 $C$ 为下三角单位矩阵，$D_t$ 设定如式（9.31）。方差矩阵有效服从 Cholesky 分解，具有随时间变化的 $D_t^2$。在本设定中，方差和相关系数通过 $V_t$ 隐含为时变。由此产生的模型属于 Shephard（1996）最初提出的多元 SV 模型，并由 Aguilar 和 West（2000）以及 Chib、Nardari 和 Shephard（2006）进一步扩展和分析。该模型的广义类允许多种 $r < p$ "波动因素"，式中 $\theta_t$ 为一个 $r \times 1$ 向量，$p \times r$ 矩阵 $C$ 包含载荷系数，并包括具有不变方差如式（9.29）的加法扰动向量。

### 9.5.8 广义自回归条件异方差

广义自回归条件异方差（The general autoregressive conditional heteroscedasticity，GARCH）模型，其特殊情形由 Engle（1982）引入并被称为 ARCH 模型，这是在金融和计量经济学文献中被广泛讨论的模型。该模型的简化版本为 GARCH（1，1），由下式给出：

$$y_t = \sigma_t \varepsilon_t, \quad \varepsilon_t \sim N(0,1),$$
$$\sigma_{t+1}^2 = \alpha^* y_t^2 + \beta^* \sigma_t^2, \tag{9.32}$$

式中要估计的参数是 $\alpha^*$ 和 $\beta^*$。对于 GARCH 模型及其扩展的文献综述参见 Bollerslev、Engle 和 Nelson（1994）。

Barndorff – Nielsen 和 Shephard（2001）显示递推（9.32）等效于稳态卡尔曼滤波用于 SV 模型的特定表示。考虑模型

$$y_t = \sigma_t \varepsilon_t, \quad \varepsilon_t \sim N(0,1),$$
$$\sigma_{t+1}^2 = \phi \sigma_t^2 + \eta_t, \quad \eta_t > 0, \tag{9.33}$$

对 $t = 1, \cdots, n$，式中扰动 $\varepsilon_t$ 和 $\eta_t$ 序列且相互独立分布。$\eta_t$ 可能的分布是伽马、逆伽马或逆高斯分布。我们可以写出模型的平方形式如下：

$$y_t^2 = \sigma_t^2 + u_t, \quad u_t = \sigma_t^2(\varepsilon_t^2 - 1),$$

这是一个线性状态空间形式及 $E(u_t) = 0$。卡尔曼滤波提供了 $a_t$ 的最小均方误差估计 $\sigma_t^2$。当在稳定状态下，对于卡尔曼 $a_{t+1}$ 的更新方程可表示为 GARCH（1,1）递推

$$a_{t+1} = \alpha^* y_t^2 + \beta^* a_t,$$

其中，

$$\alpha^* = \phi \frac{\overline{P}}{\overline{P}+1}, \qquad \beta^* = \phi \frac{1}{\overline{P}+1},$$

式中 $\overline{P}$ 为卡尔曼滤波的 $P_t$ 的稳态值，我们在第 2.11 节的局部水平模型和第 4.3.4 节的一般线性模型定义。我们注意到 $\alpha^* + \beta^* = \phi$。

## 9.6 其他金融模型

### 9.6.1 久期：指数分布

考虑在股票市场中的交易序列 $x_t$ 的第 $t$ 次交易，在其发生的时间 $\tau_t$ 进行时间标记。研究市场交易者的行为，注意力集中在连续交易之间的区间，即 $y_t = \Delta\tau_t = \tau_t - \tau_{t-1}$。久期 $y_t$ 及均值 $\mu_t$ 可通过一个简单的指数密度进行建模，由下式给出：

$$p(y_t|\mu_t) = \frac{1}{\mu_t}\exp(-y_t/\mu_t), \quad y_t, \mu_t > 0。 \tag{9.34}$$

此密度是指数密度族的一种特殊情形，把它放入公式（9.6）中，我们定义

$$\theta_t = -\frac{1}{\mu_t} \quad \text{和} \quad b_t(\theta_t) = \log\mu_t = -\log(-\theta_t),$$

所以我们得到

$$\log p(y_t|\theta_t) = y_t\theta_t + \log(-\theta_t)。 \tag{9.35}$$

由于 $\dot{b}_t = -\theta_t^{-1} = \mu_t$，我们确认 $\mu_t$ 为 $y_t$ 的均值，明显如式（9.34）。均值被限定为正，所以我们建模为 $\theta_t^* = \log(\mu_t)$，而不是直接的 $\mu_t$。金融市场的持续时间一般很短，在每日市场开盘和收盘的这些时段，交易量很大。因此时间戳 $\tau_t$ 通常用作久期的均值函数的解释变量，为了平滑这种巨大变化的影响，通常使用三次样条。允许每日季节性的简单久期模型由下式给出：

$$\theta_t = \gamma(\tau_{t-1}) + \psi_t,$$

$$\psi_t = \rho\psi_{t-1} + \chi_t, \qquad \chi_t \sim N(0, \sigma_\chi^2),$$

式中 $\gamma(\cdot)$ 是三次样条函数，且 $\chi_t$ 为序列不相关。这种模型可以看作有影响力的自回归条件久期（autoregressive conditional duration，ACD）模型（Engle 和 Russell，1998）的状态空间对应模型。

### 9.6.2 交易频率：泊松分布

分析市场活动的另一种方式是将每日市场交易期间划分成 1 分钟或 5

分钟的间隔，并记录每个时间间隔的交易数。每个时间间隔的计数可通过泊松密度建模，细节在第 9.3.1 节给出。这种模型是 Rydberg 和 Shephard（1999）标记为 BIN 模型的基本离散版本。

### 9.6.3  信用风险模型

企业可以从商业机构，如穆迪和标准普尔获取其信用评级。从一类等级迁移到另一类表明公司业绩发生变化，也表明该公司的经济条件与其贸易和金融伙伴的运营状况。信用风险指标的目标是从整体上洞察一个行业或经济总体方向的评级迁移。这些指标是金融监管和经济政策制定者感兴趣的关键指标。从企业信用评级数据库构建信用风险指标是一项艰巨的任务，因为我们需要考虑一个巨大的数据库，以包含每个企业的评级历史。在信用风险模型中，评级本身可视为一个随机变量，公司进入一个不同的评级类别之前的持续时间也可视为随机变量。由于评级以 AAA、AA、A、BBB 等类别测量，评级变量本身是一个非高斯变量。Koopman、Lucas 和 Monteiro（2008）通过针对不同类型迁移的基于强度的久期模型来适应信用评级迁移的典型特性，并由可能包含解释变量的共同信号 $\theta_t$ 驱动。共同信号代表整体信用风险指标。这个建模框架可以在第 9.2 节中讨论的一般模型类中进行转换。

将现有数据压缩成每周或每月的调级、降级和平级等不同类别以获得简化分析。这样的计数量通常都很小；尤其是当我们专注于特定群组（制造业、银行业、运输业等）的企业。因此，我们把这些计数看作来源于二项分布。这也是 Koopman 和 Lucas（2008）所采取的方法，他们考虑时间序列计数 $y_{ijt}$ 的 $N$ 个面板，式中索引 $i$ 是指一种迁移类型（从较高信用等级降级的公司计数、从较低评级升级的公司计数、平级），索引 $j$ 为一组公司，索引 $t$ 为时间段。计数可以被看作"连续"的 $k_{ijt}$ 独立试验的数量（在时间 $t$ 适当组的企业数目），给定连续的概率，如 $\pi_{ijt}$。简约模型设定的概率 $\pi_{ijt}$ 由下式给出：

$$\pi_{ijt} = \frac{\exp\theta_{ijt}^*}{1 + \exp\theta_{ijt}^*}, \qquad \theta_{ijt}^* = \mu_{ij} + \lambda_{ij}', \theta_t,$$

式中，$\theta_t$ 就是如式（9.5）设定的信号向量，标量系数 $\mu_{ij}$ 和向量系数 $\lambda_{ij}$ 被当作未知的固定参数，需要估计。常数 $\mu_{ij}$ 和因子载荷向量 $\lambda_{ij}$ 可以汇集成未知系数的小集合。第 9.3.3 节讨论的二项式密度（9.16）对于 $y_{ijt}$ 是合适的。当我们进一步假设以动态因子为条件的观测为相互独立，我们可以在时间 $t$ 公式化条件密度为所有单独密度 $i$ 和 $j$ 的乘积。我们已经表明，这种建模框架的信用风险分析天然适合于我们在第 9.3 节已经讨论的指数簇模型的多元扩展。Koopman、Lucas 和 Schwaab（2011）考虑了经济和金融变量以及构建经济周期指标作为解释变量等进一步扩展。

## 9.7 非线性模型

在本节中，我们介绍了一类非线性模型，它从标准线性高斯模型（3.1）以自然方式通过允许观测方程中 $y_t$ 非线性依赖于 $\alpha_t$ 和状态方程中 $\alpha_{t+1}$ 非线性依赖于 $\alpha_t$ 而得到。因此，我们得到模型

$$y_t = Z_t(\alpha_t) + \varepsilon_t, \quad \varepsilon_t \sim \mathrm{N}(0, H_t), \tag{9.36}$$

$$\alpha_{t+1} = T_t(\alpha_t) + R_t \eta_t, \quad \eta_t \sim \mathrm{N}(0, Q_t), \tag{9.37}$$

对于 $t = 1, \cdots, n$，$\alpha_1 \sim \mathrm{N}(a_1, P_1)$，式中 $Z_t(\cdot)$ 和 $T_t(\cdot)$ 分别是维度为 $p$ 和 $m$ 的 $\alpha_t$ 的可微向量函数。原则上可通过允许 $\varepsilon_t$ 和 $\eta_t$ 为非高斯而扩展这一模型，但我们在本书中不追求这类扩展。类似这种广义形式的模型由 Anderson 和 Moore（1979）所考虑。

关系（9.36）的一个简单案例是结构时间序列模型的非线性版，其中趋势成分 $\mu_t$ 和季节成分 $\gamma_t$ 以乘法形式组合而观测误差 $\varepsilon_t$ 为加法形式，给出

$$y_t = \mu_t \gamma_t + \varepsilon_t,$$

这种模型由 Shephard（1994b）所考虑。与其相关且更全面的模型由 Koopman 和 Lee（2009）提出，其基于设定

$$y_t = \mu_t + \exp(c_0 + c_\mu \mu_t)\gamma_t + \varepsilon_t,$$

式中 $c_0$ 和 $c_\mu$ 为未知系数。在这些非线性模型中，$y_t$ 的季节波动的幅度实现取决于该序列的趋势。时间序列的此特征经常出现，典型的处理是取 $y_t$ 的对数进行转换。该模型提供了这种数据转换的替代方法，当观测有负数据而不能取对数时，就变得有意义了。

# 10. 近似滤波与平滑

## 10.1 引言

在本章中，我们考虑近似滤波和平滑，第 9 章那些案例中的各类非高斯和非线性模型利用其以生成数据。对于滤波的目的，我们假定新的观测 $y_t$ 每个时点只进入一个，而且我们希望在每个时点 $t$ 序贯估计状态向量的函数，直到包括时间 $t$ 的所有观测。在平滑的情形下，我们希望给定观测 $y_1, \cdots, y_n$ 以估计状态向量函数。这本书的第一部分讨论了线性高斯模型滤波与平滑的动机和演示。在非线性非高斯情形下，这些动机和演示本质上并无相同，但滤波和平滑的表达式都没有提供解析形式。我们依靠近似或数值解。近似线性估计和贝叶斯分析可以从第 4 章的引理二至引理四获得。

我们首先考虑两个近似滤波——第 10.2 节的扩展卡尔曼滤波和第 10.3 节的无迹卡尔曼滤波。这两种非线性滤波的基本思想都呈现和比较了它们的数值性能。在第 10.4 节，我们考虑非线性平滑并展示近似平滑递推如何得出两个近似的滤波。第 10.5 节认为当数据以适当的方式变换后，滤波和平滑的近似解也可以得到。两个演示作为示例给出。在第 10.6 节和第 10.7 节，我们讨论了状态和信号向量模估计的计算方法。两个模估计为精确计算。然而，分析经常集中于均值、方差和密度可能高阶矩，因此在实践中提供了近似。厚尾误差模型的不同处理方法收集和呈现在第 10.8 节。

## 10.2 扩展卡尔曼滤波

扩展卡尔曼滤波（extended Kalman filter，EKF）的想法是基于线性化观测和状态方程，直截了当地应用卡尔曼滤波以获得线性化模型。我们先从非高斯非线性模型的特殊案例（9.36）和（9.37）开始，但其扰动不需

要为正态分布，即

$$y_t = Z_t(\alpha_t) + \varepsilon_t, \qquad \alpha_{t+1} = T_t(\alpha_t) + R_t(\alpha_t)\eta_t, \qquad (10.1)$$

对于 $t = 1, \cdots, n$，式中 $Z_t(\alpha_t)$、$T_t(\alpha_t)$ 和 $R_t(\alpha_t)$ 为 $\alpha_t$ 的可微函数，且随机扰动 $\varepsilon_t$ 和 $\eta_t$ 序列且相互无关，为零均值，其方差矩阵分别为 $H_t(\alpha_t)$ 和 $Q_t(\alpha_t)$。初始状态向量 $\alpha_1$ 为随机，具有均值 $a_1$ 和方差矩阵 $P_1$，且与所有扰动不相关。

我们采用第 4 章使用的状态向量预测和滤波的定义，即分别为 $a_t = \mathrm{E}(\alpha_t | Y_{t-1})$ 和 $a_{t|t} = \mathrm{E}(\alpha_t | Y_t)$。定义

$$\dot{Z}_t = \left.\frac{\partial Z_t(\alpha_t)}{\partial \alpha_t'}\right|_{\alpha_t = a_t}, \qquad \dot{T}_t = \left.\frac{\partial T_t(\alpha_t)}{\partial \alpha_t'}\right|_{\alpha_t = a_{t|t}}, \qquad (10.2)$$

其中我们强调 $\dot{Z}_t$ 在 $t-1$ 期评估，因为 $a_t$ 为 $y_1, \cdots, y_{t-1}$ 的函数，且 $\dot{T}_t$ 在 $t$ 期评估，因为 $a_{t|t}$ 取决于 $y_1, \cdots, y_t$。矩阵函数（10.1）的泰勒级数展开，基于适当的 $a_t$ 和 $a_{t|t}$ 固定值，给出

$$Z_t(\alpha_t) = Z_t(a_t) + \dot{Z}_t(\alpha_t - a_t) + \cdots,$$

$$T_t(\alpha_t) = T_t(a_{t|t}) + \dot{T}_t(\alpha_t - a_{t|t}) + \cdots,$$

$$R_t(\alpha_t) = R_t(a_{t|t}) + \cdots,$$

$$H_t(\alpha_t) = H_t(a_t) + \cdots,$$

$$Q_t(\alpha_t) = Q_t(a_{t|t}) + \cdots$$

观测方程的矩阵函数 $Z_t(\alpha_t)$ 的扩展基于 $a_t$，而矩阵函数 $T_t(\alpha_t)$ 和 $R_t(\alpha_t)$ 的扩展基于 $a_{t|t}$，因为 $t+1$ 期的 $y_t$ 可用于状态方程。将这些表达式代入式（10.1），忽略高阶项并假设 $a_t$ 和 $a_{t|t}$ 的知识给出

$$y_t = \dot{Z}_t\alpha_t + d_t + \varepsilon_t, \quad \alpha_{t+1} = \dot{T}_t\alpha_t + c_t + R_t(a_{t|t})\eta_t, \qquad (10.3)$$

式中，

$$d_t = Z_t(a_t) - \dot{Z}_t a_t, \quad c_t = T_t(a_{t|t}) - \dot{T}_t a_{t|t},$$

且

$$\varepsilon_t \sim [0, H_t(a_t)], \quad \eta_t \sim [0, Q_t(a_{t|t})]_\circ$$

使用第 4.2 节和第 4.3 节讨论的卡尔曼滤波的最小方差矩阵的属性作为理由，我们将第 4.3.3 节的均值调整卡尔曼滤波应用到线性化模型（10.1）。我们有

$$v_t = y_t - \dot{Z}a_t - d_t$$

$$= y_t - Z_t(a_t),$$

$$a_{t|t} = a_t + P_t \dot{Z}_t' F_t^{-1} v_t,$$

$$a_{t+1} = \dot{T}_t a_t + K_t v_t + c_t$$

$$= \dot{T}_t a_t + K_t v_t + T_t(a_{t|t}) - \dot{T}_t[a_t + P_t \dot{Z}_t' F_t^{-1} v_t]$$

$$= T_t(a_{t|t}),$$

式中 $F_t = \dot{Z}_t P_t \dot{Z}_t' + H_t(a_t)$，$K_t = \dot{T}_t P_t \dot{Z}_t' F_t^{-1}$。把第 4.3.3 节的公式与这些公式汇集在一起，我们得到给定 $a_t$ 和 $P_t$ 的 $a_{t+1}$ 和 $P_{t+1}$ 的递推计算如下：

$$v_t = y_t - Z_t(a_t), \quad F_t = \dot{Z}_t P_t \dot{Z}_t' + H_t(a_t),$$

$$a_{t|t} = a_t + P_t \dot{Z}_t' F_t^{-1} v_t, \quad P_{t|t} = P_t - P_t \dot{Z}_t' F_t^{-1} \dot{Z}_t P_t,$$

$$a_{t+1} = T_t(a_{t|t}), \quad P_{t+1} = \dot{T}_t P_{t|t} \dot{T}_t' + R_t(a_{t|t}) Q_t(a_{t|t}) R_t(a_{t|t})', \quad (10.4)$$

对于 $t = 1, \cdots, n$。这些递推连同初始值 $a_1$ 和 $P_1$，称为扩展卡尔曼滤波（extend Kalman filer，EKF）。这种基本形式通过方程（2.4）至方程（2.8）由 Andson 和 Moore（1979，§8.2）给出。扩展卡尔曼滤波的早期版本出现在 Jazwinski（1970，§8.3）。其与其他滤波的性能比较在第 10.3.4 节呈现。

扩展卡尔曼滤波被开发以适应状态空间模型的非线性效应。在式（10.1）的扰动 $\varepsilon_t$ 和 $\eta_t$ 的密度为非高斯的情形下，扩展卡尔曼滤波并不改变。我们假定扰动的均值为零，设定 $H_t(\alpha_t)$ 和 $Q_t(\alpha_t)$ 分别等于 $\varepsilon_t$ 和 $\eta_t$ 的方差矩阵。在方差矩阵的元素取决于状态向量的情形下，$\alpha_t$ 被替换为 $a_t$ 或 $a_{t|t}$。

### 10.2.1　乘法趋势—循环分解

考虑单变量观测 $y_t$ 的部分乘法模型，由下式给出：

$$y_t = \mu_t \times c_t + \varepsilon_t,$$

对于 $t = 1, \cdots, n$，其中 $\mu_t$ 为趋势成分，建模为随机游走过程 $\mu_{t+1} = \mu_t + \xi_t$，且 $c_t$ 为不可观测周期成分（3.13），如在第 3.2 节讨论。类似的乘法模型在第 9.7 节已讨论。该模型的 $3 \times 1$ 状态向量为 $\alpha_t = (\mu_t, c_t, c_t^*)'$，式中 $c_t^*$ 由式（3.13）隐含定义。$3 \times 1$ 扰动向量为 $\eta_t = (\xi_t, \widetilde{\omega}_t, \widetilde{\omega}_t^*)'$，式中循环扰动 $\widetilde{\omega}_t$ 和 $\widetilde{\omega}_t^*$ 由式（3.13）定义。这三个扰动为独立的正态变量。状态

方程（10.1）为线性乘法趋势循环模型。特别是我们有 $T_t(\alpha_t) = T_t \times \alpha_t$，$R_t(\alpha_t) = R_t$ 和 $Q_t(\alpha_t) = Q_t$ 以及

$$T_t = \begin{bmatrix} 1 & 0 & 0 \\ 0 & \rho cos\lambda_c & \rho sin\lambda_c \\ 0 & -\rho sin\lambda_c & \rho cos\lambda_c \end{bmatrix}, \quad R_t = I_3, \quad Q_t = \mathrm{diag}(\sigma_\xi^2, \sigma_\omega^2, \sigma_\omega^2),$$

式中 $\rho$ 为衰减因子，$0 < \rho < 1$，$\lambda_c$ 为周期 $c_t$ 的频率，$\sigma_\xi^2$ 为扰动 $\xi_t$ 的方差，$\sigma_\omega^2$ 为扰动 $\widetilde{\omega}_t$ 和 $\widetilde{\omega}_t^*$ 共同的方差。乘法分解通过式（10.1）中观测方程及方差矩阵 $H_t(\alpha_t)$ 的非线性函数 $Z_t(\alpha_t)$ 来表示，由下式给出：

$$Z_t(\alpha_t) = \alpha_{1t}\alpha_{2t}, \quad H_t(\alpha_t) = \sigma_\varepsilon^2,$$

式中 $\alpha_{jt}$ 为 $\alpha_t$ 的第 $j$ 个元素，$\sigma_\varepsilon^2$ 为不规则成分或误差项 $\varepsilon_t$ 的方差。我们注意到 $\alpha_{1t} = \mu_t$ 和 $\alpha_{2t} = c_t$ 为必要。

应用扩展卡尔曼滤波（10.4），我们需要增加变量 $\dot{Z}_t$ 和 $\dot{T}_t$，其为

$$\dot{Z}_t = (\alpha_{2t}, \alpha_{1t}, 0)', \quad \dot{T}_t = T_t。$$

给定这些变量，我们可以执行扩展卡尔曼滤波（10.4）的计算，它需要的初始化为

$$a_1 = 0, \quad P_1 = \mathrm{diag}[\kappa, (1-\rho^2)^{-1}\sigma_\omega^2, (1-\rho^2)^{-1}\sigma_\omega^2],$$

式中 $\kappa \to \infty$。因为在 $P_1$ 中 $\kappa \to \infty$，扩展卡尔曼滤波的初始化需要修改。扩展卡尔曼滤波的精确初始化可以按照第 5 章介绍的线性高斯情形的处理来开发。我们在这里不讨论这些问题，详细的推导和讨论请参阅 Koopman 和 Lee（2009）。初始化近似是 $\kappa$ 由一个较大的值来代替，比如$10^7$。

### 10.2.2 指数增长模型

第 3.2 节所讨论的局部线性趋势模型（3.2）的替代是指数增长模型，由下式给出：

$$y_t = \mu_t + \varepsilon_t, \quad \varepsilon_t \sim N(0, \sigma_\varepsilon^2),$$

$$\mu_{t+1} = \mu_t^{1+\nu_t} + \xi_t, \quad \xi_t \sim N(0, \sigma_\xi^2),$$

$$\nu_{t+1} = \rho\nu_t + \zeta_t, \quad \zeta_t \sim N(0, \sigma_\zeta^2), \quad (10.5)$$

式中 $\rho$ 为观测 $y_t$ 的衰减因子，$0 < \rho < 1$，$\mu_t$ 为趋势成分，具有平稳斜率项 $\nu_t$。对于这个模型，我们有一个线性观测方程和局部非线性状态方程。非线性状态空间模型（10.1）以及状态向量 $\alpha_t = (\mu_t, \nu_t)'$ 有系统矩阵

$$Z_t(\alpha_t) = (1, 0), \quad T_t(\alpha_t) = (\mu_t^{1+\nu_t}, \rho\nu_t)', \quad Q_t(\alpha_t) = \mathrm{diag}(\sigma_\xi^2, \sigma_\zeta^2),$$

$H_t(\alpha_t) = \sigma_\varepsilon^2$ ，$R_t(\alpha_t) = I_2$ 。扩展卡尔曼滤波依赖于 $\dot{Z}_t$ 和 $\dot{T}_t$ ，其为

$$\dot{Z}_t = Z_t, \qquad \dot{T}_t = \begin{pmatrix} (\nu_t + 1)\mu_t^{\nu_t} & \mu_t^{1+\nu_t}\log\mu_t \\ 0 & \rho \end{pmatrix}。$$

滤波的初始化条件为

$$a_1 = 0, \qquad P_1 = \mathrm{diag}[\kappa, (1 - \rho^2)^{-1}\sigma_\nu^2],$$

式中 $\kappa \to \infty$ 。

## 10.3  无迹卡尔曼滤波

我们考虑非高斯非线性模型的第二个近似滤波是无迹卡尔曼滤波（unscented Kalman filter，UKF）。它的思想与基于 EKF 的线性化是一个完全不同的概念。这个想法可以通过应用到比状态空间滤波更简单的问题而更容易理解。因此，我们首先在第 10.3.1 节考虑随机向量的向量函数的无迹变换（unscented transformation，UT）。第 10.3.2 节给出 UKF 的推导。第 10.3.3 节给出基本 UT 变换的进一步改进的讨论。第 10.3.4 节对改进的 UKF 与 EKF 和标准 UKF 的精度进行了比较。

### 10.3.1  无迹变换

假设我们有 $p \times 1$ 随机向量 $y$ ，其为已知的非线性函数

$$y = f(x), \tag{10.6}$$

式中 $m \times 1$ 随机向量 $x$ ，其密度为 $x \sim \mathrm{N}(\bar{x}, P_{xx})$ ，且我们希望找到 $y$ 的密度的近似。Julier 和 Uhlmann（1997）建议我们这样处理：选择一组西格玛点（sigma points），记为 $x_0, x_1, \cdots, x_{2m+1}$ ，其相关的西格玛权重（sigma weights）记为 $w_0, w_1, \cdots, w_{2m+1}$ ，其中每个 $w_i > 0$ ，因此有

$$\sum_{i=0}^{2m} w_i = 1, \qquad \sum_{i=0}^{2m} w_i x_i = \bar{x}, \qquad \sum_{i=0}^{2m} w_i(x_i - \bar{x})(x_i - \bar{x})' = P_{xx}。$$

$$\tag{10.7}$$

事实上，我们将连续密度 $f(x)$ 在点 $x_0, x_1, \cdots, x_{2m+1}$ 近似为离散密度，其均值向量和方差矩阵与密度 $f(x)$ 的相同。我们定义 $y_i = f(x_i)$ ，$i = 0, \cdots, 2m$ ，并取

$$\bar{y} = \sum_{i=0}^{2m} w_i y_i, \qquad P_{yy} = \sum_{i=0}^{2m} w_i(y_i - \bar{y})(y_i - \bar{y})', \tag{10.8}$$

如同我们分别估计 $E(y)$ 和 $Var(y)$。这在 Julier 和 Uhlmann（1997）显示，式（10.6）的泰勒展开的低阶项可以等于任何平滑函数 $f(\cdot)$ 的泰勒展开式的相应项的真矩 $E(y)$ 和 $Var(y)$。如果 $x$ 的更高阶矩已知，例如，假设为正态，$y$ 的高阶矩就可能近似，并且其低阶矩就可获得高的精度。

有许多方法可以选择西格玛点和权重以服从约束（10.7）；Julier 和 Uhlmann（1997）建议非常简单的形式

$$x_0 = \bar{x}, \quad x_i = \bar{x} + \lambda \sqrt{P_{xx,i}}, \quad x_{i+m} = \bar{x} - \lambda \sqrt{P_{xx,i}},$$

以及权重 $w_0$ 和

$$w_i = w_{i+m} = \frac{1 - w_0}{2m}, \quad i = 1, \cdots, m,$$

式中 $\lambda$ 为标量且 $\sqrt{P_{xx,i}}$ 为 $P_{xx}$ 的均方根矩阵的第 $i$ 列，$P_{xx}$ 可由对称矩阵的 Cholesky 分解得到。常数 $\lambda$ 由如下约束决定：

$$\sum_{i=0}^{2m} w_i = 1, \quad \sum_{i=0}^{2m} w_i x_i = \bar{x},$$

其显然满足。替换式（10.7）的第 3 项的 $x_i$ 和 $w_i$，给出

$$\frac{1 - w_0}{2m} \sum_{i=1}^{2m} \lambda^2 \left( \sqrt{P_{xx,i}} \right) \left( \sqrt{P_{xx,i}} \right)' = P_{xx},$$

从中我们推理出

$$\lambda^2 = \frac{m}{1 - w_0}。$$

对于 $k$ 的一些取值，通过取 $w_0 = k/(m + k)$，我们得到 $\lambda^2 = m + k$ 和

$$x_0 = \bar{x}, \qquad\qquad w_0 = k/(m + k)$$

$$x_i = \bar{x} + \sqrt{m + k} \sqrt{P_{xx,i}} \qquad w_i = 1/2(m + k), \qquad (10.9)$$

$$x_{i+m} = \bar{x} - \sqrt{m + k} \sqrt{P_{xx,i}}, \quad w_{i+m} = 1/2(m + k),$$

对于 $i = 1, \cdots, m$。Julier 和 Uhlmann（1997）认为，"$k$ 为'精细调谐'的近似的高阶矩提供了额外的自由度，可以用来降低总体预测误差。假设 $x$ 为高斯时，有用的启发式的选择是 $m + k = 3$"。有许多可能的方案，我们采用其所建议的 UKF 算法应用于我们的状态空间模型。

Julier 和 Uhlmann（1997）称其为无迹变换。通过检查泰勒展开式，他们展示在适当的条件下，$y$ 的无迹变换估计均值向量和方差矩阵的二阶近似是精确的。

### 10.3.2　无迹卡尔曼滤波的推导

我们现构建基于无迹变换的滤波。对于 EKF，我们假设有观测向量序列 $y_1, \cdots, y_n$，以及相应的状态向量 $\alpha_1, \cdots, \alpha_n$，假设其由非线性非高斯状态空间模型（10.1）生成。我们分两阶段构建：首先，在更新阶段（updating stage），新观测 $y_t$ 已经到达，我们希望给定 $a_t = \mathrm{E}(\alpha_t | Y_{t-1})$ 和 $P_t = \mathrm{Var}(\alpha_t | Y_{t-1})$，估计 $a_{t|t} = \mathrm{E}(\alpha_t | Y_t)$ 和 $P_{t|t} = \mathrm{Var}(\alpha_t | Y_t)$。其次，在预测阶段（prediction stage），我们希望给定 $a_{t|t}$ 和 $P_{t|t}$，估计 $a_{t+1}$ 和 $P_{t+1}$，对于 $t = 1, \cdots, n$。为了保持符号简单，我们将使用相同的估计符号和估计数值。我们在两个阶段分别使用无迹变换。

对于更新阶段，令 $\bar{y}_t = \mathrm{E}(y_t | Y_{t-1})$ 和 $v_t = y_t - \bar{y}_t$。应用第 4.2 节的引理一对第一部分的线性高斯状态空间模型是精确的。在非高斯和非线性模型的情形下，引理一仍然可以应用，但它仅提供近似关系。我们使用第 4.2 节引理一的方程（4.2）提供近似关系

$$\mathrm{E}(\alpha_t | Y_t) = \mathrm{E}(\alpha_t | Y_{t-1}) + P_{\alpha v,t} P_{vv,t}^{-1} v_t,$$

即

$$a_{t|t} = a_t + P_{\alpha v,t} P_{vv,t}^{-1} v_t, \tag{10.10}$$

式中 $P_{\alpha v,t} = \mathrm{Cov}(\alpha_t, v_t)$ 和 $P_{vv,t} = \mathrm{Var}(v_t)$ 为给定 $Y_{t-1}$ 的 $\alpha_t$ 和 $v_t$ 的条件联合分布，对于 $t = 1, \cdots, n$。同样，我们使用引理一的方程（4.3）提供近似关系

$$\mathrm{Var}(\alpha_t | Y_t) = \mathrm{Var}(\alpha_t | Y_{t-1}) - P_{\alpha v,t} P_{vv,t}^{-1} P'_{\alpha v,t},$$

即

$$P_{t|t} = P_t - P_{\alpha v,t} P_{vv,t}^{-1} P'_{\alpha v,t} \circ \tag{10.11}$$

此外，因为模型（10.1）的观测方程是 $y_t = Z(\alpha_t) + \varepsilon_t$，我们有

$$\bar{y}_t = E[Z_t(\alpha_t) | Y_{t-1}] \tag{10.12}$$

我们使用无迹变换继续估计 $\bar{y}_t$、$P_{\alpha v,t}$ 和 $P_{vv,t}$。定义西格玛点及其权重如下：

$$x_{t,0} = a_t, \qquad\qquad w_0 = k/(m+k),$$

$$x_{t,i} = a_t + \sqrt{m+k} P_{t,i}^*, \qquad w_i = 1/2(m+k), \tag{10.13}$$

$$x_{t,i+m} = a_t - \sqrt{m+k} P_{t,i}^*, \qquad w_{i+m} = 1/2(m+k),$$

式中 $m$ 为状态向量 $\alpha_t$ 的维度，$P_{t,i}^*$ 为均方根矩阵 $P_t^*$ 的第 $i$ 列，$P_t^*$ 由 Cholesky 分解 $P_t = P_t^* P_t^{*'}$ 得到，对于 $i = 1, \cdots, m$。然后我们取

$$\bar{y}_t = \sum_{i=0}^{2m} w_i Z_t(x_{t,i}),$$

$$P_{\alpha v,t} = \sum_{i=0}^{2m} w_i (x_{t,i} - a_t)[Z_t(x_{t,i}) - \bar{y}_t], \qquad (10.14)$$

$$P_{vv,t} = \sum_{i=0}^{2m} w_i [Z_t(x_{t,i}) - \bar{y}_t][Z_t(x_{t,i}) - y_t]' + H_t(x_{t,i}),$$

对于 $t = 1, \cdots, n$。取 $v_t = y_t - \bar{y}_t$，替换式（10.10）和式（10.11），分别给出 $a_{t|t}$ 和 $P_{t|t}$。

为实现滤波的预测阶段，我们首先注意到模型（10.1）的状态方程为 $\alpha_{t+1} = T_t(\alpha_t) + R_t(\alpha_t)\eta_t$，式中 $\eta_t$ 独立于 $\alpha_t$，其拥有零均值和方差矩阵 $Q_t(\alpha_t)$。然后我们有

$$a_{t+1} = \mathrm{E}(\alpha_{t+1} \mid Y_t) = \mathrm{E}[T_t(\alpha_t) \mid Y_t)], \qquad (10.15)$$

和

$$P_{t+1} = \mathrm{Var}(\alpha_{t+1} \mid Y_t) = \mathrm{Var}[T_t(\alpha_t) \mid Y_t)] + \mathrm{E}[R_t(\alpha_t)Q_t(\alpha_t)R_t(\alpha_t)' \mid Y_t)],$$
$$(10.16)$$

对于 $t = 1, \cdots, n$。定义新的 $x_{t,0}, \cdots, x_{t,2m}$，由关系（10.13），将 $a_t$ 替换为 $a_{t|t}$，$P_t$ 替换为 $P_{t|t}$。从这些 $x_i$ 和式（10.13）得到 $w_0, \cdots, w_{2m}$ 的值，我们取

$$a_{t+1} = \sum_{i=0}^{2m} w_i T_t(x_{t,i}),$$

$$P_{t+1} = \sum_{i=0}^{2m} w_i [T_t(x_{t,i}) - a_{t+1}][T_t(x_{t,i}) - a_{t+1}]'$$

$$+ \sum_{i=0}^{2m} w_i R_t(x_{t,i})Q_t(x_{t,i})R_t(x_{t,i})'. \qquad (10.17)$$

由关系（10.10）、关系（10.11）、关系（10.14）和关系（10.17）定义的滤波称为无迹卡尔曼滤波（unscented Kalman filter，UKF）。

借助泰勒展开式，无迹变换对于均值的二阶估计是精确的。这一结果将 UKF 应用于状态向量的均值估计。EKF 估计的均值近似只能精确到一阶。然而，方差矩阵估计的二阶近似由 EKF 和 UKF 给出。

### 10.3.3 无迹变换的深入发展

Julier 和 Uhlmann（1997）的原始变换基于式（10.9），这很简单，我

们只需要对每个向量 $x$ 的 $i$ 元素取两个西格玛点

$$\bar{x} \pm \sqrt{m + k} \sqrt{P_{xx,i}}。$$

现在我们考虑是否可以通过增加每个 $i$ 的西格玛点的数目，并对更高密度的西格玛点分配相对高的权重，以提高效率。为此，我们建议每个 $i$ 取 $2q$ 个西格玛点，考虑

$$
\begin{aligned}
x_{ij} &= \bar{x} + \lambda \xi_j \sqrt{P_{xx,i}}, \quad i = 1, \cdots, m, \\
x_{ij} &= \bar{x} - \lambda \xi_j \sqrt{P_{xx,i}}, \quad i = m+1, \cdots, 2m,
\end{aligned}
\qquad j = 1, \cdots, q, \quad (10.18)
$$

以及 $x_0 = \bar{x}$。例如，对于 $q = 2$，我们可以取 $\xi_1 = 1$ 和 $\xi_2 = 2$ 或 $\xi_1 = \dfrac{1}{2}$ 和 $\xi_2 = \dfrac{3}{2}$；对于 $q = 4$，我们可以取 $\xi_1 = \dfrac{1}{2}$，$\xi_2 = 2$，$\xi_3 = \dfrac{3}{2}$ 和 $\xi_4 = 2$。与这些西格玛点相关，我们取权重为

$$w_{ij} = w_{m+i,j} = w\varphi(\xi_j), \qquad i = 1, \cdots, m, \qquad j = 1, \cdots, q,$$

以及 $w_0$，式中 $w$ 和 $w_0$ 将被决定，且 $\varphi(\cdot)$ 为标准正态密度。约束是权重必须加总为一，

$$w_0 + 2 \sum_{i=1}^{m} \sum_{j=1}^{q} w_{ij} = 1,$$

其导致

$$w_0 + 2mw \sum_{j=1}^{q} \varphi(\xi_j) = 1,$$

其给出

$$w = \frac{1 - w_0}{2m \sum_{j=1}^{q} \varphi(\xi_j)}。 \qquad (10.19)$$

接下来，

$$\sum_{i=0}^{2m} \sum_{j=1}^{q} w_{ij} x_{ij} = \left[ w_0 + 2mw \sum_{j=1}^{q} \varphi(\xi_j) \right] \bar{x} = \bar{x}。$$

约束

$$2 \sum_{i=1}^{m} \sum_{j=1}^{q} w_{ij} (x_{ij} - \bar{x})(x_{ij} - \bar{x})' = 2 \sum_{i=1}^{m} \sum_{j=1}^{q} w_{ij} \lambda^2 \xi_j^2 P_{xx,i}^* P_{xx,i}^{*'} = P_{xx},$$

式中

$$w_{ij} = \frac{(1 - w_0)\varphi(\xi_j)}{2m \sum_{l=1}^{q} \varphi(\xi_l)},$$

给出

$$\frac{2(1-w_0)\lambda^2}{2m\sum_{l=1}^{q}\varphi(\xi_l)}m\sum_{j=1}^{q}\varphi(\xi_j)\xi_j^2 = 1 \qquad (10.20)$$

因此，

$$\lambda^2 = \frac{\sum_{j=1}^{q}\varphi(\xi_j)}{(1-w_0)\sum_{j=1}^{q}\varphi(\xi_j)\xi_j^2}。 \qquad (10.21)$$

我们现在寻求进一步约束，通过均等化四阶矩，以提供 $w_0$ 一个值。向量 $x$ 的标量元素记为 $x_\ell^*$，对于 $\ell = 1,\cdots,m$，因此有 $x = (x_1^*,\cdots,x_m^*)'$。令 $\bar{x}_\ell^* = E(x_\ell^*)$，对于 $\ell = 1,\cdots,m$。为了简单起见，取如下情形

$$P_{xx} = \text{Var}(x) = \text{diag}(\sigma_1^2,\cdots,\sigma_m^2),$$

且假设 $x$ 为正态分布。因此 $x_\ell^* \sim N(\bar{x}_\ell^*,\sigma_\ell^2)$，对于 $\ell = 1,\cdots,m$。$x_{ij}$ 的第 $\ell$ 个元素记为 $x_{ij\ell}$，分配其权重 $w_{ij}$。从式（10.18）我们有

$$\begin{aligned}
x_{ij\ell} &= \bar{x}_\ell^* + \lambda\xi_j\sigma_\ell, \quad i = 1,\cdots,m, \\
&= \bar{x}_\ell^* - \lambda\xi_j\sigma_\ell, \quad i = m+1,\cdots,2m,
\end{aligned} \qquad (10.22)$$

对于 $j = 1,\cdots,q$ 和 $\ell = 1,\cdots,m$。让我们施加四阶矩约束

$$\begin{aligned}
E\Big[\sum_{\ell=1}^{m}(x_\ell^* - \bar{x}_\ell^*)^4\Big] &= 2\sum_{\ell=1}^{m}\sum_{i=1}^{m}\sum_{j=1}^{q}w_{ij}E[(x_\ell^* - \bar{x}_\ell^*)^4] \\
&= 2\sum_{\ell=1}^{m}\sum_{i=1}^{m}\sum_{j=1}^{q}w\varphi(\xi_j)(\lambda\xi_j\sigma_\ell)^4 \\
&= 2mw\lambda^4\sum_{\ell=1}^{m}\sum_{j=1}^{q}\varphi(\xi_j)\xi_j^4\sigma_\ell^4。
\end{aligned}$$

由于 $N(0,\sigma_\ell^2)$ 的四阶矩为 $3\sigma_\ell^4$，使用式（10.19）和式（10.21），我们有

$$3\sum_{\ell=1}^{m}\sigma_\ell^4 = \frac{1-w_0}{\sum_{j=1}^{q}\varphi(\xi_j)}\frac{[\sum_{j=1}^{q}\varphi(\xi_j)]^2\sum_{j=1}^{q}\varphi(\xi_j)\xi_j^4\sum_{\ell=1}^{m}\sigma_\ell^4}{(1-w_0)^2[\sum_{j=1}^{q}\varphi(\xi_j)\xi_j^2]^2},$$

$$(10.23)$$

给出

$$3 = \frac{\sum_{j=1}^{q}\varphi(\xi_j)\sum_{j=1}^{q}\varphi(\xi_j)\xi_j^4}{(1-w_0)[\sum_{j=1}^{q}\varphi(\xi_j)\xi_j^2]^2}, \qquad (10.24)$$

因此，

$$w_0 = 1 - \frac{\sum_{j=1}^{q} \varphi(\xi_j) \sum_{j=1}^{q} \varphi(\xi_j) \xi_j^4}{3 \left[ \sum_{j=1}^{q} \varphi(\xi_j) \xi_j^2 \right]^2} 。 \tag{10.25}$$

当 $P_{xx}$ 不是对角，我们使用这个值作为近似。

我们已经开发了一组扩展西格玛点分布，其比式（10.9）所支持分布的区域更宽，同时保持西格玛点分布的矩和总体矩之间的对应关系。

### 10.3.4 EKF 和 UKF 的比较

在这一节，我们提供了三种非线性滤波方法的估计性能比较。我们从（部分）非线性状态空间模型（10.1）及平稳自回归过程的单变量状态 $\alpha_t$，产生 10000 重复的，即

$$y_t = Z_t(\alpha_t) + \varepsilon_t, \qquad \alpha_{t+1} = 0.95\alpha_t + \eta_t,$$

以及误差项 $\varepsilon_t \sim N(0, 0.01)$ 和 $\eta_t \sim N(0, 0.01)$，对于 $t = 1, \cdots, 100$。我们考虑 $Z_t(\alpha_t)$ 的不同非线性变换。表 10.1 显示对于 EKF、UKF 和修正 UKF，$Z(\alpha_t)$ 不同的函数选择的均方预测误差（mean square prediction error，MSPE）。结果表明，UKF 比 EKF 通常提供更准确的状态预测。当我们增加多项式变换的阶数，精度则有分歧：在低阶两个无迹滤波有类似的性能，而在高阶修正 UKF 性能明显更好。对于 $\exp(\alpha_t)$ 和 $\sin(\alpha_t) + 1.1$ 变换，我们实现了类似的改进，尽管与 $\alpha_t^2$ 和 $\alpha_t^3$ 变换相比改进较小。$\log(\alpha_t + 6)$ 转换可以通过 EKF 适当处理，因为 UKF 并没有提供太多的改进。

**表 10.1**             **三种非线性滤波方法的 MSPE 比较**

| $Z(\alpha_t)$ | EKF | UKF | MUKF |
|:---:|:---:|:---:|:---:|
| $\alpha_t^2$ | 55.584 | 30.440 | 30.440 |
| $\alpha_t^3$ | 16.383 | 10.691 | 10.496 |
| $\alpha_t^4$ | 46.048 | 43.484 | 28.179 |
| $\alpha_t^5$ | 107.23 | 17.019 | 13.457 |
| $\alpha_t^6$ | 147.62 | 92.216 | 30.651 |
| $\alpha_t^7$ | 1468.1 | 85.311 | 24.175 |
| $\alpha_t^8$ | 1641.1 | 347.84 | 39.996 |
| $\exp(\alpha_t)$ | 13.177 | 11.917 | 11.866 |
| $\sin(\alpha_t) + 1.1$ | 32.530 | 24.351 | 23.514 |
| $\log(\alpha_t + 6)$ | 38.743 | 38.695 | 38.695 |

注：EKF 指第 10.2 节的扩展卡尔曼滤波，UKF 指第 10.3.1 节的无迹卡尔曼滤波，MUKF 指第 10.3.3 节的 $q = 4$ 的修正无迹卡尔曼滤波。

# 10.4　非线性平滑

第 4 章广泛讨论了线性高斯模型的平滑。非线性模型的近似滤波方法，基于扩展卡尔曼滤波和无迹卡尔曼滤波。由于两个近似方法均与卡尔曼滤波递推相关联，因此可以预期线性高斯模型的平滑方法可作类似的调整。我们讨论这两种方法的一些细节。

## 10.4.1　扩展平滑

我们在第 10.2 节采用的线性化技术以提供扩展卡尔曼滤波可用于获得近似状态平滑。我们对非线性模型（10.1）简单采取了线性化形式（10.3）并应用扩展卡尔曼滤波（10.4）。线性化状态空间形式的系统矩阵随时间变化，其取决于状态向量在 $t$ 期的预测和滤波估计。第 4.4 节中所描述的后向平滑方法可作为近似平滑。更具体地，扩展状态平滑的递推由下式给出：

$$r_{t-1} = \dot{Z}_t' F_t^{-1} v_t + L_t' r_t, \quad \hat{\alpha}_t = a_t + P_t r_{t-1}, \quad t = n, \cdots, 1, \quad (10.26)$$

式中 $F_t$、$v_t$、$L_t$ 和 $P_t$ 从扩展卡尔曼滤波（10.4）得到，而递推初始化为 $r_n = 0$。

对于平滑的唯一目的，线性化形式（10.3）在第二轮卡尔曼滤波和平滑可以考虑多次。然后，我们再次评估式（10.2）中的 $\dot{T}_t$ 和 $\dot{Z}_t$，但现在 $\alpha_t = \hat{\alpha}_t$，对于 $t = 1, \cdots, n$。使用卡尔曼滤波和平滑的方程获得新的估计 $\hat{\alpha}_1, \cdots, \hat{\alpha}_n$。我们期望基于 $\hat{\alpha}_t$ 的线性近似比基于 $a_t$ 和 $a_{t\,|\,}$ 的近似更准确。

## 10.4.2　无迹平滑

无迹滤波方法可以不同的方式修改以获得无迹平滑方法。例如，通常提倡第 4.6.4 节的两个方法的滤波公式。UKF 一旦被应用到时间序列，则 UKF 也适用于相反顺序的相同时间序列。然后 UKF 的估计如在式（4.74）中组合以得到平滑估计。这种方法只会产生对非线性状态空间模型 $E(\alpha_t\,|\,Y_n)$ 的近似。

另一种我们偏爱的基于无迹变换的近似平滑算法可以从第 4 章的引理一推导得到。它的发展类似于第 4.4 节的经典固定间隔平滑。假设给定 $Y_t$ 的 $\alpha_t$ 和 $\alpha_{t+1}$ 条件联合正态分布

$$E(\alpha_t\,|\,Y_t) = a_{t\,|\,t}, \qquad E(\alpha_{t+1}\,|\,Y_t) = a_{t+1}, \qquad (10.27)$$

$$\mathrm{Var}(\alpha_t \,|\, Y_t) = P_{t\,|\,t}, \qquad \mathrm{Var}(\alpha_{t+1} \,|\, Y_t) = P_{t+1}, \qquad (10.28)$$

且

$$\mathrm{Cov}(\alpha_t, \alpha_{t+1} \,|\, Y_t) = C_{t+1}\,。 \qquad (10.29)$$

从引理一，我们得到近似

$$\hat{\alpha}_t = \mathrm{E}(\alpha_t \,|\, Y_n)$$

$$= \mathrm{E}(\alpha_t \,|\, \alpha_{t+1}, Y_t)$$

$$= a_{t\,|\,t} + C_{t+1} P_{t+1}^{-1}(\hat{\alpha}_{t+1} - a_{t+1}), \qquad (10.30)$$

对于 $t = 1, \cdots, n$，式中 $a_{t+1}$、$a_{t\,|\,t}$ 和 $P_{t+1}$ 已由 UKF 计算，且

$$C_{t+1} = \sum_{i=0}^{2m} w_i (x_{t,i} - a_t) [\,T_t(x_{t,i}) - a_{t+1}\,]'\,。 \qquad (10.31)$$

这些结果意味着平滑的后向递推算法。使用相同的参数，我们可以计算出近似平滑的状态方差。最新的无迹平滑讨论由 Sarkka 和 Hartikainen（2010）提供。

## 10.5　通过数据转换的近似

非线性和非高斯模型有时可以顺利近似，其通过将观测转换为线性高斯模型形式可被用作近似。通过数据转换来近似的方法通常是一个特解（ad hoc solution）的一部分。在非线性模型（9.36）的情形下，即

$$y_t = Z_t(\alpha_t) + \varepsilon_t, \qquad \alpha_{t+1} = T_t \alpha_t + R_t \eta_t,$$

对于 $t = 1, \cdots, n$，我们考虑函数 $Z_t^-(\alpha_t)$，因此，

$$Z_t^- [\,Z_t(\alpha_t)\,] = c_t^a + Z_t^a \alpha_t,$$

式中向量 $c_t^a$ 和矩阵 $Z_t^a$ 有合适的维度。近似可以通过应用转换 $Z_t^-(\alpha_t)$ 而得到，因为

$$Z_t^- [\,Z_t(\alpha_t) + \varepsilon_t\,] \approx c_t^a + Z_t^a \alpha_t + u_t,$$

式中 $u_t$ 为误差项。典型的单变量例子是取 $Z_t(\alpha_t) = \exp(\alpha_t)$，因而有 $Z_t^-(\alpha_t) = \log(\alpha_t)$。

### 10.5.1　部分乘法分解

考虑单变量观测 $y_t$ 的乘法模型，其由下式给出：

$$y_t = \mu_t \times \gamma_t + \varepsilon_t,$$

对于 $t = 1, \cdots, n$，式中 $\mu_t$ 为不可观测的趋势成分，$\gamma_t$ 为不可观测的季节

或周期成分，见第3.2节。通过对 $y_t$ 取对数，我们得到近似

$$\log(y_t) \approx \log(\mu_t) + \log(\gamma_t) + u_t,$$

式中合适的动态属性由成分 $\log(\mu_t)$ 和 $\log(\gamma_t)$ 给出。

### 10.5.2 随机波动模型

考虑第9.5节的基本 SV 模型（9.26），如下式给出：

$$y_t = \mu + \sigma \exp\left(\frac{1}{2}\theta_t\right)\varepsilon_t, \qquad \varepsilon_t \sim N(0,1),$$

对于 $t = 1, \cdots, n$，式中的对数波动建模为自回归过程（9.27），即

$$\theta_{t+1} = \phi\theta_t + \eta_t, \qquad \eta_t \sim N(0, \sigma_\eta^2),$$

式中扰动 $\varepsilon_t$ 和 $\eta_t$ 相互且序列无关。为了得到基于线性模型的近似解，变换观测 $y_t$ 如下：

$$\log y_t^2 = \kappa + \theta_t + \xi_t, \qquad t = 1, \cdots, n, \qquad (10.32)$$

式中，

$$\kappa = \log\sigma^2 + E(\log\varepsilon_t^2), \qquad \xi_t = \log\varepsilon_t^2 - E(\log\varepsilon_t^2)。 \qquad (10.33)$$

噪声项 $\xi_t$ 不是正态分布，但 $\log y_t^2$ 的模型是线性的，因此我们可以使用第一部分的线性技术近似处理，这种方法由 Harvey、Ruiz 和 Shephard（1994）提出，他们称基于拟极大似然（quasi - maximum likelihood，QML）参数估计程序。参数估计通过卡尔曼滤波来实现；波动成分 $\theta_t$ 的平滑估计可以构造且波动预测可以生成。QML 方法的魅力之一在于它可以直接使用现成的软件程序 STAMP；见 Koopman、Harvey、Doornik 和 Shephard（2010）。

# 10.6 通过模估计的近似

扩展和无迹滤波处理主要是出于非线性模型形式（10.1），其状态向量为非线性函数模型中的参数。广义类模型可以公式化为

$$y_t \sim p(y_t | \alpha_t), \qquad \alpha_{t+1} = T_t(\alpha_t) + R_t(\alpha_t)\eta_t, \qquad (10.34)$$

式中 $p(y_t | \alpha_t)$ 为状态向量 $\alpha_t$ 的观测条件密度，$\alpha_t$ 依赖于状态向量的非线性函数随着时间演化，实际上 $\alpha_t$ 通常为线性和高斯分布。在观测密度可能为非线性均值函数 $Z_t(\alpha_t)$ 和非线性方差函数 $H_t(\alpha_t)$ 的情形下，模型（10.1）与模型（10.34）是等价的。模型（10.34）的关注重点是 $p(y_t | \alpha_t)$ 的非高斯特征而不是模型中的非线性函数。扩展和无迹滤波并不

说明模型的非高斯性质，除了前两阶矩：均值和方差的函数。我们将显示以所有观测为条件，计算状态向量的模（mode）将产生近似线性高斯状态空间模型。

我们先讨论 $p(y_t | \alpha_t)$ 为任何密度的情形，式中 $\alpha_t$ 随时间线性演化，有高斯误差向量 $\eta_t$。我们进一步假设信号向量 $\theta_t$ 为状态向量的线性函数，这对观测密度是充分的，见第 9.2 节关于这类模型的讨论。换句话说，密度 $p(y_t | \alpha_t)$ 等价于 $p(y_t | \theta_t)$。我们获得非高斯模型设定

$$y_t \sim p(y_t | \theta_t), \quad \theta_t = Z_t \alpha_t, \quad \alpha_{t+1} = T_t \alpha_t + R_t \eta_t, \quad \eta_t \sim \mathrm{N}(0, Q_t),$$

$$(10.35)$$

对于 $t = 1, \cdots, n$。以所有观测为条件的 $\theta_t$ 的模的计算将产生近似线性高斯状态空间模型。标准卡尔曼滤波和平滑方法就可以用来分析。

### 10.6.1 线性高斯模型的模估计

在第 4.13 节我们表明线性高斯状态空间模型可以表示为矩阵形式。因为我们希望专注于信号向量 $\theta$，式中 $\theta = (\theta_1', \cdots, \theta_n')'$，信号 $\theta_t = Z_t \alpha_t$ 在式 (9.5) 中定义，对于 $t = 1, \cdots, n$，我们写出观测方程的矩阵形式

$$Y_n = \theta + \varepsilon, \quad \theta = Z\alpha, \quad \varepsilon \sim \mathrm{N}(0, H), \quad (10.36)$$

式中 $\alpha = T(\alpha_1^* + R\eta)$ 和矩阵 $H$ 为块对角。所有向量和矩阵的定义在第 4.13.1 节给出，包括方程 (4.94) 至方程 (4.99) 中的矩阵 $Z$、$H$、$T$、$R$ 和 $Q$ 的定义，也包括 $\theta$ 的均值向量和方差矩阵方程，即

$$\mathrm{E}(\theta) = \mu = ZT a_1^*, \quad \mathrm{Var}(\theta) = \Psi = ZT(P_1^* + RQR')T'Z',$$

式中 $a_1^*$ 和 $P_1^*$ 如式 (4.100) 定义。因此，观测方程 (10.36) 也可以表示为

$$Y_n = \mu + u, \quad u \sim \mathrm{N}(0, \textstyle\sum), \quad \textstyle\sum = \Psi + H。$$

由于高斯密度的模等于均值，从第 4.13.5 节可知，信号的模可以表示为

$$\hat{\theta} = (\Psi^{-1} + H^{-1})^{-1} (\Psi^{-1} \mu + H^{-1} Y_n), \quad (10.37)$$

式中模 $\hat{\theta}$ 是 $\theta$ 的值，其对于线性高斯状态空间模型极大化平滑密度 $p(\theta | Y_n)$。

### 10.6.2 线性高斯信号模型的模估计

在这里我们的目的是为以模型 (10.34) 为代表的这类模型估计平滑密度的模，其信号为线性和高斯；见第 9.2 节。这类模型的矩阵形式是

$$Y_n \sim p(Y_n | \theta), \quad \theta \sim \mathrm{N}(\mu, \Psi),$$

式中，

$$p(Y_n \mid \theta) = \prod_{t=1}^{n} p(y_t \mid \theta_t) = \prod_{t=1}^{n} p(\varepsilon_t)。$$

平滑密度 $p(\theta \mid Y_n)$ 没有明确的表达式，我们无法通过解析模获取。因此，我们表示平滑对数密度为

$$\log p(\theta \mid Y_n) = \log p(Y_n \mid \theta) + \log p(\theta) - \log p(Y_n)，\quad (10.38)$$

且使用 Newton - Raphson 方法关于 $\theta$ 数值极大化该表达式，见 Nocedal 和 Wright（1999）对 Newton - Raphson 的一般性讨论。由于 $\theta$ 为线性和高斯，式（10.38）中依赖于 $\theta$ 的平滑密度的成分，其为观测密度 $p(Y_n \mid \theta)$ 和如式（4.111）给出的信号密度 $p(\theta)$，即

$$\log p(\theta) = \mathrm{N}(\mu, \Psi) = \text{constant} - \frac{1}{2} \log |\Psi| - \frac{1}{2}(\theta - \mu)' \Psi^{-1}(\theta - \mu)。$$

$$(10.39)$$

密度 $p(Y_n)$ 并不依赖于 $\theta$。

对于给定模的一个猜测如 $\tilde{\theta}$，模的新猜测如 $\tilde{\theta}^+$ 通过求解 $\log p(\theta \mid Y_n)$ 在 $\theta = \tilde{\theta}$ 邻域的二阶泰勒展开式而得到。我们有

$$\tilde{\theta}^+ = \tilde{\theta} - [\ddot{p}(\theta \mid Y_n) \mid_{\theta = \tilde{\theta}}]^{-1} \dot{p}(\theta \mid Y_n) \mid_{\theta = \tilde{\theta}}，\quad (10.40)$$

式中，

$$\dot{p}(\cdot \mid \cdot) = \frac{\partial \log p(\cdot \mid \cdot)}{\partial \theta}，\qquad \ddot{p}(\cdot \mid \cdot) = \frac{\partial^2 \log p(\cdot \mid \cdot)}{\partial \theta \partial \theta'}，\quad (10.41)$$

给定这些定义以及分别对于 $\log p(\theta \mid Y_n)$ 和 $\log p(\theta)$ 的式（10.38）和式（10.39），我们得到

$$\dot{p}(\theta \mid Y_n) = \dot{p}(Y_n \mid \theta) - \Psi^{-1}(\theta - \mu)，\qquad \ddot{p}(\theta \mid Y_n) = \ddot{p}(Y_n \mid \theta) - \Psi^{-1}。$$

$$(10.42)$$

式（9.2）的独立假设意味着

$$\log p(Y_n \mid \theta) = \sum_{t=1}^{n} \log p(y_t \mid \theta_t)，$$

因此矩阵 $\ddot{p}(Y_n \mid \theta)$ 为块对角。更具体地，我们有

$$\dot{p}(Y_n \mid \theta) = [\dot{p}_1(y_1 \mid \theta_1)，\cdots，\dot{p}_n(y_n \mid \theta_n)]，$$

$$\ddot{p}(Y_n \mid \theta) = \mathrm{diag}[\ddot{p}_1(y_1 \mid \theta_1)，\cdots，\ddot{p}_n(y_n \mid \theta_n)] \quad (10.43)$$

式中，

$$\dot{p}_t(\,\cdot\,|\,\cdot\,) = \frac{\partial \mathrm{log} p(\,\cdot\,|\,\cdot\,)}{\partial \theta_t}, \qquad \ddot{p}_t(\,\cdot\,|\,\cdot\,) = \frac{\partial^2 \mathrm{log} p(\,\cdot\,|\,\cdot\,)}{\partial \theta_t \partial \theta_t'},$$

对于 $t = 1, \cdots, n$ 。

通过将式（10.42）代入式（10.40），Newton – Raphson 的更新步骤（10.40）成为

$$\tilde{\theta}^+ = \tilde{\theta} - \{\ddot{p}(Y_n | \theta)|_{\theta = \tilde{\theta}} - \Psi^{-1}\}^{-1} \{\dot{p}(Y_n | \theta)|_{\theta = \tilde{\theta}} - \Psi^{-1}(\tilde{\theta} - \mu)\}$$

$$= (\Psi^{-1} + A^{-1})^{-1}(A^{-1}x + \Psi^{-1}\mu), \qquad (10.44)$$

式中，

$$A = -\{\ddot{p}(Y_n | \theta)|_{\theta = \tilde{\theta}}\}^{-1}, \qquad x = \tilde{\theta} + A\dot{p}(Y_n | \theta)|_{\theta = \tilde{\theta}}。 \quad (10.45)$$

我们注意到式（10.44）和式（10.37）之间的相似性。在 $\ddot{p}$ $(Y_n | \theta)$ 对于所有 $\theta$ 都为负定的情形下，由于式（10.43）所蕴含的 $A$ 矩阵块对角的性质，在给定当前 $\tilde{\theta}$ 的猜测时，第 4 章的卡尔曼滤波和平滑可以用来计算模的下一个猜测值 $\tilde{\theta}^+$ 。卡尔曼滤波和平滑基于高斯状态空间模型（10.36）及 $Y_n = x$ 和 $H = A$。当新的估计值 $\tilde{\theta}^+$ 计算出，我们可以把它处理为新的猜测 $\tilde{\theta} = \tilde{\theta}^+$ ，另一个新的猜测就可以继续计算。这个过程可以重复，构成该应用的 Newton – Raphson 法。在许多情形下，收敛通常较快，只需十次或更少的迭代。收敛后，我们得到模 $\hat{\theta}$ 及海塞矩阵 $G = \ddot{p}(\theta | y)|_{\theta = \hat{\theta}} = -\Psi^{-1} - A^{-1}$ ，式中 $A$ 在 $\theta = \hat{\theta}$ 处被评估。结果表明，适当设计的线性高斯模型、卡尔曼滤波和平滑能够计算出非线性非高斯模型（10.34）的模。

计算该模的迭代方法由 Shephard 和 Pitt（1997）、Durbin 和 Koopman（1997）以及 So（2003，§2）提出。当 $\ddot{p}(y | \theta)$ 不负定，这个方法显然无效，因为这将意味着线性高斯模型（10.36）的方差矩阵 $H$ 为非负定。换句话说，密度 $p(y | \theta)$ 必须在 $\theta$ 处为对数凹。如果 $p(y | \theta)$ 不是对数凹，本节的方法仍然可以采用，但推导必须基于其他参数；见 Jungbacker 和 Koopman（2007）。

当状态向量 $\alpha_t$ 的模对于式（10.34）是必需的，我们可以重复上面的推导，将 $p(\theta_t | Y_n)$ 替换为 $p(\alpha_t | Y_n)$ ，$\theta_t$ 替换为 $\alpha_t$ 。然而在第 4.5.3 节中

论证了状态平滑涉及的计算量超过信号平滑的计算量。因为我们需要重复应用卡尔曼滤波和平滑算法，作为 Newton – Raphson 的计算模的部分，与获取信号模相比，获得状态模的计算时间更多。在这方面，第 4.13.5 节的结果与之有关。这表明，一旦 $\hat{\theta}$ 获得，估计 $\hat{\alpha}$ 可以基于单一的卡尔曼滤波和平滑以应用于模型（4.114）的计算。这意味着，一旦计算信号模 $\hat{\theta}$（在线性高斯模型中均值和模都一样），就没有必要重复 Newton – Raphson 法以计算状态向量的模。我们可以简单地公式化线性高斯状态空间模型（4.114），式中观测替换为 $\hat{\theta}_t$，并将观测噪声设定为零。状态向量的卡尔曼滤波和平滑的递推就可计算模 $\hat{\alpha}_t$，对于 $t = 1, \cdots, n$。

### 10.6.3　线性化的模估计

第 10.6.2 节描述的模的计算也可替代，通过匹配平滑密度 $p(\theta \mid Y_n)$ 和 $g(\theta \mid Y_n)$ 的一阶和二阶导数来得到，式中 $g(\theta \mid Y_n)$ 是线性高斯模型的平滑近似密度。对数密度 $\log g(\theta \mid Y_n)$ 可分解如式（10.38），即

$$\log g(\theta \mid Y_n) = \log g(Y_n \mid \theta) + \log g(\theta) - \log g(Y_n),$$

式中 $\log g(Y_n \mid \theta)$ 是观测方程的对数密度，由式（4.105）定义。我们因此得到

$$\dot{g}(Y_n \mid \theta) = H^{-1}(Y_n - \theta), \qquad \ddot{g}(Y_n \mid \theta) = - H^{-1} \qquad (10.46)$$

式中，

$$\dot{g}(\cdot \mid \cdot) = \frac{\partial \log g(\cdot \mid \cdot)}{\partial \theta}, \qquad \ddot{g}(\cdot \mid \cdot) = \frac{\partial^2 \log g(\cdot \mid \cdot)}{\partial \theta \partial \theta'} \qquad (10.47)$$

此外，由于假设线性高斯信号，我们有 $g(\theta) = p(\theta)$，其由式（4.111）给出。最后，$\log g(Y_n)$ 是观测的对数密度，其并不依赖于 $\theta$。匹配密度 $p(\theta \mid Y_n)$ 和 $g(\theta \mid Y_n)$ 关于 $\theta$ 的一阶和二阶导数，等价于匹配模型密度 $p(\theta \mid Y_n)$ 和 $g(\theta \mid Y_n)$，即

$$H^{-1}(Y_n - \theta) = \dot{p}(Y_n \mid \theta), \qquad - H^{-1} = \ddot{p}(Y_n \mid \theta)。 \qquad (10.48)$$

由于导数是 $\theta$ 自身的函数，我们通过迭代求解方程（10.48）。对于给定 $\theta = \tilde{\theta}$ 的值，我们均等化式（10.48）的导数，对于线性高斯模型，通过将观测向量 $Y_n$ 转换为 $x$，将观测扰动方差矩阵 $H$ 转换为 $A$，如

$$A = - \left\{ \ddot{p}(Y_n \mid \theta) \big|_{\theta = \tilde{\theta}} \right\}^{-1}, \qquad x = \tilde{\theta} + A\,\dot{p}(Y_n \mid \theta) \big|_{\theta = \tilde{\theta}};$$

比较 $x$ 和式（10.45）中 $A$ 的定义。卡尔曼滤波和平滑应用于线性高斯模型，其观测向量 $Y_n = x$，协方差矩阵 $H = A$，产生一个 $\theta$ 的新估计 $\tilde{\theta}^+$。我们以线性化式（10.48）将 $\tilde{\theta}$ 取代为 $\tilde{\theta}^+$。这个过程会导致一个迭代，最终的线性化模型具有相同的给定 $Y_n$ 的条件模 $\theta$ 的线性高斯模型，如同非高斯非线性模型。

我们已经表明，匹配平滑密度的一阶和二阶导数等价于平滑密度的信号 $p(\theta \mid Y_n)$ 关于 $\theta$ 极大化。在其极大值处的 $\theta$ 的值就是 $\theta$ 的模。在下一节中，我们将通过匹配平滑密度关于状态向量 $\alpha$ 的一阶和二阶导数，近似更一般的非线性非高斯状态空间模型。

第9.2节式（9.7）的观测可以通过信号加噪声模型表示，基于匹配一阶导数的线性化也可能是合适的。我们有 $y_t = \theta_t + \varepsilon_t$ 及 $\varepsilon_t \sim p(\varepsilon_t)$，从而有 $p(y_t \mid \theta_t) = p(\varepsilon_t)$。我们假设 $y_t$ 为单变量，因为在实践中它是最重要的案例，并简化了处理。通过仅匹配 $g(Y_n \mid \theta)$ 和 $p(Y_n \mid \theta)$ 的一阶导数，我们得到

$$H^{-1}(Y_n - \theta) = \dot{p}(\varepsilon),\qquad(10.49)$$

式中 $\dot{p}(\varepsilon) = \dot{p}(Y_n \mid \theta)$，如式（10.41）中定义。对于给定的 $\theta = \tilde{\theta}$ 和 $\varepsilon = \tilde{\varepsilon}$ 及 $\tilde{\varepsilon} = Y_n - \tilde{\theta}$，我们均等化式（10.49）的一阶导数，并将观测扰动方差矩阵 $H$ 转换为 $A$，以获得线性高斯信号加噪声模型，为了得到

$$A_t = (y_t - \tilde{\theta}_t)\dot{p}(\varepsilon_t)^{-1} \big|_{\varepsilon_t = y_t - \tilde{\theta}_t}。$$

式中 $A_t$ 为 $A$ 的第 $t$ 个对角元素。观测并不需要转换，因此 $x_t = y_t$，对于 $t = 1, \cdots, n$。

### 10.6.4 指数簇模型的模估计

这些结果的一个重要应用是观测服从指数簇分布。对于这类模型，我们可以计算模，如在第 10.6.2 描述。对于密度（9.3），我们有

$$\log p(y_t \mid \theta_t) = y_t' \theta_t - b_t(\theta_t) + c_t(y_t)。\qquad(10.50)$$

对于 $\theta$ 的给定值 $\tilde{\theta} = (\tilde{\theta}_1', \cdots, \tilde{\theta}_n')'$，推导结果由下式给出：

$$\dot{p}(y_t \mid \theta_t) = y_t - \dot{b}_t, \qquad \ddot{p}(y_t \mid \theta_t) = -\ddot{b}_t,$$

式中，

$$\dot{b}_t = \frac{\partial b_t(\theta_t)}{\partial \theta_t}\Big|_{\theta_t = \tilde{\theta}_t}, \qquad \ddot{b}_t = \frac{\partial^2 b_t(\theta_t)}{\partial \theta_t \partial \theta_t'}\Big|_{\theta_t = \tilde{\theta}_t},$$

对于 $t = 1, \cdots, n$。在信号 $\theta$ 为线性和高斯的情形下，将这些值代入式（10.45）得到解，即

$$A_t = \ddot{b}_t^{-1}, \qquad x_t = \tilde{\theta}_t + \ddot{b}_t^{-1} y_t - \ddot{b}_t^{-1} \dot{b}_t,$$

式中 $A_t$ 为矩阵 $A$ 的第 $t$ 个对角元素，$x_t$ 为向量 $x$ 的第 $t$ 个元素。（块）对角矩阵 $A$ 和向量 $x$ 在式（10.45）中定义。如第 9.3 节显示，由于 $\ddot{b}_t = \mathrm{Var}(y_t | \theta_t)$，它在非退化情形下为正定，对于指数簇分布，模的计算方法都可以使用。

作为一个例子，对于泊松分布及密度（9.12），我们有

$$\log p(y_t | \theta_t) = y_t \theta_t - \exp\theta_t - \log y_t!,$$

因此 $b_t(\tilde{\theta}_t) = \dot{b}_t = \ddot{b}_t = \exp(\tilde{\theta}_t)$。为了计算模，我们取

$$A_t = \exp(-\tilde{\theta}_t), \qquad x_t = \tilde{\theta}_t + \exp(-\tilde{\theta}_t) y_t - 1,$$

对于 $t = 1, \cdots, n$。$A_t$ 和 $x_t$ 的表达式在指数簇模型的范围内的其他例子在表 10.2 给出。

**表 10.2**                **指数簇模型的近似模型细节**

| 分布 | | |
|---|---|---|
| 泊松 | $b_t$ | $\exp\theta_t$ |
| | $\dot{b}_t$ | $\exp\theta_t$ |
| | $\ddot{b}_t$ | $\exp\theta_t$ |
| | $\ddot{b}_t^{-1} \dot{b}_t$ | 1 |
| 二元 | $b_t$ | $\log(1 + \exp\theta_t)$ |
| | $\dot{b}_t$ | $\exp\theta_t (1 + \exp\theta_t)^{-1}$ |
| | $\ddot{b}_t$ | $\exp\theta_t (1 + \exp\theta_t)^{-2}$ |
| | $\ddot{b}_t^{-1} \dot{b}_t$ | $1 + \exp\theta_t$ |
| 二项式 | $b_t$ | $k_t \log(1 + \exp\theta_t)$ |
| | $\dot{b}_t$ | $k_t \exp\theta_t (1 + \exp\theta_t)^{-1}$ |

| 分布 | | |
|---|---|---|
| | $\ddot{b}_t$ | $k_t \exp\theta_t\ (1 + \exp\theta_t)^{-2}$ |
| | $\ddot{b}_t^{-1}\ \dot{b}_t$ | $1 + \exp\theta_t$ |
| 负二项式 | $b_t$ | $k_t\{\theta_t - \log\ (1 - \exp\theta_t)\}$ |
| | $\dot{b}_t$ | $k_t\ (1 - \exp\theta_t)^{-1}$ |
| | $\ddot{b}_t$ | $k_t \exp\theta_t\ (1 - \exp\theta_t)^{-2}$ |
| | $\ddot{b}_t^{-1}\ \dot{b}_t$ | $\exp\ (-\theta_t)\ -1$ |
| 指数 | $b_t$ | $-\log\theta_t$ |
| | $\dot{b}_t$ | $-\theta_t^{-1}$ |
| | $\ddot{b}_t$ | $-\theta_t^{-2}$ |
| | $\ddot{b}_t^{-1}\ \dot{b}_t$ | $-\theta_t$ |

注：对于近似模型 $x_t = \theta_t + u_t$ 及 $u_t \sim N(0, A_t)$，关键变量 $x_t$ 和 $A_t$ 由 $x_t = \tilde{\theta}_t + \ddot{b}_t^{-1} y_t - \ddot{b}_t^{-1}\ \dot{b}_t$
和 $A_t = \ddot{b}_t^{-1}$ 给出。

### 10.6.5 随机波动模型的模估计

在随机波动模型中，波动信号的模估计应该基于前两阶导数。对于基本 SV 模型（9.26），我们有

$$\log p(y_t \mid \theta_t)\ =\ -\frac{1}{2}\big[\log 2\pi\sigma^2 + \theta_t + z_t^2 \exp(-\theta_t)\big],$$

式中 $z_t\ =\ (y_t - \mu)/\sigma$。接下来

$$\dot{p}_t\ =\ -\frac{1}{2}\big[1 - z_t^2 \exp(-\theta_t)\big],\qquad \ddot{p}_t\ =\ -\frac{1}{2}z_t^2 \exp(-\theta_t).$$

使用式（10.45）的定义，我们有

$$A_t = 2\exp(\tilde{\theta}_t)/z_t^2,\qquad x_t = \tilde{\theta}_t + 1 - \exp(\tilde{\theta}_t)/z_t^2,$$

其中注意 $A_t$ 始终要求为正。计算模的方法基于前两阶导数，如前所述。

接下来，我们将式（9.26）的 $p(\varepsilon_t) = N(0,1)$ 替换为式（9.23）的 Student's $t$ 密度及 $\sigma_\varepsilon^2 = 1$，即

$$\log p(\varepsilon_t)\ =\ \text{constant} - \frac{\nu + 1}{2}\log\big(1 + \frac{\varepsilon_t^2}{\nu - 2}\big),$$

式中 $\nu > 2$ 为自由度。因此得到 SV 模型及 $t$ 扰动，如在第 9.5.3 节讨论。我们通过下式表示 $y_t$ 的密度：

$$\log p(y_t \mid \theta_t) = \text{constant} - \frac{1}{2}[\theta_t + (\nu + 1)\log q_t],$$

$$q_t = 1 + \exp(-\theta_t)\frac{z_t^2}{\nu - 2},$$

对于 $t = 1, \cdots, n$。对于 $\theta_t$ 的模的估计，我们需要

$$\dot{p}_t = -\frac{1}{2}[1 - (\nu + 1)(q_t^{-1} - 1)], \qquad \ddot{p}_t = \frac{1}{2}(\nu + 1)(q_t^{-1} - 1)q_t^{-1}.$$

使用（10.45）的定义，我们有

$$A_t = 2(\nu + 1)^{-1}(\tilde{q}_t - 1)^{-1}\tilde{q}_t^2, \qquad x_t = \tilde{\theta}_t + \tilde{q}_t^2 - \frac{1}{2}A_t,$$

式中 $\tilde{q}_t$ 在 $\tilde{\theta}_t$ 处等价于 $q_t$。由于 $q_t > 1$，所有 $A_t$ 均为正且概率为 1，我们继续处理模估计。

关于随机波动模型的其他变化的讨论在第 9.5 节详细考虑。对于随机波动模型更高级的设定，该模的估计可以同样进行。例如，具有杠杆效应的 SV 模型的模估计细节在第 9.5.5 节中讨论，这由 Jungbacker 和 Koopman（2007）给出。

# 10.7  模估计的深入发展

第 10.6 节给出模估计的基本思想及其演示，说明状态空间模型及非线性非高斯观测方程依赖于线性高斯信号。虽然在实践中许多非线性非高斯模型都属于这一类模型，但我们仍有必要讨论更一般的情形以考虑其完整性。我们先推导基于状态向量的估计状态向量的模的一般线性方法。结合一般的非线性非高斯状态空间模型的一组实例，说明这种方法。最后以我们的类模型的模的推导优化性能来结束这一节。

## 10.7.1  基于状态向量的线性化

在第 10.6 节，我们所考虑的观测密度、条件线性高斯信号的模型，是非高斯或非线性的。在信号条件下，当它是捕获模型的所有非线性非高斯特征的重要条件，模估计方法就是首选。当我们需要以状态向量而不是信号为条件，这些发展也可应用。参数的二阶展开式仍然适用，我们可以追求这种方法，如在上一节所示。然而，我们发现线性化参数获取模更加深刻，尤其是当模型变得更复杂时。因此接下来，我们呈现更一般的线性化

方法。

## 10.7.2　线性状态方程的线性化

考虑非高斯状态空间模型（10.34）及线性状态方程，即

$$y_t \sim p(y_t \mid \alpha_t), \qquad \alpha_{t+1} = T_t \alpha_t + R_t \eta_t, \qquad t = 1, \cdots, n,$$

式中，在密度 $p(y_t \mid \alpha_t)$ 中 $y_t$ 和 $\alpha_t$ 之间的关系可以是非线性，$p(\alpha_1)$ 和 $p(\eta_t)$ 可以为非高斯。我们引入了两个序列变量 $\bar{y}_t$ 和 $\bar{\alpha}_t$，对于 $t = 1, \cdots, n$。令 $g(\bar{\alpha} \mid \bar{y})$ 和 $g(\bar{\alpha}, \bar{y})$ 分别为条件和联合密度，由线性高斯模型（3.1）生成，式中观测 $y_t$ 被替换为 $\bar{y}_t$，状态 $\alpha_t$ 被替换为 $\bar{\alpha}_t$。定义 $\bar{y} = (\bar{y}'_1, \cdots, \bar{y}'_n)'$ 和 $\bar{\alpha} = (\bar{\alpha}'_1, \cdots, \bar{\alpha}'_n)'$。我们使用 $\bar{y}_t$ 和 $\bar{\alpha}_t$ 的符号，在下面的处理中，这些数值并不一定分别等同于 $y_t$ 和 $\alpha_t$。所有与式（3.1）相关的变量 $x$ 标识为 $\bar{x}$，对于 $x = Z_t, H_t, T_t, R_t, Q_t, \varepsilon_t, \eta_t, a_1, P_1$，与 $y_t$ 和 $\alpha_t$ 的处理方式相同。令 $p(\alpha \mid Y_n)$ 和 $p(\alpha, Y_n)$ 为一般模型（10.34）为观测向量 $Y_n$ 生成的相应密度。

首先考虑高斯模型，模 $\hat{\bar{\alpha}}$ 是向量方程 $\partial \log g(\bar{\alpha} \mid \bar{y})/\partial \bar{\alpha} = 0$ 的解。则 $\log g(\bar{\alpha} \mid \bar{y}) = \log g(\bar{\alpha}, \bar{y}) - \log g(\bar{y})$。因此模也是向量方程 $\partial \log g(\bar{\alpha}, \bar{y})/\partial \bar{\alpha} = 0$ 的解。这个版本的方程更容易管理，因为 $g(\bar{\alpha}, \bar{y})$ 有一个简单的形式而 $g(\bar{\alpha} \mid \bar{y})$ 没有。因为 $R_t$ 是由 $I_m$ 的列组成的线性高斯模型（3.1），则 $\bar{\eta}_t = \bar{R}'_t(\bar{\alpha}_{t+1} - \bar{T}_t \bar{\alpha}_t)$。假设 $g(\bar{\alpha}_1) = N(\bar{a}_1, \bar{P}_1)$，我们因此有

$$\log g(\bar{\alpha}, \bar{y}) = \text{constant} - \frac{1}{2}(\bar{\alpha}_1 - \bar{a}_1)' \bar{P}_1^{-1}(\bar{\alpha}_1 - \bar{a}_1)$$

$$- \frac{1}{2}\sum_{t=1}^{n}(\bar{\alpha}_{t+1} - \bar{T}_t \bar{\alpha}_t)' \bar{R}_t \bar{Q}_t^{-1} \bar{R}'_t(\bar{\alpha}_{t+1} - \bar{T}_t \bar{\alpha}_t)$$

$$- \frac{1}{2}\sum_{t=1}^{n}(\bar{y}_t - \bar{Z}_t \bar{\alpha}_t)' \bar{H}_t^{-1}(\bar{y}_t - \bar{Z}_t \bar{\alpha}_t)。 \qquad (10.51)$$

关于 $\bar{\alpha}_t$ 微分且等于零，给出方程

$$(d_t - 1)\bar{P}_1^{-1}(\bar{\alpha}_1 - \bar{a}_1) - d_t \bar{R}_{t-1} \bar{Q}_{t-1}^{-1} \bar{R}'_{t-1}(\bar{\alpha}_t - \bar{T}_{t-1}\bar{\alpha}_{t-1})$$
$$+ \bar{T}'_t \bar{R}_t \bar{Q}_t^{-1} \bar{R}'_t(\bar{\alpha}_{t+1} - \bar{T}_t \bar{\alpha}_t) + \bar{Z}'_t \bar{H}_t^{-1}(\bar{y}_t - \bar{Z}_t \bar{\alpha}_t) = 0,$$

$$(10.52)$$

对于 $t = 1, \cdots, n$，式中 $d_1 = 0$，$d_t = 1$，对于 $t = 2 \cdots, n$，且

$$\bar{R}_n \bar{Q}_n \bar{R}'_n(\bar{\alpha}_{n+1} - \bar{T}_n \bar{\alpha}_n) = 0。$$

这些方程的解是条件模 $\hat{\bar{\alpha}}$。由于 $g(\bar{\alpha} \mid \bar{y})$ 为高斯，模等于均值意味着 $\hat{\bar{\alpha}}$ 可

以由卡尔曼滤波和平滑常规来计算。我们的结论是线性方程式（10.52）可以通过卡尔曼滤波和平滑有效计算而求解。

假设非线性非高斯状态空间模型（10.34）表现充分良好，$p(\alpha \mid Y_n)$ 的模 $\hat{\alpha}$ 是如下向量方程的解：

$$\frac{\partial \log p(\alpha \mid Y_n)}{\partial \alpha} = 0$$

因此，如在高斯情形下，方程

$$\frac{\partial \log p(\alpha, Y_n)}{\partial \alpha} = 0,$$

式中，

$$\log p(\alpha, Y_n) = \text{constant} + \log p(\alpha_1) + \sum_{t=1}^{n} \left[ \log p(\eta_t) + \log p(y_t \mid \theta_t) \right],$$

$$(10.53)$$

以及 $\eta_t = R'_t(\alpha_{t+1} - T_t\alpha_t)$。模 $\hat{\alpha}$ 是如下向量方程的解：

$$\frac{\partial \log p(\alpha, Y_n)}{\partial \alpha_t} = (1 - d_t) \frac{\partial \log p(\alpha_1)}{\partial \alpha_1} + d_t R_{t-1} \frac{\partial \log p(\eta_{t-1})}{\partial \eta_{t-1}}$$

$$- T'_t R_t \frac{\partial \log p(\eta_t)}{\partial \eta_t} + \frac{\partial \log p(y_t \mid \alpha_t)}{\partial \alpha_t} = 0, \qquad (10.54)$$

对于 $t = 1$，$\cdots$，$n$，如前一样，式中 $d_1 = 0$，$d_t = 1$，对于 $t = 2 \cdots$，$n$，且

$$R_n \frac{\partial \log p(\eta_n)}{\partial \eta_n} = 0_\circ$$

我们通过迭代求解这些方程，在每一步的线性化，把结果放入形式（10.52）并采用卡尔曼滤波和平滑求解。迭代的最终线性化模型，是线性高斯模型及给定 $\bar{y}$ 的条件模 $\bar{\alpha}$，如同非高斯模型及给定 $Y_n$ 的条件模 $\alpha$。

在状态扰动 $\eta_t$ 为非高斯的情形下，我们首先考虑式（10.54）中状态成分的线性化。假设 $\tilde{\eta} = [\tilde{\eta}'_1, \cdots, \tilde{\eta}'_n]'$ 是 $\eta = (\eta'_1, \cdots, \eta'_n)'$ 的一个测试值，式中 $\tilde{\eta}_t = R'_t(\tilde{\alpha}_{t+1} - T_t \tilde{\alpha}_t)$。我们将其仅限定为 $\eta_t$ 的元素 $\eta_{it}$ 相互独立的情形，即 $Q_t$ 为对角，则条件模方程（10.54）的状态贡献是

$$d_t \sum_{i=1}^{r} R_{i,t-1} \frac{\partial \log p(\eta_{i,t-1})}{\partial \eta_{i,t-1}} - T'_t \sum_{i=1}^{r} R_{it} \frac{\partial \log p(\eta_{it})}{\partial \eta_{it}},$$

式中我们将 $R_t$ 的第 $i$ 列记为 $R_{it}$，对于 $t = 1$，$\cdots$，$n$ 和 $i = 1$，$\cdots$，$r$。定义

$$q_{it} = \left. \frac{\partial \log p(\eta_{it})}{\partial \eta_{it}} \right|_{\eta_t = \tilde{\eta}_t} \circ$$

在 $\eta = \tilde{\eta}$ 处的线性形式由下式给出：

$$d_t \sum_{i=1}^{r} R_{i,t-1} q_{i,t-1} - T_t' \sum_{i=1}^{r} R_{it} q_{it},$$

由于 $\eta_t = R_t'(\alpha_{t+1} - T_t \alpha_t)$，对于 $t = 1, \cdots, n$，当我们设定

$$\overline{Q}_t^{-1} = \text{diag}(q_{1t}, \cdots, q_{rt}),$$

其与式（10.52）的状态贡献有相同形式。所有其他状态变量 $\bar{x}$ 设定为等于 $x$，对于 $x = Z_t, H_t, T_t, R_t, \cdots$。在估计 $\hat{\alpha}$ 的迭代中，卡尔曼滤波和平滑用来更新测试值 $\tilde{\alpha}$ 和相应的 $\tilde{\eta}$。

### 10.7.3 非线性模型的线性化

考虑非高斯状态空间模型（10.34），其中 $y_t$ 的密度服从非线性信号 $p(y_t | \theta_t) = p(y_t | \alpha_t)$，式中，

$$\theta_t = Z_t(\alpha_t), \qquad t = 1, \cdots, n_\circ \tag{10.55}$$

我们的目标是寻找近似线性高斯及相同给定 $\bar{y}$ 的条件模 $\bar{\alpha}$，如同非线性模型。我们使用略有不同的技术，它比非高斯模型技术简单。其基本思想是直接线性化观测方程和状态方程（10.34）及（10.55），立即可提供近似线性高斯模型。然后迭代以确保这个近似模型具有相同的条件模，如同原始非线性模型。

首先取非线性信号（10.55），令 $\tilde{\alpha}_t$ 为 $\alpha_t$ 的测试值。扩展 $\tilde{\alpha}_t$ 给出近似

$$Z_t(\alpha_t) = Z_t(\tilde{\alpha}_t) + \dot{Z}_t(\tilde{\alpha}_t)(\alpha_t - \tilde{\alpha}_t),$$

式中 $\dot{Z}(\alpha_t) = \partial Z_t(\alpha_t) / \partial \alpha_t'$。从式（10.55）的近似，我们得到

$$y_t = \overline{d}_t + \dot{Z}_t(\tilde{\alpha}_t)\alpha_t + \varepsilon_t, \qquad \overline{d}_t = Z_t(\tilde{\alpha}_t) - \dot{Z}_t(\tilde{\alpha}_t)\tilde{\alpha}_t, \tag{10.56}$$

这是线性观测方程的均值调整形式；见第4.3.3节。同样地，如果我们扩展状态更新方程（10.34）的 $\tilde{\alpha}_t$，我们近似得到

$$T_t(\alpha_t) = T_t(\tilde{\alpha}_t) + \dot{T}_t(\tilde{\alpha}_t)(\alpha_t - \tilde{\alpha}_t),$$

式中 $\dot{T}(\alpha_t) = \partial T_t(\alpha_t) / \partial \alpha_t'$。因此，我们得到线性关系

$$\alpha_{t+1} = \overline{c}_t + \dot{T}_t(\tilde{\alpha}_t)\alpha_t + R_t(\tilde{\alpha}_t)\eta_t, \qquad \overline{c}_t = T_t(\tilde{\alpha}_t) - \dot{T}_t(\tilde{\alpha}_t)\tilde{\alpha}_t \circ$$

$$\tag{10.57}$$

我们在其条件模处近似非线性模型，其通过线性高斯模型均值调整得到，如在 4.3.3 节讨论，其修正形式为

$$\overline{y}_t = \overline{d}_t + \overline{Z}_t \alpha_t + \overline{\varepsilon}_t, \qquad \overline{\varepsilon}_t \sim \mathrm{N}(0, \overline{H}_t),$$
$$\alpha_{t+1} = \overline{c}_t + \overline{T}_t \alpha_t + \overline{R}_t \eta_t, \qquad \overline{\eta}_t \sim \mathrm{N}(0, \overline{Q}_t), \tag{10.58}$$

式中，

$$\overline{Z}_t = \dot{Z}_t(\widetilde{\alpha}_t), \qquad \overline{H}_t = H_t(\widetilde{\alpha}_t), \qquad \overline{T}_t = \dot{T}_t(\widetilde{\alpha}_t),$$

$$\overline{R}_t = R_t(\widetilde{\alpha}_t), \qquad \overline{Q}_t = Q_t(\widetilde{\alpha}_t),$$

对于 $t = 1, \cdots, n$。第 4.3.3 节的卡尔曼滤波的形式（4.25）可应用于模型（10.58）。我们使用卡尔曼滤波（4.26）的输出定义一个新的 $\widetilde{\alpha}_t$，其给出模型（10.58）一个新的近似，我们继续用第 10.6.3 节所述方法迭代，直到其达到收敛。将 $\alpha$ 得到的值记为 $\hat{\alpha}$。

### 10.7.4　乘法模型的线性化

Shephard（1994b）考虑趋势与季节乘法模型及加法高斯观测噪声。在这里我们考虑这个模型的简单版本，其趋势成分建模为局部水平，季节成分为单一的三角项，如式（3.6）给出，其中 $s = 3$。我们有

$$y_t = \mu_t \gamma_t + \varepsilon_t, \qquad \varepsilon_t \sim \mathrm{N}(0, \sigma_\varepsilon^2),$$

以及，

$$\alpha_{t+1} = \begin{pmatrix} \mu_{t+1} \\ \gamma_{t+1} \\ \gamma_{t+1}^* \end{pmatrix} = \begin{bmatrix} 1 & 0 & 0 \\ 0 & \cos\lambda & \sin\lambda \\ 0 & -\sin\lambda & \cos\lambda \end{bmatrix} \alpha_t + \begin{pmatrix} \eta_t \\ \omega_t \\ \omega_t^* \end{pmatrix},$$

且 $\lambda = 2\pi/3$。接下来 $Z_t(\alpha_t) = \mu_t \gamma_t$ 和 $\dot{Z}_t(\alpha_t) = (\gamma_t, \mu_t, 0)$，它产生我们的近似模型

$$\widetilde{y}_t = (\widetilde{\gamma}_t, \widetilde{\mu}_t, 0) \alpha_t + \varepsilon_t,$$

式中 $\widetilde{y}_t = y_t + \widetilde{\mu}_t \widetilde{\gamma}_t$。

我们考虑的乘法模型的另一个例子是

$$y_t = \mu_t \varepsilon_t, \qquad \mu_{t+1} = \mu_t \xi_t,$$

式中 $\varepsilon_t$ 和 $\xi_t$ 为相互且序列无关的高斯扰动项。对于一般模型（9.36）和模型（9.37），我们有 $\alpha_t = (\mu_t, \varepsilon_t, \xi_t)'$，$\eta_t = (\varepsilon_{t+1}, \xi_{t+1})' Z_t(\alpha_t) = \mu_t \varepsilon_t$，$H_t = 0$，$T_t(\alpha_t) = (\mu_t \xi_t, 0, 0)'$，$R_t = [0, I_2]'$，$Q_t$ 为一个 $2 \times 2$

对角矩阵。接下来，

$$\dot{Z}_t(\alpha_t) = (\varepsilon_t, \mu_t, 0), \qquad \dot{T}_t(\alpha_t) = \begin{bmatrix} \xi_t & 0 & \mu_t \\ 0 & 0 & 0 \\ 0 & 0 & 0 \end{bmatrix}.$$

近似模型（10.56）和（10.57）简化为

$$\tilde{y}_t = \tilde{\varepsilon}_t \mu_t + \tilde{\mu}_t \varepsilon_t, \qquad \mu_{t+1} = -\tilde{\mu}_t \tilde{\xi}_t + \tilde{\xi}_t \mu_t + \tilde{\mu}_t \xi_t,$$

以及 $\tilde{y}_t = y_t + \tilde{\mu}_t \tilde{\varepsilon}_t$。因此，卡尔曼滤波和平滑可用来近似时变局部水平模型及状态向量 $\alpha_t = \mu_t$。

### 10.7.5　模的最优特性

我们将在下一章中强调在模拟中使用 $p(\alpha \mid Y_n)$ 的模 $\hat{\alpha}$ 来获得线性近似模型。如果调查的唯一目的是估计 $\alpha$，那么 $\hat{\alpha}$ 用于这个目的就无须递推而模拟；事实上，这也是 Durbin 和 Koopman（1992）所用的估计量，Fahrmeir（1992）用来做近似值。

条件模是给定观测的状态向量最可能的值，这个特性是最优特性；我们现在进一步考虑条件模所具有的最优特性。为了找到它，我们检查极大似然估计的类似环境。参数 $\psi$ 的极大似然估计是给定观测的最可能值，众所周知它是渐近有效的。为了开发类似渐近效率的有限样本的性质，Godambe（1960）和 Durbin（1960）引入了无偏估计方程的思想，Godambe 表明标量 $\psi$ 的极大似然估计是无偏估计方程的解，其具有最小方差特性。这可看作渐近有效的有限样本的类似物。$\psi$ 的多维扩展由 Durbin（1960）指出。自那时以来，这个基本思想已经广泛发展，这可以从 Basawa、Godambe 和 Taylor（1997）编辑的论文集看出。遵循 Durbin（1997），我们现在开发对于随机向量 $\alpha$ 的条件模估计 $\hat{\alpha}$，最小方差无偏估计方程特性。

如果 $\alpha^*$ 是 $mn \times 1$ 向量方程 $H(\alpha, Y_n) = 0$ 的 $\alpha$ 的唯一解，且如果 $\mathrm{E}[H(\alpha, Y_n)] = 0$，式中关于联合密度 $p(\alpha, Y_n)$ 取期望，我们说 $H(\alpha, Y_n) = 0$ 是一个无偏估计方程（unbiased estimating equation）。很明显，该方程可以与任意一个非奇异矩阵相乘，还给出相同的解 $\alpha^*$。因此，我们通常以估计方程理论的方式标准化 $H(\alpha, Y_n)$，乘以 $[\mathrm{E}\{\dot{H}(\alpha, Y_n)\}]^{-1}$，式中 $\dot{H}(\alpha, Y_n) = \partial H(\alpha, Y_n)/\partial \alpha'$，然后再寻求得到函数 $h(\alpha, Y_n) = [\mathrm{E}\{\dot{H}(\alpha, Y_n)\}]^{-1} H(\alpha, Y_n)$ 的最小方差特性。

令

$$\text{Var}[h(\alpha, Y_n)] = \text{E}[h(\alpha, Y_n)h(\alpha, Y_n)'],$$

$$J = \text{E}\left[\frac{\partial \log p(\alpha, Y_n)}{\partial \alpha} \frac{\partial \log p(\alpha, Y_n)}{\partial \alpha'}\right]。$$

在宽松条件下，许多实际案例有可能满足，Durbin（1997）表明 $\text{Var}[h(\alpha, Y_n)] - J^{-1}$ 为非负定。如果其为零矩阵，我们说对应的方程 $H(\alpha, Y_n) = 0$ 是一个最优估计方程（optimal estimating equation）。现在取 $H(\alpha, Y_n) = \partial \log p(\alpha, Y_n)/\partial \alpha$。因此 $\text{E}[\dot{H}(\alpha, Y_n)] = -J$，因而 $h(\alpha, Y_n) = -J^{-1}\partial \log p(\alpha, Y_n)/\partial \alpha$。因此 $\text{Var}[h(\alpha, Y_n)] = J^{-1}$，相应的方程 $\partial \log p(\alpha, Y_n)/\partial \alpha = 0$ 为最优。$\hat{\alpha}$ 是它的解，因而也是最优估计方程的一个解。在这个意义上，条件模有一个最优特性，类似于有限样本的固定参数的极大似然估计。

我们假定以上有单一模，多模是否会产生复杂性的问题值得探究。如果怀疑多模，可以通过使用不同的起点并检查它们是否迭代收敛到相同的模来调查。在所有调查的案例中，我们研究了 $p(\alpha|Y_n)$ 的多模未造成任何困难。因为这个原因，我们认为常规时间序列分析中不太可能导致问题。然而如果多模，一个特定的情形下发生，我们建议对数据拟合线性高斯模型，一开始使用它定义重要性密度 $g_1(\eta|Y_n)$ 和条件联合密度 $g_1(\eta, Y_n)$。采用模拟以获得 $\text{E}(\eta|Y_n)$ 的首次估计 $\tilde{\eta}^{(1)}$ 和计算 $\theta_t$ 的首次估计 $\tilde{\theta}_t^{(1)}$，对于 $t = 1, \cdots, n$。在 $\tilde{\eta}^{(1)}$ 或 $\tilde{\theta}_t^{(1)}$ 处线性化真密度以获得线性高斯模型一个新的近似，其定义了一个新的 $g(\eta|Y_n)$、$g_2(\eta|Y_n)$。使用这些模拟提供了 $\text{E}(\eta|Y_n)$ 的一个新估计 $\tilde{\eta}^{(2)}$。这个迭代过程继续直到达到充分收敛。我们强调对于 $\alpha$ 的最终值，模型线性化以得到 $p(\alpha|Y_n)$ 的模或均值的精确估计并不必要。用于模拟基础的 $\alpha$ 值的选择，影响最终估计值 $\hat{x}$ 的唯一方法是模拟产生的方差，我们将在后面展示。在必要的情形下，模拟样本规模可以在任何所需程度增加以降低这些误差方差。值得注意的是，我们的迭代是基于均值而不是模。因为均值如果存在就是独一无二的，所以不会出现"多模"的问题。

## 10.8 厚尾分布处理

在本节中我们考虑线性状态空间模型及厚尾分布扰动的近似和精确处

理。首先对于不同模型设定，我们应用基于一阶导数的线性化技术。这表明一般方法可以推导出实用方法以处理时间序列的异常点和断点。该方法导致模估计。我们进一步讨论相对简单的厚尾模型的模拟处理，其产生的精确估计方法服从模拟误差。

### 10.8.1 厚尾密度模型的模估计

在信号加噪声模型 $y_t = \theta_t + \varepsilon_t$ 中，式中信号 $\theta_t$ 为线性高斯，噪声分布 $\varepsilon_t$ 为厚尾密度，我们使用前二阶导数或仅有一阶导数来估计模。例如，考虑 Student's $t$ 分布的对数密度，如式（9.23）设定。为估计基于式（10.44）的模 $\theta_t$，我们需要 $A_t$（对角矩阵 $A$ 的第 $t$ 个对角元素）以及 $x_t$（向量 $x$ 的第 $t$ 个元素）的表达式，式中 $A$ 和 $x$ 由式（10.45）给出。变量 $A_t$ 和 $x_t$ 依赖于 $\dot{p}(\varepsilon_t) = \dot{p}(y_t|\theta_t)$ 和 $\ddot{p}(\varepsilon_t) = \ddot{p}(y_t|\theta_t)$，其由下式给出：

$$\dot{p}(\varepsilon_t) = (\nu + 1)s_t^{-1}\tilde{\varepsilon_t}, \qquad \ddot{p}(\varepsilon_t) = (\nu + 1)s_t^{-1}[2s_t^{-1}\tilde{\varepsilon_t} - 1],$$

式中 $s_t = (\nu - 2)\sigma_\varepsilon^2 + \tilde{\varepsilon_t^2}$。既然我们无法排除 $\ddot{p}(\varepsilon_t)$ 的正值，$t$ 密度 $p(\varepsilon_t)$ 在 $\theta_t$ 中不是对数凹，且方差 $A_t$ 可以为负。在这种情形下，模估计方法仍然适用；见 Jungbacker 和 Koopman（2007）。但我们更偏向使用一阶导数估计模，如在式（10.49），我们可以采用线性高斯信号加噪声模型及其观测方差，其由下式给出：

$$A_t = (\nu + 1)^{-1}s_t,$$

对于 $t = 1, \cdots, n$。我们继续利用卡尔曼滤波和平滑以获得 $\theta_t$ 的一个新平滑估计。

对于其他的厚尾分布密度，可以采用类似的计算。在混合正态模型及密度（9.24）的情形下，我们得到

$$\log p(\varepsilon_t) = \log\{\lambda^* e_t(\sigma_\varepsilon^2) + [1 - \lambda^*]e_t(\sigma_\varepsilon^2\chi)\},$$

式中 $e_t(z) = \exp(-\frac{1}{2}\varepsilon_t^2/z)/\sqrt{2\pi z}$，$1 - \lambda^*$ 作为异常值的比例且 $\chi$ 作为异常值的方差的乘数。对于仅使用一阶导数计算模，我们需要

$$A_t = p(\tilde{\varepsilon_t})\{\lambda^*\sigma_\varepsilon^{-2}\tilde{e_t}(\sigma_\varepsilon^2) + [1 - \lambda^*](\sigma_\varepsilon^2\chi)^{-1}\tilde{e_t}(\sigma_\varepsilon^2\chi)\}^{-1},$$

式中 $\tilde{\varepsilon_t}$ 为 $\varepsilon_t$ 的一个特定值且 $\tilde{e_t}(z)$ 为 $e_t(z)$ 在 $\varepsilon_t = \tilde{\varepsilon_t}$ 处的评估，对于任何 $z > 0$。

最后，在广义误差密度（9.25）的情形下，我们得到

$$\log p(\varepsilon_t) = \text{constant} - c(\ell) \left| \frac{\varepsilon_t}{\sigma_\varepsilon} \right|^\ell,$$

对于系数 $1 < \ell < 2$ 及 $c(\ell)$ 作为 $\ell$ 的已知函数。对于给定值 $\varepsilon_t = \tilde{\varepsilon}_t$，我们可以仅使用一阶导数计算模型：

$$A_t = \text{sign}(\tilde{\varepsilon}_t) \frac{\tilde{\varepsilon}_t \sigma_\varepsilon}{c(\ell)\ell} \left| \frac{\tilde{\varepsilon}_t}{\sigma_\varepsilon} \right|^{1-\ell}。$$

所有 $A_t$ 为正且概率为 1，我们可以继续处理模的估计，如前所述。

### 10.8.2 状态误差为 $t$ 分布的模估计

作为线性模型及 $t$ 分布的模估计的演示，我们考虑局部水平模型（2.3）及状态误差项 $\eta_t$ 为 $t$ 分布。我们得到

$$y_t = \alpha_t + \varepsilon_t, \qquad \varepsilon_t \sim \text{N}(0, \sigma_\varepsilon^2),$$

$$\alpha_{t+1} = \alpha_t + \eta_t, \qquad \eta_t \sim t_\nu,$$

我们假设 $\alpha_1 \sim \text{N}(0, \kappa)$ 及 $\kappa \to \infty$。对于线性化仅使用一阶导数并采用相同的参数，我们得到

$$A_t^* = (\nu + 1)^{-1} s_t^*,$$

式中 $s_t^* = (\nu - 2)\sigma_\eta^2 + \tilde{\eta}_t^2$，对于 $t = 1, \cdots, n$。从初始值 $\tilde{\eta}_t$ 开始，我们计算 $A_t^*$ 并应用卡尔曼滤波和扰动平滑以近似高斯局部水平模型及

$$y_t = \alpha_t + \varepsilon_t, \qquad \alpha_{t+1} = \alpha_t + \eta_t, \qquad \eta_t \sim \text{N}(0, A_t^*)。$$

平滑估计新值 $\tilde{\eta}_t$ 用来计算 $A_t^*$ 的新值，直到收敛到 $\hat{\eta}_t$。当我们假设局部水平模型（2.3）中的扰动 $\varepsilon_t$ 和 $\eta_t$ 均由 $t$ 分布生成，我们可以通过计算 $A_t$ 和 $A_t^*$ 获得模，且在线性高斯局部水平模型中，采用它们作为两个相应扰动的方差。

### 10.8.3 $t$ 分布模型的模拟处理

在某些情形下可以使用对偶变量而非重要性采样来构造模拟。例如，众所周知，如果一个随机变量 $u_t$ 有自由度为 $\nu$ 的标准 $t$ 分布，则 $u_t$ 表示为

$$u_t = \frac{\nu^{1/2} \varepsilon_t^*}{c_t^{1/2}}, \qquad \varepsilon_t^* \sim \text{N}(0,1), \qquad c_t \sim \chi^2(\nu), \qquad \nu > 2,$$

$$(10.59)$$

式中 $\varepsilon_t^*$ 和 $c_t$ 独立。在 $\nu$ 不是一个整数的情形下，我们取 $\frac{1}{2} c_t$ 作为伽马变

量及参数为 $\frac{1}{2}\nu$。接下来，我们考虑 $\varepsilon_t$ 为单变量的情形，我们取模型 (9.4) 的 $\varepsilon_t$ 为对数密度 (9.23)，则 $\varepsilon_t$ 表示为

$$\varepsilon_t = \frac{(\nu - 2)^{1/2}\sigma_\varepsilon \varepsilon_t^*}{c_t^{1/2}}, \tag{10.60}$$

式中 $\varepsilon_t^*$ 和 $c_t$ 如式 (10.59) 一样。现取 $\varepsilon_1^*,\cdots,\varepsilon_n^*$ 和 $c_1$，$\cdots$，$c_n$ 为相互独立。则以 $c_1$，$\cdots$，$c_n$ 固定为条件，模型 (9.4) 和模型 (9.2)，及 $\eta_t \sim N(0, Q_t)$，是线性高斯模型，其中 $H_t = \mathrm{Var}(\varepsilon_t) = (\nu - 2)\sigma_\varepsilon^2 c_t^{-1}$。令 $c = (c_1,\cdots,c_n)'$。我们展示使用从分布 $c$ 的模拟样本如何估计状态函数的条件均值。

首先假设 $\alpha_t$ 由线性高斯模型 $\alpha_{t+1} = T_t\alpha_t + R_t\eta_t, \eta_t \sim N(0, Q_t)$ 生成，如在式 (11.12)，我们希望估计

$$\bar{x} = \mathrm{E}[x^*(\eta)|y]$$

$$= \int x^*(\eta)p(c,\eta|y)dcd\eta$$

$$= \int x^*(\eta)p(\eta|c,y)p(c|y)dcd\eta$$

$$= \int x^*(\eta)p(\eta|c,y)p(c,y)p(y)^{-1}dcd\eta$$

$$= p(y)^{-1}\int x^*(\eta)p(\eta|c,y)p(y|c)p(c)dcd\eta。 \tag{10.61}$$

对于给定 $c$，模型为线性高斯。令

$$\bar{x}(c) = \int x^*(\eta)p(\eta|c,y)d\eta。$$

对于许多感兴趣的案例，使用卡尔曼滤波和平滑容易计算 $\bar{x}(c)$，如在第4章和第5章。让我们关注这些案例。我们有

$$p(y) = \int p(y,c)dc = \int p(y|c)p(c)dc,$$

式中 $p(y|c)$ 为给定 $c$ 的似然函数，其容易由第7.2节的卡尔曼滤波计算得到。将关于密度 $p(c)$ 的期望记为 $\mathrm{E}_c$，则从式 (10.61) 有

$$\bar{x} = \frac{\mathrm{E}_c[\bar{x}(c)p(y|c)]}{\mathrm{E}_c[p(y|c)]}。 \tag{10.62}$$

我们通过模拟来估计。因为 $c$ 是独立于变量 $\chi_\nu^2$ 的向量，所以 $c$ 的独立模拟样本 $c^{(1)}, c^{(2)}, \cdots$ 可轻易得到。我们建议 $\chi_\nu^2$ 的对偶值用于 $c$ 的每个元素，无

论是在一对平衡或是四元平衡集，如在第 11.4.3 节所描述。假设 $c^{(1)},\cdots,$ $c^{(N)}$ 的值已被选定。然后由下式估计 $\bar{x}$：

$$\hat{x} = \frac{\sum_{i=1}^{N} \bar{x}(c^{(i)}) p(y \mid c^{(i)})}{\sum_{i=1}^{N} p(y \mid c^{(i)})}。 \qquad (10.63)$$

当 $\bar{x}(c)$ 无法由卡尔曼滤波和平滑来计算，我们首先为 $c^{(i)}$ 抽取一个值，如上所述，当 $c^{(i)}$ 这个值为固定，然后利用第 4.9 节的模拟平滑，得到相关线性高斯模型。我们抽取 $\boldsymbol{\eta}$ 的模拟值 $\boldsymbol{\eta}^{(i)}$，为 $c^{(i)}$ 和 $\boldsymbol{\eta}^{(i)}$ 采用独立的对偶变量。对于每一个 $\boldsymbol{\eta}^{(i)}$ 计算 $x^*(\boldsymbol{\eta}^{(i)})$ 的值。如果有 $N$ 对 $c^{(i)}$、$\boldsymbol{\eta}^{(i)}$ 值，我们通过下式估计 $\bar{x}$：

$$\hat{x}^* = \frac{\sum_{i=1}^{N} x^*(\boldsymbol{\eta}^{(i)}) p(y \mid c^{(i)})}{\sum_{i=1}^{N} p(y \mid c^{(i)})}。 \qquad (10.64)$$

由于我们现有抽样产生变异，从 $\boldsymbol{\eta}$ 的抽取值以及 $c$ 的抽取值，$\hat{x}^*$ 的方差将大于给定值 $N$ 的 $\hat{x}$ 的方差。在这一点上，为了说明方便，我们先提前呈现式（10.63）和式（10.64），第 11.5 节给出类似公式的一般处理。

现在考虑观测方程中的误差项 $\varepsilon_t$ 为 $N(0,\sigma_\varepsilon^2)$ 的情形，式中状态方程中的误差向量 $\boldsymbol{\eta}_t$ 的元素为独立的 Student's $t$ 分布。为简单起见，假设这些 $t$ 分布的自由度都等于 $\nu$，虽然扩展到不同自由度或者在一些元素是正态分布的情形时处理并没有难度。类似于式（10.60），我们有表达式

$$\eta_{it} = \frac{(\nu-2)^{1/2} \sigma_{\eta i} \eta_{it}^*}{c_{it}^{1/2}}, \qquad \eta_{it}^* \sim N(0,1), \qquad c_{it} \sim \chi_\nu^2, \qquad \nu > 2,$$
$$(10.65)$$

对于 $i = 1,\cdots,r$ 和 $t = 1,\cdots,n$，式中 $\sigma_{\eta i}^2 = \mathrm{Var}(\eta_{it})$。条件 $c_{11},\cdots,c_{rn}$ 保持固定，模型为线性和高斯及 $H_t = \sigma_\varepsilon^2$ 和 $\boldsymbol{\eta}_t \sim N(0,Q_t)$，式中 $Q_t = \mathrm{diag}[(\nu-2)\sigma_{\eta 1}^2 c_{1t}^{-1},\cdots,(\nu-2)\sigma_{\eta r}^2 c_{rt}^{-1}]$。式（10.63）和式（10.64）仍然有效，除了 $c^{(i)}$ 现在为一个有 $r$ 元素的向量。扩展 $\varepsilon_t$ 和 $\boldsymbol{\eta}_t$ 的元素都为 $t$ 分布的情形非常简单直接。

使用表达式（10.59）通过模拟处理局部水平模型及 $t$ 分布扰动的思想，是 Shephard（1994b）在 MCMC 模拟环境下建议的。

### 10.8.4　混合正态模型的模拟处理

厚尾误差分布的另一种表示方法是采用高斯混合密度（9.24），对于

单变量 $\varepsilon_t$，我们写出如下形式：

$$p(\varepsilon_t) = \lambda^* \mathrm{N}(0,\sigma_\varepsilon^2) + (1-\lambda^*)\mathrm{N}(0,\chi\sigma_\varepsilon^2), \qquad 0 < \lambda^* < 1。$$

$$(10.66)$$

很明显，具有这个密度的 $\varepsilon_t$ 的值可以借助两阶段的处理来实现，我们首先选择一个二项式变量 $b_t$ 的值，如 $Pr(b_t = 1) = \lambda^*$ 和 $Pr(b_t = 0) = 1 - \lambda^*$。然后，如果 $b_t = 1$，取 $\varepsilon_t \sim \mathrm{N}(0,\sigma_\varepsilon^2)$；如果 $b_t = 0$，取 $\varepsilon_t \sim \mathrm{N}(0,\chi\sigma_\varepsilon^2)$。假设状态向量 $\alpha_t$ 由线性高斯模型 $\alpha_{t+1} = T_t\alpha_t + R_t\eta_t$，$\eta_t \sim \mathrm{N}(0,Q_t)$ 生成。令 $b = (b_1,\cdots,b_n)'$，接下来给定 $b$，状态空间模型是线性和高斯。因此我们对混合分布可以采用与前一小节中 $t$ 分布相同的方法，如式（10.61）给出：

$$\bar{x} = p(y)^{-1}M^{-1}\sum_{j=1}^{M}\int x^*(\eta)p(\eta|b_{(j)},y)p(y|b_{(j)})p(b_{(j)})d\eta,$$

$$(10.67)$$

式中 $b_{(1)},\cdots,b_{(M)}$ 为 $M = 2^n$ 个 $b$ 的可能值。令

$$\bar{x}(b) = \int x^*(\eta)p(\eta|b,y)d\eta,$$

考虑可以通过卡尔曼滤波和平滑计算的情形。将 $b$ 的分布的期望记为 $\mathrm{E}_b$。则

$$p(y) = M^{-1}\sum_{j=1}^{M}p(y|b_{(j)})p(b_{(j)}) = \mathrm{E}_b[p(y|b)],$$

与式（10.62）类似，我们有

$$\bar{x} = \frac{\mathrm{E}_b[\bar{x}(b)p(y|b)]}{\mathrm{E}_b[p(y|b)]}。$$

$$(10.68)$$

我们通过模拟来估计。处理的简单方法是选择随机变量 $b$ 的一个序列 $b^{(1)},\cdots,b^{(N)}$，然后由下式估计 $\bar{x}$：

$$\hat{x} = \frac{\sum_{i=1}^{N}\bar{x}(b^{(i)})p(y|b^{(i)})}{\sum_{i=1}^{N}p(y|b^{(i)})}。$$

$$(10.69)$$

这个公式中出现的变化只能来自 $b$ 的随机选择。为构造对偶变量，我们限制这种变化以保持正确的整体概率。我们建议以下方法。考虑式（10.66）中概率 $1-\lambda^*$ 的情形，取 $\mathrm{N}(0,\chi\sigma_\varepsilon^2)$ 较小。取 $1-\lambda^* = 1/B$，式中 $B$ 是整数，如 $B = 10$ 或 20。将模拟样本 $b$ 分成 $K$ 块，每块为 $B$，$N = KB$。在每一块，其每期 $t = 1,\cdots,n$，从 1 到 $B$ 随机选择整数 $j$，把块中第 $j$ 个值设为

$b_t = 0$ 和块中剩余 $B-1$ 的值设为 $b_t = 1$。然后取 $b^{(i)} = (b_1, \cdots, b_n)'$，$b_1, \cdots,$ $b_n$ 以同样的方式定义，对于 $i = 1, \cdots, N$，使用式（10.69）来估计 $\bar{x}$。使用这个程序，如期望一样，我们确保每个 $i$，$p_r(b_t = 1) = \lambda^*$ 以及 $b_s$ 和 $b_t$ 独立，对于 $s \neq t$，同时对样本强制平衡，通过要求每个块 $b_t$ 有精确的 $B-1$ 个值为 1，一个值为 0。当然，相比使用模拟平滑，从 1 到 $B$ 随机选择整数是一个更简单的选择模拟样本的方式。

限制 $B$ 为整数并不是一个严重缺点，因为结果对于 $\lambda^*$ 的值较小的变化并不敏感，在任何情形下，$\lambda^*$ 的值通常是在试验和错误的基础上正常决定的。应该指出的是，为了模拟均方误差的估计，式（10.69）的分子和分母应该处理为由 $M$ 独立的值组成。

对局部水平模型中的 MCMC 模拟使用二项式表达式（10.66）的想法是由 Shephard（1994b）提出的。

# 11. 平滑的重要性采样

## 11.1 引言

在这一章中，我们开发了重要性采样方法论，其基于模拟以分析非线性和非高斯模型观测，这在第 9 章我们已经设定。与第 2 章和第 4 章处理线性模型不同，我们先处理平滑，将滤波留在第 12 章。利用粒子滤波方法处理滤波的主要原因是其基于重要性采样方法，如本章所讨论的方法。我们表明，重要性采样方法可适用于状态向量函数的估计和误差方差矩阵的估计。我们也开发了给定观测的条件密度、分布函数和感兴趣分位数的估计。极大似然法的关键是估计未知参数。该方法基于模拟方法论中的标准思想，特别是重要性采样。在这一章中，我们将开发重要性采样的基本思想，对非线性非高斯状态空间模型采用我们自己的方法论。特定模型的应用细节将在后面的小节中给出。

重要性采样最早由 Kahn 和 Marshall（1953）以及 Marshall（1956）引入，Hammersley 和 Handscomb（1964，§5.4）以及 Rpley（1987，第 5 章）在著作中进行了描述。Kloek 和 Van Dijk（1978）首次在计量经济学中使用于计算后验密度的相关工作。

这一章关注的一般模型由下式给出：

$$y_t \sim p(y_t | \alpha_t), \qquad \alpha_{t+1} = T_t(\alpha_t) + R_t \eta_t, \qquad \eta_t \sim p(\eta_t) \quad (11.1)$$

式中 $p(y_t | \alpha_t)$ 和 $p(\eta_t)$ 都可以是非高斯密度，对于 $t = 1, \cdots, n$。我们还注意到一个信号模型及线性高斯状态方程的特殊情形，即

$$y_t \sim p(y_t | \theta_t), \qquad \alpha_{t+1} = T_t \alpha_t + R_t \eta_t, \qquad \eta_t \sim N(0, Q_t), \quad (11.2)$$

对于 $t = 1, \cdots, n$，式中 $\theta_t = Z_t \alpha_t$ 和 $R_t$ 为选择矩阵，$R_t R_t' = I_r$，$r$ 为 $\eta_t$ 中扰动的数量，见表 4.1。堆栈向量 $(\alpha_1', \cdots, \alpha_{n+1}')'$、$(\theta_1', \cdots, \theta_n')'$ 和 $(y_1', \cdots, y_n')'$ 分别记为 $\alpha$、$\theta$ 和 $Y_n$。为了保持简单的表述，我们将在本节和下一节假设初始密度 $p(\alpha_1)$ 为非退化且已知。$\alpha_1$ 的一些元素为扩散的情形在第 11.4.4 节

考虑。

我们主要关注条件均值的估计

$$\bar{x} = \mathrm{E}[x(\alpha)\,|\,Y_n] = \int x(\alpha)p(\alpha\,|\,Y_n)\,d\alpha, \qquad (11.3)$$

给定观测向量 $Y_n$ 的 $\alpha$ 的一个任意函数 $x(\alpha)$。这个公式包括感兴趣数量的估计，如给定 $Y_n$ 的状态向量 $\alpha_t$ 的均值 $\mathrm{E}(\alpha_t\,|\,Y_n)$ 及其条件方差矩阵 $\mathrm{Var}(\alpha_t\,|\,Y_n)$；它还包括当 $x(\alpha)$ 为标量时，给定 $Y_n$ 的 $x(\alpha)$ 的条件密度和分布函数的估计。条件密度 $p(\alpha\,|\,Y_n)$ 依赖于未知参数向量 $\psi$，但为了保持符号简单，这一章中我们并不明确指出其依赖性；第 11.6 节考虑估计 $\psi$。

理论上，我们可以通过密度为 $p(\alpha\,|\,Y_n)$ 的分布抽取随机样本的值，并通过 $x(\alpha)$ 相应值的样本均值估计 $\bar{x}$。然而在实践中，由于没有明确的表达式可用于第 9 章的 $p(\alpha\,|\,Y_n)$ 模型，这种想法并不可行。相反，我们寻求尽可能接近 $p(\alpha\,|\,Y_n)$ 的密度，其随机抽取尽可能可用，我们从中采样，并在积分式（11.3）中作适当调整。这项技术称为重要性采样（importance sampling），其密度称为重要性密度（importance density）。我们所描述的技术基于高斯重要性密度，因为这些可用于我们所考虑的问题并在实践中运行良好。我们使用通用记号 $g(\cdot)$、$g(\cdot,\cdot)$ 和 $g(\cdot\,|\,\cdot)$ 分别表示为边际、联合和条件密度。

## 11.2　重要性采样的基本思想

考虑模型（11.1）且令 $g(\alpha\,|\,Y_n)$ 为一个重要性密度，选择其以使 $p(\alpha\,|\,Y_n)$ 尽可能合理同时容易从其采样，我们从式（11.3）有

$$\bar{x} = \int x(\alpha)\frac{p(\alpha\,|\,Y_n)}{g(\alpha\,|\,Y_n)}g(\alpha\,|\,Y_n)\,d\alpha = \mathrm{E}_g\Big[x(\alpha)\frac{p(\alpha\,|\,Y_n)}{g(\alpha\,|\,Y_n)}\Big], \quad (11.4)$$

式中 $\mathrm{E}_g$ 表示关于重要性密度 $g(\alpha\,|\,Y_n)$ 的期望。对于第 9 章的模型，$p(\alpha\,|\,Y_n)$ 和 $g(\alpha\,|\,Y_n)$ 的代数形式复杂，而相应的联合密度 $p(\alpha,Y_n)$ 和 $g(\alpha,Y_n)$ 较为简单。因此我们在式（11.4）中令 $p(\alpha\,|\,Y_n) = p(\alpha, Y_n)/p(Y_n)$ 和 $g(\alpha\,|\,Y_n) = g(\alpha,Y_n)/g(Y_n)$，给出

$$\bar{x} = \frac{g(Y_n)}{p(Y_n)}\mathrm{E}_g\Big[x(\alpha)\frac{p(\alpha,Y_n)}{g(\alpha,Y_n)}\Big]. \qquad (11.5)$$

令式（11.5）中的 $x(\alpha) = 1$，我们有

$$1 = \frac{g(Y_n)}{p(Y_n)} \mathrm{E}_g\left[\frac{p(\alpha, Y_n)}{g(\alpha, Y_n)}\right], \tag{11.6}$$

且有效得到观测密度的表达式

$$p(Y_n) = g(Y_n)\mathrm{E}_g\left[\frac{p(\alpha, Y_n)}{g(\alpha, Y_n)}\right]。 \tag{11.7}$$

取式（11.5）和式（11.6）的比，给出

$$\bar{x} = \frac{\mathrm{E}_g[x(\alpha)w(\alpha, Y_n)]}{\mathrm{E}_g[w(\alpha, Y_n)]}, \quad \text{式中} \quad w(\alpha, Y_n) = \frac{p(\alpha, Y_n)}{g(\alpha, Y_n)}。 \tag{11.8}$$

在模型（11.1）中，

$$p(\alpha, Y_n) = p(\alpha_1) \prod_{t=1}^{n} p(\eta_t) p(y_t \mid \alpha_t), \tag{11.9}$$

式中 $\eta_t = R_t'[\alpha_{t+1} - T_t(\alpha_t)]$，对于 $t = 1, \cdots, n$，由于 $R_t' R_t = I'$。

表达式（11.8）提供了重要性采样的基础依据。在原则上可以通过如下方式获得 $\bar{x}$ 的蒙特卡洛估计 $\hat{x}$。从密度为 $g(\alpha \mid Y_n)$ 的分布中选择一系列独立的抽样 $\alpha^{(1)}, \cdots, \alpha^{(N)}$，并取

$$\hat{x} = \frac{\sum_{i=1}^{N} x_i w_i}{\sum_{i=1}^{N} w_i}, \quad \text{式中} \ x_i = x(\alpha^{(i)}) \ \text{且} \ w_i = w(\alpha^{(i)}, Y_n)。 \tag{11.10}$$

因为抽样是独立的，大数定律应用和假设通常在实际情形下可满足，当 $N \to \infty$，$\hat{x}$ 以高概率收敛到 $\bar{x}$。

在观测为非高斯但状态方程为线性高斯的重要特殊情形下，即我们考虑的模型（11.2），就有 $p(\alpha) = g(\alpha)$，因此，

$$\frac{p(\alpha, Y_n)}{g(\alpha, Y_n)} = \frac{p(\alpha)p(Y_n \mid \alpha)}{g(\alpha)g(Y_n \mid \alpha)} = \frac{p(Y_n \mid \alpha)}{g(Y_n \mid \alpha)} = \frac{p(Y_n \mid \theta)}{g(Y_n \mid \theta)},$$

式中 $\theta$ 为信号 $\theta_t = Z_t\alpha_t$ 的堆栈向量，对于 $t = 1, \cdots, n$。因此式（11.8）变为简单形式，

$$\bar{x} = \frac{\mathrm{E}_g[x(\alpha)w^*(\theta, Y_n)]}{\mathrm{E}_g[w^*(\theta, Y_n)]}, \text{式中} \ w^*(\theta, Y_n) = \frac{p(Y_n \mid \theta)}{g(Y_n \mid \theta)}, \tag{11.11}$$

它的估计 $\hat{x}$ 由式（11.10）的类似表达式显而易见地给出。式（11.11）相对于式（11.8）的优势是 $\theta_t$ 的维度通常远小于 $\alpha_t$ 的维度。在 $y_t$ 为单变量的重要情形下，$\theta_t$ 为标量，此外，一旦对于 $\theta$ 的样本可用，使用第 4.13.6

节的参数，我们就能从 $\alpha$ 推导出样本。

## 11.3 重要性密度的选择

对于估计式（11.10）的计算，我们需要从重要性密度 $g(\alpha \mid Y_n)$ 采样获得关于 $\alpha_1, \cdots, \alpha_n$ 的 $N$ 个时间序列样本。我们需要仔细选择这个密度。为了获得一个可行的程序，从 $g(\alpha \mid Y_n)$ 采样应该相对比较容易且计算速度快。重要性密度 $g(\alpha \mid Y_n)$ 也应该充分接近 $p(\alpha \mid Y_n)$，从而 $\hat{x}$ 的蒙特卡洛方差较小。因此，重要性密度的选择对于式（11.10）的估计质量至关重要。例如，考虑 $g(\alpha \mid Y_n)$ 的选择等于 $p(\alpha)$。以任何方式从 $p(\alpha)$ 模拟都很简单，因为我们可以直接依赖于模型设定关于式（11.1）或式（11.2）中的 $\alpha_t$。所有从这个密度选定的 $\alpha$ 与观测向量 $Y_n$ 都没有关系。几乎所有的抽取都没有从 $p(\alpha, Y_n)$ 获得支持，我们获得较差的 $x(\alpha)$ 估计以及较高的蒙特卡洛方差。更成功的选择是考虑观测密度 $g(Y_n \mid)$ 和状态密度 $g(\alpha)$ 都为线性高斯的模型；它意味着重要性密度 $g(\alpha \mid Y_n) = g(Y_n \mid \alpha)g(\alpha)/g(Y_n)$ 也是高斯，式中 $g(Y_n)$ 为似然函数，其并不与 $\alpha$ 相关。重要性密度应该在线性高斯类状态空间模型内选择，它非常相似或近似模型密度 $p(\alpha, Y_n)$。从第 4.9 节的讨论中我们已经了解到，从 $g(\alpha \mid Y_n)$ 的模拟是通过模拟平滑算法，因而可行。

第 10.6 节和第 10.7 节展示了如何获得平滑密度 $p(\alpha \mid Y_n)$ 的模。在 $\alpha$ 的模的测试估计值附近，通过平滑密度重复线性化以获得。线性化基于近似线性模型，允许使用卡尔曼滤波和平滑。当收敛至模后，近似模型可以有效处理为重要性密度 $g(\alpha \mid Y_n)$。给定线性模型，我们可以应用一个模拟平滑从密度 $g(\alpha \mid Y_n)$ 生成重要性采样。

非线性非高斯状态空间模型的重要性密度的替代选择由 Danielsson 和 Richard（1993），Liesenfeld 和 Richard（2003）以及 Richard 和 Zhang（2007）提出；他们把自己的方法自称为有效重要性采样（efficient importance sampling）。他们的重要性密度基于对数重要性权重的方差最小化，也就是 $\log w(\alpha, Y_n)$ 的方差，式中 $w(\alpha, Y_n)$ 在式（11.8）定义。构造这样一个重要性密度需要模拟和较高的计算要求。Lee 和 Koopman（2004）比较了基于模拟方法采用不同的重要性密度的性能。Koopman、Lucas 和 Scharth（2011）表明有效重要性采样也可以采用数值积分、模拟平滑和控制变量来实现。他们表明相比其他重要性采样方法，他们的数值加速重要性采样（numerically accelerated importance sampling）方法将大幅提高计算和数值效率。我们注意到控制变量是提高模拟估计效率的传统工具，也见 Durbin 和 Koopman（2000）的讨论。相关工具是对偶变量，我们将在第 11.4.3 节中讨论。

## 11.4　重要性采样的实现细节

### 11.4.1　引言

在这一部分，我们描述重要性采样对于我们一般类模型在实践中的实现细节。第一步是选择一个适当的重要性密度 $g(\alpha \mid Y_n)$，从中可实际生成 $\alpha$ 或适当的 $\theta$ 的样本。下一步是借助尽可能简单的变量表示相关公式，我们在第 11.4.2 节就这样做。在第 11.4.3 节我们描述了对偶变量，通过在模拟样本中引入平衡结构，提高模拟效率。第 11.4.4 节考虑了近似线性高斯模型中的初始化问题。实践中计算 $\hat{x}$ 值，我们可以取适中的 $N$ 值，典型值为 $N=100$ 和 $N=250$。

### 11.4.2　重要性采样的实践实现

到目前为止，我们论述的潜在思想是使用基于 $\alpha$ 和 $Y_n$ 的重要性采样，因为它们是状态空间模型中被关注的基本向量。然而在实践计算中重要的是，借助尽可能简单的变量表示相关公式。特别是替换 $\alpha_t$，通常对于状态扰动项 $\eta_t = R'_t(\alpha_{t+1} - T_t\alpha_t)$ 更方便。我们因此考虑如何借助 $\eta$ 而不是 $\alpha$ 重新公式化先前的结果。

通过从关系 $\alpha_{t+1} = T_t\alpha_t + R_t\eta_t$ 重复代入，对于 $t = 1,\cdots,n$，我们将 $x(\alpha)$ 表示为 $\alpha_1$ 和 $\eta$ 函数；为了记号方便，还因为我们打算在第 11.4.4 节处理初始化，我们抑制其对 $\alpha_1$ 的依赖，并将 $x(\alpha)$ 写为 $\eta$ 的函数，形式为 $x^*(\eta)$。下一步，我们注意到式（11.3）可以写成如下形式：

$$\bar{x} = \mathrm{E}\big[x^*(\eta) \mid Y_n\big] = \int x^*(\eta)p(\eta \mid Y_n)d\eta. \qquad (11.12)$$

类似于式（11.8），我们有

$$\bar{x} = \frac{E_g[x^*(\boldsymbol{\eta})w^*(\boldsymbol{\eta},Y_n)]}{E_g[w^*(\boldsymbol{\eta},Y_n)]}, \qquad w^*(\boldsymbol{\eta},Y_n) = \frac{p(\boldsymbol{\eta},Y_n)}{g(\boldsymbol{\eta},Y_n)}. \tag{11.13}$$

在这个公式中，$E_g$ 记为关于重要性密度 $g(\boldsymbol{\eta}|Y_n)$ 的期望，其为近似模型中给定 $Y_n$ 的 $\boldsymbol{\eta}$ 的条件密度，且

$$p(\boldsymbol{\eta},Y_n) = \prod_{t=1}^{n} p(\boldsymbol{\eta}_t)p(y_t|\theta_t),$$

式中 $\theta_t = Z_t\alpha_t$。在 $y_t = \theta_t + \varepsilon_t$ 的特殊情形下，$p(y_t|\theta_t) = p(\varepsilon_t)$。同样的方法，对于同样的特殊情形，

$$g(\boldsymbol{\eta},Y_n) = \prod_{t=1}^{n} g(\boldsymbol{\eta}_t)g(\varepsilon_t).$$

对于状态方程为非线性非高斯的情形，式（11.13）提供了模拟估计的基础。当状态方程为线性和高斯，$p(\boldsymbol{\eta}_t) = g(\boldsymbol{\eta}_t)$，因而在式（11.13）中替换 $w^*(\boldsymbol{\eta},Y_n)$，我们取

$$w^*(\theta,Y_n) = \prod_{t=1}^{n} \frac{p(y_t|\theta_t)}{g(\varepsilon_t)}. \tag{11.14}$$

对于 $p(\boldsymbol{\eta}_t) = g(\boldsymbol{\eta}_t)$ 和 $y_t = \theta_t + \varepsilon_t$ 的情形，我们将 $w^*(\boldsymbol{\eta},Y_n)$ 替换为

$$w^*(\varepsilon) = \prod_{t=1}^{n} \frac{p(\varepsilon_t)}{g(\varepsilon_t)}. \tag{11.15}$$

### 11.4.3 对偶变量

模拟基于从重要性密度 $g(\boldsymbol{\eta}|Y_n)$ 中随机抽取 $\boldsymbol{\eta}$，使用如第4.9节所述的模拟平滑。这有效地将 $\boldsymbol{\eta}$ 的抽样计算为 $rn$ 的独立标准正态差的线性函数，其中 $r$ 是向量 $\boldsymbol{\eta}_t$ 的维度，$n$ 是观测数。通过使用对偶变量，可以提高效率。在这样的背景下，对偶变量（antithetic variable）是一个 $\boldsymbol{\eta}$ 的随机抽取的函数，其与 $\boldsymbol{\eta}$ 等概率，且当在 $\bar{x}$ 估计中也包含 $\boldsymbol{\eta}$，将提高估计的效率。我们假设重要性密度为高斯。我们将采用两种类型的对偶变量。首先是由 $\check{\boldsymbol{\eta}} = 2\hat{\boldsymbol{\eta}} - \boldsymbol{\eta}$ 给出标准对偶变量，式中 $\hat{\boldsymbol{\eta}} = E_g(\boldsymbol{\eta}|Y_n)$ 从扰动平滑得到，如在第4.5节所描述。因为 $\check{\boldsymbol{\eta}} - \hat{\boldsymbol{\eta}} = -(\boldsymbol{\eta} - \hat{\boldsymbol{\eta}})$ 且 $\boldsymbol{\eta}$ 为正态，两个向量 $\boldsymbol{\eta}$ 和 $\hat{\boldsymbol{\eta}}$ 是等可能的。因此，我们从模拟平滑每次抽取得到两个模拟样本。此外，从两个样本计算的条件均值为负相关，从而进一步提高效率。当使用这种对偶变量，我们说模拟样本位置平衡（balanced for location）。

第二种对偶变量由 Durbin 和 Koopman（1997）开发。令 $u$ 为 $rnN(0,1)$ 变量的向量，其用于模拟平滑以生成 $\boldsymbol{\eta}$，并令 $c = u'u$；然后 $c \sim \chi^2_{rn}$。对于给

定 $c$ 的值，令 $q = \mathrm{Pr}(\chi_{rn}^2 < c) = F(c)$ 且令 $\acute{c} = F^{-1}(1 - q)$。然后当 $c$ 变化，$c$ 和 $\acute{c}$ 具有相同的分布。现取 $\acute{\eta} = \hat{\eta} + \sqrt{\acute{c}/c}(\eta - \hat{\eta})$，则 $\acute{\eta}$ 与 $\hat{\eta}$ 有相同的分布。这是因为 $c$ 和 $(\eta - \hat{\eta})/\sqrt{c}$ 独立分布。最后取 $\acute{\eta} = \hat{\eta} + \sqrt{\acute{c}/c}(\breve{\eta} - \hat{\eta})$。当使用这种对偶，我们说模拟样本尺度平衡（balanced for scale）。通过使用两种对偶标量，在模拟平滑每轮执行时，我们就得到一组四个等可能 $\eta$ 的值，给出模拟样本为位置平衡和尺度平衡。

对偶变量的数目可以毫无困难地增加。例如，取 $c$ 和 $q$ 如同上述。$q$ 为 $(0,1)$ 均匀分布，我们写出 $q \sim U(0,1)$。令 $q_1 = q + 0.5$ 的模为 1；然后 $q_1 \sim U(0,1)$，我们有一个四元 $U(0,1)$ 变量的平衡集合 $q$、$q_1$、$1 - q$ 和 $1 - q_1$。取 $\acute{c} = F^{-1}(1 - q)$ 如同上述，$c_1 = F^{-1}(q_1)$ 和 $\acute{c}_1 = F^{-1}(1 - q_1)$ 也一样。然后每一个 $c_1$ 和 $\acute{c}_1$ 可以与 $\eta$ 和 $\breve{\eta}$ 结合，如前面的 $\acute{c}$ 一样。对于每次模拟，我们就有八个等可能 $\eta$ 的值平衡集合。原则上这个过程可以无限扩展，通过取 $q_1 = q$ 和 $q_{j+1} = q_j + 2^{-k}$ 的模为 1，对于 $j = 1, \cdots, 2^{k-1}$ 和 $k = 2$，$3, \cdots$；然而，实践中 $q$ 的两个或四个值可能已足够。利用标准正态分布函数应用于 $u$ 的元素，同样的想法可以用来从 $\eta$ 获得一个新的平衡值 $\eta_1$，因此通过取 $\breve{\eta}_1 = 2\hat{\eta} - \eta_1$，我们会有 $\eta$ 的四个值与 $c$ 的四个值相结合。下面我们将假定使用模拟平滑和对偶变量，生成 $\eta$ 的 $N$ 个抽取；这意味着 $N$ 为 $\eta$ 的不同值的数目，其从一个单一模拟平滑抽取得到。例如，当采用平滑抽取 250 个模拟样本，使用一个或两个基本对偶变量，一个为位置平衡，另一个为尺度平衡，$N = 1000$。在实践中，我们发现，仅用两个基本对偶变量得到的结果已令人满意。

理论上，如果在基本公式（11.13）中非常高的 $w^*(\eta, Y_n)$ 的值与非常小的重要性密度 $g(\eta|Y_n)$ 值相关联，则它们共同对 $\bar{x}$ 有显著的贡献，重要性采样在特定情况下可能会给出不准确的结果，如果在这样的特定情形，这些值刚好过度或不足表达；对这一问题的深入讨论见 Gelman、Car-lin、Stern 和 Rubin（1995, 307 页）。在实践中，我们所考虑的案例中并没有出现过任何问题。

### 11.4.4 扩散初始化

我们现在考虑模型为非高斯且初始状态向量的一些元素为扩散，剩余元素为已知的联合密度，例如，它们可能来自平稳序列。假设 $\alpha_1$ 由式（5.2）及 $\eta_0 \sim p_0(\eta_0)$ 给出，式中 $p_0(\cdot)$ 为已知密度。假设 $\delta$ 为正态分布如式（5.3）是合理的，因为我们打算令 $\kappa \to \infty$。由于 $p(y_t \mid \alpha_t) = p(y_t \mid \theta_t)$，因此 $\alpha$ 和 $Y_n$ 的联合密度为

$$p(\alpha, Y_n) = p(\eta_0)g(\delta)\prod_{t=1}^{n} p(\eta_t)p(y_t \mid \theta_t), \qquad (11.16)$$

其中 $\eta_0 = R'_0(\alpha_1 - a)$，$\delta = A'(\alpha_1 - a)$ 和 $\eta_t = R'_t(\alpha_{t+1} - T_t\alpha_t)$，对于 $t = 1, \cdots, n$。

如在第 10.6 节和第 10.7 节，我们通过 $\log p(\alpha, Y_n)$ 关于 $\alpha_1, \cdots, \alpha_{n+1}$ 微分以找出 $p(\alpha \mid Y_n)$ 的模。对于给定 $\kappa$，来自 $\partial \log g(\delta)/\partial \alpha_1$ 的贡献为 $-A\delta/\kappa$，当 $\kappa \to \infty$，其 $\to 0$。因此，在模方程中的限制与式（10.54）一样，除了 $\partial \log p(\alpha_1)/\partial \alpha_1$ 被替换为 $\partial \log p(\eta_0)/\partial \alpha_1$。在 $\alpha_1$ 完全扩散的情形下，$p(\eta_0)$ 项并不进入式（11.16），所以在第 10.6.3 节给出的搜寻模的程序无须改变仍然适用。

当 $p(\eta_0)$ 存在但非高斯，最好是在近似高斯密度 $g(\alpha, Y_n)$ 中加入正态逼近例如 $g(\eta_0)$，而不是将其导数 $\partial \log p(\eta_0)/\partial \eta_0$ 的线性化形式包括在 $\partial \log p(\alpha, Y_n)/\partial \alpha$ 的线性化内。原因是借助第 5 章开发的标准初始化例程，我们可以初始化线性高斯近似模型的卡尔曼滤波。对于 $g(\eta_0)$，我们可以或者取正态分布，其均值向量和方差矩阵均等于 $p(\eta_0)$，或者取其均值向量等于 $p(\eta_0)$ 的模，方差矩阵等于 $[-\partial^2 p(\eta_0)/\partial \eta_0 \partial \eta'_0]^{-1}$。对于替换基本公式（11.8），我们取

$$w(\alpha, Y_n) = \frac{p(\eta_0)p(\alpha_2, \cdots, \alpha_{n+1}, Y_n \mid \eta_0)}{g(\eta_0)g(\alpha_2, \cdots, \alpha_{n+1}, Y_n \mid \eta_0)}, \qquad (11.17)$$

由于密度 $p(\delta)$ 与 $g(\delta)$ 相同，因此可抵消；当 $\kappa \to \infty$，$w(\alpha, Y_n)$ 因而保持不变。相应的（11.13）的方程变得简单，

$$w^*(\eta, Y_n) = \frac{p(\eta_0)p(\eta_1, \cdots, \eta_n, Y_n)}{g(\eta_0)g(\eta_1, \cdots, \eta_n, Y_n)}。 \qquad (11.18)$$

虽然表达式（11.17）和表达式（11.18）在技术上是可管理的，但务实的学者认为在特定情形下 $p(\eta_0)$ 的知识贡献少量的调查信息，因而可以简单忽略。在这种情形下，因子 $p(\eta_0)/g(\eta_0)$ 从式（11.17）中消失，这相当于将整个向量 $\alpha_1$ 处理为扩散，这显著简化了分析。表达式（11.17）则简化为

$$w(\alpha, Y_n) = \prod_{t=1}^{n} \frac{p(\alpha_t \mid \alpha_{t-1})p(y_t \mid \alpha_t)}{g(\alpha_t \mid \alpha_{t-1})g(y_t \mid \alpha_t)}。$$

表达式（11.18）简化为

$$w^*(\eta, Y_n) = \prod_{t=1}^{n} \frac{p(\eta_t)p(y_t|\theta_t)}{g(\eta_t)g(y_t|\theta_t)},$$

其中 $\eta_t = R_t'(\alpha_{t+1} - T_t\alpha_t)$，对于 $t = 1, \cdots, n$。

对于非线性模型，卡尔曼滤波的初始化相似，其细节也以同样的方式处理。

# 11.5  估计状态向量的函数

我们讨论状态向量的一般函数的估计，其基于从非高斯和非线性模型的分析数据的重要性采样。首先，我们显示如何使用模拟和对偶变量方法，使我们能够估计状态向量的均值和方差函数。我们还推导出模拟导致的额外估计方差的估计。我们使用这些结果，得到状态标量函数的条件密度和分布函数的估计。然后我们继续调查这个方法如何用于预测和估计数据集合中的观测值缺失问题。

## 11.5.1  估计均值函数

我们考虑堆栈状态误差向量的函数 $x^*(\eta)$ 的条件均值 $\bar{x}$ 的估计细节，以及误差方差的估计细节。令

$$w^*(\eta) = \frac{p(\eta, Y_n)}{g(\eta, Y_n)},$$

取 $w^*(\eta)$ 对 $Y_n$ 的依赖性为显性，由于 $Y_n$ 从现在开始为不变。然后式（11.13）给出

$$\bar{x} = \frac{E_g[x^*(\eta)w^*(\eta)]}{E_g[w^*(\eta)]}, \tag{11.19}$$

它由下式估计：

$$\hat{x} = \frac{\sum_{i=1}^{N} x_i w_i}{\sum_{i=1}^{N} w_i}, \tag{11.20}$$

式中，

$$x_i = x^*(\eta^{(i)}), \qquad w_i = w^*(\eta^{(i)}) = \frac{p(\eta^{(i)}, Y_n)}{g(\eta^{(i)}, Y_n)},$$

且 $\eta^{(i)}$ 是从重要性密度 $g(\eta|Y_n)$ 中 $\eta$ 的第 $i$ 个抽取，对于 $i = 1, \cdots, N$。

### 11.5.2 估计方差函数

对于 $x^*(\eta)$ 是向量的情况，此时我们可以提出用于估计矩阵 $\text{Var}[x^*(\eta)|Y_n]$ 的公式，以及由于 $\hat{x} - \bar{x}$ 的模拟而产生的方差矩阵。然而从实际情形来看，协方差项并不受关注；因此关注估计方差项，取 $x^*(\eta)$ 为标量用于方差估计，它似乎是合理的。扩展以包括协方差项既直接又简单。我们由下式估计 $\text{Var}[x^*(\eta)|Y_n]$：

$$\widehat{\text{Var}}[x^*(\eta)|Y_n] = \frac{\sum_{i=1}^{N} x_i^2 w_i}{\sum_{i=1}^{N} w_i} - \hat{x}^2 。 \tag{11.21}$$

由于模拟，误差估计为

$$\hat{x} - \bar{x} = \frac{\sum_{i=1}^{N} w_i(x_i - \bar{x})}{\sum_{i=1}^{N} w_i} 。$$

为了估计这个方差，考虑引入第 11.4.3 节描述的对偶变量，为简单起见将限定为基本的位置和尺度两种对偶变量的情形；扩展对偶变量到更大数目并无任何困难。将来自模拟平滑的第 $j$ 轮的 $w_i(x_i - \bar{x})$ 的四个值的总和记为 $v_j$，相应 $w_i(x_i - \hat{x})$ 的值的总和记为 $\hat{v}_j$。当 $N$ 足够大时，由于从模拟平滑的抽取是独立的，模拟的方差是良好的近似，

$$\text{Var}_s(\hat{x}) = \frac{1}{4N} \frac{\text{Var}(v_j)}{[\text{E}_g\{w^*(\eta)\}^2]}, \tag{11.22}$$

它由下式估计：

$$\widehat{\text{Var}}_s(\hat{x}) = \frac{\sum_{j=1}^{N/4} \hat{v}_j^2}{\left(\sum_{i=1}^{N} w_i\right)^2} 。 \tag{11.23}$$

估计模拟方差非常容易，这也是我们的方法一个有吸引力的特征。

### 11.5.3 估计条件密度

当 $x^*(\eta)$ 为标量函数，上述技术可用于估计给定 $Y_n$ 的 $x$ 的条件分布函数和条件密度函数。令 $G[x|Y_n] = \Pr[x^*(\eta) \leqslant x|Y_n]$，并令 $I_x(\eta)$ 为指示函数：如果 $x^*(\eta) \leqslant x$，则 $I_x(\eta)$ 为 1；如果 $x^*(\eta) > x$，则 $I_x(\eta)$ 为 0。则 $G(x|Y_n) = \text{E}_g(I_x(\eta)|Y_n)$。因为 $I_x(\eta)$ 是 $\eta$ 的函数，我们可以用与 $x^*(\eta)$ 相同的方式处理它。令 $S_x$ 为 $w_i$ 值的总和，其中 $x_i \leqslant x$，对于 $i = 1, \cdots, N$。$G(x|Y_n)$ 由下式估计：

$$\hat{G}(x \mid Y_n) = \frac{S_x}{\sum_{i=1}^{N} w_i}。 \tag{11.24}$$

这可以被用来估计分位数。我们对 $x_i$ 的值排序并以此对 $w_i$ 相应值排序。$x_i$ 和 $w_i$ 的有序序列分别记为 $x_{[i]}$ 和 $w_{[i]}$。$100k\%$ 分位数由 $x_{[m]}$ 给定，其选择使得

$$\frac{\sum_{i=1}^{m} w_{[i]}}{\sum_{i=1}^{N} w_{[i]}} \approx k。$$

在最接近 $m$ 的两个值之间进行插值以近似估计 $100k\%$ 分位数。当 $N$ 增加，近似误差变小。

### 11.5.4　估计条件分布函数

同样，如果 $\delta$ 为区间 $(x - \frac{1}{2}d, x + \frac{1}{2}d)$，式中 $d$ 适当小且为正，令 $S^\delta$ 为 $w_i$ 的值的总和，$x^*(\boldsymbol{\eta}) \in \delta$。则给定 $Y_n$ 的 $x$ 的条件密度 $p(x \mid Y_n)$ 的估计为

$$\hat{p}(x \mid Y_n) = d^{-1} \frac{S^\delta}{\sum_{i=1}^{N} w_i}。 \tag{11.25}$$

这个估计可用来构造直方图。

我们现在展示如何使用重要性采样从 $x^*(\boldsymbol{\eta})$ 的条件分布估计生成 $M$ 个独立值的样本。重要性采样方法的深入细节见 Gelfand 和 Smith（1999）以及 Gelman、Carlin、Stern 和 Rubin（1995）。取 $x^{[k]} = x_j$ 及概率 $w_j / \sum_{i=1}^{N} w_i$，对于 $j = 1, \cdots, N$。则

$$\Pr(x^{[k]} \leq x) = \frac{\sum_{x_j \leq x} w_j}{\sum_{i=1}^{N} w_i} = \hat{G}(x \mid Y_n)。$$

因而 $x^{[k]}$ 是式（11.24）给出的分布函数的随机抽取。这样做 $M$ 次，替换给出 $M \leq N$ 独立抽取的样本。无须替换采样也可完成，但其值则不独立。

### 11.5.5　预测和估计缺失观测

通过本章的方法处理缺失观测和预测很简单。对于缺失观测，我们的目标是估计 $\bar{x} = \int x^*(\boldsymbol{\eta}) p(\boldsymbol{\eta} \mid Y_n) d\boldsymbol{\eta}$，式中堆栈向量 $Y_n$ 仅包含那些实际观测到的观测元素。我们通过从线性高斯近似模型删去对应于原始模型中的缺失元素的观测成分来实现。卡尔曼滤波和平滑的算法仅在近似模型的决

定时才需要，当观测向量或元素缺失时，滤波如何修改已在第4.10节描述。对于模拟，第4.9节的模拟平滑必须作类似的修改以允许缺失元素。

对于预测，我们的目标是估计 $\bar{y}_{n+j} = \mathrm{E}(y_{n+j}|Y_n)$，$j = 1, \cdots, J$，式中假设 $y_{n+1}, \cdots y_{n+J}$ 和 $\alpha_{n+2}, \cdots, \alpha_{n+J}$ 已由模型（9.3）和模型（9.4）生成。注意 $\alpha_{n+1}$ 已由式（9.4）生成，以及 $t = n$。接下来从式（9.3），

$$\bar{y}_{n+j} = \mathrm{E}[\mathrm{E}(y_{n+j}|\theta_{n+j})|Y_n], \qquad (11.26)$$

对于 $j = 1, \cdots, J$，式中 $\theta_{n+j} = Z_{n+j}\alpha_{n+j}$，且假定 $Z_{n+1}, \cdots, Z_{n+J}$ 已知。我们估计它们，如在第11.5节，以及 $x^*(\eta) = \mathrm{E}(y_{n+j}|\theta_{n+j})$，扩展模拟平滑，对于 $t = n+1, \cdots, n+J$。

对于指数簇，

$$\mathrm{E}(y_{n+j}|\theta_{n+j}) = \dot{b}_{n+j}(\theta_{n+j}),$$

如在第9.3节，对于 $t \le n$，因此我们取 $x^*(\eta) = \dot{b}_{n+j}(\theta_{n+j})$，对于 $j = 1, \cdots, J$。对于模型（9.7）中的 $y_t = \theta_t + \varepsilon_t$，我们取 $x^*(\eta) = \theta_t$。

# 11.6　估计对数似然值和参数

在本节中，我们考虑了参数向量 $\psi$ 的极大似然估计。由于解析方法都不可行，我们采用基于重要性采样的模拟技术。我们发现，我们开发的技术与本章前面用于估计给定 $Y_n$ 的 $x(\alpha)$ 的均值的技术密切相关。Shephard 和 Pitt（1997）认为通过使用重要性采样极大似然给出 $\psi$ 的蒙特卡洛估计是简洁的。对于 $p(y_t|\theta_t)$ 为非高斯而 $\alpha_t$ 由一个线性高斯模型生成的特殊情形，详细细节由 Durbin 和 Koopman（1997）给出。在本节中，我们首先考虑一般情形，$p(y_t|\theta_t)$ 和式（9.4）中的状态误差密度 $p(\eta_t)$ 都为非高斯，稍后会专门分析 $p(\eta_t)$ 为高斯的简单情形。我们也考虑状态空间模型为非线性的情形。我们的方法是通过模拟来估计对数似然值，然后通过数值极大化所获得的值再估计 $\psi$。

### 11.6.1　估计似然值

似然函数 $L(\psi)$ 定义为 $L(\psi) = p(Y_n|\psi)$，式中为方便起见，我们抑制 $L(\psi)$ 对 $Y_n$ 的依赖性，所以我们有

$$L(\psi) = \int p(\alpha, Y_n) d\alpha。$$

除以和乘以重要性密度 $g$ $(\alpha|Y_n)$，如在第 11.2 节，给出

$$L(\psi) = \int \frac{p(\alpha,Y_n)}{g(\alpha|Y_n)} g(\alpha|Y_n) d\alpha$$

$$= g(Y_n) \int \frac{p(\alpha,Y_n)}{g(\alpha,Y_n)} g(\alpha|Y_n) d\alpha$$

$$= L_g(\psi) \mathrm{E}_g[w(\alpha,Y_n)], \qquad (11.27)$$

式中 $L_g(\psi) = g(Y_n)$ 是近似线性高斯模型的似然值，我们采用它以获得重要性密度 $g(\alpha|Y_n)$，$\mathrm{E}_g$ 记为关于密度 $g(\alpha|Y_n)$ 的期望，且 $w(\alpha,Y_n) = p(\alpha,Y_n)/g(\alpha,Y_n)$，如式（11.8）。事实上，我们观察到式（11.27）本质上等价于式（11.6）。我们注意到式（11.27）的优雅特征，该非高斯似然值 $L(\psi)$ 通过调整线性高斯似然值 $L_g(\psi)$ 而得到，这很容易由卡尔曼滤波计算得到；此外，调整因子 $\mathrm{E}_g[w(\alpha,Y_n)]$ 通过模拟容易估计。显然，重要性联合密度 $g(\alpha,Y_n)$ 越接近非高斯密度 $p(\alpha,Y_n)$，所需要的模拟样本就越小。

对于实际的计算，我们遵循第 11.4.2 节的讨论和第 11.5 节的工作及观测方程中的信号 $\theta_t = Z_t\alpha_t$，以及状态方程中的状态扰动 $\eta_t$ 而不是直接的 $\alpha_t$，因为它们使计算步骤更简单。替换式（11.27），我们因此使用形式

$$L(\psi) = L_g(\psi) \mathrm{E}_g[w^*(\eta,Y_n)], \qquad (11.28)$$

其中 $L(\psi)$ 和 $L_g(\psi)$ 与式（11.27）中的相同，但 $\mathrm{E}_g$ 和 $w^*(\eta,Y_n)$ 与第 11.4.2 节中讨论的解释一致。然后，我们抑制其对 $Y_n$ 的依赖，并用 $w^*(\eta)$ 替换 $w^*(\eta,Y_n)$，如在第 11.5 节。我们采用对偶变量如在第 11.4.3 节，类似于式（11.20），我们 $L(\psi)$ 的估计为

$$\hat{L}(\psi) = L_g(\psi)\bar{w}, \qquad (11.29)$$

式中 $\bar{w} = (1/N)\sum_{i=1}^{N} w_i$，$w_i = w^*(\eta^{(i)})$，其中 $\eta^{(1)},\cdots,\eta^{(N)}$ 是由重要性密度 $g(\eta|Y_n)$ 生成的模拟样本。

### 11.6.2 极大对数似然值

我们通过极大化 $\hat{L}(\psi)$ 估计 $\psi$，得到 $\psi$ 的估计值 $\hat{\psi}$。在实践中，极大化

$$\log\hat{L}(\psi) = \log L_g(\psi) + \log\bar{w} \qquad (11.30)$$

在数值上更稳定，而不是直接极大化 $\hat{L}(\psi)$，因为似然值会变得非常大。

此外，对于 $\psi$ 的值，极大化 $\log\hat{L}(\psi)$ 的值与极大化 $\hat{L}(\psi)$ 的值是相同的。

为计算 $\hat{\psi}$，$\log\hat{L}(\psi)$ 由任何方便的迭代数值优化技术极大化，如第 7.3.2 节讨论。为了确保迭代过程的稳定性，对于模拟平滑的每个 $\psi$ 值，使用相同的随机数是很重要的。要启动迭代，$\psi$ 的初始值可以通过极大化近似对数似然来获得，

$$\log L(\psi) \approx \log L_g(\psi) + \log w(\hat{\eta}),$$

式中 $\hat{\eta}$ 是 $g(\eta|Y_n)$ 的模，其在近似 $p(\eta|Y_n)$ 过程中由 $g(\eta|Y_n)$ 所决定；替代地，由 Durbin 和 Koopman（1997）的表达式（21）给出的更精确的非模拟近似可被使用。

### 11.6.3　极大似然估计的方差矩阵

假设适当常规条件满足，大样本 $\hat{\psi}$ 的方差矩阵估计由标准公式给出：

$$\hat{\Omega} = \left[ -\frac{\partial^2 \log L(\psi)}{\partial\psi\partial\psi'} \right]^{-1} \Bigg|_{\psi=\hat{\psi}} \tag{11.31}$$

式中 $\log L(\psi)$ 的导数从 $\hat{\psi}$ 的邻域的 $\psi$ 值处数值计算得到。

### 11.6.4　参数估计中的误差效应

在上述处理中，我们通过首先假设参数向量已知，然后代入 $\psi$ 的极大似然估计 $\hat{\psi}$，以传统方式进行古典分析。误差 $\hat{\psi}-\psi$ 引起状态和扰动向量函数的估计中的偏误，但由于偏误为 $n^{-1}$ 阶，通常很小，可以忽略不计。然而在特定情形下，调查偏误的数量就可能很重要。在第 7.3.7 节，我们描述了在状态空间模型为线性和高斯的情形下用于估计偏误的技术。对于本章中所考虑的非高斯和非线性模型的误差 $\hat{\psi}-\psi$，完全相同的方法可用于估计偏误。

### 11.6.5　由于模拟的均方误差矩阵

我们已经将 $\psi$ 从模拟获得的估计记为 $\hat{\psi}$；我们将 $\psi$ 的"真"极大似然估计记为 $\tilde{\psi}$，它将通过精确而非模拟极大化 $\log L(\psi)$ 得到，如果能够做到的话。由于模拟误差为 $\hat{\psi}-\tilde{\psi}$，因此均方误差矩阵是

$$\text{MSE}(\hat{\psi}) = \text{E}_g\left[(\hat{\psi}-\tilde{\psi})(\hat{\psi}-\tilde{\psi})'\right]。$$

现在 $\hat{\psi}$ 是如下方程的解：

$$\frac{\partial \log \hat{L}(\psi)}{\partial \psi} = 0,$$

关于 $\tilde{\psi}$ 的展开给出近似

$$\frac{\partial \log \hat{L}(\tilde{\psi})}{\partial \psi} + \frac{\partial^2 \log \hat{L}(\tilde{\psi})}{\partial \psi \partial \psi'}(\hat{\psi} - \tilde{\psi}) = 0,$$

式中，

$$\frac{\partial \log \hat{L}(\tilde{\psi})}{\partial \psi} = \frac{\partial \log \hat{L}(\psi)}{\partial \psi}\Big|_{\psi=\tilde{\psi}}, \qquad \frac{\partial^2 \log \hat{L}(\tilde{\psi})}{\partial \psi \partial \psi'} = \frac{\partial^2 \log \hat{L}(\psi)}{\partial \psi \partial \psi'}\Big|_{\psi=\tilde{\psi}},$$

给出

$$\hat{\psi} - \tilde{\psi} = \Big[ -\frac{\partial^2 \log \hat{L}(\tilde{\psi})}{\partial \psi \partial \psi'} \Big]^{-1} \frac{\partial \log \hat{L}(\tilde{\psi})}{\partial \psi}。$$

因而首次近似，有

$$\mathrm{MSE}(\hat{\psi}) = \hat{\Omega} \mathrm{E}_g \Big[ \frac{\partial \log \hat{L}(\tilde{\psi})}{\partial \psi} \frac{\partial \log \hat{L}(\tilde{\psi})}{\partial \psi'} \Big] \hat{\Omega}, \qquad (11.32)$$

式中 $\hat{\Omega}$ 由式 (11.31) 给出。

从式 (11.30) 我们有

$$\log \hat{L}(\tilde{\psi}) = \log L_g(\tilde{\psi}) + \log \overline{w},$$

因此，

$$\frac{\partial \log \hat{L}(\tilde{\psi})}{\partial \psi} = \frac{\partial \log L_g(\tilde{\psi})}{\partial \psi} + \frac{1}{\overline{w}} \frac{\partial \overline{w}}{\partial \psi}。$$

同样，对于"真"对数似然函数 $\log L(\tilde{\psi})$，我们有

$$\frac{\partial \log L(\tilde{\psi})}{\partial \psi} = \frac{\partial \log L_g(\tilde{\psi})}{\partial \psi} + \frac{\partial \log \mu_w}{\partial \psi},$$

式中 $\mu_w = \mathrm{E}_g(\overline{w})$。由于 $\tilde{\psi}$ 是 $\psi$ 的"真"极大似然函数估计量，

$$\frac{\partial \log L(\tilde{\psi})}{\partial \psi} = 0。$$

因而，

$$\frac{\partial \log L_g(\tilde{\psi})}{\partial \psi} = -\frac{\partial \log \mu_w}{\partial \psi} = -\frac{1}{\mu_w} \frac{\partial \mu_w}{\partial \psi},$$

因此我们有

$$\frac{\partial \log \hat{L}(\tilde{\psi})}{\partial \psi} = \frac{1}{\overline{w}} \frac{\partial \overline{w}}{\partial \psi} - \frac{1}{\mu_w} \frac{\partial \mu_w}{\partial \psi} 。$$

接下来，首次近似，

$$\frac{\partial \log \hat{L}(\tilde{\psi})}{\partial \psi} = \frac{1}{\overline{w}} \frac{\partial}{\partial \psi} (\overline{w} - \mu_w),$$

因此

$$\mathrm{E}_g \Big[ \frac{\partial \log \hat{L}(\tilde{\psi})}{\partial \psi} \frac{\partial \log \hat{L}(\tilde{\psi})}{\partial \psi'} \Big] = \frac{1}{\overline{w}^2} \mathrm{Var}\Big( \frac{\partial \overline{w}}{\partial \psi} \Big) 。$$

考虑两种对偶变量的情形，将模拟平滑每次抽取所获得的四个 $w$ 值的总和记为 $w_j^*$，对于 $j = 1, \cdots, N/4$。则 $\overline{w} = N^{-1} \sum_{j=1}^{N/4} w_j^*$，因此

$$\mathrm{Var}\Big( \frac{\partial \overline{w}}{\partial \psi} \Big) = \frac{4}{N} \mathrm{Var}\Big( \frac{\partial w_j^*}{\partial \psi} \Big) 。$$

令 $q^{(j)} = \partial w_j^* / \partial \psi$，我们在 $\psi = \hat{\psi}$ 处数值计算，令 $\overline{q} = (4/N) \sum_{j=1}^{N/4} q^{(j)}$。然后式（11.32）由下式估计：

$$\widehat{\mathrm{MSE}}(\hat{\psi}) = \hat{\Omega} \Big[ \Big( \frac{4}{N\overline{w}} \Big)^2 \sum_{j=1}^{N/4} (q^{(j)} - \overline{q})(q^{(j)} - \overline{q})' \Big] \hat{\Omega} 。 \qquad (11.33)$$

式（11.33）的对角线元素的平方根可与式（11.31）中的 $\hat{\Omega}$ 的对角线元素的平方根比较，以获得模拟的相对标准误差。

## 11.7  重要性采样的权重和诊断

在本节中，我们简要关注验证重要性采样方法有效性的方式。重要性权重函数 $w(\alpha, Y_n)$ 是用于此目的工具，其在式（11.8）中定义。Geweke（1989）认为仅当重要性权重的方差已知且存在的条件下，重要性采样才可应用。这个条件失败可能导致估计缓慢和不稳定收敛，中心极限定理管控收敛无法保持。Robert 和 Casella（2010，§4.3）提供了重要性采样在此条件下失败的案例，并表明忽视这个问题将会导致强烈的有偏估计。虽然方差条件可在低维解析检查，但是证明他们在高维情形下较难满足，例如，时间序列的挑战。

Monahan（1993，2001）以及 Koopman、Shephard 和 Creal（2009）已经

开发出诊断程序来检查重要性权重方差的存在。它基于极值理论的应用。极值理论的限制结果意味着，我们可以通过研究右尾分布的行为以了解重要性权重方差。检验统计量公式化以检验尾部的分布是否允许一个适当已定义的方差。如果尾部特性不充分，我们拒绝重要性权重方差存在的假设。一组图形诊断可从假设推断得到，且可获得完整的详细分析。

# 12. 粒子滤波

## 12.1 引言

在本章中我们讨论非高斯和非线性序列的滤波，通过固定在 $\cdots, t-2$, $t-1$ 以前得到值的样本，仅在 $t$ 期选择一个新值。模拟结果需要随着时间的推移进行新的递推。该方法称为粒子滤波（particle filtering）。我们通过古典分析推导出结果，使用第 4 章的引理二、引理三和引理四，使用线性方法和贝叶斯分析使用类似的方法均可获得。第 14 章的演示应用于真实数据。

自 20 世纪 90 年代以来，就涌现出大量的粒子滤波的文献。早期应用的思想由 Gordon、Salmond 和 Smith（1993）给出，而粒子术语的出现及首先使用与 Kitagawa（1996）有关。本领域的文献综述和参考资源，我们参阅 Doucet、de Freitas 和 Gordon（2001）的著作，以及 Arulampalam、Maskell、Gordon 和 Clapp（2002），Maskell（2004）和 Creal（2011）的综述论文。

我们首先在第 12.2 节考虑第 11 章的方法的滤波版本。我们从 $y_1, \cdots, y_t$ 中选择样本，并使用重要性采样来估计 $x_{t+1}, x_{t+2}, \cdots$。这是滤波的一种有效方法，它间或有用，所以我们在这里描述它。然而在常规使用方面，它比粒子滤波花费更多的计算。因此，我们继续考虑粒子滤波及其与重要性采样的关联。

在第 12.3 节中，我们讨论了旨在减少采样退化的重采样技术。第 12.4 节我们继续描述粒子滤波的六种方法，即自举滤波、辅助粒子滤波、扩展粒子滤波、无迹粒子滤波、局部回归滤波和模均衡滤波①。

## 12.2 重要性采样的滤波

我们考虑非高斯非线性模型的各种形式，最基本的形式为

---

① 译者注：此处原著不准确，第 12.4 节至第 12.6 节描述了六种粒子滤波方法。

$$p[y_t|Z_t(\alpha_t),\varepsilon_t], \qquad \varepsilon_t \sim p(\varepsilon_t), \tag{12.1}$$

$$\alpha_{t+1} = T_t(\alpha_t) + R_t(\alpha_t)\eta_t, \qquad \eta_t \sim p(\eta_t), \tag{12.2}$$

对于 $t = 1,2,\cdots$，式中 $Z_t$、$T_t$ 和 $R_t$ 为 $\alpha_t$ 的已知矩阵函数且式中 $\varepsilon_t$ 和 $\eta_t$ 为扰动序列；与前面一样，$y_t$ 和 $\alpha_t$ 为观测和状态序列。我们使用与前面章节相同的记号。为方便起见，我们定义状态向量的集合

$$\alpha_{1:t} = (\alpha_1',\cdots,\alpha_t')' \tag{12.3}$$

而我们保留记号 $Y_t = (y_1',\cdots,y_t')'$。

在本节中，我们讨论使用重要性抽样用于非高斯和非线性时间序列的滤波，其由模型（12.1）和模型（12.2）生成。考虑式（12.3）中 $\alpha_{1:t}$ 的一个任意函数 $x_t(\alpha_{1:t})$；如在第 11.2 节引入平滑的情形下，从古典和贝叶斯视角，我们考虑大部分的问题基本上等于条件均值的估计

$$\bar{x}_t = \mathrm{E}[x_t(\alpha_{1:t})|Y_t]$$

$$= \int x_t(\alpha_{1:t})p(\alpha_{1:t}|Y_t)\mathrm{d}\alpha_{1:t}, \tag{12.4}$$

对于 $t = \tau+1,\tau+2,\cdots$，式中 $\tau$ 固定且可以为零。我们开发递推通过模拟以计算 $\bar{x}_t$ 的估计；样本 $y_1,\cdots,y_\tau$ 可能被用作"启动"样本以初始化这些递推。我们考虑在式（12.4）中 $\bar{x}_t$ 通过基于重要性采样模拟来估计，类似于第 11 章的式（11.3）中 $\bar{x}_t$ 的条件平滑估计。我们令 $g(\alpha_{1:t}|Y_t)$ 为一个重要性密度，其尽可能接近 $p(\alpha_{1:t}|Y_t)$，服从 $g(\alpha_{1:t}|Y_t)$ 抽样充分符合实际且耗时少的要求。

从式（12.4），我们有

$$\bar{x}_t = \int x_t(\alpha_{1:t}) \frac{p(\alpha_{1:t}|Y_t)}{g(\alpha_{1:t}|Y_t)} g(\alpha_{1:t}|Y_t)\mathrm{d}\alpha_{1:t}$$

$$= \mathrm{E}_g\left[x_t(\alpha_{1:t}) \frac{p(\alpha_{1:t}|Y_t)}{g(\alpha_{1:t}|Y_t)}\right], \tag{12.5}$$

式中 $\mathrm{E}_g$ 记为关于密度 $g(\alpha_{1:t}|Y_t)$ 的期望。由于

$$p(\alpha_{1:t},Y_t) = p(Y_t)p(\alpha_{1:t}|Y_t),$$

我们得到

$$\bar{x}_t = \frac{1}{p(Y_t)}\mathrm{E}_g[x_t(\alpha_{1:t})\,\tilde{w}_t], \tag{12.6}$$

式中

$$\widetilde{w}_t = \frac{p(\alpha_{1:t}, Y_t)}{g(\alpha_{1:t} \mid Y_t)}。 \tag{12.7}$$

为了标记方便，在式（12.6）及以后，我们抑制 $\widetilde{w}_t$ 关于 $\alpha_{1:t}$ 和 $Y_t$ 的依赖性。通过令 $x_t(\alpha_{1:t}) = 1$，接下来从式（12.6）有 $p(Y_t) = \mathrm{E}_g(\widetilde{w}_t)$。因此，式（12.6）可以写为

$$\bar{x}_t = \frac{\mathrm{E}_g[x_t(\alpha_{1:t})\, \widetilde{w}_t]}{\mathrm{E}_g(\widetilde{w}_t)}。 \tag{12.8}$$

我们建议通过从 $g(\alpha_{1:t} \mid Y_t)$ 抽取随机采样 $\alpha_{1:t}^{(1)}, \cdots, \alpha_{1:t}^{(N)}$ 来估计式（12.6）。我们取其作为估计量：

$$\hat{x}_t = \frac{N^{-1} \sum_{i=1}^{N} x_t(\alpha_{1:t}^{(i)})\, \widetilde{w}_t^{(i)}}{N^{-1} \sum_{i=1}^{N} \widetilde{w}_t^{(i)}}$$

$$= \sum_{i=1}^{N} x_t(\alpha_{1:t}^{(i)}) w_t^{(i)}, \tag{12.9}$$

式中

$$\widetilde{w}_t^{(i)} = \frac{p(\alpha_{1:t}^{(i)}, Y_t)}{g(\alpha_{1:t}^{(i)} \mid Y_t)}, \qquad w_t^{(i)} = \frac{\widetilde{w}_t^{(i)}}{\sum_{j=1}^{N} \widetilde{w}_t^{(j)}}。 \tag{12.10}$$

该 $\widetilde{w}_t^{(i)}$ 的值称为重要性权重（importance weights），$w_t^{(i)}$ 的值称为标准化重要性权重（normalised importance weights）。这种处理贴近重要性采样的基本思想，如第 11.2 节的讨论。基于重要性采样的一种简单的滤波方法是在每个时点 $t$ 从适当的 $g(\alpha_{1:t} \mid Y_t)$ 中抽取出 $\alpha_{1:t}^{(i)}$ 新的随机样本，并通过式（12.9）估计 $\bar{x}_t$，然而，对于较长的时间序列，这将过于费力。

## 12.3 序贯重要性采样

### 12.3.1 引言

为了规避简单滤波方法，在每 $i$ 次采样时保留以前 $\alpha_{1:t-1}^{(i)}$ 的选择并在 $t$ 期限制新采样仅选择 $\alpha_t^{(i)}$，这在滤波的环境下似乎更自然。我们称选择 $\alpha_{1:t}^{(i)}$ 的顺序过程和基于它的估计为粒子滤波（particle filtering）；所获得 $\alpha_{1:t}^{(1)}, \cdots, \alpha_{1:t}^{(N)}$ 的值的集合被称为粒子（particles）；因此 $t$ 期的第 $i$ 个粒子由如下关系定义：

$$\alpha_{1:t}^{(i)} = (\alpha_{1:t-1}^{(i)'}, \alpha_t^{(i)'})',$$

式中 $\alpha_{1:t-1}^{(i)}$ 是 $t-1$ 期的第 $i$ 个粒子。滤波方法的关键是在 $t$ 期选择 $\alpha_t^{(i)}$ 递推和计算相应重要性权重 $\widetilde{w}_t^{(i)}$，对于 $i = 1, \cdots, N$。权重 $\widetilde{w}_t^{(i)}$ 是 $\alpha_{1:t-1}^{(i)}$ 和 $Y_{t-1}$ 以及当前观测 $y_t$ 和新选择 $\alpha_t^{(i)}$ 的函数。用于初始化递推的"启动"样本并不需要。

### 12.3.2 粒子滤波的递推

$\alpha_t^{(i)}$ 的新选择需要与从重要性密度 $g(\alpha_{1:t}^{(i)} \mid Y_t)$ 的抽取一致。为了构造重要性密度的递推，让我们暂时删除索引 $i$，将 $\alpha_{1:t}^{(i)}$ 特定的值记为 $\alpha_{1:t}$。我们有

$$\begin{aligned} g(\alpha_{1:t} \mid Y_t) &= \frac{g(\alpha_{1:t}, Y_t)}{g(Y_t)} \\ &= \frac{g(\alpha_t \mid \alpha_{1:t-1}, Y_t) g(\alpha_{1:t-1}, Y_t)}{g(Y_t)} \\ &= g(\alpha_t \mid \alpha_{1:t-1}, Y_t) g(\alpha_{1:t-1} \mid Y_t)。 \end{aligned} \tag{12.11}$$

现在假设仅使用 $Y_{t-1}$ 的知识选择 $\alpha_{1:t-1}$。此外，给定 $\alpha_{1:t-1}$ 的实现值和 $Y_{t-1}$，该观测向量 $y_t$ 的值由已不依赖于模拟序列 $\alpha_{1:t-1}$ 的过程来选择。在这种情形下，密度 $g(\alpha_{1:t-1} \mid Y_{t-1})$ 不受包括 $y_t$ 在内的条件变量 $Y_{t-1}$ 集合的影响。因此，$g(\alpha_{1:t-1} \mid Y_t) \equiv g(\alpha_{1:t-1} \mid Y_{t-1})$。通过采用这种等式和倒转式（12.11）的顺序，我们得到

$$g(\alpha_{1:t} \mid Y_t) = g(\alpha_{1:t-1} \mid Y_{t-1}) g(\alpha_t \mid \alpha_{1:t-1}, Y_t)。 \tag{12.12}$$

这是一个粒子滤波实用性的基础递推，参见 Doucet、de Freitas 和 Gordon（2001，§1.3）。假定从重要性密度 $g(\alpha_t \mid \alpha_{1:t-1}, Y_t)$ 选择 $\alpha_t^{(i)}$ 是可行且快速的。在第 12.4 节，我们讨论与这类重要性密度采样不同的方法。

我们现在开发式（12.10）中粒子滤波的权重 $w_t^{(i)}$ 的计算递推。从式（12.7）和式（12.12），

$$\begin{aligned} \widetilde{w}_t &= \frac{p(\alpha_{1:t}, Y_t)}{g(\alpha_{1:t} \mid Y_t)} \\ &= \frac{p(\alpha_{1:t-1}, Y_{t-1}) p(\alpha_t, y_t \mid \alpha_{1:t-1}, Y_{t-1})}{g(\alpha_{1:t-1} \mid Y_{t-1}) g(\alpha_t \mid \alpha_{1:t-1}, Y_t)}。 \end{aligned}$$

由于模型（12.1）和模型（12.2）的马尔可夫性质，我们有

$$p(\alpha_t, y_t \mid \alpha_{1:t-1}, Y_{t-1}) = p(\alpha_t \mid \alpha_{t-1}) p(y_t \mid \alpha_t),$$

因此

$$\widetilde{w}_t = \widetilde{w}_{t-1} \frac{p(\alpha_t \mid \alpha_{t-1})p(y_t \mid \alpha_t)}{g(\alpha_t \mid \alpha_{1:t-1}, Y_t)}。$$

对于式（12.10）中的 $\widetilde{w}_t^{(i)}$，我们因而有递推

$$\widetilde{w}_t^{(i)} = \widetilde{w}_{t-1}^{(i)} \frac{p(\alpha_t^{(i)} \mid \alpha_{t-1}^{(i)})p(y_t \mid \alpha_t^{(i)})}{g(\alpha_t^{(i)} \mid \alpha_{1:t-1}^{(i)}, Y_t)}, \tag{12.13}$$

从中我们得到标准化权重 $w_t^{(i)}$，

$$w_t^{(i)} = \frac{\widetilde{w}_t^{(i)}}{\sum_{j=1}^{N} \widetilde{w}_t^{(j)}}, \tag{12.14}$$

对于 $i = 1, \cdots, N$ 且 $t = \tau + 1, \tau + 2, \cdots$。递推（12.13）由 $\widetilde{w}_\tau^{(i)} = 1$ 初始化，对于 $i = 1, \cdots, N$。然后我们从式（12.9）的 $\alpha_t^{(i)}$ 的值由重要性密度 $g(\alpha_t \mid \alpha_{1:t-1}, Y_t)$ 选择得到 $x_t$ 的估计 $\hat{x}_t$，对于 $i = 1, \cdots, N$。式（12.13）中 $\widetilde{w}_{t-1}^{(i)}$ 的值替换为 $w_{t-1}^{(i)}$；由于标准化权重，这给出与标准化相同的最终结果。基于这种方法的重要性采样称为序贯重要性采样（sequential importance sampling，SIS）。它最初由 Hammersley 和 Morton（1954）开发，Handschin 和 Mayne（1969）以及 Handschin（1970）将其应用到状态空间模型。

### 12.3.3　退化和重采样

当递推（12.13）未作修改而采用，在实际模拟中会发生以下问题。当 $t$ 增加，权重 $w_t^{(i)}$ 的分布变得严重偏斜。对于大 $t$，所有而不是一个粒子的权重有可能被忽略。我们称样本已走向退化（degenerate）。当似然函数 $p(y_t \mid \alpha_t)$ 相对于密度 $p(\alpha_t \mid \alpha_{t-1})$ 是严重陡峭的，以及 $\alpha_t^{(1)}, \cdots, \alpha_t^{(N)}$ 的值会导致 $w_t^{(i)}$ 忽略的效应，退化问题通常发生。式（12.9）中的粒子对 $\hat{x}_t$ 的权重贡献可忽略，显然，在递归中保留这些粒子是浪费的。

消除这种退化的一种方法是进行如下处理。我们首先注意，式（12.9）中的 $\hat{x}_t$ 具有随机向量 $\alpha_{1:t}$ 的加权均值函数 $x_t(\alpha_{1:t}^{(i)})$ 的形式，其取 $\alpha_{1:t}^{(i)}$ 的值及概率 $w_t^{(i)}$，对于 $i = 1, \cdots, N$ 及 $\sum_{i=1}^{N} w_t^{(i)} = 1$。现取值 $\widetilde{\alpha}_{1:t}^{(i)} = \alpha_{1:t}^{(i)}$，其已被选定作为旧值（old values），并从旧值 $\widetilde{\alpha}_{1:t}^{(i)}$ 及概率 $w_t^{(1)}, \cdots, w_t^{(N)}$ 来选择新值（new values）$\alpha_{1:t}^{(i)}$ 以替换。此过程称为重采样（resampling）；它清除了对估计几乎无影响的粒子。新 $x_t(\alpha_{1:t}^{(i)})$ 的样本均值为旧的 $\hat{x}_t$，由式（12.9）定义。借助新 $\alpha_{1:t}^{(i)}$，我们可以考虑 $x_t$ 新的估计，

$$\hat{x}_t = \frac{1}{N} \sum_{i=1}^{N} x_t(\alpha_{1:t}^{(i)}), \qquad (12.15)$$

其具有与式（12.9）相同的形式，标准化权重在 $w_t^{(i)} = N^{-1}$ 重新设定。在粒子滤波的技术中虽然重采样可对抗退化，但它将额外的蒙特卡洛变异清晰地引入 $\hat{x}_t$ 的估计，如由式（12.15）计算。Chopin（2004）显示在重采样之前，计算估计 $\hat{x}_t$ 更有效，如式（12.9）所示，因此是优选估计。在计算 $\hat{x}_t$ 之后重采样才能进行。

　　当 $\alpha_t$ 为一维，对于提升 $\alpha_t^{(i)}$ 的选择采用分层抽样（stratified sampling）代替随机抽样以获得效率的提升；这由 Kitagawa（1996）指出。这里，我们仅仅给出其基本思想。令 $W(\alpha)$ 为在旧值 $\alpha_t^{(i)}$ 处具有概率 $w_t^{(i)}$ 的离散分布的分布函数，即对于所有 $\alpha_t^{(i)} \leq \alpha$，$W(\alpha) = \sum_i w_t^{(i)}$。从 0 到 $1/N$ 之间的均匀分布选择 $c_1$ 的值。然后取其作为 $\alpha_t^{(i)}$ 的新值，那些 $\alpha$ 值对应于 $W(\alpha) = c_1 + (i - 1)/N$，对于 $i = 1, \cdots, N$。重采样的替代方案是 Carpenter、Clifford 和 Fearnhead（1999）的系统重采样方法以及 Liu 和 Chen（1998）的残留重采样方法。关于重采样及更多的统计文献，相关参考的详细讨论由 Creal（2012）给出。

　　重采样可以在每个 $t$ 期发生，但并不必需。当有足够的粒子保持到下一个阶段，我们可以继续而不需重采样步骤。为了评估保留的粒子数量是否足够，Lin 和 Chen（1998）引入有效样本规模（effective sample size，ESS），其由下式给出：

$$ESS = \left( \sum_{i=1}^{N} w_t^{(i)2} \right)^{-1},$$

式中 $w_t^{(i)}$ 是标准化重要性权重。通过构造 $ESS$ 为 1 和 $N$ 之间的值，它测量权重的稳定性。当只有几个相对大的权重，$ESS$ 的值较小。当权重为均匀分布，$ESS$ 的值接近 $N$。在实践中，通常主张当 $ESS < k \cdot N$ 时，应该重采样，对于分数 $k = 0.75$ 或 $k = 0.5$。

　　重采样增加有效粒子的数目，但它并不完全消除退化问题。例如，考虑在 $x(\alpha_{1:t}) = \alpha_t$ 的简单情形下，以及特定值（旧值）$w_t^{(i)}$ 相对较高。那么在重采样中，对应的 $\alpha_t^{(i)}$ 值选择将耗费大量时间，从而导致式（12.15）

的方差估计相应也较高。然而，重采样的平衡似乎是在常规基础上有效，我们将在本章所有考虑的案例中使用它。

### 12.3.4 序贯重要性采样的算法

对于序贯重要性采样的实现，重采样仅对于 $\alpha_t$ 的最新值而发生，并不是对于整个路径 $\alpha_{1:t}$ 发生。在实际感兴趣的大多数情形下，函数 $x_t(\alpha_{1:t})$ 可以被定义为

$$x_t(\alpha_{1:t}) \equiv x_t(\alpha_t), \qquad t = 1, \cdots, n。$$

此外，在 $t$ 期，我们感兴趣的是估计 $x_t(\alpha_t)$ 而不是 $x_1(\alpha_1), \cdots, x_t(\alpha_t)$。同样，在卡尔曼滤波的情形下，我们也关注滤波分布 $p(\alpha_t|Y_t)$ 而不是 $p(\alpha_{1:t}|Y_t)$。Chopin（2004）表明粒子滤波提供 $p(\alpha_j|Y_t)$ 的所有矩的一致性和渐近正态估计，但仅对于 $j=t$ 而不是 $j<t$。在下面的粒子滤波的实现，我们只重新采样 $\alpha_t$。

序贯重要性采样重采样（sequential importance sampling resampling, SISR）程序的正式描述通过下面的步骤给出，对于所有 $i = 1, \cdots, N$ 且在固定的 $t$ 期。

（i）样本 $\alpha_t$：从 $g(\alpha_t|\alpha_{t-1}^{(i)}, Y_t)$ 抽取 $N$ 个 $\widetilde{\alpha}_t^{(i)}$ 的值并保存 $\widetilde{\alpha}_{t-1:t}^{(i)} = \{\alpha_{t-1}^{(i)}, \widetilde{\alpha}_t^{(i)}\}$。

（ii）权重：计算相应的权重 $\widetilde{w}_t^{(i)}$。

$$\widetilde{w}_t^{(i)} = \widetilde{w}_{t-1}^{(i)} \frac{p(\widetilde{\alpha}_t^{(i)}|\alpha_{t-1}^{(i)}) p(y_t|\widetilde{\alpha}_t^{(i)})}{g(\widetilde{\alpha}_t^{(i)}|\alpha_{t-1}^{(i)}, Y_t)}, \qquad i = 1, \cdots, N,$$

并标准化权重以获得 $w_t^{(i)}$，如式（12.14）所示。

（iii）计算感兴趣的变量 $x_t$：给定一组粒子 $\{\widetilde{\alpha}_t^{(1)}, \cdots, \widetilde{\alpha}_t^{(N)}\}$，计算

$$\hat{x}_t = \sum_{i=1}^{N} w_t^{(i)} x_t(\widetilde{\alpha}_t^{(i)})。$$

（iv）重采样：从 $\{\widetilde{\alpha}_t^{(1)}, \cdots, \widetilde{\alpha}_t^{(N)}\}$ 抽取 $N$ 个新的独立粒子 $\alpha_t^{(i)}$ 并放回，且其对应概率为 $\{w_t^{(1)}, \cdots, w_t^{(N)}\}$。

该过程为重复递推，对于 $t = \tau+1, \tau+2, \cdots, n$。步骤（i）的重要性密度 $g(\alpha_t|\alpha_{t-1}, Y_t)$ 的模拟在第 12.4 节讨论。

## 12. 4 自举粒子滤波

### 12. 4. 1 引言

在粒子滤波中，给定 $\alpha_{1:t-1}^{(i)}$ 和 $Y_{t-1}$ 的 $\alpha_t^{(i)}$ 的选择至关重要，因为它影响 $\hat{x}_t$ 的计算和权重 $\widetilde{w}_t^{(i)}$ 的递推计算，对于 $i = 1, \cdots, N$。在本节中，我们提出基于选择 $\alpha_t^{(i)}$ 的基本方式的粒子滤波的主要方法论。该方法定义为自举滤波（bootstrap filter）。我们将重点关注递推（12. 13）的开发，估计公式（12. 15）和其实现的计算机算法。

### 12. 4. 2 自举滤波

首先开发的粒子滤波是 Gordon、Salmond 和 Smith（1993）的自举滤波。它有时也称为采样重要性重采样（sampling importance resampling，SIR）滤波，例如，参见 Arulampalam、Maskell、Gordon 和 Clapp（2002）。粒子滤波依赖于权重递推（12. 13），构造粒子滤波的关键是重要性密度 $g(\alpha_t \mid \alpha_{1:t-1}, Y_t)$ 的选择。由于给定 $\alpha_{1:t-1}$ 和 $Y_{t-1}$ 的 $\alpha_t$ 和 $y_t$ 联合密度只依赖于 $\alpha_{t-1}$，我们可以限定我们自己的重要性密度 $g(\alpha_t \mid \alpha_{t-1}, y_t)$ 的形式。在理想情形下，我们取 $g(\alpha_t \mid \alpha_{t-1}, y_t) = p(\alpha_t \mid \alpha_{t-1}, y_t)$，但其解析形式通常不可用，因此我们寻找它的近似。自举滤波采用重要性密度如

$$g(\alpha_t \mid \alpha_{1:t-1}, y_t) = p(\alpha_t \mid \alpha_{t-1})。 \qquad (12. 16)$$

初看起来粗糙，因为它忽视了 $y_t$ 中的相关信息，但当使用重采样且 $N$ 足够大时，在许多感兴趣的情形下它可以很有效，因而被广泛应用于实践。对于自举滤波，递推（12. 13）因此简化为

$$\widetilde{w}_t^{(i)} = \widetilde{w}_{t-1}^{(i)} p(y_t \mid \alpha_t^{(i)})。$$

我们在每期 $t = 1, \cdots, n$ 采用重采样。由于在 $w_{t-1}^{(i)} = 1/N$ 处重采样 $\alpha_{t-1}^{(i)}$ 之后，权重重新设定，则标准化权重变为简单的

$$w_t^{(i)} = \frac{p(y_t \mid \alpha_t^{(i)})}{\sum_{j=1}^{N} p(y_t \mid \alpha_t^{(j)})}, \qquad i = 1, \cdots, N。 \qquad (12. 17)$$

给定 $\alpha_t^{(i)}$，观测密度 $p(y_t \mid \alpha_t^{(i)})$ 的评估直截了当。

### 12. 4. 3 自举滤波算法

假设我们有一个启动样本（start up sample）$y_1, \cdots, y_\tau$，且我们打算在

$\tau + 1$ 期开始粒子滤波。自举滤波的递推实现的算法处理如下，对于所有 $t = 1, \cdots, N$ 且在固定的 $t$ 期。

（i）样本 $\alpha_t$：从 $p(\alpha_t | \alpha_{t-1}^{(i)})$ 抽取 $N$ 个 $\widetilde{\alpha}_t^{(i)}$ 的值。

（ii）权重：计算相应的权重 $\widetilde{w}_t^{(i)}$

$$\widetilde{w}_t^{(i)} = p(y_t | \widetilde{\alpha}_t^{(i)}), \qquad i = 1, \cdots, N,$$

并标准化权重以获得 $w_t^{(i)}$，如式（12.14）所示。

（iii）计算感兴趣的变量 $x_t$：给定一组粒子 $\{\widetilde{\alpha}_t^{(1)}, \cdots, \widetilde{\alpha}_t^{(N)}\}$，计算

$$\hat{x}_t = \sum_{i=1}^{N} w_t^{(i)} x_t(\widetilde{\alpha}_t^{(i)}).$$

（iv）重采样：从 $\{\widetilde{\alpha}_t^{(1)}, \cdots, \widetilde{\alpha}_t^{(N)}\}$ 抽取 $N$ 个新的独立粒子 $\alpha_t^{(i)}$ 并放回，且其对应的概率为 $\{w_t^{(1)}, \cdots, w_t^{(N)}\}$。

我们重复这些步骤，对于 $t = \tau + 1, \tau + 2, \cdots$。该滤波的优点是快速和易操作，且只需要极少的存储。其缺点是，如果似然函数 $p(y_t | \alpha_t)$ 相对密度 $p(\alpha_t | \alpha_{t-1})$ 过于陡峭，有可能在步骤（iv）有很多重复的相似粒子，这样就减少了所考虑粒子的有效数量。自举滤波的另一个更重要的弱点源于在算法的步骤（i）中 $\alpha_t^{(i)}$ 的选择没有考虑 $y_t$ 的值这一事实。考虑 $y_t$ 的方法在下一小节给出。

### 12.4.4 演示：尼罗河数据的局部水平模型

为了说明自举滤波的精度，并表明重采样的重要性，我们考虑局部水平级模型（2.3）及第 2 章的尼罗河时间序列。局部水平模型为 $y_t = \alpha_t + \varepsilon_t$ 及 $\alpha_{t+1} = \alpha_t + \eta_t$ 和 $\alpha_1 \sim N(a_1, P_1)$，对于 $t = 1, \cdots, n$。扰动 $\varepsilon_t \sim N(0, \sigma_\varepsilon^2)$ 和 $\eta_t \sim N(0, \sigma_\eta^2)$ 相互且序列无关。使用观测 $y_1, \cdots, y_t$ 及其误差方差 $a_{t|t}$ 和 $P_{t|t}$，照例由卡尔曼滤波（2.15）计算得到滤波估计 $\alpha_t$。替代地，滤波状态估计及其误差方差可以通过自举滤波来计算，我们可以比较其相对于卡尔曼滤波结果的准确性。

我们首先执行自举滤波而无需重采样步骤（i），$N = 10000$。局部水平模型的方差 $\sigma_\varepsilon^2$ 和 $\sigma_\eta^2$ 设定分别等于其在第 2.10.3 节的极大似然估计值 15099 和 1469.1。剩余的前三个步骤依然保留。局部水平模型的自举滤波由下列步骤给出：

（i）抽取 $N$ 个 $\widetilde{\alpha}_t^{(i)} \sim \mathrm{N}(\alpha_{t-1}^{(i)}, \sigma_\eta^2)$ 的值。

（ii）计算相应的权重 $\widetilde{w}_t^{(i)}$

$$\widetilde{w}_t^{(i)} = w_{t-1}^{(i)} \exp\left( -\frac{1}{2}\log 2\pi - \frac{1}{2}\log \sigma_\varepsilon^2 - \frac{1}{2}\sigma_\varepsilon^{-2}(y_t - \widetilde{\alpha}_t^{(i)}) \right),$$

$$i = 1, \cdots, N,$$

并标准化权重以获得 $w_t^{(i)}$，如式（12.14）所示。

（iii）计算

$$\hat{a}_{t|t} = \sum_{i=1}^{N} w_t^{(i)} \widetilde{\alpha}_t^{(i)}, \qquad \hat{P}_{t|t} = \sum_{i=1}^{N} w_t^{(i)} \widetilde{\alpha}_t^{(i)2} - \hat{a}_{t|t}^2 \text{。}$$

（iv）设定 $\alpha_t^{(i)} = \widetilde{\alpha}_t^{(i)}$，对于 $t = 1, \cdots, n$（无重采样）。

在图 12.1 中，我们呈现了尼罗河数据、滤波状态估计 $\hat{a}_{t|t}$ 以及其相应置信区间，其基于 $\hat{P}_{t|t}$，对于 $t = 1, \cdots, n$。图 12.1（ii）和（iii）分别给出 $a_{t|t}$ 和 $\hat{a}_{t|t}$ 及 $P_{t|t}$ 和 $\hat{P}_{t|t}$，对于 $t = 1, \cdots, n$。很显然该差异较大，因此无重采样的自举滤波不准确。ESS 时间序列图 12.1（iv）也证实了这一发现。

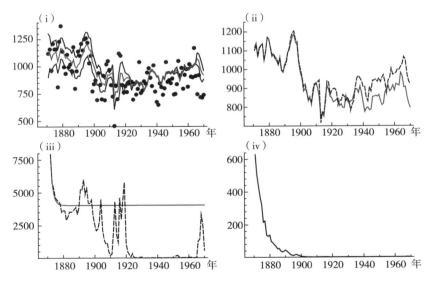

**图 12.1** 自举滤波及 $N = 10000$，无重采样的尼罗河数据：（i）数据（点），自举滤波估计 $\hat{a}_{t|t}$ 及其 **90%** 置信区间；（ii）自举滤波 $\hat{a}_{t|t}$（虚线）和卡尔曼滤波 $a_{t|t}$（实线）；（iii）$\hat{P}_{t|t}$ 和 $P_{t|t}$；（iv）有效样本规模 *ESS*

在图 12.2 中，我们呈现了与图 12.1 中相同的结果，但现在的自举滤波及其步骤（ⅳ）由 Kitagawa（1996）所提出的分层重采样步骤代替，即（ⅳ）采用分层抽样选择 $N$ 个新的独立粒子 $\alpha_t^{(i)}$。

图 12.2（ⅰ）给出了滤波状态估计及其 90% 置信区间。从图（ⅱ）我们得知自举滤波估计 $\hat{a}_{t|t}$ 与卡尔曼滤波 $a_{t|t}$ 几乎相同。另外，图（ⅲ）的方差彼此非常接近。我们可以得出结论，重采样在自举滤波中的作用至关重要。图（ⅳ）中的 ESS 时间序列证实了这一发现。相关粒子的数量在整个时间序列保持较高。

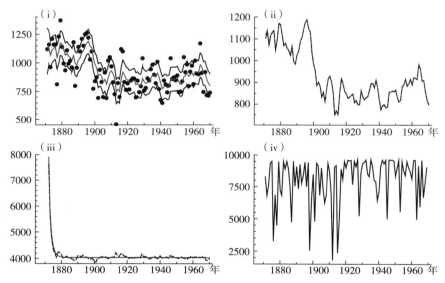

**图 12.2 自举滤波及 $N = 10000$，重采样的尼罗河数据：（ⅰ）数据（点），滤波估计 $\hat{a}_{t|t}$ 及其 90% 置信区间；（ⅱ）$\hat{a}_{t|t}$（虚线）和卡尔曼滤波 $a_{t|t}$（实线）；（ⅲ）$\hat{P}_{t|t}$ 和 $P_{t|t}$；（ⅳ）有效样本规模 ESS**

## 12.5 辅助粒子滤波

辅助粒子滤波由 Pitt 和 Shephard（1999）建议作为自举滤波的后续发展。他们给出该方法的一般处理，而我们仅呈现简化版本如下。他们建议的目标是通过引入一个涉及 $y_t$ 值的附加选择步骤，以减少在最后步骤的重复数目。辅助粒子滤波的修正由 Johansen 和 Doucet（2008）考虑。

### 12.5.1　辅助粒子滤波算法

辅助粒子滤波的主要修正是基于在 $t$ 期找到一种有效重要性密度，还考虑在选择新粒子时使用 $y_t$ 的知识。我们假设粒子 $\alpha_{1:t-1}^{(i)}$ 在 $t-1$ 期可用及权重 $w_{t-1}^{(i)} = 1/N$，对于 $t = 1, \cdots, N$。辅助粒子滤波方法进行如下，对于所有 $t = 1, \cdots, N$，且在固定 $t$ 期。

（i）预测 $\alpha_t$：对于 $\alpha_{t-1}^{(i)}$ 每个值，使用确定性函数（无采样）预测相应 $\alpha_t$ 的值，记为预测 $\alpha_t^{*(i)}$。

（ii）中介权重：计算相应预测 $\alpha_t^{*(i)}$ 的权重，

$$\widetilde{w}_t^{*(i)} = g(y_t \mid \alpha_t^{*(i)}) w_{t-1}^{(i)},$$

并标准化以得到 $w_t^{*(i)}$。

（iii）重采样：从 $\alpha_{t-1}^{(1)}, \cdots, \alpha_{t-1}^{(N)}$ 中抽取 $N$ 个新粒子 $\widetilde{\alpha}_{t-1}^{(i)}$ 并放回，且其对应概率 $w_t^{*(1)}, \cdots, w_t^{*(N)}$。

（iv）样本 $\alpha_t$：从 $g(\alpha_t \mid \widetilde{\alpha}_{t-1}^{(i)})$ 抽取 $N$ 个 $\alpha_t^{(i)}$ 值。

（v）权重：计算相应的权重 $\widetilde{w}_t^{(i)}$，

$$\widetilde{w}_t^{(i)} = \frac{p(y_t \mid \alpha_t^{(i)}) p(\alpha_t^{(i)} \mid \widetilde{\alpha}_{t-1}^{(i)})}{g(y_t \mid \alpha_t^{*(i)}) g(\alpha_t^{(i)} \mid \widetilde{\alpha}_{t-1}^{(i)})}, \qquad i = 1, \cdots, N,$$

且标准化权重以获得 $w_t^{(i)}$。

（vi）计算感兴趣的变量 $x_t$：给定一组粒子 $\{\alpha_t^{(1)}, \cdots, \alpha_t^{(N)}\}$，计算

$$\hat{x}_t = \sum_{i=1}^{N} w_t^{(i)} x_t(\alpha_t^{(i)})。$$

在步骤（i）中，我们需要预测给定 $\alpha_{t-1}$ 的状态向量 $\alpha_t$。对于非线性状态方程 $\alpha_{t+1} = T_t(\alpha_t) + R_t(\eta_t)$，我们可以简单地取 $\alpha_t^{*(i)} = T_{t-1}(\alpha_{t-1}^{(i)})$ 作为我们的状态预测，对于 $i = 1, \cdots, N$。Pitt 和 Shephard（1999）最初建议上述初始预测；Johansen 和 Doucet（2008）考虑其他预测选择及其统计绩效。步骤（iv）、步骤（v）和步骤（vi）分别与自举滤波算法的步骤（i）、步骤（ii）和步骤（iii）相同。

由于重要性密度 $g(\alpha_t \mid \alpha_{t-1})$ 是连续的，因此在步骤（iv）选择 $\alpha_t^{\sigma(i)}$ 值就会以概率 1 没有遗漏或重复。与从自举滤波得到的那些粒子相比，由于权重分布 $w_t^{\sigma(i)}$ 期望相对低尖峰，因此从辅助粒子滤波获得粒子中有较少

$\alpha_t^{(i)}$ 的遗漏或重复值。另外，由于在步骤（iii）中 $\alpha_{t-1}^{(i)}$ 的选择方式，对于粒子 $\alpha_t^{(i)}$ 的 $\alpha_{t-1}^{(i)}$ 成分的分布应与自举滤波可比。

### 12.5.2 演示：尼罗河数据的局部水平模型

为了说明相对自举滤波而言辅助粒子滤波可能的准确收益，我们将继续演示局部水平模型（2.3）应用于第 2 章的尼罗河时间序列。局部水平模型是 $y_t = \alpha_t + \varepsilon_t$ 及 $\alpha_{t+1} = \alpha_t + \eta_t$ 和 $\alpha_1 \sim N(a_1, P_1)$，对于 $t = 1, \cdots, n$。扰动 $\varepsilon_t \sim N(0, \sigma_\varepsilon^2)$ 和 $\eta_t \sim N(0, \sigma_\eta^2)$ 相互且序列无关。我们的目标是使用观测 $Y_t$ 及其误差计算 $\alpha_t$ 的滤波估计。$\sigma_\varepsilon^2$ 和 $\sigma_\eta^2$ 的估计由第 2.10.3 节所报告的极大似然方法得到。目的是比较自举滤波和辅助粒子滤波在进行 $\alpha_t$ 的滤波估计时的计算性能。在图 12.3（i）和（iii）中，我们分别呈现了自举滤波和辅助粒子滤波的结果。我们可以得出结论，图形结果的差异并不能检测出。在图（ii）和图（iv）中，自举滤波和辅助粒子滤波的每个时期的 ESS 都分别呈现。我们已经显示，辅助粒子滤波的有效样本规模在所有时点更高。在自举滤波的 ESS 比较低的时间段，辅助粒子滤波的 ESS 至少比自举滤波 ESS 高两倍。

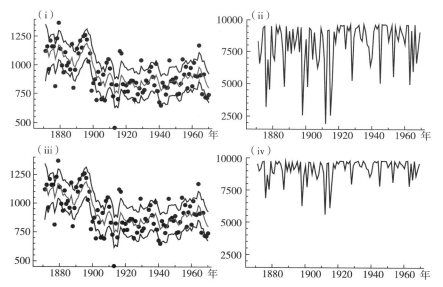

**图 12.3 自举滤波 vs 辅助粒子滤波及 $N = 10000$，尼罗河数据：（i）数据（点），自举滤波的滤波估计 $\hat{a}_{t|t}$ 及其 90% 置信区间；（ii）自举滤波的有效样本规模 $ESS$；（iii）数据（点），辅助粒子滤波的滤波估计 $\hat{a}_{t|t}$ 及其 90% 置信区间；（iv）辅助粒子滤波的有效样本规模 $ESS$**

## 12.6　粒子滤波的其他实现

我们调查给定 $\alpha_{1:t-1}^{(i)}$ 和 $Y_{t-1}$ 的选择 $\alpha_t^{(i)}$ 的其他策略。

### 12.6.1　扩展或无迹滤波的重要性密度

重要性密度 $g(\alpha_t \mid \alpha_{t-1}, Y_t)$ 也可以从扩展卡尔曼滤波或无迹卡尔曼滤波获得。一方面，扩展或无迹滤波背后的解决思想不同；另一方面，粒子滤波也可以考虑，见 van der Merwe、Doucet 和 de Freitas（2000）的首次实现。

在下面给出的处理中，我们探索可替换的实现，我们的目标是将 $y_t$ 纳入所建议的密度。由于近似滤波方程可以视为 $p(\alpha_t \mid \alpha_{t-1}, Y_t)$ 的一定阶的泰勒展开式，我们可以预期这样的重要性密度是准确的。扩展或无迹滤波可以不同的方式引入，我们将在下面讨论。

一组粒子集合 $\alpha_{t-1}^{(1)}, \cdots, \alpha_{t-1}^{(N)}$ 提供关于给定 $Y_{t-1}$ 的 $\alpha_{t-1}$ 的分布信息，包括它的均值和方差，即

$$\bar{a}_{t-1 \mid t-1}^+ = N^{-1} \sum_{i=1}^N \alpha_{t-1}^{(i)},$$

$$\bar{P}_{t-1 \mid t-1}^+ = N^{-1} \sum_{i=1}^N \left( \alpha_{t-1}^{(i)} - \bar{a}_{t-1 \mid t-1}^+ \right) \left( \alpha_{t-1}^{(i)} - \bar{a}_{t-1 \mid t-1}^+ \right)',$$

式中 $\bar{a}_{t-1 \mid t-1}^+$ 是 $\mathrm{E}(\alpha_{t-1} \mid Y_{t-1})$ 的粒子滤波的估计，$\bar{P}_{t-1 \mid t-1}^+$ 是 $\mathrm{Var}(\alpha_{t-1} \mid Y_{t-1})$ 的方差估计。对于适当的高斯重要性密度 $g(\alpha_t \mid \alpha_{t-1}, Y_t)$，我们需要估计 $\mathrm{E}(\alpha_t \mid Y_t)$ 和 $\mathrm{Var}(\alpha_t \mid Y_t)$。我们可通过扩展卡尔曼滤波或无迹滤波结合 $\bar{a}_{t-1 \mid t-1}^+$ 和 $\bar{P}_{t-1 \mid t-1}^+$ 的估计来获得它们。当考虑扩展卡尔曼滤波（10.4），我们需要估计式（10.4）中的 $K_t = M_t F_t^{-1}$ 和 $F_t$。对于无迹滤波，我们需要类似的数值，但这些都记为 $P_{\alpha v, t}$ 替换 $M_t$、$P_{vv, t}$ 替换 $F_t$，见式（10.10）和式（10.11）。对于该组粒子集 $\alpha_{t-1}^{(i)}$，$i = 1, \cdots, N$，$M_t = \mathrm{Cov}(\alpha_t, y_t \mid Y_{t-1})$ 和 $F_t = \mathrm{Var}(y_t \mid Y_{t-1})$ 的估计显然由下式给出：

$$\bar{M}_t^+ = N^{-1} \sum_{i=1}^N \left( a_t^{+(i)} - \bar{a}_t^+ \right) \left( v_t^{+(i)} - \bar{v}_t^+ \right)',$$

$$\bar{F}_t^+ = N^{-1} \sum_{i=1}^N \left( v_t^{+(i)} - \bar{v}_t^+ \right) \left( v_t^{+(i)} - \bar{v}_t^+ \right)',$$

式中，

$$a_t^{+(i)} = T_{t-1}(\alpha_{t-1}^{(i)}) + R_{t-1}(\alpha_{t-1}^{(i)})\eta_{t-1}^{(i)}, \quad \eta_{t-1}^{(i)} \sim [0, Q_{t-1}(\alpha_{t-1}^{(i)})],$$

$$\bar{a}_t^+ = N^{-1} \sum_{i=1}^{N} a_t^{+(i)},$$

且

$$v_t^{+(i)} = y_t - \mathrm{E}[y_t | a_t^{*(i)}, \varepsilon_t^{(i)}], \quad \varepsilon_t^{(i)} \sim [0, H_t(a_t^{*(i)})],$$

$$\bar{v}_t^+ = N^{-1} \sum_{i=1}^{N} v_t^{+(i)},$$

$a_t^{*(i)} = T_{t-1}(\alpha_{t-1}^{(i)})$，$\mathrm{E}(y_t | \alpha_t, \varepsilon_t)$ 为关于 $p[y_t | Z_t(\alpha_t), \varepsilon_t]$ 的期望，对于 $\alpha_t = a_t^{*(i)}$ 和 $\varepsilon_t = \varepsilon_t^{(i)}$，对于 $i = 1, \cdots, N$。方差矩阵 $H_t(\alpha_t)$ 是关于 $p(\varepsilon_t)$ 的微分或者 $p(\varepsilon_t)$ 在 $\alpha_t = a_t^{*(i)}$ 处的一阶泰勒近似。对于粒子滤波中的扩展卡尔曼滤波更新，我们定义

$$\bar{K}_t^+ = \bar{M}_t^+ \, \bar{F}_t^{+-1},$$

并计算

$$\bar{a}_{t|t}^+ = N^{-1} \sum_{i=1}^{N} a_{t|t}^{+(i)}, \qquad \bar{P}_{t|t}^+ = N^{-1} \sum_{i=1}^{N} \left(a_{t|t}^{+(i)} - \bar{a}_{t|t}^+\right)\left(a_{t|t}^{+(i)} - \bar{a}_{t|t}^+\right)',$$

式中，

$$a_{t|t}^{+(i)} = a_t^{+(i)} + \bar{K}_t^+ v_t^{+(i)}, \qquad i = 1, \cdots, N。$$

我们设定重要性密度等于

$$g(\alpha_t | \alpha_{t-1}, Y_t) = \mathrm{N}(a_{t|t}^{+(i)}, \bar{P}_{t|t}^+), \tag{12.18}$$

我们期望其为 $p(\alpha_t | \alpha_{t-1}, Y_t)$ 的精确近似。接下来，第12.3.4节的粒子滤波步骤的算法可以与式（12.8）步骤（i）中的 $g(\alpha_t | \alpha_{1:t-1}, Y_t) = g(\alpha_t | \alpha_{t-1}, Y_t)$ 一起执行。$\bar{a}_{t|t}^+$ 和 $\bar{P}_{t|t}^+$ 的替代估计可以获得，通过考虑基于在 $\alpha_t = a_{t|t}^{+(i)}$ 处评估的标准化权重 $p(y_t | \alpha_t)$ 加权平均样本，对于 $i = 1, \cdots, N$。

以上给出的均值、方差和协方差估计服从蒙特卡洛误差，并且需要大量计算。另一种替代方法是使用扩展或无迹卡尔曼滤波近似来获得这些估计。在扩展滤波的情形下，均值和方差的估计 $a_{t|t}^+$ 和 $P_{t|t}^+$ 可以分别通过 $a_{t|t}$ 和 $P_{t|t}$ 得到，通过式（10.4）及

$$a_t = N^{-1} \sum_{i=1}^{N} T_{t-1}(\alpha_{t-1}^{(i)}),$$

和

$$P_t = N^{-1} \sum_{i=1}^{N} \left[ T_{t-1}(\alpha_{t-1}^{(i)}) - a_t \right] \left[ T_{t-1}(\alpha_{t-1}^{(i)}) - a_t \right]'$$

$$+ R_{t-1}(\alpha_{t-1}^{(i)}) Q_{t-1}(\alpha_{t-1}^{(i)}) T_{t-1}(\alpha_{t-1}^{(i)})' 。$$

在无迹滤波的情形下，均值和方差的估计 $a_{t|t}^+$ 和 $P_{t|t}^+$ 可以分别通过 $a_{t|t}$ 和 $P_{t|t}$ 得到。其中，$a_{t|t}$ 和 $P_{t|t}$ 分别由式（10.10）和式（10.11）计算得到，$a_t$ 和 $P_t$ 则由如上述方法计算得到。

　　重要性密度（12.18）可以纳入第 12.3.4 节和第 12.5.1 节的算法。第 12.3.4 节的算法的步骤（i）可以直接基于式（12.18）。在第 12.5.1 节的算法中，$\mu_t^{(i)}$ 可以在步骤（i）中重新定义，从重要性密度（12.18）抽取。当新的状态变量 $\alpha_t$ 生成，应考虑 $y_t$ 的信息，因而这种修正算法预计更有效率。

### 12.6.2　局部回归滤波

　　此滤波可用于非高斯状态空间模型，其形式为

$$y_t = Z_t \alpha_t + \varepsilon_t, \qquad \varepsilon_t \sim p(\varepsilon_t),$$
$$\alpha_{t+1} = T_t \alpha_t + R_t \eta_t, \qquad \eta_t \sim p(\eta_t), \tag{12.19}$$

其中 $E(\varepsilon_t) = E(\eta_t) = 0$，$V(\varepsilon_t) = H_t$，$V(\eta_t) = Q_t$，对于 $t = 1, 2, \cdots$；矩阵 $Z_t$、$T_t$ 和 $R_t$ 假定已知。正如之前，我们想取重要性密度 $g(\alpha_t | \alpha_{1:t-1}, Y_t)$ 等于 $p(\alpha_t | \alpha_{t-1}, y_t)$，但通常没有可用的解析形式。更复杂的是，对于许多实际情形，$\alpha_t$ 的维度大于 $\eta_{t-1}$ 的维度，因此给定 $\alpha_{t-1}$ 的 $\alpha_t$ 的条件密度为奇异矩阵。出于这个原因，使用 $(\alpha_{1:t-1}, \eta_{t-1})$ 比使用整个 $\alpha_{1:t}$ 要更方便。该方法背后的想法是通过近似给定 $\alpha_{1:t-1}$ 和 $Y_t$ 的 $\eta_{t-1}$ 的条件密度，以 $N(b_t, c_t)$ 获得重要性密度，式中 $b_t = E(\eta_{t-1} | \alpha_{t-1}, y_t)$，$c_t = V(\eta_{t-1} | \alpha_{t-1}, y_t)$。近似并不需要高度准确。该方法的优点是，在选择 $\alpha_t$ 时明确考虑 $y_t$ 的值。

　　从 $\alpha_{1:t}$ 转换到 $(\alpha_{1:t-1}, \eta_{t-1})$ 并定义 $x_t^*(\alpha_{1:t-1}, \eta_{t-1}) = x_t(\alpha_{1:t})$。类似于式（12.5）和式（12.6），我们有

$$\bar{x}_t = E(x_t^*(\alpha_{1:t-1}, \eta_{t-1}) | Y_t)$$

$$= \int x_t^*(\alpha_{1:t-1}, \eta_{t-1}) p(\alpha_{1:t-1}, \eta_{t-1} | Y_t) \mathrm{d}(\alpha_{1:t-1}, \eta_{t-1})$$

$$= \frac{1}{p(Y_t)} E_g \left[ x_t^*(\alpha_{1:t-1}, \eta_{t-1}) \widetilde{w}_t \right], \tag{12.20}$$

式中 $E_g$ 记为关于重要性密度 $g(\alpha_{1:t-1}, \eta_{t-1} | Y_t)$ 的期望，

$$\widetilde{w}_t = \frac{p(\alpha_{1:t-1}, \eta_{t-1}, Y_t)}{g(\alpha_{1:t-1}, \eta_{t-1} \mid Y_t)}。 \qquad (12.21)$$

现在，由于模型（12.1）和模型（12.2）的马尔可夫结构，

$$p(\alpha_{1:t-1}, \eta_{t-1}, Y_t) = p(\alpha_{1:t-1}, Y_{t-1}) p(\eta_{t-1}, y_t \mid \alpha_{1:t-1}, Y_{t-1})$$

$$= p(\alpha_{1:t-1}, Y_{t-1}) p(\eta_{t-1}) p(y_t \mid \alpha_t),$$

$\alpha_t = T_{t-1}\alpha_{t-1} + R_{t-1}\eta_{t-1}$。类似于式（12.12），对于粒子滤波，我们必须有

$$g(\alpha_{1:t-1}, \eta_{t-1} \mid Y_t) = g(\alpha_{1:t-1} \mid Y_{t-1}) g(\eta_{t-1} \mid \alpha_{1:t-1}, Y_t)。$$

假设重要性密度 $g(\cdot)$ 具有类似模型（12.1）和模型（12.2）的马尔可夫结构，我们取 $g(\eta_{t-1} \mid \alpha_{1:t-1}, Y_t) = g(\eta_{t-1} \mid \alpha_{t-1}, y_t)$。因此我们从式（12.21）有

$$\widetilde{w}_t = \frac{p(\alpha_{1:t-1}, Y_{t-1})}{g(\alpha_{1:t-1} \mid Y_{t-1})} \frac{p(\eta_{t-1}) p(y_t \mid \alpha_t)}{g(\eta_{t-1} \mid \alpha_{t-1}, y_t)}。$$

删除从 $\alpha_{1:t-1}, Y_{t-1}$ 到 $\alpha_{1:t-2}, \eta_{t-2}, Y_{t-1}$ 的雅可比转换，因此，

$$\widetilde{w}_t = \widetilde{w}_{t-1} \frac{p(\eta_{t-1}) p(y_t \mid \alpha_t)}{g(\eta_{t-1} \mid \alpha_{t-1}, y_t)}, \qquad (12.22)$$

$\alpha_t = T_{t-1}\alpha_{t-1} + R_{t-1}\eta_{t-1}$。

令式（12.20）中的 $x^*(\alpha_{1:t-1}, \eta_{t-1}) = 1$，给出 $p(Y_t) = \mathrm{E}_g(\widetilde{w}_t)$，因此我们有

$$\bar{x}_t = \frac{\mathrm{E}_g[x^*(\alpha_{1:t-1}, \eta_{t-1}) \widetilde{w}_t]}{\mathrm{E}_g[\widetilde{w}_t]}。 \qquad (12.23)$$

从 $g(\eta_{t-1})$ 取随机样本 $\eta_{t-1}^{(i)}$ 并计算 $\alpha_t^{(i)} = T_{t-1}\alpha_{t-1}^{(i)} + R_{t-1}\eta_{t-1}^{(i)}$，对于 $i = 1, \cdots, N$，我们对 $x_t$ 的估计是

$$\hat{x}_t = \sum_{i=1}^{N} x_t(\alpha_{1:t}^{(i)}) w_t^{(i)},$$

如式（12.9），式中

$$w_t^{(i)} = \frac{\widetilde{w}_t^{(i)}}{\sum_{j=1}^{N} \widetilde{w}_t^{(i)}}, \qquad i = 1, \cdots, N, \qquad (12.24)$$

且 $\widetilde{w}_t^{(i)}$ 的递推由下式给出：

$$\widetilde{w}_t^{(i)} = \widetilde{w}_{t-1}^{(i)} \frac{p(\eta_{t-1}^{(i)}) p(y_t \mid \alpha_t^{(i)})}{g(\eta_{t-1}^{(i)} \mid \alpha_{t-1}^{(i)}, y_t)}。$$

为构造重要性密度 $g(\eta_{t-1} | \alpha_{t-1}, y_t)$，我们推测 $\alpha_{1:t-1}$ 和 $Y_{t-1}$ 为固定，$\eta_{t-1}$ 和 $y_t$ 由如下线性高斯模型生成：

$$\eta_{t-1} \sim N(0, Q_{t-1}), \alpha_t = T_{t-1}\alpha_{t-1} + R_{t-1}\eta_{t-1},$$

$$\varepsilon_t \sim N(0, H_t), y_t = Z_t\alpha_t + \varepsilon_t$$

然后，我们从给定 $\alpha_{t-1}$ 和 $y_t$ 的 $\eta_{t-1}$ 的条件分布中选择 $\eta_{t-1}$；这是一个正态分布，我们记为 $N(b_t, c_t)$。

我们有

$$E(y_t | \alpha_{t-1}) = Z_t T_{t-1}\alpha_{t-1}, \qquad V(y_t | \alpha_{t-1}) = W_t = Z_t R_{t-1} Q_{t-1} R'_{t-1} Z'_t + H_t。$$

此外，$E(\eta_{t-1} y'_t) = Q_{t-1} R'_{t-1} Z'_t$。从初级回归理论有

$$b_t = E(\eta_{t-1} | \alpha_{t-1}, y_t) = Q_{t-1} R'_{t-1} Z'_t W_t^{-1}(y_t - Z_t T_{t-1}\alpha_{t-1}),$$

$$c_t = V(\eta_{t-1} | \alpha_{t-1}, y_t) = Q_{t-1} - Q_{t-1} R'_{t-1} Z'_t W_t^{-1} Z_t R_{t-1} Q_{t-1}。 \tag{12.25}$$

模拟步骤由以下算法给出

（i）从 $N(b_t, c_t)$ 抽取 $\eta_{t-1}^{(1)}, \cdots, \eta_{t-1}^{(N)}$ 独立值并计算 $\alpha_t^{(i)} = T_{t-1}\alpha_{t-1}^{(i)} + R_{t-1}\eta_{t-1}^{(i)}$，对于 $i = 1, \cdots, N$。

（ii）计算标准化权重 $w_t^{(1)}, \cdots, w_t^{(N)}$，如在式（12.22）中，并使用这些权重重采样及替换。

（iii）重新标记重采样值为 $\alpha_t^{(i)}$ 和重置权重为 $w_t^{(i)} = 1/N$，计算 $\bar{x}_t = \frac{1}{N} \sum_{i=1}^{N} x(\alpha_{1:t})$。

### 12.6.3 模均衡滤波

该滤波适用于形式（9.1）的模型。我们的目的在于获得 $p(\eta_{t-1} | \alpha_{t-1}, y_t)$ 相比局部回归滤波更准确的高斯近似。为此，我们采用第 10.6 节使用的平滑方法，也就是选择高斯近似密度，其具有与 $p(\eta_{t-1} | \alpha_{t-1}, y_t)$ 相同的模。构建基于模的类似重要性密度由 Doucet、Godsill 和 Andrieu（2000）以及 Cappé、Moulines 和 Rydén（2005，第 7 章）探讨。

我们引入 $y_t$ 的修正版本 $\tilde{y}_t$，并取作我们的重要性密度 $g(\eta_{t-1} | \alpha_{t-1}, \tilde{y}_t)$ 替代重要性密度 $g(\eta_{t-1} | \alpha_{t-1}, y_t)$，式中 $\eta_{t-1}$ 和 $\tilde{y}_t$ 由以下线性高斯模型生成：

$$\eta_{t-1} \sim N(0, \tilde{Q}_{t-1}), \qquad \varepsilon_t \sim N(0, \tilde{H}_t),$$

$$\alpha_t = T_{t-1}\alpha_{t-1} + R_{t-1}\eta_{t-1}, \quad \tilde{y}_t = Z_t\alpha_t + \varepsilon_t。$$

我们应确定 $\tilde{y}_t$、$\widetilde{Q}_{t-1}$ 和 $\widehat{H}_t$，以使 $g(\eta_{t-1}|\alpha_{t-1},\tilde{y}_t)$ 和 $p(\eta_{t-1}|\alpha_{t-1},y_t)$ 具有相同的模，从而足够好地近似。

密度 $g(\eta_{t-1}|\alpha_{t-1},\tilde{y}_t)$ 的模是如下方程的解：

$$\frac{\partial \log g(\eta_{t-1}|\alpha_{t-1},\tilde{y}_t)}{\partial \eta_{t-1}} = 0。$$

因为 $\log g(\eta_{t-1}|\alpha_{t-1},\tilde{y}_t) = \log g(\eta_{t-1},\tilde{y}_t|\alpha_{t-1}) - \log g(\tilde{y}_t|\alpha_{t-1})$，它也可以获得如

$$\frac{\partial \log g(\eta_{t-1},\tilde{y}_t|\alpha_{t-1})}{\partial \eta_{t-1}} = 0。$$

我们有

$$\log g(\eta_{t-1},\tilde{y}_t|\alpha_{t-1}) = \text{constant} - \frac{1}{2}\big[\eta'_{t-1}\widetilde{Q}_t^{-1}\eta_{t-1}$$

$$+ (\tilde{y}_t - Z_t\alpha_t)'\widehat{H}_t^{-1}(\tilde{y}_t - Z_t\alpha_t)\big],$$

式中 $\alpha_t = T_{t-1}\alpha_{t-1} + R_{t-1}\eta_{t-1}$。微分并等于零则给出

$$- \widetilde{Q}_{t-1}^{-1}\eta_{t-1} + R'_t Z'_t \widehat{H}_t^{-1}(\tilde{y}_t - Z_t\alpha_t) = 0。 \tag{12.26}$$

高斯密度的模等于均值。因此，初看式（12.26）的 $\eta_{t-1}$ 的解与式（12.25）中 $b_t$ 的表达式并不一致。要使上述两个解相等，我们需要有

$$\widetilde{Q}_{t-1}R'_{t-1}Z'_t (Z_t R_{t-1} \widetilde{Q}_{t-1}R'_{t-1}Z'_t + \widehat{H}_t)^{-1}$$

$$= (\widetilde{Q}_{t-1}^{-1} + R'_{t-1}Z'_t \widehat{H}_t^{-1}Z_t R_{t-1})^{-1}R'_{t-1}Z'_t \widehat{H}_t^{-1}。$$

等式可以通过左乘公式 $\widetilde{Q}_{t-1}^{-1} + R'_{t-1}Z'_t \widehat{H}_t^{-1}Z_t R_{t-1}$ 和右乘 $Z_t R_{t-1} \widetilde{Q}_{t-1}R'_{t-1}Z'_t + \widehat{H}_t$ 进行验证。

将 $Z_t\alpha_t$ 记为 $\theta_t$。对于模型

$$p(y_t|\theta_t), \qquad \theta_t = Z_t\alpha_t, \qquad \alpha_t = T_{t-1}\alpha_{t-1} + R_{t-1}\eta_{t-1}, \qquad \eta_{t-1} \sim p(\eta_{t-1}),$$

给定 $\alpha_{t-1}$ 和 $y_t$ 的 $\eta_{t-1}$ 的模是如下方程的解：

$$\frac{\partial \log p(\eta_{t-1},y_t|\alpha_{t-1})}{\partial \eta_{t-1}} + \frac{\partial \log p(\eta_{t-1})}{\partial \eta_{t-1}} + R'_{t-1}Z'_t \frac{\partial \log p(y_t|\theta_t)}{\partial \theta_t} = 0。$$

$$\tag{12.27}$$

我们想要找出 $\tilde{y}_t$、$\widetilde{Q}_{t-1}$ 和 $\widehat{H}_t$ 以使式（12.26）和式（12.27）的解相同；我

们通过基于线性化的迭代来完成。假定$\widetilde{\eta}_{t-1}$是$\eta_{t-1}$的测试值。令

$$\tilde{\theta}_t = Z_t(T_{t-1}\alpha_{t-1} + R_{t-1}\widetilde{\eta}_{t-1}), \qquad \dot{h}_t = -\left.\frac{\partial \log p(y_t \mid \theta_t)}{\partial \theta_t}\right|_{\theta_t = \tilde{\theta}_t},$$

$$\ddot{h}_t = -\left.\frac{\partial^2 \log p(y_t \mid \theta_t)}{\partial \theta_t \partial \theta_t'}\right|_{\theta_t = \tilde{\theta}_t},$$

且取

$$\widehat{H}_t = \ddot{h}_t^{-1}, \qquad \tilde{y}_t = \tilde{\theta}_t - \ddot{h}_t^{-1}\dot{h}_t \circ \tag{12.28}$$

$\dfrac{\partial \log p(y_t \mid \theta_t)}{\partial \theta_t}$在$\theta_t = \tilde{\theta}_t$处的线性化形式是$-\dot{h}_t - \ddot{h}_t(\theta_t - \tilde{\theta}_t) = \widehat{H}_t^{-1}(\tilde{y}_t - \theta_t)$。将其代入式（12.27），并与式（12.26）比较结果，我们可以看到，我们已经取得式（12.7）观测项所需的线性化形式。

当$p(\eta_{t-1})$为非高斯，为了线性化式（12.27）的状态项，我们按照第11.6节的方法进行处理。我们假设$\eta_{t-1,i}$为$\eta_{t-1}$的第$i$个元素，独立于$\eta_{t-1}$的其他元素，并且它的密度是$\eta_{t-1,i}^2$的函数，对于$i = 1, \cdots, r$。虽然这些假设显得有所限制，但使我们能够处理厚尾误差密度等重要案例。令$r_{t-1,i}(\eta_{t-1,i}^2) = -2\log p(\eta_{t-1,i})$，并令

$$\dot{r}_{t-1,i} = \left.\frac{\partial r_{t-1,i}(\eta_{t-1,i}^2)}{\partial \eta_{t-1,i}^2}\right|_{\eta_{t-1} = \widetilde{\eta}_{t-1}},$$

对于$\eta_{t-1}$的测试值$\widetilde{\eta}_{t-1}$。式（12.26）的状态项的线性化形式是

$$-\sum_{i=1}^{r} \dot{r}_{t-1,i}\eta_{t-1,i} \circ \tag{12.29}$$

令$\widetilde{Q}_{t-1}^{-1} = \mathrm{diag}(\dot{r}_{t-1,1}, \cdots, \dot{r}_{t-1,r})$，我们看到式（12.29）与式（12.26）的状态成分具有相同的形式。

从$\eta_{t-1}$的测试值$\widetilde{\eta}_{t-1}$开始，我们使用式（12.26）的解

$$\eta_{t-1} = (\widetilde{Q}_{t-1}^{-1} + R_{t-1}'Z_t'\widehat{H}_t^{-1}Z_tR_{t-1})^{-1}R_{t-1}'Z_t'\widehat{H}_t^{-1}(\tilde{y}_t - Z_tT_{t-1}\alpha_{t-1}),$$

以获得$\eta_{t-1}$的新值，其作为下一次使用的测试值。我们重复这个过程，直到合理收敛实现。

## 12. 7　Rao – Blackwellisation

### 12. 7. 1　引言

假设我们可以将分块状态向量分为两成分

$$\alpha_t = \begin{pmatrix} \alpha_{1t} \\ \alpha_{2t} \end{pmatrix},$$

式中给定 $\alpha_{2t}$ 的关于 $\alpha_{1t}$ 的积分可解析。例如，考虑单变量局部水平模型（2.3）及状态方程方差 $\eta_t$ 随时间变化。该模型由下式给出：

$$y_t = \mu_t + \varepsilon_t, \qquad \mu_{t+1} = \mu_t + \eta_t, \qquad (12.30)$$

式中 $\varepsilon_t \sim \mathrm{N}(0, \sigma_\varepsilon^2)$，$\eta_t \sim \mathrm{N}(0, \exp h_t)$，

$$h_{t+1} = (1 - \phi) h^* + \phi h_t + \zeta_t, \qquad \zeta_t \sim \mathrm{N}(0, \sigma_\zeta^2), \qquad (12.31)$$

且 $\sigma_\varepsilon$、$h^*$、$\phi$ 和 $\sigma_\zeta^2$ 为已知固定参数。该模型是局部水平模型（2.3）的变种，式中 $\eta_t$ 建模类似于随机波动率模型（9.26）和模型（9.27）中的 $y_t$，其中 $\mu = 0$，$\sigma^2 \exp \theta_t = \exp h_t$。因为 $\mu_t$ 和 $h_t$ 均随机演变，所以可以将其放入状态向量 $\alpha_t$，并取 $\alpha_{1t} = \mu_t$ 和 $\alpha_{2t} = h_t$。对于给定 $\alpha_{2t}$，这个局部水平模型简化为标准线性高斯模型及已知时变方差。第 4 章的标准卡尔曼滤波和平滑方法可用于给定 $\alpha_{2t}$ 的 $\alpha_{1t}$ 的估计，或本节的措辞为 $\alpha_{1t}$ 的解析积分。

我们进行如下操作。选择一个样本 $h_1^{(i)}, \cdots, h_n^{(i)}$，对于 $i = 1, \cdots, N$，使用第 12.4 节描述的技术之一应用到式（12.31）。接下来，应用卡尔曼滤波和平滑到式（12.30）及 $\mathrm{Var}(\eta_t) = \exp h_t^{(i)}$，对于 $i = 1, \cdots, N$。通过使用这种方法，我们只需要模拟 $h_t$，而不必模拟 $\mu_t$ 和 $h_t$，这在第 12.3 节所描述的一般非线性模型的分析中为必需的。

给定状态向量的一个成分的值，通过解析积分另一成分，此工具减少必要的模拟数量，这个工具称为 Rao – Blackwellisation。

### 12. 7. 2　Rao – Blackwellisation 技术

从 Rao – Blackwellisation 获得的效率提升来源于以下估计理论的基本结果。假设向量 $z$ 为随机向量 $x$ 和 $y$ 的函数及均值 $\mathrm{E}(z) = \mu$。令 $z^* = \mathrm{E}(z \mid x)$；那么 $\mathrm{E}(z^*) = \mu$，

$$\begin{aligned}
\mathrm{Var}(z) &= \mathrm{E}[(z - \mu)(z - \mu)'] \\
&= \mathrm{E}\{[\mathrm{E}(z - z^* + z^* - \mu)(z - z^* + z^* - \mu)'] \mid x\}
\end{aligned}$$

$$= \mathrm{E}[\mathrm{Var}(z|x)] + \mathrm{Var}(z^*)。$$

因为 $\mathrm{Var}(z|x)$ 为非负定，在矩阵意义上，$\mathrm{Var}(z^*)$ 等于或小于 $\mathrm{Var}(z)$。如果将 $z$ 视为 $\mu$ 的一个估计，$\mathrm{Var}(z^*)$ 严格小于 $\mathrm{Var}(z)$，则其条件期望 $z^*$ 是改进的一种估计。

严格地说，Rao – Blackwellisation 定理涉及 $x$ 为未知参数的充分统计的特殊情形；例如，见 Rao（1973，§5a. 2（iii））和 Lehmann（1983，定理 6.4）。因为在应用中使用状态空间模型，变量 $x$ 不是充分统计，"Rao Blackwellisation" 术语使用在一定程度上并不适当；但由于其在文献中使用已经非常成熟，我们在这里继续使用它。

将集合 $\{\alpha_{1,1},\cdots,\alpha_{1,t}\}$ 和 $\{\alpha_{2,1},\cdots,\alpha_{2,t}\}$ 分别记为 $\alpha_{1,1:t}$ 和 $\alpha_{2,1:t}$。如在第 12.3 节，令 $x_t$ 为 $\alpha_t$ 的一个任意函数，假设我们希望估计条件均值 $\bar{x}_t$，其由下式给出：

$$\bar{x}_t = \mathrm{E}[x_t(\alpha_{1:t}|Y_t)]$$
$$= \mathrm{E}[x_t(\alpha_{1,1:t},\alpha_{2,1:t})|Y_t)]$$
$$= \int x_t(\alpha_{1,1:t},\alpha_{2,1:t})p_t(\alpha_{1,1:t},\alpha_{2,1:t}|Y_t)\,d\alpha_{1,1:t}d\alpha_{2,1:t}。$$

令

$$h_t(\alpha_{2,1:t}) = \int x_t(\alpha_{1,1:t},\alpha_{2,1:t})p_t(\alpha_{1,1:t}|\alpha_{2,1:t},Y_t)\,d\alpha_{1,1:t}。 \qquad (12.32)$$

然后，我们有

$$\bar{x}_t = \int h_t(\alpha_{2,1:t})p_t(\alpha_{2,1:t}|Y_t)\,d\alpha_{2,1:t}。 \qquad (12.33)$$

给定 $\alpha_{2,1:t}$ 的值，我们假设可以解析计算 $h_t(\alpha_{2,1:t})$。则式（12.33）与式（12.5）具有相同的形式，类似的方法可用于式（12.33）的评估，如同第 12.2 节。

令 $g(\alpha_{2,1:t}|Y_t)$ 为接近 $p(\alpha_{2,1:t}|Y_t)$ 的重要性密度，然后从密度 $g(\alpha_{2,1:t}|Y_t)$ 选择随机样本 $\alpha_{2,1:t}^{(1)},\cdots,\alpha_{2,1:t}^{(N)}$。然后如在第 12.2 节，$\bar{x}_t$ 可以由下式估计：

$$\hat{x}_t = \sum_{i=1}^{N} h_t(\alpha_{2,1:t}^{(i)})w_t^{(i)}, \qquad (12.34)$$

其中，

$$\widetilde{w}_t^{(i)} = \frac{p_t(\alpha_{2,1:t}^{(i)},Y_t)}{q_t(\alpha_{2,1:t}^{(i)}|Y_t)}, \quad w_t^{(i)} = \widetilde{w}_t^{(i)} \Big/ \sum_{j=1}^{N} \widetilde{w}_t^{(j)}。$$

这里，可以采用如同 12.2 节的适当的粒子滤波方法。

因为 $h_t(\alpha_{2,1:t})$ 可由每次采样值 $\alpha_{2,1:t} = \alpha_{2,1:t}^{(i)}$ 解析计算，对于 $i = 1, \cdots,$ $N$，例如，借助卡尔曼滤波，所以计算的增益非常高。虽然 Rao-Black-wellisation 可以广泛使用，但它在高维模型上尤其具有优势，因为标准粒子滤波计算代价高昂。这一点由 Doucet、de Freitas 和 Gordon（2001，499 ~ 515 页）讨论，他们考虑状态向量具有巨大的维度 $2^{100}$ 的一个案例。深入细节见 Doucet、Godsill 和 Andrieu（2000）以及 Maskell（2004）的讨论。

# 13. 贝叶斯参数估计

## 13.1　引言

　　状态空间模型的参数可以分为两类，即状态参数和附加参数。例如，在局部水平模型（2.3）中的状态参数是 $\alpha_1,\cdots,\alpha_n$ 的函数，附加参数是 $\sigma_\varepsilon^2$ 和 $\sigma_\eta^2$。估计这些参数有古典分析和贝叶斯分析两种方法；这两种方法源自不同的概率理论。古典分析来自参数固定而观测是随机变量的理论；贝叶斯分析来自状态参数是随机变量而观测固定的理论。在状态空间分析中，无论采用第 4 章的引理一至引理四的古典分析还是贝叶斯分析，状态估计均相同。然而，附加参数的估计需要不同的处理方法。古典处理是基于固定参数，且在前面的章节中我们已经展示如何使用极大似然法对其估计。对于贝叶斯处理，事实证明，我们需要使用基于模拟的方法对附加参数进行估计，即便是线性模型。因此，模拟方法在处理非线性和非高斯模型后，再延迟处理贝叶斯线性模型似乎也合乎逻辑。贝叶斯处理非线性和非高斯模型就非常自然。这就解释了为什么在本书的第一部分我们没有试图使用贝叶斯估计来处理附加参数。本章使用贝叶斯分析处理附加参数以及状态参数。

　　状态空间模型的贝叶斯处理是由 West 和 Harrison（1989，1997）的专著提供的。关于非高斯状态空间模型贝叶斯分析的其他前期工作主要基于马尔可夫链蒙特卡洛（Markov chain Monte Carlo，MCMC）方法。我们在这里特别注意到如下贡献：Carlin、Polson 和 Stoffer（1992），Fruhwirth - Schnatter（1994，2004），Shephard（1994），Carter 和 Kohn（1994，1996，1997），Shephard 和 Pitt（1997），Cargnoni、Muller 和 West（1997），Gamerman（1998）。贝叶斯方法的广义说明和计算由 Bernardo 和 Smith（1994），Gelman、Carlin、Stern 和 Rubin（1995），Fruhwirth - Schnatter（2006）给出。

　　我们首先通过构造附加参数的重要性采样，开发线性高斯状态空间模型的分析。然后，我们展示如何组合这些卡尔曼滤波和平滑的结果，以获得所需的状态参数的估计。我们首先在第 13.2.1 节对适当的先验信息进行分析，然后在第 13.2.2 节扩展到无信息先验。第 13.3 节的讨论扩展到非线性和非高斯模型。第 13.4 节简要说明替代模拟技术——马尔可夫链蒙特卡洛（MCMC）方法。尽管我们偏向使用重要性采样方法处理本书所考虑的问题，但 MCMC 方法也可用于时间序列应用。

## 13.2 线性高斯模型的后验分析

### 13.2.1 基于重要性采样的后验分析

令 $\psi$ 记为附加参数向量。我们考虑参数向量 $\psi$ 不固定但已知的贝叶斯分析情形；相反，我们将 $\psi$ 处理为一个随机向量及已知的先验密度 $p(\psi)$，我们从取合适先验开始，再到无信息先验的情形。对于一般贝叶斯分析的先验选择的讨论，参见 Gelman、Carlin、Stern 和 Rubin（1995）以及 Bernardo 和 Smith（1994）。我们所考虑的问题是等同于最基本的堆栈状态向量 $\alpha$ 的后验均值函数 $x(\alpha)$ 的估计，

$$\bar{x} = \mathrm{E}\big[x(\alpha)\,|\,Y_n\big]。 \tag{13.1}$$

令 $\bar{x}(\psi) = \mathrm{E}\big[x(\alpha)\,|\,\psi, Y_n\big]$ 为给定 $\psi$ 和 $Y_n$ 的 $x(\alpha)$ 的条件期望。在本节中我们将考虑对这些函数 $x(\alpha)$ 限制，以使卡尔曼滤波和平滑可以容易地计算 $\bar{x}(\psi)$。这类受限的函数包括许多重要的案例，如 $\alpha_t$ 的后验均值和方差矩阵，以及预测 $\mathrm{E}(y_{n+j}\,|\,Y_n)$，对于 $j = 1, 2, \cdots$。第 5 章的初始化处理允许初始状态向量 $\alpha_1$ 的元素有适当或扩散先验密度。

首先，我们尝试分析自由的重要性采样。我们有

$$\bar{x} = \int \bar{x}(\psi) p(\psi\,|\,Y_n) d\psi。 \tag{13.2}$$

由贝叶斯定理 $p(\psi\,|\,Y_n) = K p(\psi) p(Y_n\,|\,\psi)$，式中 $K$ 是标准化常数，由下式定义：

$$K^{-1} = \int p(\psi) p(Y_n\,|\,\psi) d\psi。 \tag{13.3}$$

因此，我们有

$$\bar{x} = \frac{\int \bar{x}(\psi) p(\psi) p(Y_n\,|\,\psi) d\psi}{\int p(\psi) p(Y_n\,|\,\psi) d\psi}。 \tag{13.4}$$

现在 $p(Y_n|\psi)$ 为似然函数，对于线性高斯模型由卡尔曼滤波计算，如第 7.2 节所示。原则上，模拟可以直接应用于公式（13.4），通过从分布密度 $p(\psi)$ 抽取随机样本 $\psi^{(1)},\cdots,\psi^{(N)}$，然后分别通过 $\bar{x}(\psi)p(Y_n|\psi)$ 的样本均值和 $p(Y_n|\psi)$ 估计式（13.4）的分子和分母。然而在实际感兴趣的案例中，该估计效率较低。

我们提供的处理基于重要性采样的模拟方法，在第 11 章中我们已经探索。假设从密度 $p(\psi|Y_n)$ 的模拟并不切实际。令 $g(\psi|Y_n)$ 为一个重要性密度，其尽可能接近 $p(\psi|Y_n)$，且同时允许模拟。由式（13.2），我们有

$$\bar{x} = \int \bar{x}(\psi) \frac{p(\psi|Y_n)}{g(\psi|Y_n)} g(\psi|Y_n) d\psi$$

$$= \mathrm{E}_g\Big[\bar{x}(\psi)\frac{p(\psi|Y_n)}{g(\psi|Y_n)}\Big]$$

$$= K\mathrm{E}_g\big[\bar{x}(\psi)z^g(\psi,Y_n)\big] \tag{13.5}$$

根据贝叶斯定理，式中 $\mathrm{E}_g$ 记为关于密度 $g(\psi|Y_n)$ 的期望，

$$z^g(\psi,Y_n) = \frac{p(\psi)p(Y_n|\psi)}{g(\psi|Y_n)}, \tag{13.6}$$

$K$ 是一个标准化常数。将式（13.5）中的 $\bar{x}(\psi)$ 替换为 1，我们得到

$$K^{-1} = \mathrm{E}_g\big[z^g(\psi,Y_n)\big],$$

因此 $x(\alpha)$ 的后验均值可表示为

$$\bar{x} = \frac{\mathrm{E}_g\big[\bar{x}(\psi)z^g(\psi,Y_n)\big]}{\mathrm{E}_g\big[z^g(\psi,Y_n)\big]}。 \tag{13.7}$$

此表达式由模拟评估。我们选择 $\psi$ 的 $N$ 个随机样本，记作 $\psi^{(i)}$，其从重要性密度 $g(\psi|Y_n)$ 抽取。$\bar{x}$ 由下式估计：

$$\hat{x} = \frac{\sum_{i=1}^N \bar{x}(\psi^{(i)})z_i}{\sum_{i=1}^N z_i}, \tag{13.8}$$

式中

$$z_i = \frac{p(\psi^{(i)})p(Y_n|\psi^{(i)})}{g(\psi^{(i)}|Y_n)}。 \tag{13.9}$$

$p(\psi|Y_n)$ 作为一个重要性密度，我们取大样本正态近似

$$g(\psi|Y_n) = \mathrm{N}(\hat{\mu},\hat{\Omega}),$$

式中 $\hat{\psi}$ 是如下方程的解：

$$\frac{\partial \log p(\psi \mid Y_n)}{\partial \psi} = \frac{\partial \log p(\psi)}{\partial \psi} + \frac{\partial \log p(Y_n \mid \psi)}{\partial \psi} = 0, \quad (13.10)$$

和

$$\hat{\Omega}^{-1} = -\frac{\partial^2 \log p(\psi)}{\partial \psi \partial \psi'} - \frac{\partial^2 \log p(Y_n \psi)}{\partial \psi \partial \psi'}\bigg|_{\psi = \hat{\psi}} \circ \quad (13.11)$$

对于 $p(\psi \mid Y_n)$ 的这种大样本近似的讨论参见 Gelman、Carlin、Stern 和 Rubin（1995，第 4 章）以及 Bernardo 和 Smith（1994，§5.3）。由于 $p(Y_n \mid \psi)$ 可以容易地由卡尔曼滤波在 $\psi = \psi^{(i)}$ 处计算，给定 $p(\psi)$，$g(\psi \mid Y_n)$ 为高斯，$z_i$ 的值容易计算。$\psi^{(i)}$ 的抽取是独立的，因此，在一般条件下，当 $N \to \infty$，$\hat{x}$ 概率性收敛到 $\bar{x}$。

该值 $\hat{\psi}$ 由迭代计算，通过第 7 章讨论的极大似然估计技术明显扩展，而二阶导数可以使用数值计算。一旦计算 $\hat{\Omega}$ 和 $\hat{\psi}$，通过使用标准正态随机数发生器，从 $g(\psi \mid Y_n)$ 生成样本就非常简单。如果需要，可使用对偶变量以提高效率，这在第 11.4.3 节我们已讨论过。例如，对于 $\psi^{(i)}$ 每次抽取，我们可以取另一值 $\tilde{\psi}^{(i)} = 2\hat{\psi} - \psi^{(i)}$，其与 $\psi^{(i)}$ 等概率。一起使用 $\psi^{(i)}$ 和 $\tilde{\psi}^{(i)}$ 在样本中引入平衡。

参数向量 $\psi$ 的后验均值是 $\bar{\psi} = \mathrm{E}(\psi \mid Y_n)$。$\bar{\psi}$ 的估计 $\tilde{\psi}$ 通过式（13.8）中取 $\bar{x}(\psi^{(i)}) = \psi^{(i)}$ 和取 $\tilde{\psi} = \hat{x}$ 得到。同样地，后验方差矩阵 $\mathrm{Var}(\psi \mid Y_n)$ 的估计 $\hat{V}(\psi \mid Y_n)$ 的值，通过式（13.8）中令 $\bar{x}(\psi^{(i)}) = \psi^{(i)} \psi^{(i)'}$ 和取 $\tilde{S} = \hat{x}$，然后再取 $\hat{V}(\psi \mid Y_n) = \tilde{S} - \tilde{\psi} \tilde{\psi}'$ 获得。

为估计 $\psi$ 的元素 $\psi_1$ 的后验分布函数，$\psi_1$ 并不需要是 $\psi$ 的第一个元素，我们引入指示函数 $I_1(\psi_1^{(i)})$。如果 $\psi_1^{(i)} \leqslant \psi_1$，其等于 1，否则为 0，式中 $\psi_1^{(i)}$ 为 $\psi$ 所模拟的第 $i$ 个 $\psi_1$ 值，且 $\psi_1$ 被固定。$F(\psi_1 \mid Y_n) = \mathrm{Pr}(\psi_1^{(i)} \leqslant \psi_1) = \mathrm{E}(I_1(\psi^{(i)}) \mid Y_n)$ 是 $\psi_1$ 的后验分布函数。令式（13.8）中 $\bar{x}(\psi^{(i)}) = I_1(\psi^{(i)})$，我们通过 $\hat{F}(\psi_1 \mid Y_n) = \hat{x}$ 来估计 $F(\psi_1 \mid Y_n)$。这相当于取 $\hat{F}(\psi_1 \mid Y_n)$ 作为仅当 $\psi_1^{(i)} \leqslant \psi_1$ 的 $z_i$ 值的总和除以所有 $z_i$ 值的总和。同样，如

果 $\delta$ 是区间 $(\psi_1 - \frac{1}{2}d, \psi_1 + \frac{1}{2}d)$ ，式中 $d$ 较小且为正，那么我们可以通过

$\tilde{p}(\psi_1 \mid Y_n) = d^{-1}S^\delta / \sum_{i=1}^{N} z_i$ 估计出 $\psi_1$ 的后验密度，式中 $S^\delta$ 为 $z_i$ 值的总和，

对于 $\psi_1^{(i)} \in \delta$ 。

### 13.2.2　无信息先验

在适当先验不可用的情形下，我们能希望使用无信息先验。我们假定先验密度与感兴趣的 $\psi$ 域内的特定函数 $p(\psi)$ 成比例，即使积分 $\int p(\psi)d\psi$ 不存在。对于无信息先验的讨论，参见 Gelman、Carlin、Stern 和 Rubin（1995）的第 3 章和第 4 章。当其存在，后验密度是 $p(\psi \mid Y_n) = Kp(\psi)p(Y_n \mid \psi)$ ，作为合适的先验案例，所有之前的公式无须改变仍然适用。这就是为什么我们在这两种情形下使用相同符号 $p(\psi)$ ，即使在无信息的情形下 $p(\psi)$ 不是一个密度。一个重要特例是扩散先验，对于所有 $\psi$ ，$p(\psi) = 1$ 。

## 13.3　非线性非高斯模型的后验分析

在本节中，对于非线性非高斯模型，我们开发了贝叶斯方法估计状态向量函数的后验均值和后验方差矩阵。我们还展示如何估计状态向量的标量函数的后验分布和密度函数。事实证明，第 11 章古典分析发展的重要性采样和对偶变量的基本思路，无须作根本性的变化，就可应用于贝叶斯情形。关于参数向量的后验分布的有关问题的不同考虑，我们在第 13.3.3 节处理这些问题。该处理基于 Durbin 和 Koopman（2000）开发的方法。

### 13.3.1　状态向量函数的后验分析

首先，我们得到了一些基本公式，类似于第 11.2 节对古典情形的推导。假设我们希望计算给定堆栈观测向量 $Y_n$ 的堆栈状态向量 $\alpha$ 的函数 $x(\alpha)$ 的后验均值 $\bar{x} = \mathrm{E}[x(\alpha) \mid Y_n]$ 。正如我们将显示，这是一个广义公式，使我们不仅能够估计感兴趣的后验均值数量，如趋势或季节性，而且也能估计状态的标量函数的后验方差矩阵及后验分布函数和密度。我们将通过基于重要性采样和对偶变量的模拟技术估算 $\bar{x}$ ，类似于第 11 章古典开发的情形。

我们有

$$\bar{x} = \int x(\alpha) p(\psi, \alpha \mid Y_n) d\psi d\alpha$$

$$= \int x(\alpha) p(\psi \mid Y_n) p(\alpha \mid \psi, Y_n) d\psi d\alpha。 \qquad (13.12)$$

作为 $p(\psi \mid Y_n)$ 的一个重要性密度，我们取其大样本正态近似

$$g(\psi \mid Y_n) = \mathrm{N}(\hat{\psi}, \hat{V}),$$

式中 $\hat{\psi}$ 是下式方程的解：

$$\frac{\partial \log p(\psi \mid Y_n)}{\partial \psi} = \frac{\partial \log p(\psi)}{\partial \psi} + \frac{\partial \log p(Y_n \mid \psi)}{\partial \psi} = 0, \qquad (13.13)$$

且

$$\hat{V}^{-1} = -\frac{\partial^2 \log p(\psi)}{\partial \psi \partial \psi'} - \frac{\partial^2 \log p(Y_n \psi)}{\partial \psi \partial \psi'}\bigg|_{\psi = \hat{\psi}}。 \qquad (13.14)$$

对于 $p(\psi \mid Y_n)$ 的大样本近似的讨论，参见 Gelman、Carlin、Stern 和 Rubin（1995，第 4 章）以及 Bernardo 和 Smith（1994，§5.3）。

令 $g(\alpha \mid \psi, Y_n)$ 为给定 $\psi$ 和 $Y_n$ 的 $\alpha$ 的高斯重要性密度，其由近似线性高斯模型获得，如第 11 章中所述的方式。从式（13.12），

$$\bar{x} = \int x(\alpha) \frac{p(\psi \mid Y_n) p(\alpha \mid \psi, Y_n)}{g(\psi \mid Y_n) g(\alpha \mid \psi, Y_n)} g(\psi \mid Y_n) g(\alpha \mid \psi, Y_n) d\psi d\alpha$$

$$= \int x(\alpha) \frac{p(\psi \mid Y_n) g(Y_n \mid \psi) p(\alpha, Y_n \mid \psi)}{g(\psi \mid Y_n) p(Y_n \mid \psi) g(\alpha, Y_n \mid \psi)} g(\psi, \alpha \mid Y_n) d\psi d\alpha。$$

根据贝叶斯定理，

$$p(\psi \mid Y_n) = K p(\psi) p(Y_n \mid \psi),$$

式中 $K$ 是标准化常数，因此我们有

$$\bar{x} = K \int x(\alpha) \frac{p(\psi) g(Y_n \mid \psi)}{g(\psi \mid Y_n)} \frac{p(\alpha, Y_n \mid \psi)}{g(\alpha, Y_n \mid \psi)} g(\psi, \alpha \mid Y_n) d\psi d\alpha \qquad (13.15)$$

$$= K \mathrm{E}_g [x(\alpha) z(\psi, \alpha, Y_n)],$$

式中 $\mathrm{E}_g$ 记为关于重要性联合密度的期望

$$g(\psi, \alpha \mid Y_n) = g(\psi \mid Y_n) g(\alpha \mid \psi, Y_n),$$

$$z(\psi, \alpha, Y_n) = \frac{p(\psi) g(Y_n \mid \psi)}{g(\psi \mid Y_n)} \frac{p(\alpha, Y_n \mid \psi)}{g(\alpha, Y_n \mid \psi)}。 \qquad (13.16)$$

在这个公式中，$g(Y_n|\psi)$ 是近似高斯模型的似然函数，它很容易由卡尔曼滤波计算得到。

取式（13.15）中的 $x(\alpha) = 1$，给出

$$K^{-1} = \mathrm{E}_g[z(\psi,\alpha,Y_n)],$$

因此最终我们有

$$\bar{x} = \frac{\mathrm{E}_g[x(\alpha)z(\psi,\alpha,Y_n)]}{\mathrm{E}_g[z(\psi,\alpha,Y_n)]}。 \tag{13.17}$$

我们注意到式（13.17）与古典推理情形下的式（11.18）不同，但区别仅为 $w(\alpha,Y_n)$ 替换为 $z(\psi,\alpha,Y_n)$ 和重要性密度 $g(\psi,\alpha|Y_n)$ 纳入 $\psi$。

在重要的特殊情形中，状态方程误差 $\eta_t$ 为 $\mathrm{N}(0,Q_t)$，则 $\alpha$ 为高斯，所以我们可以写出其密度为 $g(\alpha)$，并以此作为近似模型的状态密度。这给出 $p(\alpha,Y_n|\psi) = g(\alpha)p(Y_n|\theta,\psi)$ 和 $g(\alpha,Y_n|\psi) = g(\alpha)g(Y_n|\theta,\psi)$，式中 $\theta$ 是信号 $\theta_t = Z_t\alpha_t$ 的堆栈向量，因此式（13.16）可简化为

$$z(\psi,\alpha,Y_n) = \frac{p(\psi)g(Y_n|\psi)}{g(\psi|Y_n)}\frac{p(Y_n|\theta,\psi)}{g(Y_n|\theta,\psi)}。 \tag{13.18}$$

对于适当的先验不可用的情形，我们不妨用这一个无信息先验，我们假设先验密度与感兴趣 $\psi$ 的域内的特定函数 $p(\psi)$ 成比例，即使积分 $\int p(\psi)d\psi$ 不存在。如果存在，后验密度为

$$p(\psi|Y_n) = Kp(\psi)p(Y_n|\psi),$$

这与适当先验情形是一样的，因此所有的之前的公式无须改变均可适用。这就是为什么我们在两种情形下可以用相同的符号 $p(\psi)$，即使 $p(\psi)$ 是不合适的密度。一个重要的特例是扩散先验，对于所有 $\psi$，$p(\psi) = 1$。对于无信息先验的一般性讨论，例如参见 Gelman、Carlin、Stern 和 Rubin（1995，第 2 章和第 3 章）。

### 13.3.2 贝叶斯分析的计算方面

基于这些想法的实际计算，我们借助尽可能简单的变量表示公式，如在第 11.4 节和第 11.5.3 节、第 11.5.4 节的古典分析。这意味着，我们极可能采用基于扰动项 $\eta_t = R'_t(\alpha_{t+1} - T_t\alpha_t)$ 和 $\varepsilon_t = y_t - \theta_t$ 的公式，对于 $t = 1,\cdots,n$。通过重复替代 $\alpha_t$ 我们首先得到 $x(\alpha)$ 作为 $\eta$ 的函数 $x^*(\eta)$。然后我们注意替代式（13.12），我们得到 $x^*(\eta)$ 的后验均值，

$$\bar{x} = \int x^*(\eta) p(\psi|Y_n) p(\eta|\psi, Y_n) d\psi d\eta。 \tag{13.19}$$

通过对式（13.17）进行与上述类似的归约，我们就得到了

$$\bar{x} = \frac{E_g[x^*(\eta)z^*(\psi, \eta, Y_n)]}{E_g[z^*(\psi, \eta, Y_n)]}, \tag{13.20}$$

式中，

$$z^*(\psi, \eta, Y_n) = \frac{p(\psi)g(Y_n|\psi)}{g(\psi|Y_n)} \frac{p(\eta, Y_n|\psi)}{g(\eta, Y_n|\psi)}, \tag{13.21}$$

$E_g$ 记为关于重要性密度 $g(\psi, \eta|Y_n)$ 的期望。

令 $\psi^{(i)}$ 为从 $\psi$ 的重要性密度 $g(\psi|Y_n) = N(\hat{\psi}, \hat{V})$ 的随机抽取，式中 $\hat{\psi}$ 满足式（13.13），$\hat{V}$ 由式（13.14）给出。令 $\eta^{(i)}$ 为从密度 $g(\eta|\psi^{(i)}, Y_n)$ 的随机抽取，对于 $i = 1, \cdots, N$。为了得到它，需要密度 $g(\eta|\psi^{(i)}, Y_n)$ 的模 $\hat{\eta}^{(i)}$ 的近似，但从 $g(\eta|\hat{\psi}, Y_n)$ 的模通过几次迭代即可迅速获得。令

$$x_i = x^*(\eta^{(i)}), \qquad z_i = z^*(\psi^{(i)}, \eta^{(i)}, Y_n), \tag{13.22}$$

并考虑 $\bar{x}$ 为比率的估计

$$\hat{x} = \frac{\sum_{i=1}^{N} x_i z_i}{\sum_{i=1}^{N} z_i}。 \tag{13.23}$$

这个估计的效率可通过使用对偶变量明显改进。对于 $\eta^{(i)}$，我们可以使用第11.4.3节的描述的位置和尺度对偶变量。因为 $\hat{V} = O(n^{-1})$，$\psi^{(i)}$ 可能不需要对偶变量，如果它们值得使用，即可允许使用；例如，使用位置对偶 $\tilde{\psi}^{(i)} = 2\hat{\psi} - \psi^{(i)}$ 较为容易。

选择一对 $\psi^{(i)}$、$\eta^{(i)}$ 的方式具有弹性，这取决于对偶变量的数目和 $\psi$ 与 $\eta$ 的值组合的方式。例如，从 N $(\hat{\psi}, \hat{V})$ 的 $\psi$ 的随机选择 $\psi^s$ 开始。接下来，我们计算对偶值 $\tilde{\psi}^s = 2\hat{\psi} - \psi^s$。对于每一个 $\psi^s$ 和 $\tilde{\psi}^s$ 值，可以从 $g(\eta|\psi, Y_n)$ 抽取 $\eta$ 的单独值，然后为每个 $\eta$ 使用两个对偶变量，如第11.4.3节的描述。因此，在样本中，有四个 $\eta$ 值与每个 $\psi$ 值组合，因此 $N$ 是 4 的倍数，从模拟平滑抽取的 $\eta$ 的数量是 $N/4$。我们需要注意，对于模拟的估计方差，因为 $\psi^s$ 和 $\tilde{\psi}^s$ 相关，只有从联合重要性密度 $g(\psi, \eta|Y_n)$ 的 $N/8$ 个独立抽取。为了估计标量数量的后验方差，假定 $x^*(\eta)$ 为一个标

量。然后，如在式（11.21），其后验方差估计为

$$\widehat{\mathrm{Var}}[x^*(\eta)\,|\,Y_n] = \frac{\sum_{i=1}^{N} x_i^2 z_i}{\sum_{i=1}^{N} z_i} - \hat{x}^2。 \qquad (13.24)$$

现在让我们考虑由于模拟，标量 $x^*(\eta)$ 的后验均值的估计方差 $\hat{x}$ 的估计。如上所述，细节依赖于 $\psi$ 和 $\eta$ 值组合的方式。例如，我们考虑 $\psi$ 的单一对偶变量和 $\eta$ 的两个对偶变量以所描述的方法组合，令 $\hat{v}_j^{\dagger}$ 是 8 个 $z_i\,(x_i - \hat{x})$ 相关的值的总和。然后如式（11.23），由于模拟误差，$\hat{x}$ 的方差估计是

$$\widehat{\mathrm{Var}}_s(\hat{x}) = \frac{\sum_{j=1}^{N/8} \hat{v}_j^{\dagger 2}}{\left(\sum_{i=1}^{N} z_i\right)^2}。 \qquad (13.25)$$

为了估计标量 $x^*(\eta)$ 的后验分布函数和密度，令 $I_x(\eta)$ 为指示函数，如果 $x^*(\eta) \le x$，其为 1，如果 $x^*(\eta) > x$，则其为 0。假设 $w_i$ 替换为 $z_i$，则后验分布函数由式（11.24）估计。在相同的条件下，$x^*(\eta)$ 的后验密度由式（11.25）估计。来自估计后验分布的独立样本可以通过类似于第 11.5.3 节末尾所描述的方法得到。

### 13.3.3　参数向量的后验分析

在本节中，我们考虑参数向量 $\psi$ 的后验均值、方差的分布函数和密度函数的估计。将 $\psi$ 的函数记为 $\nu(\psi)$，我们希望研究它的后验属性。使用贝叶斯定理，$\nu(\psi)$ 的后验均值为

$$\bar{\nu} = \mathrm{E}[\nu(\psi)\,|\,Y_n]$$

$$= \int \nu(\psi) p(\psi\,|\,Y_n)\,d\psi$$

$$= K\int \nu(\psi) p(\psi) p(Y_n\,|\,\psi)\,d\psi$$

$$= K\int \nu(\psi) p(\psi) p(\eta, Y_n\,|\,\psi)\,d\psi d\eta, \qquad (13.26)$$

式中 $K$ 为标准化常数。引入重要性密度 $g(\psi\,|\,Y_n)$ 和 $g(\eta\,|\,\psi, Y_n)$，如在第 13.3.2 节，我们有

$$\bar{\nu} = K\int \nu(\psi) \frac{p(\psi) g(Y_n\,|\,\psi)}{g(\psi\,|\,Y_n)} \frac{p(\eta, Y_n\,|\,\psi)}{g(\eta, Y_n\,|\,\psi)} g(\psi, \eta\,|\,Y_n)\,d\psi d\eta$$

$$= K\mathrm{E}_g[\nu(\psi) z^*(\psi, \eta, Y_n)], \qquad (13.27)$$

其中 $E_g$ 表示关于联合重要性密度 $g(\psi, \eta \mid Y_n)$ 的期望，并且

$$z^*(\psi, \eta, Y_n) = \frac{p(\psi)g(Y_n \mid \psi)}{g(\psi \mid Y_n)} \frac{p(\eta, Y_n \mid \psi)}{g(\eta, Y_n \mid \psi)}。$$

令式（13.27）中的 $\nu(\psi) = 1$，我们得到如式（13.20），

$$\bar{\nu} = \frac{E_g[\nu(\psi)z^*(\psi, \eta, Y_n)]}{E_g[z^*(\psi, \eta, Y_n)]}。 \tag{13.28}$$

在模拟中，取 $\psi^{(i)}$ 和 $\eta^{(i)}$ 如第 13.3.2 节所示，且令 $\nu_i = \nu(\psi^{(i)})$。然后 $\bar{\nu}$ 的估计 $\hat{\nu}$ 和 $\mathrm{Var}[\nu(\psi) \mid Y_n]$ 的估计 $\widehat{\mathrm{Var}}[\nu(\psi) \mid Y_n]$ 分别由式（13.23）和式（13.24）通过将 $x_i$ 替换为 $\nu_i$ 给出。类似地，由于模拟，对于第 11.5.3 节中所考虑的对偶变量，$\hat{\nu}$ 的方差可以通过定义 $v_j^\dagger$ 为 8 个 $z_i(\nu_i - \bar{\nu})$ 的相关值的总和，并使用式（13.25）以获得 $\widehat{\mathrm{Var}}_s(\hat{\nu})$ 的估计。后验分布和密度函数的估计通过在第 13.3.2 节末尾描述的指示函数技术获得。而 $\hat{\nu}$ 可以是一个向量，$\nu(\psi)$ 剩余的估计必须是一个标量。

这种方式获得的后验密度 $p[\nu(\psi) \mid Y_n]$ 的估计实质上是一个直方图估计，在含有它们的区间的中值 $\nu(\psi)$ 附近，这是准确的。$\psi$ 的特定元素的后验密度的另一种估计由 Durbin 和 Koopman（2000）提出，这种方法下元素的任何值都是准确的。为不失一般性，取此元素为 $\psi$ 的第一个元素并记为 $\psi_1$。将剩余元素记为 $\psi_2$。令 $g(\psi_2 \mid \psi_1, Y_n)$ 为给定 $\psi_1$ 和 $Y_n$ 的 $\psi_2$ 的近似条件密度，这很容易对 $g(\psi \mid Y_n)$ 应用标准回归理论而获得，式中 $g(\psi \mid Y_n) = \mathrm{N}(\hat{\mu}, \hat{V})$。我们取 $g(\psi_2 \mid \psi_1, Y_n)$ 为重要性密度代替 $g(\psi \mid Y_n)$。然后，

$$p(\psi_1 \mid Y_n) = \int p(\psi \mid Y_n)d\psi_2$$

$$= K\int p(\psi)p(Y_n \mid \psi)d\psi_2$$

$$= K\int p(\psi)p(\eta, Y_n \mid \psi)d\psi_2 d\eta$$

$$= K E_g[\tilde{z}(\psi, \eta, Y_n)], \tag{13.29}$$

式中 $E_g$ 记为关于重要性密度 $g(\psi_2 \mid \psi_1, Y_n)$ 的期望，且

$$\tilde{z}(\psi, \eta, Y_n) = \frac{p(\psi)g(Y_n \mid \psi)}{g(\psi_2 \mid \psi_1, Y_n)} \frac{p(\eta, Y_n \mid \psi)}{g(\eta, Y_n \mid \psi)}。 \tag{13.30}$$

令 $\tilde{\psi}_2^{(i)}$ 为从 $g(\psi_2 \mid \psi_1, Y_n)$ 的抽取。令 $\tilde{\psi}^{(i)} = (\psi_1, \tilde{\psi}_2^{(i)'})'$，且令 $\tilde{\eta}^{(i)}$ 为从

$g(\eta\,|\,\widetilde{\psi}^{(i)},Y_n)$ 的抽取。然后取

$$\widetilde{z}_i = \frac{p(\widetilde{\psi}^{(i)})g(Y_n\,|\,\widetilde{\psi}^{(i)})}{g(\widetilde{\psi}_2^{(i)}\,|\,\psi_1,Y_n)}\frac{p(\widetilde{\eta}^{(i)},Y_n\,|\,\widetilde{\psi}^{(i)})}{g(\widetilde{\eta}^{(i)},Y_n\,|\,\widetilde{\psi}^{(i)})}。 \tag{13.31}$$

现在如式（13.28），

$$K^{-1} = E_g[z^*(\psi,\eta,Y_n)],$$

式中 $E_g$ 表示关于重要性密度 $g(\psi\,|\,Y_n)g(\eta\,|\,\psi,Y_n)$ 的期望，且

$$z^*(\psi,\eta,Y_n) = \frac{p(\psi)g(Y_n\,|\,\psi)}{g(\psi\,|\,Y_n)}\frac{p(\eta,Y_n\,|\,\psi)}{g(\eta,Y_n\,|\,\psi)}。$$

令 $\psi_i^*$ 为从 $g(\psi\,|\,Y_n)$ 的抽取，且令 $\eta_i^*$ 为从 $g(\eta\,|\,\psi_i^*,Y_n)$ 的抽取。然后取

$$z_i^* = \frac{p(\psi_i^*)g(Y_n\,|\,\psi_i^*)}{g(\psi_i^*\,|\,Y_n)}\frac{p(\eta_i^*,Y_n\,|\,\psi_i^*)}{g(\eta_i^*,Y_n\,|\,\psi_i^*)}, \tag{13.32}$$

并通过以下简单形式估计 $p(\psi_i\,|\,Y_n)$：

$$\hat{p}(\psi_i\,|\,Y_n) = \sum_{i=1}^N \widetilde{z}_i \Big/ \sum_{i=1}^N z_i^*。 \tag{13.33}$$

式（13.33）的分子和分母的模拟不同，因为分子只有 $\psi_2$ 为抽取，而对于分母，整个向量 $\psi$ 为抽取。比率的变异可以缩减，通过采用同一组 $N(0,1)$ 偏离用于在模拟平滑中从 $p(\eta\,|\,\widetilde{\psi}^{(i)},Y_n)$ 中选择 $\eta$，如同从 $p(\eta\,|\,\psi_i^*,Y_n)$ 选择 $\eta$。变异可以进一步减少，首先从 $g(\psi_1\,|\,Y_n)$ 选择 $\psi_{1i}^*$，然后使用相同的一组 $N(0,1)$ 偏离来从 $g(\psi_2\,|\,\psi_{1i}^*,Y_n)$ 选择 $\psi_{2i}^*$，如同当计算 $\widetilde{z}_i$ 时，从 $g(\psi_2\,|\,\psi_1,Y_n)$ 选择 $\widetilde{\psi}_2^{(i)}$。在这种情形下，式（13.32）中 $g(\psi^*\,|\,Y_n)$ 替换为 $g(\psi_1^*)g(\psi_2^*\,|\,\psi_{1i}^*,Y_n)$。

为了提高效率，对偶变量可以用于 $\psi$ 和 $\eta$ 的抽取，如以第 13.3.2 节建议的方式。

# 13.4　马尔可夫链蒙特卡洛方法

另一种基于模拟的贝叶斯分析的方法由马尔可夫链蒙特卡洛（Markov chain Monte Carlo，MCMC）方法提供，它在时间序列的统计和计量经济学文献中受到强烈关注。这里我们简单介绍 MCMC 应用于状态空间模型的基

本思路。Fruhwirth – Schnatter（1994）第一个给出使用 MCMC 技术的线性高斯模型的贝叶斯完整处理。建议的模拟样本选择的算法，后来由 Carter 和 Kohn（1994）以及 de Jong 和 Shephard（1995）提炼。这项工作导致了 Durbin 和 Koopman（2002）的模拟平滑，在第 4.9 节我们已讨论。我们发现给定参数向量 $\psi$，如何从条件密度 $p(\varepsilon\mid Y_n,\psi)$、$p(\eta\mid Y_n,\psi)$ 和 $p(\alpha\mid Y_n,\psi)$ 生成随机抽取。现在我们简要讨论这种技术如何纳入贝叶斯 MCMC 分析，其中我们把参数向量处理为随机。

基本思想如下。我们通过从增广联合密度 $p(\psi,\alpha\mid Y_n)$ 选择样本，再通过模拟评估 $x(\alpha)$ 或参数向量 $\psi$ 的后验均值。在 MCMC 过程，从这个联合密度的采样实现为一个马尔可夫链。$\psi$ 初始化后，比如 $\psi=\psi^{(0)}$，我们通过两个模拟步骤反复循环：

（1）从 $p(\alpha\mid Y_n,\psi^{(i-1)})$ 采样 $\alpha^{(i)}$；

（2）从 $p(\psi\mid Y_n,\alpha^{(i)})$ 采样 $\psi^{(i)}$。

对于 $i=1,2,\cdots$。通过舍弃一定数量的迭代，我们允许步骤（2）中的样本处理为从密度 $p(\psi\mid Y_n)$ 生成。此 MCMC 方案的吸引力在于，从条件密度采样比从边际密度 $p(\psi\mid Y_n)$ 采样更容易。来自边缘密度 $p(\alpha\mid Y_n,\psi^{(i-1)})$ 和 $p(\psi\mid Y_n,\alpha^{(i)})$ 的后续样本收敛于来自联合密度 $p(\psi,\alpha\mid Y_n)$ 的样本的情况，这在关于 MCMC 的书籍中被考虑到，例如 Gamerman 和 Lopes（2006）。开发适当的诊断并不简单，它指示 MCMC 进程内是否会发生收敛，Gelman（1995）讨论了此问题。

对于状态空间模型，基本 MCMC 算法存在各种实现。例如，Carlin、Polson 和 Stoffer（1992）建议从 $p(\alpha_t\mid Y_n,\alpha^t,\psi)$ 采样单独状态向量，式中 $\alpha^t$ 等于 $\alpha$ 而不包括 $\alpha_t$。事实证明，这种采样方法效率低。Fruhwirth – Schnatter（1994）认为所有的状态向量直接从密度 $p(\alpha\mid Y_n,\psi)$ 采样更有效率。她提供了实现的技术细节。de Jong 和 Shephard（1995）进一步开发了这一方法，通过集中扰动向量 $\varepsilon_t$ 和 $\eta_t$ 而不是状态向量 $\alpha_t$。关于模拟平滑所得到结果的细节在第 4.9 节给出。

迄今为止所提出的 MCMC 两个实施步骤并不简单。给定 $\psi$ 从密度 $p(\alpha\mid Y_n,\psi)$ 采样是通过使用第 4.9 节的模拟平滑。从 $p(\psi\mid Y_n,\alpha)$ 的采样，部分取决于 $\psi$ 的模型，并且通常只可能达到比例。在这种情形下采样，已经开发了接受拒绝（accept – reject）算法；例如，Metropolis 算法通常用于此目的。这些问题的细节以及很好的一般性综述由 Gilks、Richardson 和 Spiegelhalter（1996）给出。状态空间模型的应用已由 Carter 和 Kohn（1994）、Shephard（1994）、Gamerman（1998）、Fruhwirth – Schnatter（2006）开发。

在第3.2节的结构性时间序列模型的情形下，参数向量仅包含与各成分相关的扰动方差，参数向量的分布可以相对简单地建模为从步骤（2）的 $p(\psi \mid Y_n, \alpha)$ 采样。例如，模型的方差可以基于逆伽马分布及对数密度

$$\log p(\sigma^2 \mid c, s) = -\log \Gamma\left(\frac{c}{2}\right) - \frac{c}{2}\log\frac{s}{2} - \frac{c+2}{2}\log\sigma^2 - \frac{s}{2\sigma^2},$$
$$\text{对于 } \sigma^2 > 0,$$

且 $p(\sigma^2 \mid c, s) = 0$，对于 $\sigma^2 \leqslant 0$，参见 Poirer（1995）。我们把该密度记为 $\sigma^2 \sim \mathrm{IG}(\mid c/2, s/2)$，式中 $c$ 决定分布的形状且 $s$ 决定尺度。它具有方便的特性，如果我们取其为 $\sigma^2$ 的先验密度，取 $\mathrm{N}(0, \sigma^2)$ 变量的独立样本 $u_1, \cdots, u_n$，$\sigma^2$ 的后验密度为

$$p(\sigma^2 \mid u_1, \cdots, u_n) = \mathrm{IG}\left[(c+n)/2, \left(s + \sum_{i=1}^{n} u_i^2\right)/2\right];$$

深入细节参见 Poirier（1995）。对于步骤（2）的实现，从该密度选择 $\sigma^2$ 的样本值。我们通过在步骤（1）模拟平滑获得，可以取 $u_t$ 作为 $\varepsilon_t$ 或 $\eta_t$ 的一个元素。这种方法的深入细节由 Fruhwirth – Schnatter（1994，2006）以及 Carter 和 Kohn（1994）给出。

# 14. 非高斯和非线性演示

## 14.1 引言

在本章中我们说明第二部分的方法，通过将其应用到不同的真实数据集。第14.2节给出第一个案例，我们考虑乘法趋势和季节模型的估计。在第14.3节，我们检查英国汽车座椅安全带法案对道路交通事故司机死亡的影响，建模为泊松分布。在第14.4节的第三个案例中，通过对天然气消费量观测序列误差包含有异常值的建模，我们考虑 $t$ 分布的有用性。在第14.5节，我们使用不同方法拟合随机波动模型，使用英镑/美元的汇率序列。在第14.6节最后，我们说明拟合二元模型，牛津—剑桥划船比赛经历长期结果且存在许多观测缺失，我们给出牛津大学赢得2012年比赛的预测概率。

## 14.2 非线性分解：英国居民出国旅行

在经济时间序列分析和季节性调整程序中，通常的做法是对数据取对数，并采用线性高斯时间序列模型对其分析。对数转换将指数增长趋势转换为线性趋势，同时也消除或减少了季节时间序列中季节增长的变化和异方差。基于模型将时间序列分解为趋势、季节、不规则和其他成分，对数—加法框架运行似乎很成功。未转换序列隐含模型将时间各序列成分以乘法方式组合起来。一个完整的乘法模型，并不总是如愿或理想。如果对数变换后，异方差或季节变化仍然残留，则应用对数转换并不是一个有吸引力的解决方案。此外，如果已经提供的数据是单位测量比例的变化，应用对数转换就会使模型难以解释。

Koopman 和 Lee（2009）建议当时间序列对数变换后可能不适合基于线性模型的分析时，可以使用非线性不可观测成分时间序列模型。他们通过趋势成分 $\mu_t$ 的指数变换来缩放季节成分 $\gamma_t$ 的幅度，从而概括了第3.2.3节的基本结构模型。所观测到的时间序列 $y_t$，无论是在水平或在对数，由以下非线性模型分解：

$$y_t = \mu_t + \exp(c_0 + c_\mu \mu_t)\gamma_t + \varepsilon_t, \quad \varepsilon_t \sim N(0, \sigma_\varepsilon^2), \quad t = 1, \cdots, n,$$
$$(14.1)$$

式中 $c_0$ 和 $c_\mu$ 为未知固定系数，趋势成分 $\mu_t$ 的动态设定如第 3.2.1 节，而季节成分如在第 3.2.2 节中讨论。系数 $c_0$ 缩放季节性因素的影响，因此，我们限定第 3.2.2 节的季节模型 $\sigma_\omega^2 = 1$。当趋势发生正向变化，该系数 $c_\mu$ 的符号决定季节变化是否增加或减少。当 $c_\mu$ 为零，该模型简化为第 3.2.2 节的线性设定。季节成分的时间变化总的幅度由组合 $c_0 + c_\mu \mu_t$ 效果来决定。

我们考虑 1980 年 1 月至 2006 年 12 月英国居民每月出国访问的数据集。数据由国家统计办公室（Office for National Statistics，ONS）编制，其基于国际旅客调查。图 14.1 给出了时间序列的水平和对数值。出国旅行的时间序列清晰显示向上的趋势、明显的季节性模式，以及季节变化随着时间的推移而稳步增长。施加对数变换后，季节变化的增幅已被转化为降低。这可能表明对数变换并不特别适合该序列。

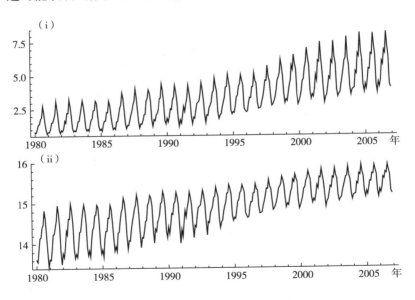

**图 14.1　英国居民出国旅行：（i）水平（百万人次）；（ii）对数形式**

因此，我们考虑式（14.1）给出的模型及增加一个循环成分 $\psi_t$，如在第 3.2.2 节所讨论，以捕获数据中的经济变化周期的行为，也就是 $y_t = \mu_t + \psi_t + \exp(c_0 + c_\mu \mu_t)\gamma_t + \varepsilon_t$，以及不规则成分 $\varepsilon_t \sim N(0, \sigma_\varepsilon^2)$。该趋势成分 $\mu_t$ 设

定为局部线性趋势（3.2）及 $\sigma_\xi^2 = 0$（平滑趋势），季节成分 $\gamma_t$ 具有三角形式（3.5），循环成分 $\psi_t$ 设定为如式（3.13）中的 $c_t$。由于季节性因素 $\exp(c_0 + c_\mu\mu_t)\gamma_t$ 的影响，我们得到一个非线性观测方程 $y_t = Z(\alpha_t) + \varepsilon_t$，式中状态向量 $\alpha_t$ 由趋势、季节和循环成分相关的元素组成，参见第 3.2.3 节和第 3.2.4 节。该模型是第 9.7 节讨论的非线性状态空间模型的一个特例。

我们将第 10.2 节开发的扩展卡尔曼滤波应用于我们的模型。高斯似然函数（7.2）被视为近似似然函数，其中 $v_t$ 和 $F_t$ 由扩展卡尔曼滤波（10.4）计算。扩展卡尔曼滤波的初始化由 Koopman 和 Lee（2009）讨论。近似对数似然函数的数值优化产生的参数估计由下式给出：

$$\hat{\sigma}_\varepsilon = 0.116, \quad \hat{\sigma}_\zeta = 0.00090, \quad \hat{c}_0 = -5.098, \quad \hat{c}_\mu = 0.0984,$$

$$\hat{\sigma}_\kappa = 0.00088, \quad \hat{\rho} = 0.921, \quad 2\pi/\lambda^c = 589_\circ \qquad (14.2)$$

季节成分 $\gamma_t$ 由 $\exp(c_0 + c_\mu\mu_t)$ 缩放。在图 14.2 中，图（i）呈现缩放的季节成分 $\exp(c_0 + c_\mu\mu_t)\gamma_t$ 及未缩放成分 $\gamma_t$，其由扩展卡尔曼平滑估计，如第 10.4.1 节的讨论。经缩放的成分改变主要是由于其趋势，如图 14.2（ii）所示。未经缩放成分显示了更稳定的方式，幅度几乎不随时间变化。该分析的更详细讨论由 Koopman 和 Lee（2009）给出。

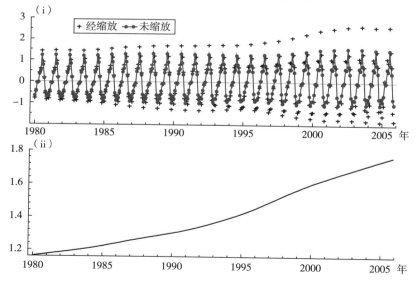

**图 14.2　英国居民出国旅行：（i）以扩展卡尔曼滤波和平滑得到的缩放和
未缩放季节成分的平滑估计；（ii）缩放过程 exp（$c_0 + c_\mu\mu_t$），
$\mu_t$ 由其平滑估计替换**

## 14.3　泊松密度：英国面包车司机死亡

英国交通部对安全带法案对道路交通事故的影响的评估，由 Harvey 和 Durbin（1986）描述，这在第 8.2 节也已讨论，其基于第一部分描述的线性高斯方法。这项研究排除了轻型货车（面包车）司机 1969—1984 年道路交通死伤事故每月死亡的数字。因其死伤的数字太小，故无法使用线性高斯模型。对于该数据，更好的模型是基于泊松分布及均值 $\exp(\theta_t)$ 和密度

$$p(y_t \mid \theta_t) = \exp\{\theta_t' y_t - \exp(\theta_t) - \log y_t!\}, \qquad t = 1, \cdots, n, \quad (14.3)$$

如第 9.3.1 节所讨论。我们由以下关系对 $\theta_t$ 建模：

$$\theta_t = \mu_t + \gamma_t + \lambda x_t,$$

式中的趋势成分 $\mu_t$ 为随机游走

$$\mu_{t+1} = \mu_t + \eta_t, \qquad \eta_t \sim N(0, \sigma_\eta^2), \qquad (14.4)$$

$\lambda$ 为干预参数，其测量安全带法案的效果，$x_t$ 为指示变量，指示立法之后期间，月度季节成分 $\gamma_t$ 由下式生成：

$$\sum_{j=0}^{11} \gamma_{t+1-j} = \omega_t, \qquad \omega_t \sim N(0, \sigma_\omega^2)。 \qquad (14.5)$$

扰动 $\eta_t$ 和 $\omega_t$ 为相互独立的高斯白噪声项，方差分别为 $\sigma_\eta^2 = \exp(\psi_\eta)$ 和 $\sigma_\omega^2 = \exp(\psi_\omega)$。参数估计值由 Durbin 和 Koopman（1997）报告为 $\hat{\sigma}_\eta = \exp(\hat{\psi}_\eta) = \exp(-3.708) = 0.0245$ 和 $\hat{\sigma}_\omega = 0$。这意味着季节模式随时间恒定。

对于泊松模型，我们有 $b_t(\theta_t) = \exp(\theta_t)$。如在第 10.6.4 节，我们有 $\dot{b}_t = \ddot{b}_t = \exp(\tilde{\theta}_t)$，那么我们取

$$A_t = \exp(-\tilde{\theta}_t), \qquad x_t = \tilde{\theta}_t + A_t y_t - 1,$$

式中 $\tilde{\theta}_t$ 为 $\theta_t$ 的测试值，对于 $t = 1, \cdots, n$。决定近似模型的迭代过程快速收敛，如在第 10.6 节所述。通常情形下，泊松模型需要 3~5 次迭代。将 $\psi_\eta$ 固定在 $\hat{\psi}_\eta$，计算信号 $\mu_t + \lambda x_t$ 的估计值，并将其指数数据连同原始数据在图 14.3（i）给出。

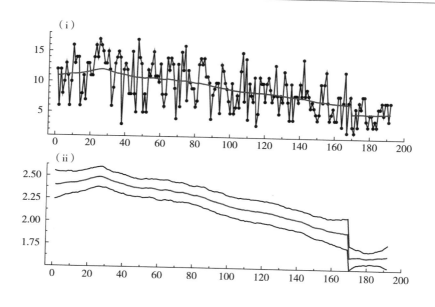

**图 14.3** 面包车司机死亡数据：（ⅰ）观测到的时间序列计数和估计水平，
包括干预 $\exp(\mu_t + \lambda x_t)$；（ⅱ）估计水平，包括干预 $\mu_t + \lambda x_t$，
置信区间基于两倍标准误差

本案例分析的主要目的是估计安全带法案对死亡人数的影响。在这里是通过 $\lambda$ 来测量估计，其为 $-0.278$，标准误差为 $0.114$。$\lambda$ 的估计说明死亡的数量减少了 24%。安全带法案显著减少死亡人数，这从标准误差可以清晰得出，并在图 14.3（ⅱ）可视化得到确认。迄今为止我们从这个底层的真实调查的练习中学习到，截至安全带法案引入，死亡人数为缓慢规则下降并伴随不变乘法季节模式，而在安全带法案出台这一时点趋势急剧下降 25%；之后，这一趋势出现了扁平化，季节模式保持相同。基于该模型的分析及包括一个贝叶斯分析的详细分析由 Durbin 和 Koopman（2000）给出。

# 14.4 厚尾密度：天然气消费异常

在这个案例中，我们分析 1960—1986 年英国的季度天然气需求，这一序列标准数据集由 Koopman、Harvey、Doornik 和 Shephard（2010）提供。

我们使用结构时间序列模型的基本形式，这在第3.2节已讨论。

$$y_t = \mu_t + \gamma_t + \varepsilon_t,\qquad(14.6)$$

式中 $\mu_t$ 为局部线性趋势，$\gamma_t$ 为季节成分，$\varepsilon_t$ 为观测扰动。调查分析的背后目的是研究数据中的季节规律，以季节性调整序列。众所周知，对于大多数序列，季节成分随时间光滑变化，但天然气供给在1970年第三、第四季度存在已知断点，采用基于高斯密度及 $\varepsilon_t$ 标准的分析，就会这导致季节模式失真。正在调查的问题是，如果使用 $\varepsilon_t$ 厚尾密度是否会提高在1970年的季节估计。

为了对 $\varepsilon_t$ 建模，我们采用第9.4.1节的 $t$ 分布及对数密度

$$\log p(\varepsilon_t) = \log a(\nu) + \frac{1}{2}\log\lambda - \frac{\nu+1}{2}\log(1 + \lambda\varepsilon_t^2),\qquad(14.7)$$

式中，

$$a(\nu) = \frac{\Gamma\left(\frac{\nu}{2} + \frac{1}{2}\right)}{\Gamma\left(\frac{\nu}{2}\right)},\quad \lambda^{-1} = (\nu-2)\sigma_\varepsilon^2,\quad \nu > 2,\qquad t = 1,\cdots,n。$$

$\varepsilon_t$ 的均值为零，方差为 $\sigma_\varepsilon^2$，对于任何自由度 $\nu$，其不必是整数。近似模型可以通过第10.8节描述的方法获得。我们只使用一阶导数，得到

$$A_t = \frac{1}{\nu+1}\tilde{\varepsilon}_t^2 + \frac{\nu-2}{\nu+1}\sigma_\varepsilon^2,$$

迭代方案从 $A_t = \sigma_\varepsilon^2$ 开始，对于 $t = 1,\cdots,n$。使用 $t$ 分布达到合理收敛水平所需迭代的数目通常高于指数簇密度；在这个案例中，我们需要约10次迭代。在古典分析中，该模型的参数，包括自由度 $\nu$，通过第11.6.2节描述的蒙特卡洛极大似然估计，$\nu$ 的估计值为12.8。

我们现在比较基于高斯模型及 $\varepsilon_t$ 为 $t$ 分布模型的季节和不规则成分估计。图14.4提供高斯模型和 $t$ 分布模型季节以及不规则成分估计的曲线。这些图最显著的特征是 $t$ 模型相对于高斯模型选择和校正异常值的效率更高。$t$ 分布模型估计是基于模拟平滑的250个模拟样本，每个模拟样本具有4个对偶变量。我们从以上分析学习到，在数据中季节模式随时间变化，其实是光滑的。我们还学到，如果模型（14.6）用于这种季节成分或类似观测异常点估计的情形，则 $\varepsilon_t$ 为高斯模型并不合适，应该使用厚尾模型。

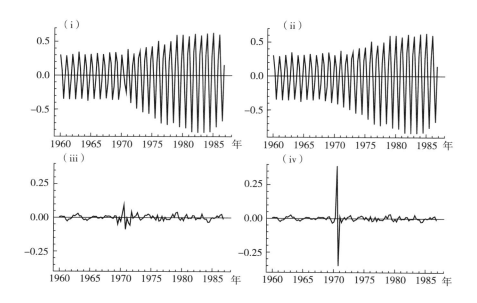

**图 14.4** 天然气分析数据：（**i**）高斯模型的季节成分的估计；
（**ii**）$t$ 模型的季节成分的估计；（**iii**）高斯模型的不规则成分的估计；
（**iv**）$t$ 模型的不规则成分的估计

## 14.5　波动：英镑兑美元日汇率

第 9.5 节详细讨论了随机波动（SV）模型。在英镑/美元每日汇率实证演示中，我们考虑 SV 模型的基本版本。汇率时间序列是从 1981 年 10 月 1 日至 1985 年 6 月 28 日，其已被 Harvey、Ruiz 和 Shephard（1994）使用。每日的汇率记为 $x_t$，我们考虑的观测为 $y_t = \log x_t$，对于 $t = 1, \cdots, n$。零均值的随机波动模型的形式为

$$y_t = \sigma \exp\left(\frac{1}{2}\theta_t\right)u_t, \qquad u_t \sim N(0,1), \qquad t = 1, \cdots, n, \qquad (14.8)$$

$$\theta_{t+1} = \phi\theta_t + \eta_t, \qquad \eta_t \sim N(0, \sigma_\eta^2), \qquad 0 < \phi < 1,$$

Harvey、Ruiz 和 Shephard（1994）使用其分析这些数据。对于此类分析进行调查的目的是研究市场价格比率的波动结构，金融分析师对此有非常高的兴趣。$\theta_t$ 的水平决定波动的数量和 $\phi$ 值测度波动过程中呈现的自

相关。

### 14.5.1　数据转换分析

我们先提供基于线性模型的近似解，如第 10.5 节所建议。观测 $y_t$ 变换为 $\log y_t^2$ 后，我们考虑线性模型（10.32），即

$$\log y_t^2 = \kappa + \theta_t + \xi_t, \qquad t = 1, \cdots, n, \qquad (14.9)$$

式中 $\kappa$ 为一个未知常数，$\xi_t$ 均值为零但不为正态分布。给定模型为线性，我们可以应用第一部分中开发的方法进行近似。该方法由 HarveyRuiz 和 Shephard（1994）称为拟极大似然（QML）方法。参数估计由卡尔曼滤波完成；构造波动成分 $\theta_t$ 的平滑估计，并生成波动的预测。QML 方法的优点之一是，它可以直接使用标准的软件如 Koopman、Harvey、Doornik 和 Shephard（2010）的 STAMP 进行。相比更多涉及基于模拟的其他方法，这是一个优点。

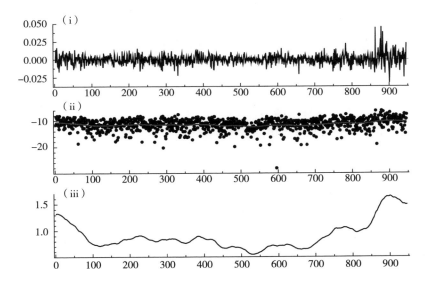

图 14.5　英镑兑美元汇率分析：（ⅰ）每日汇率对数收益率，均值修正，

记为 $y_t$；（ⅱ）$\log y_t^2$ 序列及 $\kappa + \theta_t$ 的平滑估计；

（ⅲ）波动测度 $\exp(\theta_t/2)$ 的平滑估计

在我们 QML 方法的演示中，我们使用 Koopman、Harvey、Doornik 和 Shephard（2010）分析所使用的相同数据，$y_t$ 是英镑兑美元汇率的一阶对数

差分。为避免对零值取对数，实践中通常做法是取它的样本均值的偏差。所得的均值修正对数收益率，然后由 QML 方法进行分析。

参数估计由卡尔曼滤波很快进行。我们得到以下 QML 估计：

$$\hat{\sigma}_\xi = 2.1521, \qquad \hat{\psi}_1 = \log \hat{\sigma}_\xi = 0.7665, \qquad \mathrm{SE}(\hat{\psi}_1) = 0.0236,$$

$$\hat{\sigma}_\eta = 0.8035, \qquad \hat{\psi}_2 = \log \hat{\sigma}_\eta = -0.2188, \qquad \mathrm{SE}(\hat{\psi}_2) = 0.5702,$$

$$\hat{\phi} = 0.9950, \qquad \hat{\psi}_3 = \log \frac{\phi}{1-\phi} = 5.3005, \qquad \mathrm{SE}(\hat{\psi}_3) = 1.6245,$$

式中 SE 表示极大似然估计的标准误差。我们以这种形式呈现结果，因为我们估计的是对数转换后的参数，从而应用它们计算标准误差，而不是所关注的原始参数。

一旦参数被估计，我们可以使用标准卡尔曼滤波和平滑方法计算信号 $\theta_t$ 的平滑估计。英镑/美元汇率对数收益率序列（均值调整，即 $y_t$）在图 14.5（i）给出。信号提取结果在图 14.5（ii）和图 14.5（iii）给出。在图 14.5（ii）中，我们呈现转换后的数据 $\log y_t^2$ 及采用线性模型（10.32）的卡尔曼滤波和平滑的 $\theta_t$ 的平滑估计。波动的平滑估计，我们测度为 $\exp(\theta_t/2)$，显示在图 14.5（iii）。

### 14.5.2 通过重要性采样的估计

为了演示 SV 模型中采用重要性采样的参数极大似然估计，我们考虑模型（14.8）的高斯对数密度，由下式给出：

$$\log p(y_t \mid \theta_t) = -\frac{1}{2}\log 2\pi\sigma^2 - \frac{1}{2}\theta_t - \frac{y_t^2}{2\sigma^2}\exp(-\theta_t)。 \qquad (14.10)$$

基于 $\theta_t$ 的模估计的线性近似模型，通过第 10.6.5 节的方法获得，以及

$$A_t = 2\sigma^2 \frac{\exp(\tilde{\theta}_t)}{y_t^2}, \qquad x_t = \tilde{\theta}_t - \frac{1}{2}\widehat{H}_t + 1,$$

$A_t$ 始终为正。迭代过程从 $A_t = 2$ 和 $x_t = \log(y_t^2/\sigma^2)$ 开始，对于 $t = 1, \cdots, n$，因为接下来从式（14.8）有 $y_t^2/\sigma^2 \approx \exp(\theta_t)$。当 $y_t$ 为零或非常接近零，它应该通过一个小的不变值来代替，以避免数值问题；该工具只需要获得近似模型，所以我们不用舍弃精确处理。所需的迭代数目通常少于 10。

首先，我们关注参数估计。对于重要性采样方法，我们取 $N = 100$ 以

计算对数似然函数。我们执行计算，细节如第 11.6 节所述。在评估过程中，我们为每个对数似然评估取同样的随机数，以使对数似然为参数的光滑函数。数值优化收敛后，我们得到如下估计：

$$\hat{\sigma} = 0.6338, \qquad \hat{\psi}_1 = \log\hat{\sigma} = -0.4561, \qquad SE(\hat{\psi}_1) = 0.1033,$$

$$\hat{\sigma}_\eta = 0.1726, \qquad \hat{\psi}_2 = \log\hat{\sigma}_\eta = -1.7569, \qquad SE(\hat{\psi}_2) = 0.2170,$$

$$\hat{\phi} = 0.9731, \qquad \hat{\psi}_3 = \log\frac{\hat{\phi}}{1-\hat{\phi}} = 3.5876, \qquad SE(\hat{\psi}_3) = 0.5007,$$

式中 SE 表示极大似然估计的标准误差，用于对数转换参数而非感兴趣的原始参数。

其次，我们的目标是通过重要性采样估计潜在波动 $\theta_t$。在图 14.6（i）中，我们呈现了数据一阶差分的绝对值及波动成分 $\theta_t$ 的平滑估计。我们观察到，估计结果准确地捕捉了时间序列中波动的特征。图 14.6（ii）呈现了相同的波动估计及 90% 置信区间，其基于标准误差，通过第 11.4 节的重要性采样方法计算。

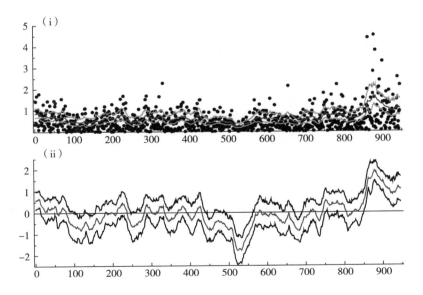

图 **14.6** 英镑兑美元汇率的分析：（i）绝对值差分（点）和 $\theta_t$ 的平滑估计；

（ii）$\theta_t$ 平滑估计及 90% 置信区间

### 14.5.3 粒子滤波演示

通过滤波估计英镑汇率序列的波动，我们考虑自举滤波和辅助粒子滤波并评估两者的相对精度。自举滤波在第 12.4.2 节讨论，并且包括如下 SV 模型的步骤，在一个固定 $t$ 期和给定一组粒子 $\theta_{t-1}^{(1)}, \cdots, \theta_{t-1}^{(N)}$ 集：

（i）抽取 $N$ 个 $\tilde{\theta}_t^{(i)} \sim N(\phi\theta_{t-1}^{(i)}, \sigma_\eta^2)$ 值。

（ii）计算相应的权重 $\tilde{w}_t^{(i)}$

$$\tilde{w}_t^{(i)} = \exp\left(-\frac{1}{2}\log(2\pi\sigma^2) - \frac{1}{2}\theta_t^{(i)} - \frac{1}{2\sigma^2}\exp(-\theta_t^{(i)})y_t^2\right),$$

$$i = 1, \cdots, N,$$

并标准化权重以获得 $w_t^{(i)}$。

（iii）计算

$$\hat{a}_{t|t} = \sum_{i=1}^{N} w_t^{(i)} \tilde{\theta}_t^{(i)}, \qquad \hat{P}_{t|t} = \sum_{i=1}^{N} w_t^{(i)} \tilde{\theta}_t^{(i)2} - \hat{a}_{t|t}^2。$$

（iv）通过分层采样选择 $N$ 个新的独立粒子 $\alpha_t^{(i)}$。

自举滤波的实现很简单。为了监测其性能，我们在每 $t$ 期计算了有效样本规模（ESS）变量。在图 14.7（i）中，我们呈现了每个 $t$ 期的 ESS 变量。在很多时段，活动性粒子的数目足够多。然而，在不同的时点，自举滤波退化和有效粒子的数目低于 7500。对数波动 $\theta_t$ 的滤波估计 $\hat{a}_{t|t}$ 及其基于 $\hat{P}_{t|t}$ 的 90% 置信区间在图 14.7（ii）显示。虽然波动随时间而变化，但其与在图 14.7（ii）中显示的对数波动的平滑估计具有相同的方式，滤波估计显示出对数波动更嘈杂的估计。

辅助粒子滤波在第 12.5 节中讨论，并针对基本 SV 模型实现。与自举滤波相比，$N = 10000$ 的实现更为复杂。图 14.7（iii）呈现了辅助粒子滤波的 ESS 变量；它指示相比自举滤波，有效样本的数目更高。对于大多数 $t$ 期，有效粒子的数目接近 $N = 10000$。对数波动 $\theta_t$ 的滤波估计 $\hat{a}_{t|t}$ 及其基于 $\hat{P}_{t|t}$ 的 90% 置信区间在图（iv）显示。自举滤波和辅助粒子滤波的滤波估计几乎相同。

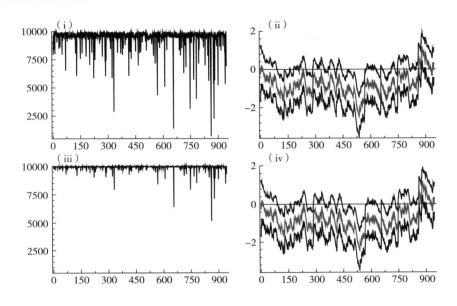

图 14.7　使用自举滤波和辅助粒子滤波的英镑兑美元汇率分析：
（i）自举滤波的有效样本规模 ESS，（ii）自举滤波获得 $\theta_t$ 的滤波估计及
其 90% 置信区间；（iii）辅助粒子滤波的 ESS，（iv）辅助粒子滤波获得
$\theta_t$ 的滤波估计及其 90% 置信区间

## 14.6　二进制密度：牛津剑桥划船比赛

在最后的演示中，我们考虑牛津大学和剑桥大学代表队的年度划船比赛的结果。比赛从泰晤士河的普特尼到莫特雷克，在每年的 3 月或 4 月举行。首次比赛是在 1829 年，冠军是牛津大学。在写本书的最近一年，即 2011 年，也是牛津大学获胜；2010 年剑桥大学赢得了史诗般的战斗，并中断了牛津大学的 "帽子戏法"。在这本书完成的第一版的 2000 年，我们预测 2001 年剑桥大学获胜的概率为 0.67，结果，剑桥大学 2001 年取胜。

在一些年份，特别是在 19 世纪，比赛在其他地方和其他月份举行。在两次世界大战的一些年份比赛没有举行，也出现了一些年比赛不分胜负或发生其他一些不寻常事件。因此，年度时间序列结果包含多年观测缺失：1830—1835 年、1837 年、1838 年、1843 年、1844 年、1847 年、1848 年、1850 年、1851 年、1853 年、1855 年、1877 年，1915—1919 年和1940—

1945 年。在图 14.8 中，缺失值的位置被显示为黑点及值为 0.5。然而在分析中，我们处理这些观测为缺失，如第 11.5.5 节所述。

对于划船比赛的数据，适当的模型是二进制分布，其已在第 9.3.2 节描述。如果剑桥大学获胜，我们取 $y_t = 1$；如果牛津大学获胜，则 $y_t = 0$。将 $t$ 年剑桥大学获胜的概率，我们记为 $\pi_t$，如在第 9.3.2 节，我们取 $\theta_t = \log[\pi_t/(1-\pi_t)]$。今年的赢家很可能赢得明年的胜利，因为队员不变和训练方法等其他因素的影响。我们通过随机游走模型对转换概率建模

$$\theta_{t+1} = \theta_t + \eta_t, \qquad \eta_t \sim N(0, \sigma_\eta^2),$$

式中 $\eta_t$ 序列不相关，对于 $t = 1, \cdots, n$。

在第 10.6.4 节描述的基于模的估算的方法提供这种情形下的近似模型和极大似然估计未知方差 $\sigma_\eta^2$，如第 11.6 节所述。我们估计方差为 $\hat{\sigma}_\eta^2 = 0.330$。概率 $\pi_t$ 的估计均值，表明剑桥大学在 $t$ 年的胜利，使用第 11.5 节描述的方法计算。所得 $\pi_t$ 的时间序列在图 14.8 给出。剑桥大学在 2012 年获胜的预测概率为 0.30，因此我们预计牛津大学获胜。

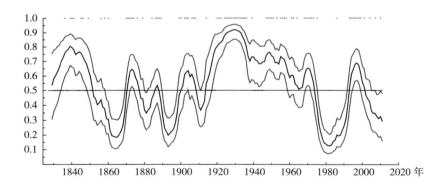

**图 14.8** 点在 **0** 处为牛津大学获胜，在 **1** 处为剑桥大学获胜，

在 **0.5** 处为缺失；实线是剑桥大学获胜的概率，

点线构成了 **50%**（不对称）的置信区间

# 参考文献

[1] Aguilar, O. and M. West (2000). Bayesian dynamic factor models and portfolio allocation. J. Business and Economic Statist. 18, 338 – 357.

[2] Akaike, H. and G. Kitagawa (Eds.) (1999). The Practice of Time Series Analysis. New York: Springer – Verlag.

[3] Andersen, T., T. Bollerslev, F. Diebold, and P. Labys (2003). Modelling and forecasting realized volatility. Econometrica 71, 529 – 626.

[4] Anderson, B. D. O. and J. B. Moore (1979). Optimal Filtering. Englewood Cliffs: Prentice – Hall [Reprinted by Dover in 2005].

[5] Anderson, T. W. (2003). An Introduction to Multivariate Statistical Analysis (3rd ed.). New York: John Wiley & Sons.

[6] Ansley, C. F. and R. Kohn (1985). Estimation, filtering and smoothing in state space models with incompletely specified initial conditions. Annals of Statistics 13, 1286 – 1316.

[7] Ansley, C. F. and R. Kohn (1986). Prediction mean square error for state space models with estimated parameters. Biometrika 73, 467 – 74.

[8] Arulampalam, M. S., S. Maskell, N. Gordon, and T. Clapp (2002). A tutorial on particle filters for on – line nonlinear/non – Gaussian Bayesian tracking. IEEE Transactions on Signal Processing 50, 174 – 188.

[9] Asai, M. and M. McAleer (2005). Multivariate stochastic volatility. Technical report, Tokyo Metropolitan University.

[10] Åström, K. J. (1970). Introduction to Stochastic Control Theory. New York: Academic Press [Reprinted by Dover in 2006].

[11] Atkinson, A. C. (1985). Plots, Transformations and Regression. Oxford: Clarendon Press.

[12] Balke, N. S. (1993). Detecting level shifts in time series. J. Business and Economic Statist. 11, 81 – 92.

［13］ Barndorff – Nielsen, O. E. and N. Shephard (2001). Non – Gaussian OU based models and some of their uses in financial economics (with discussion). J. Royal Statistical Society B 63, 167 – 241.

［14］ Basawa, I. V., V. P. Godambe, and R. L. Taylor (Eds.) (1997). Selected Proceedings of Athens, Georgia Symposium on Estimating Functions. Hayward, California: Institute of Mathematical Statistics.

［15］ Bernardo, J. M. and A. F. M. Smith (1994). Bayesian Theory. Chichester: John Wiley.

［16］ Bijleveld, F., J. Commandeur, P. Gould, and S. J. Koopman (2008). Model – based measurement of latent risk in time series with applications. J. Royal Statistical Society A 171, 265 – 77.

［17］ Black, F. (1976). Studies of stock price volatility changes. Proceedings of the Business and Economic Statistics Section, 177 – 181.

［18］ Bollerslev, T. (1986). Generalised autoregressive conditional heteroskedasticity. J. Econometrics 51, 307 – 327.

［19］ Bollerslev, T., R. F. Engle, and D. B. Nelson (1994). ARCH Models. In R. F. Engle and D. McFadden (Eds.), The Handbook of Econometrics, Volume 4, pp. 2959 – 3038. Amsterdam: North – Holland.

［20］ Bowman, K. O. and L. R. Shenton (1975). Omnibus test contours for departures from normality based on $\sqrt{b1}$ and b2. Biometrika 62, 243 – 50.

［21］ Box, G. E. P., G. M. Jenkins, and G. C. Reinsel (1994). Time Series Analysis, Forecasting and Control (3rd ed.). San Francisco: Holden – Day.

［22］ Box, G. E. P. and G. C. Tiao (1973). Bayesian Inference in Statistical Analysis. Reading, MA: Addison – Wesley.

［23］ Box, G. E. P. and G. C. Tiao (1975). Intervention analysis with applications to economic and environmental problems. J. American Statistical Association 70, 70 – 79.

［24］ Breidt, F. J., N. Crato, and P. de Lima (1998). On the detection and estimation of long memory in stochastic volatility. J. Econometrics 83, 325 – 348.

［25］ Brockwell, A. E. (2007). Likelihood – based analysis of a class of generalized long – memory time series models. J. Time Series Analysis 28, 386 – 407.

[26] Brockwell, P. J. and R. A. Davis (1987). Time Series: Theory and Methods. New York: Springer – Verlag.

[27] Bryson, A. E. and Y. C. Ho (1969). Applied Optimal Control. Massachusetts: Blaisdell.

[28] Burman, J. P. (1980). Seasonal adjustment by signal extraction. J. Royal Statistical Society A 143, 321 – 37.

[29] Burns, A. and W. Mitchell (1946). Measuring Business cycles. Working paper, NBER, New York.

[30] Campbell, J. Y. , A. W. Lo, and A. C. MacKinlay (1997). The Econometrics of Financial Markets. Princeton, New Jersey: Princeton University Press.

[31] Capp'e, O. , E. Moulines, and T. Ryd'en (2005). Inference in Hidden Markov Models. New York: Springer.

[32] Cargnoni, C. , P. Muller, and M. West (1997). Bayesian forecasting of multinomial time series through conditionally Gaussian dynamic models. J. American Statistical Association 92, 640 – 7.

[33] Carlin, B. P. , N. G. Polson, and D. S. Stoffer (1992). A Monte Carlo approach to nonnormal and nonlinear state – space modelling. J. American Statistical Association 87, 493 – 500.

[34] Carpenter, J. R. , P. Clifford, and P. Fearnhead (1999). An improved particle filter for non – linear problems. IEE Proceedings. Part F: Radar and Sonar Navigation 146, 2 – 7.

[35] Carter, C. K. and R. Kohn (1994). On Gibbs sampling for state space models. Biometrika 81, 541 – 53.

[36] Carter, C. K. and R. Kohn (1996). Markov chain Monte Carlo in conditionally Gaussian state space models. Biometrika 83, 589 – 601.

[37] Carter, C. K. and R. Kohn (1997). Semiparameteric Bayesian inference for time series with mixed spectra. J. Royal Statistical Society B 59, 255 – 68.

[38] Chatfield, C. (2003). The Analysis of Time Series: An Introduction (6th ed. ). London: Chapman & Hall.

［39］ Chib, S. , F. Nardari, and N. Shephard (2006). Analysis of high dimensional multivariate stochastic volatility models. J. Econometrics, 134, 341 −71.

［40］ Chopin, N. ( 2004 ). Central limit theorem for sequential Monte Carlo and its applications to Bayesian inference. Annals of Statistics 32, 2385 − 2411.

［41］ Chu − Chun − Lin, S. and P. de Jong (1993). A note on fast smoothing. Discussion paper, University of British Columbia.

［42］ Cobb, G. W. (1978). The problem of the Nile: conditional solution to a change point problem. Biometrika 65, 243 −51.

［43］ Commandeur, J. and S. J. Koopman (2007). An Introduction to State Space Time Series Analysis. Oxford: Oxford University Press.

［44］ Commandeur, J. , S. J. Koopman, and M. Ooms (2011). Statistical software for state space methods. Journal of Statistical Software 41, Issue 1.

［45］ Cook, R. D. and S. Weisberg (1982). Residuals and Inuence in Regression. New York: Chapman and Hall.

［46］ Creal, D. D. (2011). A survey of sequential monte carlo methods for economics and finance. Econometric Reviews 29, forthcoming.

［47］ Danielsson, J. and J. F. Richard (1993). Accelerated Gaussian importance sampler with application to dynamic latent variable models. J. Applied Econometrics 8, S153 −S174.

［48］ Davidson, R. and J. G. MacKinnon (1993). Estimation and Inference in Econometrics. Oxford: Oxford University Press.

［49］ de Jong, P. (1988a). A cross validation filter for time series models. Biometrika 75, 594 −600.

［50］ de Jong, P. (1988b). The likelihood for a state space model. Biometrika 75, 165 −69.

［51］ de Jong, P. (1989). Smoothing and interpolation with the state space model. J. American Statistical Association 84, 1085 −8.

［52］ de Jong, P. (1991). The diffuse Kalman filter. Annals of Statistics 19, 1073 −83.

［53］ de Jong, P. (1998). Fixed interval smoothing. Discussion paper, London School of Economics.

［54］ de Jong, P. and M. J. MacKinnon (1988). Covariances for smoothed estimates in state space models. Biometrika 75, 601 – 2.

［55］ de Jong, P. and J. Penzer (1998). Diagnosing shocks in time series. J. American Statistical Association 93, 796 – 806.

［56］ de Jong, P. and N. Shephard (1995). The simulation smoother for time series models. Biometrika 82, 339 – 50.

［57］ Diebold, F. and C. Li (2006). Forecasting the term structure of government bond yields.

［58］ J. Econometrics 130, 337 – 64.

［59］ Diebold, F. , S. Rudebusch, and S. Aruoba (2006). The Macroeconomy and the Yield Curve: A Dynamic Latent Factor Approach. J. Econometrics 131, 309 – 338.

［60］ Doornik, J. A. (2010). Object – Oriented Matrix Programming using Ox 6.0. London: Timberlake Consultants Ltd. See http://www.doornik.com.

［61］ Doran, H. E. (1992). Constraining Kalman filter and smoothing estimates to satisfy timevarying restrictions. Rev. Economics and Statistics 74, 568 – 72.

［62］ Doucet, A. , N. de Freitas, and N. Gordon (2001). Sequential Monte Carlo Methods in Practice. New York: Springer Verlag.

［63］ Doucet, A. , S. J. Godsill, and C. Andrieu (2000). On sequential Monte Carlo sampling methods for Bayesian filtering. Statistics and Computing 10 (3), 197 – 208.

［64］ Doz, C. , D. Giannone, and L. Reichlin (2011). A quasi maximum likelihood approach for large approximate dynamic factor models. Rev. Economics and Statistics, forthcoming.

［65］ Duncan, D. B. and S. D. Horn (1972). Linear dynamic regression from the viewpoint of regression analysis. J. American Statistical Association 67, 815 – 21.

［66］ Durbin, J. (1960). Estimation of parameters in time series regression models. J. Royal Statistical Society B 22, 139 – 53.

[67] Durbin, J. (1997). Optimal estimating equations for state vectors in non – Gaussian and nonlinear estimating equations. See Basawa, Godambe, and Taylor (1997).

[68] Durbin, J. (2000a). Contribution to discussion of Harvey and Chung (2000). J. Royal Statistical Society A 163, 303 – 39.

[69] Durbin, J. (2000b). The state space approach to time series analysis and its potential for official statistics, (The Foreman lecture). Australian and New Zealand J. of Statistics 42, 1 – 23.

[70] Durbin, J. and A. C. Harvey (1985). The effects of seat belt legislation on road casualties in Great Britain: report on assessment of statistical evidence. Annexe to Compulsary Seat Belt Wearing Report, Department of Transport, London, HMSO.

[71] Durbin, J. and S. J. Koopman (1992). Filtering, smoothing and estimation for time series models when the observations come from exponential family distributions. Unpublished paper: Department of Statistics, LSE.

[72] Durbin, J. and S. J. Koopman (1997). Monte Carlo maximum likelihood estimation for non – Gaussian state space models. Biometrika 84, 669 – 84.

[73] Durbin, J. and S. J. Koopman (2000). Time series analysis of non – Gaussian observations based on state space models from both classical and Bayesian perspectives (with discussion).

[74] J. Royal Statistical Society B 62, 3 – 56.

[75] Durbin, J. and S. J. Koopman (2002). A simple and efficient simulation smoother for state space time series analysis. Biometrika 89, 603 – 16.

[76] Durbin, J. and B. Quenneville (1997). Benchmarking by state space models. International Statistical Review 65, 23 – 48.

[77] Durham, A. G. and A. R. Gallant (2002). Numerical techniques for maximum likelihood estimation of continuous – time diffusion processes (with discussion). J. Business and Economic Statist. 20, 297 – 316.

[78] Engle, R. F. (1982). Autoregressive conditional heteroskedasticity

with estimates of the variance of the United Kingdom inflation. Econometrica 50, 987 – 1007.

[79] Engle, R. F. and J. R. Russell (1998). Forecasting transaction rates: the autoregressive conditional duration model. Econometrica 66, 1127 – 62.

[80] Engle, R. F. and M. W. Watson (1981). A one – factor multivariate time series model of metropolitan wage rates. J. American Statistical Association 76, 774 – 81.

[81] Fahrmeir, L. (1992). Posterior mode estimation by extended Kalman filtering for multivariate dynamic generalised linear models. J. American Statistical Association 87, 501 – 9.

[82] Fahrmeir, L. and G. Tutz (1994). Multivariate Statistical Modelling Based on Generalized Linear Models. Berlin: Springer.

[83] Fessler, J. A. (1991). Nonparametric fixed – interval smoothing with vector splines. IEEE Trans. Signal Process. 39, 852 – 9.

[84] Fletcher, R. (1987). Practical Methods of Optimisation (2nd ed.). New York: John Wiley.

[85] Francke, M. K., S. J. Koopman, and A. F. de Vos (2010). Likelihood functions for state space models with diffuse initial conditions. Journal of Time Series Analysis 31, 407 – 14.

[86] Fraser, D. and J. Potter (1969). The optimum linear smoother as a combination of two optimum linear filters. IEEE Transactions on Automatic Control 4, 387 – 390.

[87] French, K. R., G. W. Schwert, and R. F. Stambaugh (1987). Expected stock returns and volatility. J. Financial Economics 19, 3 – 29. Reprinted as pp. 61 – 86 in Engle, R. F. (1995), ARCH: Selected Readings, Oxford: Oxford University Press.

[88] Fridman, M. and L. Harris (1998). A maximum likelihood approach for non – gaussian stochastic volatility models. J. Business and Economic Statist. 16, 284 – 291.

[89] Fruhwirth – Schnatter, S. (1994). Data augmentation and dynamic

linear models. J. Time Series Analysis 15, 183 – 202.

[90] Fruhwirth – Schnatter, S. (2004). Efficient Bayesian parameter estimation. In A. C. Harvey, S. J. Koopman, and N. Shephard (Eds.), State space and unobserved components models. Cambridge: Cambridge University Press.

[91] Frühwirth – Schnatter, S. (2006). Finite Mixture and Markov Switching Models. New York, NY: Springer Press.

[92] Gamerman, D. (1998). Markov chain Monte Carlo for dynamic generalised linear models. Biometrika 85, 215 – 27.

[93] Gamerman, D. and H. F. Lopes (2006). Markov chain Monte Carlo: stochastic simulations for Bayesian inference (2nd ed.). London: Chapman and Hall.

[94] Gelfand, A. E. and A. F. M. Smith (Eds.) (1999). Bayesian Computation. Chichester: John Wiley and Sons.

[95] Gelman, A. (1995). Inference and monitoring convergence. See Gilks, Richardson, and Spiegelhalter (1996), pp. 131 – 143.

[96] Gelman, A., J. B. Carlin, H. S. Stern, and D. B. Rubin (1995). Bayesian Data Analysis.

[97] London: Chapman & Hall.

[98] Geweke, J. (1977). The dynamic factor analysis of economic time series. In D. J. Aigner and A. S. Goldberger (Eds.), Latent variables in socio – economic models. Amsterdam: North – Holland.

[99] Geweke, J. (1989). Bayesian inference in econometric models using Monte Carlo integration. Econometrica 57, 1317 – 39.

[100] Ghysels, E., A. C. Harvey, and E. Renault (1996). Stochastic volatility. In C. R. Rao and G. S. Maddala (Eds.), Statistical Methods in Finance, pp. 119 – 91. Amsterdam: North – Holland.

[101] Gilks, W. K., S. Richardson, and D. J. Spiegelhalter (Eds.) (1996). Markov chain Monte Carlo in Practice. London: Chapman & Hall.

[102] Godambe, V. P. (1960). An optimum property of regular maximum likelihood estimation. Annals of Mathematical Statistics 31, 1208 – 12.

［103］ Golub, G. H. and C. F. Van Loan (1996). Matrix Computations (3rd ed.). Baltimore: The Johns Hopkins University Press.

［104］ Gordon, N. J., D. J. Salmond, and A. F. M. Smith (1993). A novel approach to non – linear and non – Gaussian Bayesian state estimation. IEE – Proceedings F 140, 107 – 13.

［105］ Granger, C. W. J. and R. Joyeau (1980). An introduction to long memory time series models and fractional differencing. J. Time Series Analysis 1, 15 – 39.

［106］ Granger, C. W. J. and P. Newbold (1986). Forecasting Economic Time Series (2nd ed.). Orlando: Academic Press.

［107］ Green, P. and B. W. Silverman (1994). Nonparameteric Regression and Generalized Linear Models: A Roughness Penalty Approach. London: Chapman & Hall.

［108］ Hamilton, J. (1994). Time Series Analysis. Princeton: Princeton University Press.

［109］ Hammersley, J. M. and D. C. Handscomb (1964). Monte Carlo Methods. London: Methuen and Co.

［110］ Hammersley, J. M. and K. W. Morton (1954). Poor man's Monte Carlo. J. Royal Statistical Society B 16, 23 – 38.

［111］ Handschin, J. (1970). Monte Carlo techniques for prediction and filtering of non – linear stochastic processes. Automatica 6, 555 – 563.

［112］ Handschin, J. and D. Q. Mayne (1969). Monte Carlo techniques to estimate the conditional expectations in multi – stage non – linear filtering. International Journal of Control 9, 547 – 559.

［113］ Hardle, W. (1990). Applied Nonparameteric Regression. Cambridge: Cambridge University Press.

［114］ Harrison, J. and C. F. Stevens (1976). Bayesian forecasting (with discussion). J. Royal Statistical Society B 38, 205 – 47.

［115］ Harrison, J. and M. West (1991). Dynamic linear model diagnostics. Biometrika 78, 797 – 808.

［116］ Harvey, A. C. (1989). Forecasting, Structural Time Series Models and the Kalman Filter. Cambridge: Cambridge University Press.

[117] Harvey, A. C. (1993). Time Series Models (2nd ed.). Hemel Hempstead: Harvester Wheatsheaf.

[118] Harvey, A. C. (1996). Intervention analysis with control groups. International Statistical Review 64, 313 – 28.

[119] Harvey, A. C. (2006). Forecasting with unobserved components time series models. In G. Elliot, C. W. J. Granger, and A. Timmermann (Eds.), Handbook of Economic Forecasting, pp. 327 – 412. Amsterdam: Elsevier Science Publishers.

[120] Harvey, A. C. and C. – H. Chung (2000). Estimating the underlying change in unemployment in the UK (with discussion). J. Royal Statistical Society A 163, 303 – 39.

[121] Harvey, A. C. and J. Durbin (1986). The effects of seat belt legislation on British road casualties: A case study in structural time series modelling, (with discussion). J. Royal Statistical Society A 149, 187 – 227.

[122] Harvey, A. C. and C. Fernandes (1989). Time series models for count data or qualitative observations. J. Business and Economic Statist. 7, 407 – 17.

[123] Harvey, A. C. and S. J. Koopman (1992). Diagnostic checking of unobserved components time series models. J. Business and Economic Statist. 10, 377 – 89.

[124] Harvey, A. C. and S. J. Koopman (1997). Multivariate structural time series models. In C. Heij, H. Schumacher, B. Hanzon, and C. Praagman (Eds.), Systematic dynamics in economic and _ nancial models, pp. 269 – 98. Chichester: John Wiley and Sons.

[125] Harvey, A. C. and S. J. Koopman (2000). Signal extraction and the formulation of unobserved components models. Econometrics Journal 3, 84 – 107.

[126] Harvey, A. C. and S. J. Koopman (2009). Unobserved components models in economics and finance. IEEE Control Systems Magazine 29, 71 – 81.

[127] Harvey, A. C. and S. Peters (1984). Estimation procedures for structural time series models. Discussion paper, London School of Economics.

[128] Harvey, A. C. and G. D. A. Phillips (1979). The estimation of regression models with autoregressive – moving average disturbances. Biometrika 66, 49 – 58.

[129] Harvey, A. C., E. Ruiz, and N. Shephard (1994). Multivariate stochastic variance models. Rev. Economic Studies 61, 247 – 64.

[130] Harvey, A. C. and N. Shephard (1990). On the probability of estimating a deterministic component in the local level model. J. Time Series Analysis 11, 339 – 47.

[131] Harvey, A. C. and N. Shephard (1993). Structural time series models. In G. S. Maddala, C. R. Rao, and H. D. Vinod (Eds.), Handbook of Statistics, Volume 11. Amsterdam: Elsevier Science Publishers.

[132] Hastie, T. and R. Tibshirani (1990). Generalized Additive Models. London: Chapman & Hall.

[133] Holt, C. C. (1957). Forecasting seasonals and trends by exponentially weighted moving averages. Research memorandum, Carnegie Institute of Technology, Pittsburgh, Pennsylvania.

[134] Hull, J. and A. White (1987). The pricing of options on assets with stochastic volatilities. J. Finance 42, 281 – 300.

[135] Jazwinski, A. H. (1970). Stochastic Processes and Filtering Theory. New York: Academic Press [Reprinted by Dover in 2007].

[136] Johansen, A. M. and A. Doucet (2008). A note on auxiliary particle filters. Statistics and Probability Letters 78 (12), 1498 – 1504.

[137] Jones, R. H. (1993). Longitudinal Data with Serial Correlation: A State – space approach. London: Chapman & Hall.

[138] Journel, A. (1974). Geostatistics for conditional simulation of ore bodies. Economic Geol – gy 69, 673 – 687.

[139] Julier, S. J. and J. K. Uhlmann (1997). A new extension of the Kalman filter to nonlinear systems. In I. Kadar (Ed.), Signal Processing, Sensor Fusion, and Target Recognition VI, Volume 3068, pp. 182 – 193.

［140］Jungbacker, B. and S. J. Koopman（2005）. Model – based measurement of actual volatility in high – frequency data. In T. B. Fomby and D. Terrell（Eds. ）, Advances in Econometrics. New York：JAI Press.

［141］Jungbacker, B. and S. J. Koopman（2006）. Monte Carlo likelihood estimation for three multivariate stochastic volatility models. Econometric Reviews 25, 385 – 408.

［142］Jungbacker, B. and S. J. Koopman（2007）. Monte Carlo estimation for nonlinear non – Gaussian state space models. Biometrika 94, 827 – 39.

［143］Jungbacker, B. and S. J. Koopman（2008）. Likelihood – based analysis for dynamic factor models. mimeo, Vrije Universiteit, Amsterdam.

［144］Kahn, H. and A. W. Marshall（1953）. Methods of reducing sample size in Monte Carlo computations. Journal of the Operational Research Society of America 1, 263 – 271.

［145］Kailath, T. and P. Frost（1968）. An innovations approach to least – squares estimation. part ii：linear smoothing in additive white noise. IEEE Transactions on Automatic Control 13, 655 – 60.

［146］Kalman, R. E. （1960）. A new approach to linear filtering and prediction problems. J. Basic Engineering, Transactions ASMA, Series D 82, 35 – 45.

［147］Kim, C. J. and C. R. Nelson（1999）. State Space Models with Regime Switching. Cambridge, Massachusetts：MIT Press.

［148］Kitagawa, G. （1994）. The two – filter formula for smoothing and an implementation of the Gaussian – sum smoother. Annals of the Institute of Statistical Mathematics 46, 605 – 23.

［149］Kitagawa, G. （1996）. Monte Carlo filter and smoother for non – Gaussian nonlinear state space models. J. Computational and Graphical Statistics 5, 1 – 25.

［150］Kitagawa, G. and W. Gersch（1996）. Smoothness Priors Analysis of Time Series. New York：Springer Verlag.

［151］Kloek, T. and H. K. Van Dijk（1978）. Bayesian estimates of equation system parameters：an application of integration by monte carlo. Econometrica 46, 1 –20.

[152] Kohn, R. and C. F. Ansley (1989). A fast algorithm for signal extraction, influence and cross – validation. Biometrika 76, 65 –79.

[153] Kohn, R., C. F. Ansley, and C. – M. Wong (1992). Nonparametric spline regression with autoregressive moving average errors. Biometrika 79, 335 –46.

[154] Koopman, S. J. (1993). Disturbance smoother for state space models. Biometrika 80, 117 –26.

[155] Koopman, S. J. (1997). Exact initial Kalman filtering and smoothing for non – stationary time series models. J. American Statistical Association 92, 1630 –8.

[156] Koopman, S. J. (1998). Kalman filtering and smoothing. In P. Armitage and T. Colton (Eds.), Encyclopedia of Biostatistics. Chichester: Wiley and Sons.

[157] Koopman, S. J. and C. S. Bos (2004). State space models with a common stochastic variance. J. Business and Economic Statist. 22, 346 –57.

[158] Koopman, S. J. and J. Durbin (2000). Fast filtering and smoothing for multivariate state space models. J. Time Series Analysis 21, 281 –96.

[159] Koopman, S. J. and J. Durbin (2003). Filtering and smoothing of state vector for diffuse state space models. J. Time Series Analysis 24, 85 –98.

[160] Koopman, S. J. and A. C. Harvey (2003). Computing observation weights for signal extraction and filtering. J. Economic Dynamics and Control 27, 1317 –33.

[161] Koopman, S. J., A. C. Harvey, J. A. Doornik, and N. Shephard (2010). Stamp 8.3: Structural Time Series Analyser, Modeller and Predictor. London: Timberlake Consultants.

[162] Koopman, S. J. and E. Hol – Uspensky (2002). The Stochastic Volatility in Mean model: Empirical evidence from international stock markets. J. Applied Econometrics 17, 667 –89.

[163] Koopman, S. J., B. Jungbacker, and E. Hol (2005). Forecasting daily variability of the S&P 100 stock index using historical, realised and implied

volatility measurements. J. Empirical Finance 12, 445 – 75.

[164] Koopman, S. J. and K. M. Lee (2009). Seasonality with trend and cycle interactions in unobserved components models. J. Royal Statistical Society C, Applied Statistics 58, 427 – 48.

[165] Koopman, S. J. and A. Lucas (2008). A non – Gaussian panel time series model for estimating and decomposing default risk. J. Business and Economic Statist. 26, 510 – 25.

[166] Koopman, S. J., A. Lucas, and A. Monteiro (2008). The multi – state latent factor intensity model for credit rating transitions. J. Econometrics 142, 399 – 424.

[167] Koopman, S. J., A. Lucas, and M. Scharth (2011). Numerically accelerated importance sampling for nonlinear non – Gaussian state space models. Discussion paper, Vrije Universiteit, Amsterdam.

[168] Koopman, S. J., A. Lucas, and B. Schwaab (2011). Modeling frailty – correlated defaults using many macroeconomic covariates. J. Econometrics 162, 312 – 25.

[169] Koopman, S. J., M. Mallee, and M. van der Wel (2010). Analyzing the term structure of interest rates using the dynamic Nelson – Siegel model with time – varying parameters. J. Business and Economic Statist. 28, 329 – 43.

[170] Koopman, S. J. and N. Shephard (1992). Exact score for time series models in state space form. Biometrika 79, 823 – 6.

[171] Koopman, S. J., N. Shephard, and D. D. Creal (2009). Testing the assumptions behind importance sampling. J. Econometrics 149, 2 – 11.

[172] Koopman, S. J., N. Shephard, and J. A. Doornik (1999). Statistical algorithms for models in state space form using SsfPack 2. 2. Econometrics Journal 2, 113 – 66. http://www.ssfpack.com/.

[173] Koopman, S. J., N. Shephard, and J. A. Doornik (2008). Statistical Algorithms for Models in State Space Form: SsfPack 3. 0. London: Timberlake Consultants Press.

[174] Lawley, D. N. and A. E. Maxwell (1971). Factor Analysis as a Statistical Method (2 ed. ). London: Butterworths.

[175] Lee, K. M. and S. J. Koopman (2004). Estimating stochastic volatility models: a comparison of two importance samplers. Studies in Nonlinear Dynamics and Econometrics 8, Art 5.

[176] Lehmann, E. (1983). Theory of Point Estimation. New York: Springer.

[177] Liesenfeld, R. and R. Jung (2000). Stochastic volatility models: conditional normality versus heavy – tailed distributions. J. Applied Econometrics 15, 137 – 160.

[178] Liesenfeld, R. and J. F. Richard (2003). Univariate and multivariate stochastic volatility models: Estimation and diagnostics. J. Empirical Finance 10, 505 – 531.

[179] Litterman, R. and J. Scheinkman (1991). Common factors affecting bond returns. Journal of Fixed Income 1 (1), 54 – 61.

[180] Liu, J. and R. Chen (1998). Sequential Monte Carlo methods for dynamic systems. J. American Statistical Association 93, 1032 – 44.

[181] Ljung, G. M. and G. E. P. Box (1978). On a measure of lack of fit in time series models. Biometrika 66, 67 – 72.

[182] Magnus, J. R. and H. Neudecker (1988). Matrix Di_ erential Calculus with Applications in Statistics and Econometrics. New York: Wiley.

[183] Makridakis, S., S. C. Wheelwright, and R. J. Hyndman (1998). Forecasting: Methods and Applications (3rd ed.). New York: John Wiley and Sons.

[184] Marshall, A. (1956). The use of multi – stage sampling schemes in Monte Carlo computations. In M. Meyer (Ed.), Symposium on Monte Carlo Methods, pp. 123 – 140. New York: Wiley.

[185] Maskell, S. (2004). Basics of the particle filter. In A. C. Harvey, S. J. Koopman, and N. Shephard (Eds.), State space and unobserved components models. Cambridge: Cambridge University Press.

[186] Mayne, D. Q. (1966). A solution of the smoothing problem for linear dynamic systems. Automatica 4, 73 – 92.

[187] McCullagh, P. and J. A. Nelder (1989). Generalized Linear Mod-

els. London：Chapman & Hall. 2nd Edition.

［188］Mills, T. C. (1993). Time Series Techniques for Economists (2nd ed. ). Cambridge：Cambridge University Press.

［189］Monahan, J. F. (1993). Testing the behaviour of importance sampling weights. Computer Science and Statistics：Proceedings of the 25 th Annual Symposium on the Interface, 112 – 117.

［190］Monahan, J. F. (2001). Numerical methods of statistics. Cambridge：Cambridge University Press.

［191］Morf, J. F. and T. Kailath (1975). Square root algorithms for least squares estimation. IEEE Transactions on Automatic Control 20, 487 – 97.

［192］Muth, J. F. (1960). Optimal properties of exponentially weighted forecasts. J. American Statistical Association 55, 299 – 305.

［193］Nelson, C. and A. Siegel (1987). Parsimonious modelling of yield curves. Journal of Business 60 – 4, 473 – 89.

［194］Nocedal, J. and S. J. Wright (1999). Numerical Optimization. New York：Springer Verlag.

［195］Pfefferman, D. and R. Tiller (2000). Bootstrap approximation to prediction MSE for state space models with estimated parameters. mimeo, Department of Statistics, Hebrew University, Jerusalem.

［196］Pitt, M. K. and N. Shephard (1999). Filtering via simulation：auxiliary particle filter. J. American Statistical Association 94, 590 – 9.

［197］Plackett, R. L. (1950). Some theorems in least squares. Biometrika 37, 149 – 57.

［198］Poirier, D. J. (1995). Intermediate Statistics and Econometrics. Cambridge：MIT.

［199］Proietti, T. (2000). Comparing seasonal components for structural time series models. International Journal of Forecasting 16, 247 – 260.

［200］Quah, D. and T. J. Sargent (1993). A dynamic index model for large cross sections. In J. H. Stock and M. Watson (Eds. ), Business cycles, indicators and forecasting, pp. 285 – 306. Chicago：University of Chicago Press.

［201］Quenneville, B. and A. C. Singh (1997). Bayesian prediction mean squared error for state space models with estimated parameters. J. Time Series Analysis 21, 219 – 36.

[202] Quintana, J. M. and M. West (1987). An analysis of international exchange rates using multivariate DLM's. The Statistican 36, 275 – 81.

[203] Rao, C. R. (1973). Linear Statistical Inference and Its Applications (2nd ed.). New York: John Wiley & Sons.

[204] Rauch, H., F. Tung, and C. Striebel (1965). Maximum likelihood estimation of linear dynamic systems. AIAA Journal 3, 1445 – 50.

[205] Ray, B. and R. S. Tsay (2000). Long – range dependence in daily stock volatilities. J. Business and Economic Statist. 18, 254 – 62.

[206] Richard, J. F. and W. Zhang (2007). Efficient high – dimensional importance sampling. J. Econometrics 141, 1385 – 1411.

[207] Ripley, B. D. (1987). Stochastic Simulation. New York: Wiley. Robert, C. and G. Casella (2010). Introducing Monte Carlo Methods with R. New York: Springer.

[208] Rosenberg, B. (1973). Random coefficients models: the analysis of a cross – section of time series by stochastically convergent parameter regression. Annals of Economic and Social Measurement 2, 399 – 428.

[209] Rydberg, T. H. and N. Shephard (1999). BIN models for trade – by – trade data. Modelling the number of trades in a fixed interval of time. Working paper, Nuffield College, Oxford.

[210] Sage, A. P. and J. L. Melsa (1971). Estimation Theory with Applications to Communication and Control. New York: McGraw Hill.

[211] Särkkä, S. and J. Hartikainen (2010). On gaussian optimal smoothing of non – linear state space models. IEEE Transactions on Automatic Control 55, 1038 – 1941.

[212] Schweppe, F. (1965). Evaluation of likelihood functions for Gaussian signals. IEEE Transactions on Information Theory 11, 61 – 70.

[213] Shephard, N. (1994a). Local scale model: state space alternative to integrated GARCH processes. J. Econometrics 60, 181 – 202.

[214] Shephard, N. (1994b). Partial non – Gaussian state space. Bi-

ometrika 81, 115 – 31.

［215］Shephard, N. (1996). Statistical aspects of ARCH and stochastic volatility. In D. R. Cox, D. V. Hinkley, and O. E. Barndorff – Nielson (Eds.), Time Series Models in Econometrics, Finance and Other Fields, pp. 1 – 67. London: Chapman & Hall.

［216］Shephard, N. (2005). Stochastic Volatility: Selected Readings. Oxford: Oxford University Press.

［217］Shephard, N. and M. K. Pitt (1997). Likelihood analysis of non – Gaussian measurement time series. Biometrika 84, 653 – 67.

［218］Shumway, R. H. and D. S. Stoffer (1982). An approach to time series smoothing and forecasting using the EM algorithm. J. Time Series Analysis 3, 253 – 64.

［219］Shumway, R. H. and D. S. Stoffer (2000). Time Series Analysis and Its Applications. New York: Springer – Verlag.

［220］Silverman, B. W. (1985). Some aspects of the spline smoothing approach to non – parametric regression curve fitting. J. Royal Statistical Society B 47, 1 – 52.

［221］Smith, J. Q. (1979). A generalization of the Bayesian steady fore-casting model. J. Royal Statistical Society B 41, 375 – 87.

［222］Smith, J. Q. (1981). The multiparameter steady model. J. Royal Statistical Society B 43, 256 – 60.

［223］Snyder, R. D. and G. R. Saligari (1996). Initialization of the Kalman filter with partially diffuse initial conditions. J. Time Series Analysis 17, 409 – 24.

［224］So, M. K. P. (2003). Posterior mode estimation for nonlinear and non – Gaussian state space models. Statistica Sinica 13, 255 – 274.

［225］Stock, J. H. and M. Watson (2002). Forecasting using principal components from a large number of predictors. J. American Statistical Association 97, 1167 – 79.

［226］Stoffer, D. S. and K. D. Wall (1991). Bootstrapping state – space models: Gaussian maximum likelihood estimation and the Kalman filter. J.

American Statistical Association 86, 1024 – 33.

[227] Stoffer, D. S. and K. D. Wall (2004). Resampling in state space models. In A. C. Harvey, S. J. Koopman, and N. Shephard (Eds.), State space and unobserved components models. Cambridge: Cambridge University Press.

[228] Taylor, S. J. (1986). Modelling Financial Time Series. Chichester: John Wiley.

[229] Teräsvirta, T., D. Tjostheim, and C. W. J. Granger (2011). Modelling Nonlinear Economic Time Series. Oxford: Oxford University Press.

[230] Theil, H. and S. Wage (1964). Some observations on adaptive forecasting. Management Science 10, 198 – 206.

[231] Tsiakas, I. (2006). Periodic stochastic volatility and fat tails. J. Financial Econometrics 4, 90 – 135.

[232] Valle e Azevedo, J., S. J. Koopman, and A. Rua (2006). Tracking the business cycle of the Euro area: a multivariate model – based bandpass filter. J. Business and Economic Statist. 24, 278 – 90.

[233] Van der Merwe, R., A. Doucet, and N. de Freitas (2000). The unscented particle filter. In T. K. Leen, T. G. Dietterich, and V. Tresp (Eds.), Advances in Neural Information Processing Systems, pp. 13. Cambridge: MIT Press.

[234] Wahba, G. (1978). Improper priors, spline smoothing, and the problems of guarding against model errors in regression. J. Royal Statistical Society B 40, 364 – 72.

[235] Wahba, G. (1990). Spline Models for Observational Data. Philadelphia: SIAM.

[236] Watson, M. W. and R. F. Engle (1983). Alternative algorithms for the estimation of dynamic factor, MIMIC and varying coefficient regression. J. Econometrics 23, 385 – 400.

[237] Wecker, W. E. and C. F. Ansley (1983). The signal extraction approach to nonlinear regression and spline smoothing. J. American Statistical Association 78, 81 – 9.

［238］West, M. and J. Harrison（1989）. Bayesian Forecasting and Dynamic Models. New York：Springer – Verlag.

［239］West, M. and J. Harrison（1997）. Bayesian Forecasting and Dynamic Models（2nd ed.）. New York：Springer – Verlag.

［240］West, M. , J. Harrison, and H. S. Migon（1985）. Dynamic generalised models and Bayesian forecasting（with discussion）. J. American Statistical Association 80, 73 – 97.

［241］Whittle, P.（1991）. Likelihood and cost as path integrals. J. Royal Statistical Society B 53, 505 – 38.

［242］Winters, P. R.（1960）. Forecasting sales by exponentially weighted moving averages. Management Science 6, 324 – 42.

［243］Yee, T. W. and C. J. Wild（1996）. Vector generalized additive models. J. Royal Statistical Society B 58, 481 – 93.

［244］Young, P. C.（1984）. Recursive Estimation and Time Series Analysis. New York：SpringerVerlag.

［245］Young, P. C. , K. Lane, C. N. Ng, and D. Palmer（1991）. Recursive forecasting, smoothing and seasonal adjustment of nonstationary environmental data. J. of Forecasting 10, 57 – 89.

［246］Yu, J.（2005）. On leverage in a stochastic volatility model. J. Econometrics 127, 165 – 78.